Julius Bauschinger

Tafeln zur theoretischen Astronomie

bremen
university
press

Julius Bauschinger

Tafeln zur theoretischen Astronomie

ISBN/EAN: 9783955623159

Auflage: 1

Erscheinungsjahr: 2013

Erscheinungsort: Bremen, Deutschland

bremen
university
press

TAFELN

ZUR

THEORETISCHEN ASTRONOMIE

BEARBEITET

VON

JULIUS BAUSCHINGER

MIT ZWEI LITHOGRAPHIRTEN TAFELN

Inhalt.

Erster Theil.

Tafeln zur Zeitrechnung und Kreistheilung.

Zweiter Theil.

Tafeln zur Ermittelung der wahren Anomalie aus der Zeit und umgekehrt in der elliptischen, parabolischen und hyperbolischen Bewegung.

Dritter Theil.

Tafeln zur Bestimmung erster Bahnen.

Vierter Theil.

Tafeln zur Berechnung specieller Störungen und zur Bahnverbesserung.

Fünfter Theil.

Tafeln zur Berechnung von Präcession, Nutation, Aberration und Parallaxe.

Sechster Theil.

Mathematische Hülfstafeln und verschiedene Constanten.

Berichtigungen.

Seite 32 Zeile 4 v. u. im letzten Glied der Formel ist statt $\frac{s}{a}$ zu lesen: $\left(\frac{s}{a}\right)^2$.

Seite 39 Zeile 22 v. o. statt Jan. 1.5 lies: Jan. 0.5.

Seite 39 Zeile 2, 3, 4, 11, 14 v. u. statt Taf. d lies: Taf. b.

ERKLÄRUNG DER TAFELN.

Die folgende Zusammenstellung der hauptsächlichsten Hülfstafeln der theoretischen Astronomie bedarf wohl kaum der Rechtfertigung, denn jeder rechnende Astronom hat schon die Unbequemlichkeit empfunden, die unentbehrlichen Hülfsmittel zu seinen Arbeiten aus vielen oft schwer zugänglichen Bänden zusammensuchen und in unhandlicher Form gebrauchen zu müssen; selbst die beste Sammlung dieser Art, die von v. Oppolzer seinem Werke über Bahnbestimmung angehängte, zwingt den Rechner fortwährend zum Gebrauch zweier starken Bände und enthält neben mancher vielleicht entbehrlichen doch ein und die andere Tafel nicht, die anderweitig aufgesucht werden muss. Schwieriger dagegen ist es, die Auswahl der Tafeln selbst und ihre Construction und Anordnung zu rechtfertigen, da hier die Gewohnheiten der Rechner am meisten ausschlaggebend sind. Ich kann in dieser Hinsicht nur im Allgemeinen anführen, dass jede der folgenden Tafeln auf das Sorgfältigste auf ihren möglichst bequemen Gebrauch geprüft wurde, dass nur wenige sich darunter befinden, die ungeändert aus anderen Werken herübergenommen wurden, und dass die Wahl zwischen verschiedenen Tafeln, die dasselbe Ziel erreichen lassen, erst nach peinlichster Prüfung und Einholung des Urtheiles erfahrener Rechner getroffen wurde. Häufig vorkommende Rechnungen glaubte ich nicht ausführlich genug durch Tafeln erleichtern zu sollen, wogegen für specielle, selten vorkommende Fälle kurze Tafeln gewählt wurden. Dass die Sicherheit der Rechnung überall den obersten Gesichtspunkt bildete, braucht nicht besonders betont zu werden. Eine nicht geringe Anzahl der Tafeln ist neu berechnet oder ergänzt worden. Dass bei denjenigen Tafeln, die von astronomischen Constanten abhängen, die neuesten Werthe derselben benutzt wurden, versteht sich von selbst; so sind durchweg die von der Pariser Conferenz angenommenen Constanten, die jetzt allen Jahrbüchern zu Grunde liegen, gewählt worden. Was über einzelne Tafeln noch zu sagen wäre, findet man in den Erklärungen angegeben.

Die Erklärungen der Tafeln sind so gehalten, dass auch jüngere Rechner, ohne nach anderen Quellen greifen zu müssen, von denselben Nutzen haben. Aus demselben Grunde sind für viele Tafeln ausführlich gerechnete Beispiele hinzugefügt.

Erster Theil.

Tafeln zur Zeitrechnung und Kreistheilung.

Tafel I.

Um das Intervall in Tagen zwischen zwei gegebenen, weit auseinander liegenden Daten, gegeben durch Jahr, Monat und Tag der christlichen Zeitrechnung (julianischen und gregorianischen Kalenders) schnell bilden zu können, giebt die Tafel I das Mittel, für jedes Datum den entsprechenden Tag der julianischen Periode zu berechnen. Die Tafel, die mit Anlehnung an die ausgezeichneten »Hülfstafeln für Chronologie von Schram« entworfen wurde, zerfällt in drei Theile und gestattet, die Aufgabe durch Addition dreier Zahlen zu lösen. Der erste Theil giebt die Tage der julianischen Periode für die runden Jahrhundertzahlen, der zweite für die Jahre eines Jahrhunderts, der dritte für die Tage eines Jahres, zugleich für Gemein- und Schaltjahre. Zu beachten ist: 1) die Jahrhunderte vor Chr. Geb. sind in astronomischer Zählweise angesetzt, also 480 v. Chr. Geb. (chronologisch) = — 479 (astronomisch); 2) für negative Jahre hat man vom vorhergehenden Jahrhundert auszugehen, also z. B. zu nehmen — 479 = — 500 + 21; 3) die Schaltjahre sind mit * bezeichnet; für sie hat man im dritten Theil der Tafel die zweite Columne als Argument zu benutzen. 4) die Jahre 1500, 1700, 1800, 1900, 2100, 2200, 2300 des gregorianischen Kalenders, die keine Schaltjahre sind, hat man mit 00 Greg. im zweiten Theil zu verbinden, dagegen sind die Jahre 1600, 2000, 2400 des gregorianischen Kalenders, welche Schaltjahre sind, mit *00 Jul. zu verbinden und im dritten Theil als Schaltjahre zu behandeln.

Beispiele:

20. Sept. 480 v. Chr. (jul.);
480 v. Chr. = — 479 = — 500 + 21

Arg.	— 500	1 538 432
»	21	7 671
»	Sept. 20	263
		1 546 366

1. Jan. 1600 n. Chr. (greg.)

Arg.	*1600	2 305 447
»	Jan. 1	1
		2 305 448

1. März 1904 n. Chr. (greg.)

Arg.	1900	2 415 019
»	*4	1 461
»	März 1	61
		2 416 541

6. März 1900 n. Chr. (greg.)

Arg.	1900	2 415 019
»	00 Greg.	1
»	März 6	65
		2 415 085

Liegen Anfang und Endpunkt eines zu berechnenden Intervalles in demselben Jahrhundert, so braucht man natürlich nur die Zahlen des zweiten und dritten Theiles zu benutzen; liegen sie in demselben Jahr, so genügt der dritte Theil allein. — Die Addition der Zahlen des zweiten und dritten Theiles wird man im Kopf erledigen.

Tafel II.

Das Datum von Fixsternbeobachtungen (Epoche) und von Doppelsternmessungen pflegt man in Bruchtheilen des Jahres anzugeben, und zwar des stets gleich langen tropischen Jahres (annus fictus, Bessel'sches Jahr). Dieses Jahr beginnt in dem Moment, wo die mittlere Länge der Sonne plus dem constanten Theil der Sonnenaberration 280° beträgt. Dieses Moment (gewöhnlich bezeichnet mit z. B. 1875.0) liegt k Tage vor dem Beginn des gregorianischen Jahres, nämlich dem Mittag des Jan. 0 im Gemein- und des Jan. 1 im Schaltjahr; k, ausgedrückt in Decimaltheilen des Tages und gültig für den Berliner Meridian, findet man für die Jahre 1600 bis 2000 in Taf. XXXI[a] fertig berechnet vor. Die Dauer des tropischen Jahres ist 365.2422 Tage. Tafel II giebt den Jahresbruchtheil für den Beginn eines jeden Tages eines gregorianischen Jahres, das zugleich mit dem Bessel'schen anfängt; dem Jahresbruch ist also noch $\frac{k}{365.2422}$ hinzuzufügen, oder, was dasselbe ist, dieser ist mit dem Argument: (astronomisches Datum $+ k$) der Tafel zu entnehmen; denn

$$\text{astron. Datum} + k = \text{Datum im annus fictus.}$$

Liegt die zu verwandelnde Beobachtungszeit in Zeit eines anderen Ortes, als Berlin, vor, so ist sie zuerst in Berliner Zeit zu verwandeln oder man nimmt statt k die Grösse $k + d$, wo d die Längendifferenz des Ortes mit Berlin ist, ausgedrückt in Decimaltheilen des Tages und westlich von Berlin positiv gezählt.

Beispiele:

1900 Nov. 15.0 mittl. Zeit Berlin $= 1900.8734 + \frac{-0.3507}{365.2422} = 1900.8734 - 0.0010 = 1900.8724.$

1901 April 23.0 » » Greenwich $= 1901.3094 + \frac{-0.5929 + 0.0372}{365.2422} = 1901.3094 - 0.0015 = 1901.3079.$

Tafel III.

Diese Tafel dient zur Verwandlung von Stunden, Minuten und Secunden in Bruchtheile des Tages; sie ist in einer Form entworfen, die, abgesehen von kleinen im Kopf auszuführenden Subtractionen, das directe Hinschreiben des Resultates ohne Zwischenrechnung gestattet.

Z. B.: $13^h 18^m 24^s.37 = 0^d.5544487.$

Tafeln IV und V

sind die bekannten, allen ausführlicheren Tafeln vorzuziehenden Tafeln zur Verwandlung von mittlerer Zeit in Sternzeit und umgekehrt, bei denen ebenfalls die Einrichtung getroffen ist, dass das Resultat ohne Zwischenrechnung hingeschrieben werden kann.

Tafeln VI bis IX

bedürfen keiner Erklärung; Taf. IX wird der geübtere Rechner nicht gebrauchen.

Zweiter Theil.

Tafeln zur Ermittelung der wahren Anomalie aus der Zeit und umgekehrt in der elliptischen, parabolischen und hyperbolischen Bewegung.

A. Ellipsen von mässiger Excentricität.

Die hier vorliegende Aufgabe wird bei elliptischen Bahnen von mässiger Excentricität e (alle Planeten, viele Kometen von kurzer Umlaufszeit und die Mehrzahl der Doppelsterne gehören hierzu) durch die Einführung der excentrischen Anomalie E als Hülfswinkels gelöst. Ist t die seit dem Periheldurchgang verflossene Zeit, ausgedrückt in mittleren Sonnentagen, μ die mittlere tägliche Bewegung, so dass $\mu t = M$ die mittlere Anomalie ist, so findet zwischen dieser und der excentrischen Anomalie die Kepler'sche Gleichung

$$\mu t = M = E - e \sin E \qquad (1)$$

statt, nach deren Auflösung sich die wahre Anomalie v und der Radiusvector r durch verschiedene bequeme Formeln ergeben, von denen hier die gebräuchlichsten zusammengestellt seien:

$$e = \sin \varphi$$
$$a = \text{grosse Halbaxe der Ellipse}$$
$$p = a \cos \varphi^2 = \text{Parameter}$$

$$r \sin v = a \cos \varphi \sin E$$
$$r \cos v = a (\cos E - e)$$

$$\sqrt{r} \sin \frac{v}{2} = \sqrt{a(1+e)} \sin \frac{E}{2} = \tfrac{1}{2} \sqrt{a(1+e)} \sin E \sec \frac{E}{2}$$
$$\sqrt{r} \cos \frac{v}{2} = \sqrt{a(1-e)} \cos \frac{E}{2}$$

$$\operatorname{tg} \frac{v}{2} = \sqrt{\frac{1+e}{1-e}} \operatorname{tg} \frac{E}{2} = \operatorname{tg}\left(45^\circ + \frac{\varphi}{2}\right) \operatorname{tg} \frac{E}{2} = \tfrac{1}{2} \operatorname{tg}\left(45^\circ + \frac{\varphi}{2}\right) \sin E \sec^2 \frac{E}{2}$$
$$r = \frac{p}{1 + e \cos r} = a(1 - e \cos E) = a \cos \varphi \frac{\sin E}{\sin v}$$

$$\sin \frac{v-E}{2} = \sin \frac{\varphi}{2} \sqrt{\frac{r}{p}} \sin v$$
$$\sin \frac{v-E}{2} = \sin \frac{\varphi}{2} \sqrt{\frac{a}{r}} \sin E.$$

Es bleiben somit nur Mittel zu beschaffen, um die transcendente Gleichung (1) aufzulösen. Der Wichtigkeit und Häufigkeit der Aufgabe entsprechend sind sie in dieser Sammlung in möglichster Mannigfaltigkeit geboten. Sie zerfallen in solche, welche einen Näherungswerth von E ergeben und in solche, welche diesen zum genauen Werth zu verbessern gestatten. Ein für allemal sei vorausgeschickt, dass alle Tafeln sich nur bis M bez. $E = 180^\circ$ zu erstrecken brauchen, da offenbar der zu $360^\circ - M$ oder $-M$ gehörige Werth der excentrischen Anomalie $360^\circ - E$ oder $-E$ ist.

Tafel X

giebt eine Übersicht über den Verlauf der excentrischen Anomalie für alle Excentricitäten zwischen 0.1 und 1.0, in Bezug auf M von Grad zu Grad, in Bezug auf e bis 0.5 von 0.1 zu 0.1, dann von 0.05 zu 0.05 fortschreitend. Die Tafel kann nur rohe Näherungen geben, sowohl wegen des innegehaltenen Genauigkeitsgrades von 0°01, als auch wegen der Unsicherheit der Interpolation; trotzdem wird sie sich für viele Zwecke als nützlich erweisen, ebenso wie die viel gebrauchte Doberck'sche Tafel in A. N. 92, 279, von der sie eine Nachbildung und Erweiterung ist. Die Tafel ist durch die viel umfangreichere, ausgezeichnete Hülfstafel von Åstrand*) controlirt worden.

Tafeln XI und XII

reproduciren, in erweiterter Form, die Tafeln, welche Tietjen**) zu der von ihm ausgebildeten Methode, die Kepler'sche Gleichung zu lösen, entworfen hat. Die erste reicht für alle kleinen Planeten und für einen Theil der Cometen von kurzer Umlaufszeit aus, die zweite, bequemere genügt für fast alle kleinen Planeten. Man erhält durch beide, sich nicht wesentlich von einander unterscheidende Methoden durch eine directe Rechnung einen sehr genäherten Werth der excentrischen Anomalie, und bei der ersten durch Hinzufügung einer kleinen indirecten Rechnung den strengen Werth (ausser in ganz ungünstigen Fällen). Die zweite Methode wird man bei fünfstelliger Rechnung anwenden, wo der direct gerechnete Werth bereits als genauer innerhalb der gesteckten Genauigkeitsgränzen betrachtet werden kann; sie kann aber natürlich auch behufs Erlangung eines Näherungswerthes benutzt werden, der dann durch die später anzugebende Weise zu verbessern ist. Die Tafeln beruhen auf folgenden Entwickelungen. Setzt man die excentrische Anomalie $E = M + x$, so folgt aus der Kepler'schen Gleichung

$$\operatorname{tg} x = \frac{e \sin M}{1 - e \cos M} - \frac{x - \sin x}{\cos x (1 - e \cos M)}.$$

Setzt man daher

$$\operatorname{tg} x_0 = \frac{e \sin M}{1 - e \cos M}$$

$$A = \frac{\cos x_0}{1 - e \cos M}$$

$$x - x_0 = \delta x$$

$$x_0 - \sin x_0 = C \sin x_0^2 \operatorname{tg} x_0$$ (log C ist in Tafel XI in Bogensecunden tabulirt),

so wird fast strenge:

$$\delta x = - \frac{A C \sin x_0^3}{\cos x_0 (1 + 2 A \sin^2 \tfrac{1}{2} (x_0 + x))}$$

und dann

$$E = M + x_0 + \delta x.$$

---

*) Åstrand, Hülfstafeln zur leichten und genauen Auflösung des Kepler'schen Problems. Leipzig, Engelmann 1890.

**) Tietjen, Tafeln zur Berechnung der wahren Anomalie. Veröff. des Rechen-Institutes. Berlin 1892.

Der Nenner des Ausdruckes für δx ist sehr nahe gleich 1; setzt man also

$$\Delta x = -AC\sin x_0^3,$$

so wird ein sehr guter Näherungswerth von E nach Durchrechnung folgender Gleichungen erhalten:

$$\left.\begin{aligned} \operatorname{tg} x_0 &= \frac{e\sin M}{1 - e\cos M} \\ A &= \frac{\cos x_0}{1 - e\cos M} \\ E &= M + x_0 - AC\sin x_0^3 \end{aligned}\right\}\ \text{I.}$$

log C in Bogensecunden mit Arg. x_0 aus Taf. XI.

Ersetzt man in dem Ausdrucke für δx die noch unbekannte Grösse x durch ihren Näherungswerth $x_0 + \Delta x$, wo $\Delta x = -AC\sin x_0^3$, so giebt folgendes Formelsystem einen fast strengen Werth:

$$\left.\begin{aligned} \operatorname{tg} x_0 &= \frac{e\sin M}{1 - e\cos M} \\ A &= \frac{\cos x_0}{1 - e\cos M} \\ \Delta x &= -AC\sin x_0^3 \\ \delta x &= \frac{\Delta x}{\cos x_0\left(1 + 2A\sin^2\frac{1}{2}\left(x_0 + \frac{\Delta x}{2}\right)\right)} \\ E &= M + x_0 + \delta x \end{aligned}\right\}\ \text{I}^a.$$

log C in Bogensecunden aus Tafel XI.

Es wird jedoch in der Regel kürzer sein, den aus I. erhaltenen Werth von E durch Benutzung des Differenzialquotienten $\frac{\delta E}{\delta M} = \frac{1}{1 - e\cos E}$ oder mit logarithmischen Differenzen zu verbessern.

Erstes Beispiel: $\log e = 9.744\,2503$ $\log e'' = 5.058\,6754$ $M = 34°19'36.''14$.

I.		
	$\sin M$	9.751 2106
	$\cos M$	9.916 8936
	$e\sin M$	9.495 4609
	$e\cos M$	9.661 1439
	$1:(1 - e\cos M)$	0.266 2361
	$\cos x_0$	9.937 4662
	$\operatorname{tg} x_0$	9.761 6970
	x_0	30°0'52.''98
	$\sin x_0$	9.699 1631
	$\sin^3 x_0$	9.097 489
	C	4.527 925
	A	0.203 702
	$AC\sin x_0^3$	3.829 116
	Δx	− 1°52'27.''08
	$x_0 + \Delta x$	28 8 25.90
	E_1	62 28 2.04

I^a.	$x_0 + \frac{\Delta x}{2}$	$29^\circ\ 4'\ 39''.5$
	$\sin \frac{1}{2}\left(x_0 + \frac{\Delta x}{2}\right)^2$	8.799 472
	$2A$	0.504 732
	Σ	9.304 204
	$1 + \Sigma$	0.079 712
	$\cos x_0 (1 + \Sigma)$	0.017 178
	δx	$3.811\ 938_n$
	δx	$-1^\circ 48'\ 5''.42$
	$x_0 + \delta x$	28 12 47.56
	E_2	62 32 23.70

Dieser Werth stimmt bis auf $2''.10$ mit dem strengen ($62^\circ 32'\ 25''.80$) überein und beweist, wie weit man auch in einem für die Methode sehr ungünstigen Falle kommen kann. Der nach I. erhaltene Werth von E $62^\circ 28'\ 2''.04$ hätte auch durch Bildung des Differenzialquotienten $\frac{\partial E}{\partial M} = \frac{1}{1 - e \cos E}$ wie folgt verbessert werden können:

E_1	$62^\circ 28'\ 2''.04$			E_2	$62^\circ 32'\ 25''.91$
$\sin E_1$	9.947 7995	$\cos E_1$	9.664 882	$\sin E_2$	9.948 0887
$e'' \sin E_1$	5.006 4749	$e \cos E_1$	9.409 132	$e'' \sin E_2$	5.006 7641
	$101502''.08$	$1:(1 - e\cos E_1)$	0.128 734		$101569''.68$
Taf. VII	$28^\circ 11'\ 42''.08$	$(M - M_1)$	2.292 655		$28^\circ 12'\ 49''.68$
$E_1 - e'' \sin E_1$	34 16 19.96	dE	$+ 4'\ 23''.87$	$E_2 - e'' \sin E_2$	34 19 36.23
$M - M_1$	+ 3 16.18	E_2	$62^\circ 32'\ 25''.91$	$M - M_2$	− 0.09
				dE	− 0.12
				E_3	62 32 25.79

Es hätte also noch zweier Versuche bedurft, um den strengen Werth zu erhalten. Von dem durch I^a erhaltenen Werthe ausgehend, hätte man mit einem ausgereicht:

E_2	$62^\circ 32'\ 23''.70$		
$\sin E_2$	9.948 0863	$\cos E_2$	9.663 826
$e'' \sin E_2$	5.006 7617	$e \cos E_2$	9.408 076
	$101569''.12$	$1:(1 - e \cos E_2)$	0.12837
	$28^\circ 12'\ 49''.12$		0.19312
	34 19 34.58	dE	$+ 2''.10$
$M - M_2$	+ 1.56	E_3	$62^\circ 32'\ 25''.80$

Zweites Beispiel: $\varphi = 8^\circ 23'\ 55''.0$ $\log \sin \varphi$ 9.164 528 $\log e''$ 4.478 953

M	$336^\circ 54'\ 3''.9$
$\sin M$	$9.593\ 640_n$
$\cos M$	9.963 708
$e \sin M$	$8.758\ 168_n$
$e \cos M$	9.128 236
$1:(1 - e \cos M)$	0.062 657
$\cos x_0$	9.999 051
$\operatorname{tg} x_0$	$8.820\ 825_n$
x_0	$- 3^\circ 47'\ 13''.81$

$\sin x_0$	$8.819\,876_n$
$\sin x_0^3$	$6.459\,628_n$
C	$4.536\,178$
A	$0.061\,708$
$A C \sin x_0^3$	$1.057\,514_n$
$\varDelta x$	$+11.''4$
$x_0 + \varDelta x$	$-3^\circ 47'\ 2.''4$
E_1	$333\ \ 7\ \ 1.5$
$\sin E_1$	$9.655\,301_n$
$e'' \sin E_1$	$4.134\,254_n$
	$-3^\circ 47'\ 2.''4$
M_1	$336\ \ 54\ \ 3.9$

Die Durchrechnung von I. hat also in diesem normalen Fall sofort den für eine 6-stellige Rechnung strengen Werth von E ergeben.

Die oben erwähnte Modification der Methode, für welche die Taf. XII bestimmt ist, besteht einfach darin, dass man

$$\sigma = C \cos x_0 \sin x_0^3$$

setzt und σ mit dem Arg. x_0 tabulirt; das Formelsystem I. geht dann über in:

$$\left.\begin{array}{r} \operatorname{tg} x_0 = \dfrac{e \sin M}{1 - e \cos M} \\ E = M + x_0 - \dfrac{\sigma}{1 - e \cos M} \\ \sigma \text{ aus Taf. XII.} \end{array}\right\} \text{II.}$$

Für alle kleinen Planeten, deren Excentricitätswinkel unter 15° liegt, d. h. für 95% derselben, giebt dieses Formelsystem einen für 5-stellige Rechnung genauen Werth, und für 6- und 7-stellige Rechnungen einen so guten Näherungswerth, dass man mit einer Verbesserung desselben zum strengen Werth kommt.

Beispiel: $\varphi = 10^\circ 25' 29.''0$ $\log \sin \varphi = 9.257\,543$ $\log e'' = 4.571\,968.$

$M =$	$53^\circ\ 1'\ 14.''6$		
$\sin M$	$9.902\,467$		
$\cos M$	$9.779\,254$		
$e \sin M$	$9.160\,010$		
$e \cos M$	$9.036\,797$		
$1:(1 - e \cos M)$	$0.050\,045$		
$\operatorname{tg} x_0$	$9.210\,055$		
x_0	$9^\circ 12' 47.''6$		
σ	$139.''1$	(aus Taf. XII)	
$\log \sigma$	$2.14\,333$		
$\sigma:(1 - e \cos M)$	$2.19\,337$		
	$2' 36.''1$		
E_1	$62^\circ 11' 26.''1$		
$\sin E_1$	$9.946\,700$	$\cos E_1$	9.6689
$e'' \sin E_1$	$4.518\,668$	$e \cos E_1$	8.9264
	$9^\circ 10' 11.''7$	$1:(1 - e \cos E_1)$	0.0383

M_1	$53^\circ\ 1'\ 14''.4$	1.092
$M - M_1$	$+0.2$	
dE	$+0.2$	(mittelst Taf. XIV $F = 1.092$)
E_2	$62^\circ 11'\ 26''.3$,	

welches für 6-stellige Rechnung der strenge Werth ist.

Tafel XIII

(zwei Karten in der Mappe).

Obwohl die eben besprochenen rechnerischen Methoden, eine genäherte Auflösung der Kepler'schen Gleichung zu erlangen, an Kürze der Rechnung kaum überboten werden können, stehen sie doch meines Erachtens hinter dem graphischen Verfahren zurück, das Waterston (Monthly Not. 1849/50) und Dubois (A. N. Nr. 1404) angegeben haben. Ich habe mich bemüht, dieses noch viel zu wenig bekannte Verfahren für die Zwecke dieser Sammlung möglichst bequem auszugestalten und bin überzeugt, dass kein Rechner dasselbe mehr verlassen wird, der es sich einmal zurechtgelegt hat.

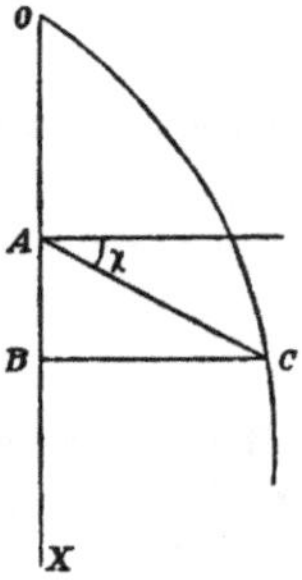

Trägt man auf der Abscissenaxe OX die Bogen und als zugehörige Ordinaten deren Sinus auf, d. h. construirt man die Sinuscurve, zieht ferner durch den Punkt A der Abscissenaxe, dessen Abstand OA vom Anfangspunkte dem Bogen der mittleren Anomalie M entsprechen möge, eine Gerade AC, welche mit den Ordinaten den Winkel χ bildet, der definirt ist durch $\operatorname{tg}\chi = e = \sin\varphi$, so hat man, wenn mit C der Schnittpunkt dieser Geraden mit der Sinuscurve und mit OB seine Abscisse bezeichnet wird, offenbar:

$$\operatorname{tg}\chi = e = \frac{AB}{BC} = \frac{OB - OA}{\sin OB}$$

oder wenn $OA = M$, $OB = E$ gesetzt wird:

$$M = E - e\sin E,$$

d. h. um aus dieser Gleichung E zu ermitteln, wenn M und e gegeben sind, hat man nur den Winkel χ mit seiner Spitze auf den Punkt A der Abscissenaxe zu legen, welcher dem Bogen M entspricht und seinen einen Schenkel mit der Ordinate von A zur Deckung zu bringen, der andere Schenkel schneidet dann die Sinuscurve in einem Punkt, dessen Abscisse E ist und unmittelbar abgelesen werden kann. Man kann sich natürlich auch des Winkels $90^\circ - \chi = CAB = \psi$ bedienen, der also definirt ist durch

$$\operatorname{tg}\psi = \frac{1}{e};$$

dessen einer Schenkel ist dann mit der Abscissenaxe zur Deckung zu bringen.

Wenn man sich den der Excentricität entsprechenden Winkel aus Carton ausschneiden oder auf durchsichtiges Papier zeichnen will (zu beiden Operationen ist die Anwendung von Millimeterpapier zu empfehlen), so ist der Gebrauch des Winkels ψ vorzuziehen, da $\psi > 45^\circ$ ist und die Anlegung an der Abscissenaxe sicherer ist, als an den kurzen Ordinaten. — Dagegen wird der Winkel χ bequemer, wenn man auf dem Blatte, auf welchem die Sinuscurve gezeichnet ist, in irgend einer Weise einen getheilten Octanten zeichnet, der ermöglicht, mit einem Winkellineal sofort den zweiten Schenkel des Winkels χ abzunehmen; indem dieses durch Führung an einem Lineal parallel verschoben wird, kann zu jedem M unmittelbar das zugehörige E abgelesen werden. Noch einfacher ist es — dies ist auf den beigefügten Karten ebenfalls durchgeführt — die Excentricität e selbst als Argument für die Bildung des Winkels zu wählen; man erspart dadurch die Berechnung des sonst nicht gebrauchten Winkels χ oder ψ.

Der Gebrauch der Karten gestaltet sich also so: Zur Linie, welche den Anfangspunkt des Coordinatensystems — auf der einen Karte ist dies der Punkt 0°, auf der anderen der Punkt 60° der Abscissenaxe — mit dem Punkt e der Excentricitätsscala oder dem Punkte χ° oder ψ° der zweiten Scala verbindet, zieht man eine Parallele durch den Punkt der Abscissenaxe, welcher der vorgelegten mittleren Anomalie entspricht — am einfachsten durch Benutzung von Winkellinealen —; die Abscisse des Punktes, wo diese die Sinuscurve trifft, ist die excentrische Anomalie E.

Der Massstab der Karten ist so gewählt, dass $0^\circ\!.1$ noch abgelesen werden kann. Vielfache Vergleichungen mit den Åstrand'schen Tafeln haben gezeigt, dass diese Genauigkeitsgränze bei einiger Sorgfalt selten überschritten wird. Man hat hier also das denkbar einfachste Mittel, die excentrische Anomalie mit einer Genauigkeit zu bestimmen, die bei Berechnung von Doppelsternbahnen häufig bereits genügen wird, für Planeten- und Cometenrechnungen aber einen ersten Näherungswerth giebt, der, wenn der Differenzialquotient $\frac{dE}{dM}$ berechnet wird, beim zweiten oder dritten Versuch zum strengen Resultat führen muss.

Der einzige Mangel scheint mir darin zu liegen, dass das Papier sich leicht verzieht, wodurch constante Fehler entstehen.

Dass die Karten zu Lehrzwecken sehr instructiv sind, sei nur nebenbei erwähnt; so erkennt man unmittelbar die Unmöglichkeit der Rechnung von E bei kleinem M in parabelnahen Bahnen. Wo die Kepler'sche Gleichung in ihrer ursprünglichen Form versagt, also bei den Rechnungen nicht angewandt wird, versagt natürlich auch die graphische Methode.

Zur Prüfung und eventuellen Neuherstellung der Karten auf Millimeterpapier seien folgende Angaben gemacht. Auf der Abscissenaxe entsprechen 180° des Bogens 360 Millimetern. Die Ordinaten der Sinuscurve haben dann folgende Längen:

	mm		mm		mm		mm		mm		mm
0°	0.0	10°	19.9	20°	39.2	30°	57.3	40°	73.7	50°	87.8
1	2.0	11	21.9	21	41.1	31	59.0	41	75.2	51	89.1
2	4.0	12	23.8	22	42.9	32	60.7	42	76.7	52	90.3
3	6.0	13	25.8	23	44.8	33	62.4	43	78.2	53	91.5
4	8.0	14	27.7	24	46.6	34	64.1	44	79.6	54	92.7
5	10.0	15	29.7	25	48.4	35	65.7	45	81.0	55	93.9
6	12.0	16	31.6	26	50.2	36	67.4	46	82.4	56	95.0
7	14.0	17	33.5	27	52.0	37	69.0	47	83.8	57	96.1
8	15.9	18	35.4	28	53.8	38	70.5	48	85.2	58	97.2
9	17.9	19	37.3	29	55.6	39	72.1	49	86.5	59	98.2

	mm		mm		mm		mm		mm		mm
60°	99.2	66°	104.7	71°	108.3	76°	111.2	81°	113.2	86°	114.3
61	100.2	67	105.5	72	109.0	77	111.7	82	113.5	87	114.4
62	101.2	68	106.3	73	109.6	78	112.1	83	113.7	88	114.5
63	102.1	69	107.0	74	110.2	79	112.5	84	114.0	89	114.6
64	103.0	70	107.7	75	110.7	80	112.8	85	114.2	90	114.6
65	103.9										

Die Scala für die Winkel χ und ψ hat die Ordinate 130 mm und folgende Abscissen für die einzelnen Grade:

χ oder $90^\circ-\psi$	Absc.	χ oder $90^\circ-\psi$	Absc.	χ oder $90^\circ-\psi$	Absc.
0°	0.0 mm	16°	37.3 mm	31°	78.1 mm
1	2.3	17	39.8	32	81.2
2	4.5	18	42.2	33	84.4
3	6.8	19	44.8	34	87.7
4	9.1	20	47.3	35	91.0
5	11.4	21	49.9	36	94.4
6	13.7	22	52.5	37	98.0
7	16.0	23	55.2	38	101.6
8	18.3	24	57.9	39	105.3
9	20.6	25	60.6	40	109.1
10	22.9	26	63.4	41	113.0
11	25.3	27	66.2	42	117.0
12	27.6	28	69.1	43	121.2
13	30.0	29	72.1	44	125.5
14	32.4	30	75.1	45	130.0
15	34.8				

Die Scala für e hat die Ordinate 150 mm und die Striche folgen sich in Intervallen von 1.5 mm für 0.01 der Excentricität e.

Beispiel: $\log e = 9.744\,2503$ $\log e'' = 5.058\,6754$ $e = 0.555\ldots$
$M = 34^\circ 19' 36''.14$

Durch Anlegen der Winkellineale wurde abgelesen $E = 62^\circ.5$.
Damit stellt sich die weitere Rechnung so:

E_1	$62^\circ 30'$		
$\sin E_1$	9.947 929	$\cos E_1$	9.664 406
$e'' \sin E_1$	5.006 604	$e \cos E_1$	9.408 656
	$28^\circ 12' 12''.3$	$1:(1 - e\cos E_1)$	0.128 570
M_1	34 17 47.7		
$M - M_1$	$+ 108''.44$		
$M - M_1$	2.035 190		
dE	$+ 2' 25''.80$		
E_2	$62^\circ 32' 25''.80$		

Dies ist bereits der strenge Werth.

Tafel XIV.

Ist der Näherungswerth von E gefunden, so muss derselbe zum strengen Werth verbessert werden; die Tafel XIV soll diese Aufgabe, die weitaus häufiger vorkommt, als die, den Näherungswerth zu suchen, erleichtern, wenigstens soweit sämmtliche kleinen Planeten und einige periodische Kometen und Doppelsterne in Betracht kommen. Bei der Ephemeridenrechnung bietet sich nämlich, sobald man über die drei ersten Intervalle hinaus ist, für welche man zu den obigen Methoden greifen wird, ein bis auf Bruchtheile der Secunde genauer Werth von E stets durch Extrapolation von $E - M$ von selbst dar; hat man z. B. bereits gefunden:

M	E	$E-M$	Δ_1	Δ_2
339°10′16″.0	335°43′53″.5	−3°26′22″.5	+5 59″.9	
339 49 10.9	336 28 48.3	−3 20 22.6	+6 2.2	+2″.3
340 28 5.8	337 13 45.4	−3 14 20.4	+6 4.5	+2.3
341 7 0.7	337 58 44.8	−3 8 15.9	*+6 6.8*	*+2.3*
341 45 55.6		*−3 2 9.1*		

so folgt durch Extrapolation für das nächste Datum $E - M = -3^\circ\,2'\,9''.1$ d. h. $E = 338^\circ\,43'\,46''.5$, ein Werth, der nur um $0''.1$ vom strengen abweicht.

Die Verbesserung kann durch logarithmische Differenzen oder noch genauer durch Bildung des Differenzialquotienten $\frac{\partial E}{\partial M} = F = \frac{1}{1 - e\cos E}$ erfolgen. Rechnet man nämlich mit dem Näherungswerth E_1 den zugehörigen Werth von M, nämlich $M_1 = E_1 - e''\sin E_1$, so ist offenbar sehr nahe:

$$E - E_1 = (M - M_1)\frac{\partial E}{\partial M}$$

und $E_1 + (E - E_1)$ wird dem strengen Werth um so näher liegen, je genauer bereits E_1 war. Taf. XIV gibt unmittelbar $\frac{\partial E}{\partial M}$ mit den Argumenten E und φ bis $\varphi = 30^\circ$, wodurch eine kleine, aber sich häufig wiederholende Rechnung erspart wird.

Beispiel: $\varphi = 27^\circ 59' 51''.29$ $\quad \log\sin\varphi = 9.671\,5748$ $\quad \log e'' = 4.985\,9999$
(♂ 1889 V). $\quad e = 0.4696\ldots$

$M =$	65°18′13″.29	
$E_1 =$	92°18′	(durch die graphische Methode)
$\sin E_1$	9.999 6500	
$e''\sin E_1$	4.985 6499	
	26°52′29″.76	
M_1	65 25 30.24	
$M - M_1$	− 436″.95	
F	0.982	(aus Taf. XIV)
dE	− 429″.09	
E_2	92°10′50″.91	
$\sin E_2$	9.999 6853	
$e''\sin E_2$	4.985 6852	
	26°52′37″.62	
M_2	65 18 13.29	
Also E_3	92°10′50″.91	(strenger Werth).

B. Die Parabel.

In der parabolischen Bewegung wird die Berechnung der wahren Anomalie v und des Radiusvectors r aus der seit dem Periheldurchgang verflossenen Zeit t und auch die umgekehrte Aufgabe durch die Formeln:

$$\frac{\sqrt{2}}{k}\operatorname{tg}\frac{v}{2}+\frac{\sqrt{2}}{3k}\operatorname{tg}\frac{v}{2}^{3}=\frac{t}{q^{\frac{3}{2}}}=M \qquad (1)$$

$$r=\frac{q}{\cos\frac{v}{2}^{2}}$$

vermittelt, in denen k die Gauss'sche Constante, q den Perihelabstand bedeuten. Zur Auflösung der ersten dieser Gleichungen bedient man sich in der Regel der Barker'schen Tafel, welche mit dem Argument v den Werth von M (Oppolzer) oder von $\frac{75k}{\sqrt{2}}M$ (in allen älteren Ausgaben) giebt. Berechnet man sich also das Argument, je nachdem durch

$$\frac{t}{q^{\frac{3}{2}}} \text{ oder } \frac{75k}{\sqrt{2}}\,\frac{t}{q^{\frac{3}{2}}} \quad \left(\log\frac{75k}{\sqrt{2}}=9.960\,1277\right),$$

so ist der Barker'schen Tafel v unmittelbar zu entnehmen; ist umgekehrt v für einen bestimmten Zeitpunkt gegeben, so entnimmt man M oder $\frac{75k}{\sqrt{2}}M$ und findet daraus die seit dem Peiheldurchgang verflossene Zeit uud damit die Zeit des Periheldurchganges selbst; natürlich könnte man im letzteren Fall ohne grosse Mühe auch direct rechnen:

$$t=q^{\frac{3}{2}}\left([1.914\,9336]\operatorname{tg}\frac{v}{2}+[1.437\,8123]\operatorname{tg}\frac{v}{2}^{3}\right).$$

Nebenbei bemerkt, kann die Gl. (1) auch nach v direct aufgelöst werden, was aber längere Arbeit erfordert, nämlich die Durchrechnung von:

$$c=\frac{2^{\frac{3}{2}}}{3k} \qquad \log c=1.738\,8423$$

$$\operatorname{tg}\beta=c\cdot\frac{q^{\frac{3}{2}}}{t}$$

$$\operatorname{tg}\gamma=\sqrt[3]{\operatorname{tg}\frac{\beta}{2}}$$

$$\operatorname{tg}\frac{v}{2}=2\operatorname{cotg}2\gamma.$$

Die Barker'sche Tafel hat nur den Nachtheil, dass sie sehr umfangreich wird, wenn sie einen sicheren und bequemen Gebrauch zulassen soll; so umfasst die beste Ausgabe, die v. Oppolzer'sche, 88 Seiten, ohne in allen Theilen bequem zu sein. Da es ausgeschlossen war, eine solche Tafel, auch nur von annähernd gleichem Umfang der Sammlung einzuverleiben, habe ich mich um ein Verfahren bemüht, welches an Sicherheit dasselbe leistet, wie die Oppolzer'sche Tafel, an Bequemlichkeit derselben wenig nachsteht, dabei aber nur den 6. Theil des Umfangs derselben besitzt. Dieses Verfahren ist im Folgenden auseinandergesetzt.

Tafel XV.

Burckhardt hat zuerst den Vorschlag gemacht umgekehrt wie die Barker'sche Tafel zu verfahren, nämlich v mit dem Argument M zu tabuliren, und die von ihm berechnete Tafel*) erfreute sich der Empfehlung von Gauss (A. N. Nr. 479); später hat auch Leverrier dieser Anordnung Aufmerksamkeit geschenkt und eine neu berechnete Tafel in den Pariser Annalen Band I, pag. 226**) gegeben. In der Burckhardt'schen Tafel wird für bestimmte in angemessenen Intervallen fortschreitende Werthe von M bez. log M der Werth von v gegeben und die Zwischenwerthe müssen interpolirt werden. Leverrier dagegen giebt zu einer verhältnismässig kleinen Anzahl von M_0 die entsprechenden v_0, aber auch noch die Differenzialquotienten von v nach M bis zur 3. Ordnung; die Berechnung für benachbarte Werthe M, v vollzieht sich dann nach dem Taylor'schen Satz

$$v = v_0 + \left(\frac{\partial v}{\partial M}\right)_0 (M - M_0) + \tfrac{1}{2}\left(\frac{\partial^2 v}{\partial M^2}\right)_0 (M - M_0)^2 + \cdots$$

oder wenn

$$\left(\frac{\partial v}{\partial M}\right)_0 = A_1\,, \quad \frac{1}{1\cdot 2}\left(\frac{\partial^2 v}{\partial M^2}\right)_0 = A_2\,, \quad \ldots$$

tabulirt sind, nach

$$v = v_0 + A_1 (M - M_0) + A_2 (M - M_0)^2 + \cdots$$

Die Leverrier'sche Tafel schreitet in Intervallen fort, welche die Berücksichtigung der 3. Differenzialquotienten erfordern; sie verlangt also mehr Arbeit, als die Barker-sche Tafel namentlich in der Oppolzer'schen Ausdehnung, wo eine einfache, allerdings manchmal mühsame Interpolation genügt.

Ich habe durch Berechnung der Taf. XV das Leverrier'sche Verfahren so ausgebaut, dass es mit aller Bequemlichkeit anzuwenden ist. Zunächst habe ich von $M = 20$ an statt M log M als Argument genommen und dann das Intervall so verengt, dass die 3. Differenzialquotienten ohne Einfluss werden. Schreibt man dann obige Formel so

$$v \doteq v_0 + (M - M_0)\left[\left(\frac{\partial v}{\partial M}\right)_0 + \tfrac{1}{2}(M - M_0)\left(\frac{\partial^2 v}{\partial M^2}\right)_0\right],$$

so hat man in [...] den Werth des 1. Differenzialquotienten $\frac{\partial v}{\partial M}$, welcher dem Argument $\frac{M + M_0}{2}$ entspricht. Nimmt man also $\left(\frac{\partial v}{\partial M}\right)_0 = A$ in die Tafel auf, so kann man nach der einfachen Formel rechnen

$$v = v_0 + (M - M_0) A\,,$$

wenn man A aus der Tafel für das Argument $\frac{M + M_0}{2} = M_0 + \frac{M - M_0}{2}$ entnimmt. Man kann dies durch gewöhnliche Interpolation mit der Zahl $M - M_0$ erreichen, wenn man — wie in Taf. XV geschehen ist — gleich die Hälfte der P. P. ansetzt und benutzt. Die vom 2. Differenzialquotienten abhängigen Glieder werden so auf

---

*) Abgedruckt in Laplace Méc. cél. translated by Bowditch, Vol. III, Table III.

**) Abgedruckt in der Haase'schen deutschen Uebersetzung der Theoria motus, Anhang pag. 24; ferner in der Davis'schen englischen Uebersetzung der Theoria motus, Anhang pag. 29.

die einfachste Weise mit berücksichtigt. Als M_0 wird man immer jenes wählen, für welches $M - M_0$ kleiner als die Hälfte des Intervalles wird.

Ist umgekehrt v gegeben und M gesucht, so wird man zuerst mit dem nächstgelegenen in der Tafel stehenden log A rechnen und diesen dann in zweiter Näherung dem erhaltenen M gemäss corrigiren. Die anzuwendende Formel wird:

$$M - M_0 = \frac{v - v_0}{A}.$$

Die Tafel ist direct neu gerechnet worden, wobei die wenigen in der Leverrier'schen Tafel stehenden Werthe als Anhalt und Controle dienten. Der Differenzialquotient A ergab sich aus:

$$\frac{\partial v}{\partial M} = \sqrt{2}\,k \cos \frac{v}{2}^{4} \quad \text{bez.} \quad \frac{\partial v}{\partial (\log M)} = \frac{\sqrt{2}\,k}{\text{Mod.}} M \cos \frac{v}{2}^{4}.$$

Zum Schluss fand noch eine Controle durch die Resultate der Oppolzer'schen Tafel statt, die durch Herrn Wedemeyer ausgeführt wurde.

Beispiele (es sind der Deutlichkeit halber mehr Zahlen hingeschrieben, als man bei Ausführung einer Rechnung brauchen wird).

Berechnung von v aus M.

1) M	16.542 755	2) $\log M$	1.484 7523
M_0	16.5	$\log M_0$	1.485
$M - M_0$	+ 0.042 755		− 0.000 2477
$\log (M - M_0)$	8.630 99	$\log \Delta$	6.393 93$_n$
$\log A$	3.667 00	$\log A$	5.443 75
$A (M - M_0)$	+ 3′ 18.″60	$A . \Delta$	− 1′ 8.″81
v_0	22° 24 41.40	v_0	39° 14 28.81
v	22 28 0.00	v	39 13 20.00

Berechnung von M aus v.

1) $v =$	23° 6′ 20.″00		2) $v =$	36° 20′ 50.″00	
v_0	23 3 19.20		v_0	36 18 39.66	
$v - v_0$	+ 3 0.80		$v - v_0$	+ 2 10.34	
$\log (v - v_0)$	2.257 20		$\log (v - v_0)$	2.115 08	
$\log A$	3.665 (12)	04		5.420 (02)	18
	8.592 (08)	16		6.69(506)	490
M	17.039 09(1)	8	$\log M$	1.446 495(5)	3

Gebraucht man nicht die volle Genauigkeit, welche die Tafel geben kann, wie z. B. bei Berechnung einer 5-stelligen Kometenaufsuchungsephemeride, so kann man die log A (auf 4 oder 3 Stellen abgekürzt), wie sie in der Tafel stehen, als $\log \left(\frac{\text{Differenz der } v \text{ in Secunden}}{\text{Intervall}}\right)$ gebrauchen und damit v interpoliren.

Beispiele:

1) $\log M =$	1.44034	2) $M =$	13.153
[A	5.4162	[$\log A$	3.6789
0.00034	6.5315	0.053	8.7243
	1′ 29″]		4′ 13″]
v	35° 53′ 57″	v	18° 1′ 50″

Die in [ ] geschlossene Rechnung wird man mittelst einer 4-stelligen Log.-Tafel leicht im Kopf ausführen.

Tafel XVI.

Wenn M sehr gross wird, d. h. wenn sich v der Gränze 180° nähert, dann werden alle Tafeln zur Ermittelung der wahren Anomalie in der parabolischen Bewegung unbequem und zuletzt unbrauchbar. Taf. XV ist daher nur bis $\log M = 4.620$ oder $v = 170°$ geführt worden und bedarf also einer Ergänzung. Unter den vielen Mitteln, die zu diesem Behufe vorgeschlagen wurden, halte ich für das bequemste, die Gleichung (1) in der Form zu schreiben

$$\frac{kt}{\sqrt{2}\,q^{\frac{3}{2}}} = \frac{8}{3\sin v^3}\,\frac{1 + 3\,\text{cotg}\,\frac{v}{2}^2}{\left(1 + \text{cotg}\,\frac{v}{2}^2\right)^3} = \beta\,\frac{8}{3\sin v^3}$$

und zunächst den Winkel w zu suchen, welcher der Gleichung

$$\frac{kt}{\sqrt{2}\,q^{\frac{3}{2}}} = \frac{8}{3\sin w^3}$$

genügt; da für v in der Nähe von 180° der Factor β sehr nahe 1 ist, so wird gesetzt werden können $v = w + \delta$, wo δ ein kleiner Winkel ist, der mit dem Argument w tabuliert werden kann. Taf. XVI giebt diesen Winkel fast à vue. Die Berechnung einer wahren Anomalie $> 165°$ stellt sich also so:

$$\left\{\begin{array}{l} \frac{1}{M} = \frac{q^{\frac{3}{2}}}{t} \\ \sin w = \sqrt[3]{[2.340\,9023]\frac{1}{M}} \quad (w \text{ im II. Quadranten}) \\ v = w + \delta \quad (\delta \text{ aus Taf. XVI}). \end{array}\right.$$

Der Radiusvector wird dann am besten aus $r = \frac{q}{\text{cotg}\,\frac{v}{2}^2}\left(1 + \text{cotg}\,\frac{v}{2}^2\right)$ berechnet.

Beispiel: $\log M = 4.100\,0000.$

$\log\frac{1}{M}$	$5.900\,0000_{-10}$
	$8.240\,9023_{-10}$
$\sin w$	$9.413\,6341$
w	164°58′38″.76
δ	+ 15.97
v	164 58 54.73

Zur Lösung der selten vorkommenden umgekehrten Aufgabe, t aus v zu ermitteln, wenn v nahe 180° ist, wird sich die directe Rechnung am kürzesten erweisen, wenn man 1) (Seite 13) in der Form schreibt

$$t = \frac{2^{\frac{1}{2}}}{6k}\,q^{\frac{3}{2}} \cdot \frac{1 + 3\,\text{cotg}\,\frac{v}{2}^2}{\text{cotg}\,\frac{v}{2}^3}$$

$$\log\frac{2^{\frac{1}{2}}}{6k} = 1.437\,8123.$$

Dies wird sich besonders empfehlen, wenn der Radiusvector bekannt ist, aus dem sich ergiebt $\cos\frac{v}{2} = \sqrt{\frac{r}{q}}$ und dann

$$\text{cotg}\,\frac{v}{2} = \frac{\cos\frac{v}{2}}{\sin\frac{v}{2}}.$$

C. Parabelnahe Ellipsen und Hyperbeln.

Durch Differenziation der Kepler'schen Gleichung, nämlich

$$\frac{dE}{dM} = \frac{1}{1 - e\cos E},$$

erkennt man, dass ihre Auflösung auf dem bisher besprochenen Wege unsicher und unmöglich wird, sobald e nahe an 1 liegt und gleichzeitig E klein ist (kleiner als etwa 60°). Man muss daher bei nahe parabolischen Bahnen für kleine excentrische Anomalien besondere Hülfsmittel beschaffen, während für grosse excentrische Anomalien die Kepler'sche Gleichung auch hier in der bisherigen Form beibehalten werden kann.

Sowohl die bisherige Beschaffung eines Näherungswerthes von E, als die Verbesserung desselben versagen; ersteres weil das kleine M als Differenz zweier grosser Zahlen $E - e\sin E$ zu rechnen ist, letzteres weil der Correctionsfactor $\frac{1}{1 - e\cos E}$ sehr gross wird. Um ersteres zu vermeiden, kann man (worauf Herr Bruns*) aufmerksam gemacht hat) die Kepler'sche Gleichung so schreiben:

$$M = E - \sin E + (1 - e)\sin E;$$

hat man dann irgend ein Mittel, $E - \sin E$ rasch und sicher zu bilden, so wird, da $(1 - e)\sin E$ stets klein ist, an keiner Stelle ein Verlust an Genauigkeit eintreten. Åstrand giebt hierzu eine Tafel, welche in der Gleichung

$$E - \sin E = A\sin E^3$$

$\log A$ mit dem Argument $\log\sin E$ zu entnehmen gestattet. Der vorliegenden Sammlung sind zu anderen Zwecken zwei Tafeln einverleibt, welche hier mit Vortheil benutzt werden können. Zunächst die Tafel XXXX, welche direct $x - \sin x$ in Bogensecunden mit dem Argument x giebt. Ihre Anwendung ist aus folgendem auch von Bruns behandelten Beispiel ersichtlich:

$$e = 0.996\,85545, \quad 1 - e = 0.003\,14455, \quad \log(1 - e)'' \; 2.811\,9836, \quad M = 79''.37.$$

Rechnet man $(1 - e)''\sin E$ dreistellig für $E = 4°, 5°, 6°$, so findet man

E	$(1 - e)''\sin E$
4°	36″.8
5	56.5
6	67.8

und kann nun durch Gleiten in Taf. XXXX leicht auf einige Minuten genau den Werth von E abschätzen. Dann rechnet man zwei Hypothesen und wendet die Regula falsi an. Hier wird

E	4°59′	5° 1′
$E - \sin E$	22″.61	23″.07
$(1 - e)''\sin E$	56.34	56.72
M	78.95	79.79

$$\varDelta E = \frac{120 \times 0.42}{0.84} = 60''.0$$

also $E = 5°\ 0'\ 0''.0$

*) Åstrand, Hülfstafeln S. IX.

Auch zur Lösung der umgekehrten Aufgabe, nämlich M aus E zu ermitteln, erweist sich die Anwendung der Tafel sehr vortheilhaft. So hat man in demselben Beispiel:

$E =$	$5^\circ\ 0'\ 0''.0$	
$\sin E$	8.94030	
$(1-e)''\sin E$	1.75228	
Zahl	$56''.53$	
$E - \sin E$	22.84	(aus Taf. XXXX)
M	79.37	

Sodann erweist sich auch unsere kleine Tafel XI zur Lösung der vorliegenden Aufgabe sehr brauchbar. Dieselbe giebt nämlich (wie oben auseinandergesetzt), wenn E als Argument genommen wird, die Grösse C der folgenden Gleichung

$$E - \sin E = C \sin E^3 \sec E,$$

ausgedrückt in Bogensecunden. Man kann also daraus $E - \sin E$ mit Sicherheit rechnen und dann die Bruns'sche Methode zur Anwendung bringen.

Beispiel: Nehmen wir wie oben $\log(1-e)'' = 2.811\,984$ und $M = 0^\circ\,1'\,19''.37$, so findet man rasch, dass E zwischen 3° und 6° liegen muss, und wenn man diese beiden Hypothesen flüchtig durchrechnet und die Regula falsi anwendet (die allerdings hier, da deren Voraussetzungen bei weitem nicht erfüllt sind, keine rasche Annäherung geben kann), dass E in der Nähe von $4^\circ\,46'$ liegen muss. Man rechnet also die beiden weiteren Hypothesen:

E	$4^\circ 46'$	$5^\circ\ 6'$	
C	4.536 136	4.536 114	(aus Taf. XI)
$\sin E^3$	6.758 773	6.846 622	
$\sec E$	0.001 505	0.001 723	
$E - \sin E$	1.296 414	1.384 459	
$\sin E$	8.919 591	8.948 874	
$(1-e)''\sin E$	1.731 575	1.760 858	
	+ 19.788	+ 24.236	
	+ 53.898	+ 57.658	
	+ 73.686	+ 81.894	

und erhält jetzt durch Anwendung der Regula falsi $E = 4^\circ\ 59'\ 51''$. Weiter:

E	$4^\circ 59' 51''.0$	$5^\circ\ 0'\ 1''.0$
$E - \sin E$	+ 22.803	+ 22.841
$(1-e)''\sin E$	+ 56.502	+ 56.533
	+ 79.305	+ 79.374

Also: $E = 5^\circ\ 0'\ 0''.4$. Uebrigens überzeugt man sich leicht, dass die Werthe von E zwischen $5^\circ\ 0'\ 0''.0$ und $5^\circ\ 0'\ 1''.0$ Werthe von M ergeben, die zwischen $79''.365$ und $79''.375$ liegen, so dass eine schärfere Bestimmung von E nur möglich wird, wenn M auf mehr Stellen gegeben ist.

Die eben auseinandergesetzten Methoden geben E und daraus ist dann v und r zu rechnen. Es ist aber doch meist zweckmässiger, eine Methode zu wählen, welche v direct giebt. Dazu dienen die Tafeln XVII und XVIII.

Tafel XVII.

Unter den mannigfachen Methoden und Tafeln, die zur Ermittelung der wahren Anomalie in parabelnahen Ellipsen vorgeschlagen wurden, halte ich die Gauss'sche (Theoria motus § 34 ff.) mit der von Marth (A. N. Bd. 43, pag. 115) angegebenen Modification*), wenn auch nicht in allen Fällen für die kürzeste, so doch für die sicherste, und ich habe deshalb die dazu gehörigen Tafeln in einer Combination der Grössen, die mir die zweckmässigste erschien, hier aufgenommen. Aus welchem Grunde schliesslich die Sicherheit und nicht die Bequemlichkeit den Ausschlag bei dieser Auswahl gegeben hat, wird unten erklärt werden. Die Methode kann hier nicht abgeleitet werden, sondern es muss genügen, ihren Gebrauch auseinanderzusetzen.

a) Es ist v und r aus t, q, e zu ermitteln.

Mit einem genäherten Werthe von w, den man in Ermangelung eines besseren (bei Ephemeridenrechnungen sich von selbst darbietenden) durch Auflösung der Gleichung

$$\frac{\sqrt{2}}{k}\operatorname{tg}\frac{w}{2} + \frac{1}{3}\frac{\sqrt{2}}{k}\operatorname{tg}\frac{w}{2}^3 = \sqrt{\frac{1+9e}{10}}\,\frac{t}{q^{\frac{3}{2}}} = M$$

mittelst Taf. XV erhalten kann, wird berechnet

$$A = \frac{5(1-e)}{1+9e}\operatorname{tg}\frac{w}{2}^2. \qquad \text{I.}$$

Mit diesem Argument entnimmt man aus Taf. XVII $\log B$ und bestimmt damit w genauer durch:

$$\frac{\sqrt{2}}{k}\operatorname{tg}\frac{w}{2} + \frac{1}{3}\frac{\sqrt{2}}{k}\operatorname{tg}\frac{w}{2}^3 = \frac{\sqrt{\frac{1+9e}{10}}}{B}\cdot\frac{t}{q^{\frac{3}{2}}} = M \qquad \text{II.}$$

wieder mit Benutzung von Taf. XV. Hiermit wird durch I. A neu berechnet und wenn der damit aus Taf. XVII hervorgehende Werth von B mit dem vorigen übereinstimmt, ist der strenge Werth von A erhalten; wenn nicht, wird die Berechnung wiederholt, bis sie steht. Mit dem strengen Werth von A entnimmt man der Taf. XVII σ und ν und hat dann

$$\left.\begin{aligned} \operatorname{tg}\frac{v}{2} &= \sigma\sqrt{\frac{5(1+e)}{1+9e}}\operatorname{tg}\frac{w}{2} \\ r &= \frac{q}{\left(\nu\cos\frac{v}{2}\right)^2} \end{aligned}\right\} \qquad \text{III.}$$

oder auch

$$\left.\begin{aligned} \sqrt{\frac{r}{q}}\,\nu\sin\frac{v}{2} &= \sigma\sqrt{\frac{5(1+e)}{1+9e}}\operatorname{tg}\frac{w}{2} \\ \sqrt{\frac{r}{q}}\,\nu\cos\frac{r}{2} &= 1 \end{aligned}\right\} \qquad \text{III}^a.$$

Beispiel (Theoria motus § 43):

$$e = 0.967\,64567, \quad \log q \;\; 9.765\,6500, \quad t = 63.54400, \quad \log t = 1.803\,0745$$

$$\underset{(\alpha)}{\log\sqrt{\frac{1+9e}{10}}} = 9.993\,5830, \quad \underset{(\beta)}{\log\frac{5(1-e)}{1+9e}} = 8.221\,7364, \quad \underset{(\gamma)}{\log\sqrt{\frac{5(1+e)}{1+9e}}} = 0.002\,8754$$

*) Auch von J. S. Hubbard in Davis' englischer Uebersetzung der Theoria motus, Appendix.

	α	9.993 5830	
	$\frac{t}{q^{\frac{3}{2}}}$	2.154 5995	
	Σ	2.148 1825	
I.	w	99° 6′	(aus Taf. XV)
	$\frac{w}{2}$	49 33	
	$\mathrm{tg}\frac{w}{2}^{2}$	0.13853	
	β	8.22174	
	$\log A$	8.36027	
	A	0.022 923	
	$\log B$	0.000 0040	(aus Taf. XVII)
II.	M	2.148 1785	
	w	99° 6′ 13″.170	(aus Taf. XV)
	$\frac{w}{2}$	49 33 6.585	
	$\mathrm{tg}\frac{w}{2}^{2}$	0.138 5934	
	A	0.022 926 085	
III.	$\log\sigma$	0.004 0143	
	$\mathrm{tg}\frac{w}{2}$	0.069 2967	
	γ	0.002 8754	
	$\mathrm{tg}\frac{v}{2}$	0.076 1864	
	v	100° 0′ 0″.00	
	$\cos\frac{v}{2}$	9.808 0675	
	ν	0.005 0129	
	$\nu\cos\frac{v}{2}$	9.813 0804	
	$\left(\nu\cos\frac{v}{2}\right)^2$	9.626 1608	
	r	0.139 4892	

b) Es ist t aus v, q, e zu ermitteln.

Mit dem Näherungswerth von A, nämlich $\frac{1-e}{1+e}\,\mathrm{tg}\frac{v}{2}^{2}$, entnimmt man der Tafel XVII σ und rechnet

$$\mathrm{tg}\frac{w}{2} = \frac{\mathrm{tg}\frac{v}{2}}{\sigma\sqrt{\frac{5(1+e)}{1+9e}}} \qquad \text{I.}$$

Hiermit wird ein strengerer Werth von A durch

$$A = \mathrm{tg}\frac{w}{2}^{2}\,\frac{5(1-e)}{1+9e} \qquad \text{II.}$$

gefunden, mit dem man σ wieder entnimmt. Dies wird so lange fortgesetzt, bis sich σ nicht mehr ändert. Dann giebt I. den strengen Werth von w; mit diesem als Argument entnimmt man der Taf. XV M, worauf

$$t = \frac{MBq^{\frac{3}{2}}}{\sqrt{\frac{1+9e}{10}}}\,. \qquad \text{III.}$$

Beispiel: Daten des vorigen Beispiels $v = 100^\circ\ 0'\ 0''.00$

	$\mathrm{tg}^2\frac{v}{2}$	0.152 3728		$\log A$	8.360 3304	
	$\frac{1-e}{1+e}$	8.215 9855		A	0.022 9261	
	(A)	0.023	I.	σ	0.004 0143	
I.	σ	0.004 0273		$\sigma\gamma$	0.006 8897	
	$\mathrm{tg}\frac{v}{2}$	0.076 1864		$\mathrm{tg}\frac{w}{2}$	0.069 2967	
	$\sigma\gamma$	0.006 9027		$\frac{w}{2}$	$49^\circ 33'\ 6''.585$	
	$\mathrm{tg}\frac{w}{2}$	0.069 2837		w	99 6 13.17	
II.	$\mathrm{tg}^2\frac{w}{2}$	0.138 5674		$\log M$	2.148 1785	(aus Taf. XV)
	β	8.221 7364		B	0.000 0040	
	$\log A$	8.360 3038		$q^{\frac{3}{2}}$	9.648 4750	
	A	0.022 9247		$\frac{1}{\alpha}$	0.006 4170	
I.	σ	0.004 0140		$\log t$	1.803 0745	
	$\sigma\gamma$	0.006 8894		t	$63^d.54400$	
	$\mathrm{tg}\frac{w}{2}$	0.069 2970				
II.	$\mathrm{tg}^2\frac{w}{2}$	0.138 5940				

Tafel XVIII

leistet dasselbe für die parabelnahe Hyperbel, wie die vorige Tafel für die Ellipse. Die Einrichtung ist ganz ähnlich, nur habe ich bei der Seltenheit hyperbolischer Bahnen geglaubt, auf die Tabulirung von ν verzichten zu können, sodass hier der Radiusvector aus der gewöhnlichen Formel, die einfach und sicher genug ist, berechnet werden muss, dagegen habe ich die Grösse T aufnehmen können, durch welche man die umgekehrte Aufgabe schneller zu lösen im Stande ist.

a) v und r sind aus t, q, e zu ermitteln.

Mit einem genäherten Werth von w, den man sich aus

$$\frac{\sqrt{2}}{k}\,\mathrm{tg}\frac{w}{2} + \frac{1}{3}\frac{\sqrt{2}}{k}\,\mathrm{tg}^3\frac{w}{2} = \sqrt{\frac{1+9e}{10}}\,\frac{t}{q^{\frac{3}{2}}} = M$$

mittelst Taf. XV verschaffen kann, wird berechnet

$$A = \mathrm{tg}^2\frac{w}{2}\,\frac{5(e-1)}{1+9e}. \qquad \text{I.}$$

Damit entnimmt man der Taf. XVIII $\log B$ und bestimmt damit w aus

$$\frac{\sqrt{2}}{k}\,\mathrm{tg}\frac{w}{2} + \frac{1}{3}\frac{\sqrt{2}}{k}\,\mathrm{tg}^3\frac{w}{2} = \frac{\sqrt{\frac{1+9e}{10}}}{B}\,\frac{t}{q^{\frac{3}{2}}} = M \qquad \text{II.}$$

streng durch Taf. XV. Damit wird durch I. A neu berechnet und wenn der damit aus Taf. XVIII hervorgehende Werth von B mit dem vorigen stimmt, ist der strenge Werth von A erhalten, mit dem man der Taf. XVIII σ entnimmt. Es ist dann

$$\mathrm{tg}\frac{v}{2} = \sigma\sqrt{\frac{5(1+e)}{1+9e}}\,\mathrm{tg}\frac{w}{2}$$

$$r = \frac{q(1+e)}{1+e\cos v}.$$

b) t aus v, q, e zu ermitteln.

Der Taf. XVIII ist die Columne $T = \frac{e-1}{e+1} \operatorname{tg} \frac{v^2}{2}$ hinzugefügt worden, mit deren Hülfe man sich sofort einen fast strengen Werth von σ verschaffen kann, durch den man

$$\operatorname{tg} \frac{w}{2} = \frac{\operatorname{tg} \frac{v}{2}}{\sigma \sqrt{\frac{5(1+e)}{1+9e}}} \qquad \text{I.}$$

berechnet. Hiermit wird A durch

$$A = \operatorname{tg} \frac{w^2}{2} \cdot \frac{5(e-1)}{1+9e} \qquad \text{II.}$$

gefunden und mit dem Argument A aus Taf. XVIII die strengen Werthe von σ und B. Dann giebt I den strengen Werth von w, mit dem aus Taf. XV M entnommen wird, worauf

$$t = \frac{BMq^{\frac{3}{2}}}{\sqrt{\frac{1+9e}{10}}}. \qquad \text{III.}$$

Ephemeriden-Rechnung bei parabelnahen Bahnen.

Es würde trotz einiger sich von selbst darbietenden Erleichterungen mühsam sein, mittelst des hier adoptirten Gauss'schen Verfahrens eine längere Ephemeride zu rechnen und es würden in Folge dessen andere rascher fördernde Methoden*) auch auf Kosten einiger Genauigkeit den Vorzug verdienen. Es hat aber Krueger (Astr. Nachr. Bd. 117, pag. 309) darauf hingewiesen, dass man bei Berechnung einer Ephemeride durch einen einfachen Kunstgriff alle weiteren v erhalten kann, wenn man nur erst die 2 bis 3 ersten direct berechnet hat. Da es also in praxi nur darauf ankommt einige wenige v direct zu rechnen, so wurde hier dem sichersten, nämlich dem Gauss'schen Verfahren, der Vorzug gegeben. Der genannte Kunstgriff besteht darin, dass man für die 2 bis 3 ersten Zeitpunkte und sodann auch für die folgenden nicht nur v und r rechnet, sondern auch noch (w = Intervall der Ephemeride in Tagen)

$$w \frac{dv}{dt} = w \frac{k'' \sqrt{q(1+e)}}{r^2} = w \frac{k'' \sqrt{p}}{r^2} \qquad (1)$$

was nur eine geringe Mehrarbeit bedingt. Von diesen Differenzialquotienten bildet man die Differenzenreihen und unterwirft sie der mechanischen Quadratur, wodurch v erhalten wird. Mit diesem wird das zugehörige r nach

$$r = \frac{q(1+e)}{1+e\cos v} = \frac{p}{1+e\cos v} \qquad (2)$$

berechnet und daraus $\frac{dv}{dt}$. Stimmt dieses mit dem bereits vorhandenen Werth

*) z. B. die Simpson-Bessel'sche Methode (Tafel in der 1. Auflage von Olbers, Kometenbahnen, mit Ergänzung in Monatl. Corr. XII, pag. 197, oder in der Encke'schen Ausgabe von Olbers' Kometenbahnen, Taf. V, auch abgedruckt in Méc. cél. ed. by Bowditch, Tab. IV) oder das Brünnow'sche Verfahren (Tafel in Astr. Not. Nr. 2; Watson, Theor. Astr., Tab. IX), oder das Oppolzer'sche Verfahren (Lehrbuch der Bahnbest., I. Band, 2. Aufl., pag. 65 mit Taf. VI), oder endlich das in der 2. Auflage von Klinkerfues Theor. Astr. pag. 49 angegebene Verfahren (mit Taf. IX).

überein, so ist der erhaltene Werth von v streng, wenn nicht, dann wird die in der Regel kleine Correctur ausgeführt. Die Rechnung für den nächsten Zeitpunkt beginnt also immer damit, dass man mit dem extrapolirten Werth von r, der nachträglich erforderlichenfalls zu corrigiren ist, den Differenzialquotienten $\frac{dv}{dt}$ nach (1) berechnet und daraus durch mech. Quadratur v, dann r u. s. f. Die mech. Quadratur wird am zweckmässigsten dadurch bewerkstelligt, dass man zum vorhergehenden v den Betrag hinzufügt $\left(w\frac{dv}{dt} = f(a. + iw)\text{ gesetzt}\right)$:

$$\tfrac{1}{2}[f(a+(i+1)w)+f(a+iw)] - \tfrac{1}{24}[f^{II}(a+(i+1)w)+f^{II}(a+iw)]$$
$$+ \tfrac{11}{1440}[f^{IV}(a+(i+1)w)+f^{IV}(a+iw)] + \cdots$$

oder wenn, wie in der Regel, die IV. Differenzen unmerklich sind:

$$\tfrac{1}{2}[f(a+(i+1)w)+f(a+iw)] - \tfrac{1}{12}f^{II}(a+iw) - \tfrac{1}{24}f^{III}(a+(i+\tfrac{1}{2})w)$$

(siehe zur Erklärung der Bezeichnung das Schema in Taf. XXXIII).

Beispiel: $\log\sin\varphi = 9.671\,5748$, $\log p = 0.459\,2533$,
$\log k'' w \sqrt{p} = 4.381\,6932$ ($w = 4$ Tage).

Die Rechnung sei bis zu folgendem Punkt gediehen (die Cursivziffern werden erst später angeschrieben):

$\log r$	Δ'	Δ''	Δ'''	v	$w\frac{dv}{dt}$	Δ'	Δ''	Δ'''
0.299 7913				19° 4′ 41″47	1° 40′ 54″951			
	+ 1 4100					− 39″186		
301 2013		+ 1076		20 45 17.07	1 40 15.765		− 2″714	
	+ 1 5176		− 30			− 41.900		+ 0″153
302 7189		+ 1046		22 25 12.08	1 39 33.865		− 2.561	
	+ 1 6222		− *30*			− 44.461		+ *0.138*
304 3411		+ *1016*		24 4 23.92	1 38 49.404		− *2.423*	
	+ *1 7238*					− *46.884*		
306 0649				*25 42 50.08*	*1 38 2.520*			

Für den nächsten Zeitpunkt wird man nehmen $\log r = 0.306\,0649$ und damit finden $w\frac{dv}{dt} = 1°\,38'\,2''520$ und $v = 24°\,4'\,23''920 + 1°\,38'\,25''962 + 0''202 - 0''006 = 25°\,42'\,50''078$. Wird hiermit r nach (2) gerechnet, so kommt $\log r = 0.306\,0648$, was mit dem Ausgangswerth so nahe übereinstimmt, dass man das gefundene v als streng richtig betrachten kann $\left(\text{es wird } w\frac{dv}{dt} = 1°\,38'\,2''523,\ v = 25°\,42'\,50''079\right)$.

Auf diese Weise kann die ganze Ephemeride durchgerechnet werden, ohne dass man auch nur die mittlere Anomalie angesetzt hätte. Das Verfahren ist, wie das Beispiel zeigt, auch für kleinere Excentricitäten, wo man noch gut die Kepler'sche Gleichung auflösen könnte, vortheilhaft anzuwenden.

Dritter Theil.

Tafeln zur Bahnbestimmung.

A) Ellipsen und Hyperbeln.

Tafeln XIX und XX.

Die bei jeder Bahnbestimmungsmethode auftretende Aufgabe: aus zwei ihrer Grösse und Lage nach gegebenen Radienvectoren die Elemente der Bahn zu ermitteln, führt auf das Problem, das Verhältnis des von den Radienvectoren und dem Curvenstück gebildeten Sectors zum Inhalt des Dreiecks, das von den Radienvectoren und der Sehne begränzt ist, unter Benutzung der Zwischenzeit zu bestimmen — ein Problem, das auf verschiedene Weisen gelöst werden kann. Es seien r und r' die Radienvectoren, $2f$ der von ihnen eingeschlossene Winkel, t und t' die zugehörigen Zeiten, k die Gauss'sche Constante, p der Parameter der Bahn, so ist der Ausdruck für das genannte Verhältniss:

$$\frac{\text{Sector}}{\text{Dreieck}} = y = \frac{k(t'-t)\sqrt{p}}{rr'\sin 2f}$$

so umzugestalten, dass die unbekannte Grösse p durch bekannte ersetzt erscheint. Dies ist Gauss (Theoria motus § 88 ff.) durch die Einführung der Differenz der excentrischen Anomalien $2g = E' - E$ in folgender Weise gelungen. Wird gesetzt:

$$m = \frac{k^2(t'-t)^2}{(2\cos f\sqrt{rr'})^3}$$

$$\left\{\begin{aligned} \sec\gamma &= \frac{r+r'}{2\cos f\sqrt{rr'}} \\ l &= \tfrac{1}{2}(\sec\gamma - 1) \end{aligned}\right. \quad \text{oder auch} \quad \left\{\begin{aligned} \operatorname{tg}(45^\circ+\omega) &= \sqrt[4]{\frac{r'}{r}} \\ l &= \frac{\sin\frac{f}{2}^2 + \operatorname{tg}2\omega^2}{\cos f} \end{aligned}\right.$$

$$\text{oder auch} \left\{\begin{aligned} \operatorname{tg}(45^\circ+\omega) &= \sqrt[4]{\frac{r'}{r}} \\ \operatorname{tg} q &= \frac{\operatorname{tg}2\omega}{\sin\frac{f}{2}} \\ l &= \sin\frac{f}{2}^2 \sec f \sec q^2 \end{aligned}\right. \quad \text{oder auch} \left\{\begin{aligned} 2\operatorname{tg}\omega &= \sqrt[4]{\frac{r'}{r}} - \sqrt[4]{\frac{r}{r'}} \\ \operatorname{tg} B &= \frac{\operatorname{tg}\omega}{\sin\frac{f}{2}} \\ l &= \sin\frac{f}{2}^2 \sec f \sec B^2 \end{aligned}\right.$$

so ist y gegeben durch die Gleichungen:

$$\left\{\begin{aligned} y^2 &= \frac{m}{l + \sin\frac{g}{2}^2} \\ y^3 - y^2 &= m\,\frac{2g - \sin 2g}{\sin g^3}, \end{aligned}\right.$$

die auf verschiedene Arten durch Elimination von g nach y aufgelöst werden können. Ist $2g$ gross d. h. beträgt die heliocentrische Bewegung mehr als etwa 60°, so werden sie durch Versuche aufgelöst, was sicher und bequem geschehen kann, da dann in der Regel bereits ein Näherungswerth von g vorliegt, und $2g - \sin 2g$ durch die gewöhnlichen Tafeln gefunden werden kann. Besitzt $2g$ einen mässigen Werth, so empfiehlt sich meines Erachtens am meisten das Gauss'sche Verfahren, für welches hier die dazu benöthigten Hülfstafeln mitgetheilt werden. Indem betreff Begründung desselben auf die Lehrbücher verwiesen wird, sei hier nur der Gebrauch auseinandergesetzt. Wird $x = \sin\frac{g}{2}^2$ gesetzt und mit ξ eine Function von x bezeichnet, die zunächst nicht bekannt ist, so lässt sich aus obigen Gleichungen folgende ableiten

$$\frac{(y-1)y^2}{y+\frac{1}{9}} = \frac{m}{\frac{5}{6}+l+\xi} = h$$

woraus ersichtlich, dass y die (einzige positive) Wurzel einer cubischen Gleichung ist, die nur von h abhängt: y kann also als Funktion von h tabulirt werden. Dies ist in Taf. XIX, die der Theoria motus entnommen ist, geschehen. Wäre also ξ bekannt, so wäre das Problem gelöst. Nun ist aber

$$x = \frac{m}{y^2} - l$$

und $\xi = \dfrac{\frac{2}{35}Ax^2(1-\frac{6}{5}x)}{1-\frac{12}{175}Ax^2}$, wo $A = 2\dfrac{8}{9}x + 3\dfrac{8\cdot 10}{9\cdot 11}x^2 + 4\dfrac{8\cdot 10\cdot 12}{9\cdot 11\cdot 13}x^3 + \cdots$

d. h. ξ ist eine Function von x und kann mit Arg. x tabulirt werden. Dies ist in der ebenfalls der Theoria motus entnommenen Taf. XX geschehen. Zugleich ist ersichtlich, dass ξ klein ist, also in erster Näherung vernachlässigt werden kann. Man wird also die Rechnung mit

$$h_1 = \frac{m}{\frac{5}{6}+l}$$

beginnen, damit y der Tafel XIX entnehmen, dann

$$x = \frac{m}{y^2} - l$$

berechnen und damit ξ der Tafel XX entnehmen: ξ_1; dann setzt man

$$h_2 = \frac{m}{\frac{5}{6}+l+\xi_1},$$

wiederholt den ganzen Process und fährt darin so lange fort, bis die Rechnung steht. Man wird selten mehr als eine Wiederholung nöthig haben. Ist der heliocentrische Bogen gross und die Bahn nicht allzu excentrisch, so kann man sich eine Wiederholung ersparen, wenn man die Rechnung gleich mit dem Näherungswerth $x_1 = \sin\frac{1}{2}f^2$ beginnt, statt x und ξ Null zu setzen.

Wenn $x = \frac{m}{y^2} - l$ positiv ist, so liegt eine Ellipse vor
» $x = \frac{m}{y^2} - l = 0$ » » » » Parabel vor
» $x = \frac{m}{y^2} - l$ negativ » » » » Hyperbel vor.

Für den Fall der Parabel wird man diese Methode nicht anwenden, da man einfachere Mittel beschaffen kann. Für Ellipse und Hyperbel bleibt die Behandlung dieselbe, nur hat man in Taf. XX das ξ für positive x der Columne »Ellipse«, für negative x aber der Columne »Hyperbel« mit dem absoluten Werth von x als Argument zu entnehmen.

Zusammenstellung:

$$m = \frac{k^2 (t' - t)^2}{(2 \cos f \sqrt{r r'})^3}$$

$$\operatorname{tg}(45^\circ + \omega) = \sqrt[4]{\frac{r'}{r}}$$

$$\operatorname{tg} q = \frac{\operatorname{tg} 2\omega}{\sin \frac{f}{2}}$$

$$l = \sin \frac{f}{2}^2 \sec f \sec q^2$$

$$h = \frac{m}{\frac{5}{6} + l + \xi} \quad (\text{zuerst } \xi = 0).$$

Aus Taf. XIX $\log y^2$ mit Arg. h

$$x = \frac{m}{y^2} - l$$

Aus Taf. XX ξ mit Arg. x.

Beispiel: $t' - t = 100$ Tage, $\log r = 0.221\,6050$, $\log r' = 0.209\,9050$, $2f = 44^\circ\, 25'\, 48''.00$.

$k(t' - t)$	0.235 5814
$k^2(t' - t)^2$	0.471 1628
$\cos f$	9.966 5039
$2\sqrt{rr'}$	0.516 7850
Σ	0.483 2889
N	1.449 8667
m	9.021 2961
$\sqrt[4]{\frac{r'}{r}}$	9.997 0750
ω	$-0^\circ 11' 34''.61$
$\operatorname{tg} 2\omega$	$7.828\,3524_n$
$\sin \frac{f}{2}$	9.284 7699
q	$-2^\circ\, 0'\, 8''.26$
$\sec q^2$	0.000 5304
$\sec f$	0.033 4961
$\sin \frac{1}{2} f^2$	8.569 5398
l	8.603 5663
l	+0.040 1390
$\frac{5}{6}$	+0.833 3333
$\frac{5}{6} + l$	+0.873 4723
ξ_1	+0.000 0799 $\left(\text{mit } x = \sin \frac{f^2}{2}\right)$
	+0.873 5522
	9.941 2889
h_1	9.080 0072

h_1	+0.120 2284
$\log y_1^2$	0.097 0412
$\frac{m}{y_1^2}$	8.924 2549
	+0.083 9953
x_2	+0.043 8563
ξ_2	+0.000 1128
	+0.873 5851
	9.941 3052
h_2	9.079 9909
h_2	+0.120 2239
$\log y_2^2$	0.097 0382
$\frac{m}{y_2^2}$	8.924 2579
	+0.083 9959
x_3	+0.043 8569
ξ_3	+0.000 1128
$\log y_3^2$	0.097 0382

Der strenge Werth ist also $\log y = 0.048\,5191$.

Ist der heliocentrische Bogen klein, etwa bis 30°, so kann noch ein einfacheres Verfahren an die Stelle gesetzt worden, zu dem Hülfstafeln nicht nöthig sind. Es ist nämlich, wie Hansen nachgewiesen hat, für kleine Bogen fast völlig genau:

$$y = 1 + \tfrac{10}{11} \cdot \cfrac{\tfrac{11}{9} h}{1 + \cfrac{\tfrac{11}{9} h}{1 + \cfrac{\tfrac{11}{9} h}{1 + \tfrac{11}{9} h \cdots}}}$$

$\log \frac{10}{11} = 9.958\,6073$

$\log \frac{11}{9} = 0.087\,1502$

$\log \frac{5}{6} = 9.920\,8188$

wenn

$$h = \frac{m}{\frac{5}{6} + l}$$

gesetzt wird. Der Kettenbruch ist sehr convergent und kann mit Additions-Logarithmen bequem berechnet werden.

Beispiel: $t' - t = 41^d.19894$, $\log r = 0.466\,845$, $\log r' = 0.461\,914$, $2f = 8^\circ\,38'\,29''.6$.

$k(t' - t)$	9.850 467
$k^2(t' - t)^2$	9.700 934
$\cos f$	9.998 764
$2\sqrt{rr'}$	0.765 410
	0.764 174
$(2\cos f\sqrt{rr'})^3$	2.292 522
m	7.408 412
$\frac{r'}{r}$	9.995 069
$\sqrt[4]{\frac{r'}{r}}$	9.998 767
ω	$-0^\circ\ 4'\,52''.8$
$\operatorname{tg} 2\omega$	$7.453\,177_n$
$\sin\frac{f}{2}$	8.576 306
$\sec q^2$	0.002 456
$\sin\frac{f}{2}^2$	7.152 612
$\sec f$	0.001 236
l	7.156 304

l	+0.001 43319
$\frac{5}{6} + l$	+0.834 76652
	9.921 565
h	7.486 847
$\frac{11}{9} h$	7.573 997
Add. Log.	0.001 625
	7.572 372
Add.	0.001 619
	7.572 378
Add.	0.001 619
	7.572 378
$\frac{10}{11}$	9.958 607
	7.530 985
$\log y$	0.001 472

Tafel XXI.

Tietjen hat im Berl. Jahrb. 1879 eine Modification des Gauss'schen Verfahrens mitgetheilt, die mit sehr geringen tabellarischen Hülfsmitteln auskommt, nämlich nur mit Taf. XXI, die in ergänzter Form hier aus B. J. 1879 abgedruckt ist. Es wird nämlich gesetzt

$$\operatorname{tg} 2\psi = 2\sqrt{\tfrac{11}{9}}\,\sqrt{h}$$
$$\xi = bx^2$$

wodurch

$$y = 1 + a\sqrt{h}\,\operatorname{tg}\psi$$

wird. Für grössere Werthe von x als 0.30 muss ξ aus

$$\xi = \frac{b_1 x^2}{\left(1 - 2\sqrt{\tfrac{11}{9}}\,x\right)^{\frac{4}{5}}}$$

berechnet werden. $\log a$ und $\log b$ bez. $\log b_1$ sind mit den Argumenten h und x tabulirt. Der Gang der Rechnung ist derselbe wie beim Gebrauch der Gauss'schen Tafeln. Nehmen wir das obige bei der Gauss'schen Methode behandelte Beispiel auf, so würde mit dem Näherungswerth $x_1 = 0.04$ folgen:

b	8.76716	a	0.002 139	b	8.76817	$\sqrt{h}$	9.539 9954
x_1^2	7.20412	$\sqrt{h}$	9.540 000	x_2^2	7.28408	tg 2ψ	9.884 6005
ξ_1	5.97128	tg ψ	9.530 483	ξ	6.05225	2ψ	37°28′32″.84
ξ_1	+0.000 0936		9.072 622		+0.000 1128	tg ψ	9.530 4797
$\frac{5}{6}+l+\xi_1$	+0.873 5659	y_1	0.048 520	$\frac{5}{6}+l+\xi$	+0.873 5851	a	0.002 1389
	9.941 296	y_1^2	0.097 040	"	9.941 3052	$y-1$	9.072 6140
h_1	9.080 000	$m:y_1^2$	8.924 256	h	9.079 9909	y	0.048 5191
$\sqrt{h_1}$	9.540 000		+0.083 996	h	+0.120 2239		
tg 2ψ	9.884 605	x_2	+0.043 857				
2ψ	37°28′34″		8.642 039				

B) Parabel.

Tafeln XXII und XXII^a.

Die bei der Olbers'schen Methode der parabolischen Bahnbestimmung zur Ermittelung der Sehne s zwischen den Endpunkten der Radienvectoren r und r' benutzte Euler'sche Gleichung:

$$6k(t'-t) = (r+r'+s)^{\frac{3}{2}} - (r+r'-s)^{\frac{3}{2}}$$

(wenn die Differenz der wahren Anomalien kleiner als 180° ist; der andere Fall kommt bei ersten Bahnbestimmungen nicht in Betracht) ist von Encke (Berl. Jahrb. 1833) auf eine Form gebracht worden, die ihre Auflösung mittelst einer Hülfstafel sehr erleichtert und zugleich sicherer macht. Wird nämlich gesetzt

$$\frac{s}{r+r'} = \sin\gamma \qquad \gamma < 90^\circ$$

und

$$\frac{\sin\frac{\gamma}{2}}{\sqrt{2}} = \sin\frac{\Theta}{3}, \tag{1}$$

so wird daraus:

$$s = \frac{6k(t'-t)}{\sqrt{r+r'}} \cdot \frac{\sin\frac{\Theta}{3}\sqrt{\cos\frac{2}{3}\Theta}}{\sin\Theta} \tag{2}$$

oder auch

$$\frac{6k(t'-t)}{2^{\frac{3}{2}}(r+r')^{\frac{3}{2}}} = \sin\Theta. \tag{3}$$

Setzt man also

$$\mu = \frac{3\sin\frac{\Theta}{3}\sqrt{\cos\frac{2}{3}\Theta}}{\sin\Theta},$$

so wird

$$s = \frac{2k(t'-t)}{\sqrt{r+r'}} \cdot \mu. \tag{4}$$

Die Grösse μ ist Function von Θ und kann also vermöge (3) mit dem Argument

$$\eta = \frac{2k(t'-t)}{(r+r')^{\frac{3}{2}}} \tag{5}$$

tabulirt werden. Dies ist in der Encke'schen Tafel XXII geschehen. Die Ermittelung der Sehne reducirt sich also auf die Durchrechnung von

$$\begin{cases} \eta = \dfrac{2k(t'-t)}{(r+r')^{\frac{3}{2}}} \\ s = \dfrac{2k(t'-t)}{\sqrt{r+r'}}\mu = (r+r')\eta\mu \\ (\mu \text{ mit Arg. } \eta \text{ aus Taf. XXII}). \end{cases}$$

Das allerdings seltener gebrauchte Verhältniss des Sectors zum Dreieck in der Parabel, wird, wie ebenfalls Encke gezeigt hat, aus

$$\begin{cases} \eta = \dfrac{2k(t'-t)}{(r+r')^{\frac{3}{2}}} \\ \sin\gamma = \dfrac{s}{r+r'} = \eta\mu \\ (\mu \text{ mit Arg. } \eta \text{ aus Taf. XXII}) \\ \dfrac{\text{Sector}}{\text{Dreieck}} = \dfrac{1+2\sec\gamma}{3} \end{cases}$$

ermittelt. Herr Wedemeyer hat mir eine Tafel zur Verfügung gestellt, die direct mit dem Argument η das Verhältniss Sector: Dreieck zu entnehmen gestattet; dieselbe ist als Tafel XXII[a] aufgenommen.

Wenn die Tafel XXII nicht ausreicht, wird man die Euler'sche Gleichung in der ursprünglichen Form anwenden.

Beispiel: $t'-t = 6^d.009146$, $\log r = 9.878452$, $\log r'$ 9.898960.

$t'-t$	0.778 813	$\sin\gamma$	9.030 848
$2k(t'-t)$	9.315 424	$\sec\gamma$	0.002 518
r	9.878 452	$2\sec\gamma$	0.303 548
r'	9.898 960	Add.	0.175 253
Add.	0.290 897	$1+2\sec\gamma$	0.478 801
$r+r'$	0.189 857	Sect.: Dreieck	0.001 680
$\sqrt{r+r'}$	0.094 9285	oder aus Taf. XXII[a]:	
$(r+r')^{\frac{3}{2}}$	0.284 785	η	+0.107 310
η	9.030 639	$\log y$	0.001 6800
μ	0.000 209		
s	9.220 705		

Zur Lösung der umgekehrten Aufgabe, die Zwischenzeit aus r, r' und s zu bestimmen, kann man zwar direct nach (1) und (3) rechnen, doch wird diese Berechnung durch einen Theil der Taf. XXIV, wie hier vorgreifend auseinandergesetzt werden soll, wesentlich erleichtert. Diese Tafel giebt in ihrer ersten Columne mit dem Argument $\log\frac{s}{r+r'} = \log\sin\gamma$ den $\log Q$, wo Q definirt ist durch

$$Q = \frac{1}{6}\,\frac{\sin\Theta}{\sin\frac{\Theta}{3}\sqrt{\cos\frac{2}{3}\Theta}} = \frac{1}{2\mu} = \frac{1}{2}\cos\frac{\gamma}{2}\left(1+\frac{1}{3}\operatorname{tg}\frac{\gamma^2}{2}\right)$$

so dass man unmittelbar hat:

$$k(t'-t) = s\sqrt{r+r'}\,Q$$

Dieser Theil der Taf. XXIV ist speciell für diese Aufgabe schon von Nicolai entworfen worden (A. N. Bd. 10 pag. 233).

Beispiel: Ist wie oben $\log r = 9.878\,452$, $\lg r' = 9.898\,960$ und $\log s = 0.220\,705$, so folgt:

r	9.878 452	
r'	9.898 960	
Add.	0.290 897	
$r + r'$	0.189 857	
s	9.220 705	
$s:(r + r')$	9.030 848	
Q	9.698 761	(aus Taf. XXIV)
$\sqrt{r + r'}$	0.094 928	
$k(t' - t)$	9.014 394	

C) Parabelnahe Bahnen.

Tafel XXIII.

Bei der Bestimmung und bei der Verbesserung parabelnaher Bahnen spielt die Lambert'sche Gleichung, welche eine Beziehung zwischen zwei Radienvectoren r, r', der von ihren Endpunkten bestimmten Sehne s und der grossen Halbaxe a der (elliptischen oder hyperbolischen) Bahn einerseits und der Zwischenzeit $(t' - t)$ andererseits herstellt, eine grosse Rolle. Diese Gleichung, von der die eben behandelte Euler'sche ein Specialfall ist, folgt unmittelbar aus der Kepler'schen Gleichung und nimmt, wenn man mit Gauss (Theoria motus § 106)

$$\frac{r + r' + s}{4a} = \sin\frac{\varepsilon}{2}^2, \qquad \frac{r + r' - s}{4a} = \sin\frac{\delta}{2}^2 \qquad (1)$$

setzt, folgende Gestalt an:

$$\frac{k(t' - t)}{a^{\frac{3}{2}}} = (\varepsilon - \sin\varepsilon) - (\delta - \sin\delta). \qquad (2)$$

Die Winkel ε und δ haben noch folgende Bedeutung. Sind E und E' die zu den Zeiten t und t' gehörigen excentrischen Anomalien und wird

$$g = \frac{E' - E}{2} \qquad G = \frac{E' + E}{2}$$

gemacht, sowie

$$e\cos G = \cos h\,, \qquad e = \text{Excentricität}$$

so folgt

$$h + g = \varepsilon\,, \qquad h - g = \delta\,, \qquad (3)$$

und für die Sehne ergeben sich die Ausdrücke:

$$s = 2a\sin g\sin h = a(\cos\delta - \cos\varepsilon).$$

Aus (3) folgt, dass $\sin\frac{\varepsilon}{2}$ aus (1) stets mit dem positiven Zeichen genommen werden muss, dass dagegen $\sin\frac{\delta}{2}$ das positive Zeichen hat, wenn die heliocentrische Bewegung kleiner als 180° ist und das negative, wenn dieselbe grösser als 180° ist. Wird daher die Gleichung (2), die in dieser Form für die Rechnung mit den gewöhnlichen trigonometrischen Tafeln ungeeignet ist, wie folgt geschrieben:

$$6k(t'-t) = \left(4a \sin\frac{\varepsilon}{2}^2\right)^{\frac{3}{2}} 3\,\frac{\varepsilon - \sin\varepsilon}{4 \sin\frac{1}{2}\varepsilon^3} - \left(4a \sin\frac{\delta}{2}^2\right)^{\frac{3}{2}} 3\,\frac{\delta - \sin\delta}{4 \sin\frac{1}{2}\delta^3}$$

oder

$$6k(t'-t) = (r + r' + s)^{\frac{3}{2}} Q_\varepsilon - (r + r' - s)^{\frac{3}{2}} Q_\delta$$

so muss im zweiten Glied $\sqrt{r + r' - s}$ mit dem negativen Vorzeichen versehen werden, wenn die heliocentrische Bewegung grösser als 180° ist; die Gleichung ist also allgemein so anzusetzen:

(4) $$6k(t'-t) = (r + r' + s)^{\frac{3}{2}} Q_\varepsilon \mp (r + r' - s)^{\frac{3}{2}} Q_\delta \quad \begin{array}{l} - \text{ wenn hel. Bew.} < 180^\circ \\ + \text{ wenn hel. Bew.} > 180^\circ. \end{array}$$

Hierin wurde offenbar gesetzt:

$$Q_\varepsilon = \frac{3(\varepsilon - \sin\varepsilon)}{4 \sin\frac{1}{2}\varepsilon^3}, \qquad Q_\delta = \frac{3(\delta - \sin\delta)}{4 \sin\frac{1}{2}\delta^3}.$$

Führt man für $\varepsilon - \sin\varepsilon$ die bekannte Reihenentwickelung ein (Theoria motus § 107), so wird:

$$Q_\varepsilon = 1 + 3\left(\frac{1}{5} \cdot \frac{1}{2} \sin\frac{\varepsilon}{2}^2 + \frac{1}{7} \cdot \frac{1 \cdot 3}{2 \cdot 4} \sin\frac{\varepsilon}{2}^4 + \frac{1}{9} \cdot \frac{1 \cdot 3 \cdot 5}{2 \cdot 4 \cdot 6} \sin\frac{\varepsilon}{2}^6 + \cdots\right)$$

und ein ebensolcher Ausdruck ergiebt sich für Q_δ. Diese beiden Grössen können also leicht mit dem Arg. $\sin\frac{\varepsilon}{2}^2$ bez. $\sin\frac{\delta}{2}^2$ tabulirt werden. Dies ist in Tafel XXIII geschehen. Mit dem Argument $\sin\frac{\varepsilon}{2}^2$ giebt sie Q_ε und mit dem Arg. $\sin\frac{\delta}{2}^2$ giebt sie Q_δ. Im Falle der Hyperbel sind $\sin\frac{\varepsilon}{2}^2$ und $\sin\frac{\delta}{2}^2$ negativ; man entnimmt dann mit dem absoluten Werth dieser Grössen als Argument die Grösse Q aus den mit »Hyperbel« überschriebenen Columnen. Im Fall der Parabel $\left(\frac{1}{a} = 0\right)$ werden Q_ε und Q_δ gleich 1 und die Gleichung (4) geht in die Euler'sche über.

Tafel XXIII ist nach dem von Watson Theor. Astr. pag. 343 angegebenen Verfahren berechnet worden; in einzelnen Fällen kann die 7. Decimale um eine Einheit fehlerhaft sein, was für die Anwendung ohne jeden Belang ist. Sie konnte übrigens durch die Tafel XVII in Oppolzer, Bahnbestimmung Band II, controlirt werden, von der sie nur um einen constanten Factor sich unterscheidet.

Behufs Anwendung der Tafeln hat man zu rechnen:

$$\left\{\begin{array}{l} \dfrac{r + r' + s}{4a} = \sin\dfrac{\varepsilon}{2}^2, \qquad \dfrac{r + r' - s}{4a} = \sin\dfrac{\delta}{2}^2 \\[2ex] 6k(t'-t) = (r + r' + s)^{\frac{3}{2}} Q_\varepsilon \mp (r + r' - s)^{\frac{3}{2}} Q_\delta \quad \begin{array}{l} \text{hel. Bew.} < 180^\circ \\ \text{hel. Bew.} > 180^\circ. \end{array} \end{array}\right.$$

Die Tafelgränzen werden kaum jemals überschritten werden, denn bei den kurzperiodischen Kometen wird man von der Anwendung der Lambert'schen Gleichung überhaupt absehen und bei den langperiodischen können so grosse r und r', die über die Gränzen der Tafel hinausführen würden, nicht mehr beobachtet werden.

Beispiel: $r = +\,1.500\,0000$, $r' = +\,1.510\,0000$, $s = 0.150\,0000$, $a = 10$.

$(r + r' + s)$	$+3.160\,0000$	$(r + r' - s)$	$+2.860\,0000$
$\frac{r + r' + s}{4a}$	$+0.079\,0000$	$\frac{r + r' - s}{4a}$	$+0.071\,5000$
$\log (r + r' + s)$	$0.499\,6871$	$\log (r + r' - s)$	$0.456\,3660$
$\log (r + r' + s)^{\frac{3}{2}}$	$0.749\,5306$	$\log (r + r' - s)^{\frac{3}{2}}$	$0.684\,5490$
$\log Q_\varepsilon$	$0.010\,6211$	$\log Q_\delta$	$0.009\,5834$
$\log [Q_\varepsilon (r + r' + s)^{\frac{3}{2}}]$	$0.760\,1517$	$\log Q_\delta (r + r' - s)^{\frac{3}{2}}$	$0.694\,1324$
Subtr. Log.	$0.850\,7047$		
$\log [6k(t' - t)]$	$9.909\,4470$		
$\log (t' - t)$	$0.895\,7143$		
$t' - t$	$+7^d.865\,282$		

Tafeln XXIV und XXIV^a.

Für kleine Werthe der Sehne wird die Anwendung des eben auseinandergesetzten Verfahrens unsicher, da die Zeit als Differenz zweier nahe gleichen Grössen zu bestimmen wäre. Es ist dann das Verfahren vorzuziehen, welches Marth in Astr. Nachr. Band 65 pag. 321 für die Behandlung der Lambert'schen Gleichung überhaupt in Vorschlag gebracht hat und das unverdientermassen in Vergessenheit gerathen ist. Marth setzt

$$k(t' - t) = s\sqrt{r + r'}\,Q\,V. \qquad \text{I.}$$

Hierin ist

$$Q = \tfrac{1}{2}\cos\frac{\gamma}{2}\left(1 + \tfrac{1}{3}\operatorname{tg}\frac{\gamma^2}{2}\right), \text{ wo } \sin\gamma = \frac{s}{r + r'},$$

so dass

$$k(t' - t) = s\sqrt{r + r'}\,Q$$

für die parabolische Bewegung gilt (siehe die Erläuterung zu Tafel XXII). V hängt von der Abweichung der Bahn von der Parabel ab und wird berechnet durch

$$\log V = \frac{r + r'}{a}\,Q_1 R_1 + \left(\frac{s}{a}\right)^2 Q_2 R_2. \qquad \text{II.}$$

Hierin können $\log Q_1$ und $\log Q_2$ ebenso wie $\log Q$ mit dem Argument $\log \frac{s}{r + r'}$ und $\log R_1$ und $\log R_2$ mit dem Argument $\frac{r + r'}{a}$ tabulirt werden.

Das Verfahren hat nur das Umständliche, dass es, wenn es für die allgemeinere Lösung der Lambert'schen Gleichung benutzt werden soll, weitläufige Tafeln erfordert. Für kleine Zwischenzeiten und Sehnen erfordert es jedoch einen geringen Apparat und ich habe daher den Anfang der Marth'schen Tafel in theilweiser Neuberechnung und Umgestaltung als Tafeln XXIV und XXIV^a aufgenommen. Deren Gebrauch ist durch die Formel gegeben:

$$\log [k(t' - t)] = \log [s\sqrt{r + r'}] + \log Q + \frac{r + r'}{a}\,Q_1 R_1 + \frac{s}{a}\,Q_2 R_2.$$

Man beachte, dass die beiden letzten Glieder Numeri sind und dass in Taf. XXIV das Arg. $\log \frac{s}{r + r'}$, in Tafel XXIV^a das Arg. $\frac{r + r'}{a}$ ist. Die Werthe R_1 und R_2 sind übrigens, wie Callandreau neuerdings nachgewiesen hat (Bull. astr. XVIII pag. 127) sehr einfach zu berechnende Ausdrücke, was Marth entgangen war.

Beispiel: Mit den Zahlen des bei Taf. XXIII behandelten Beispieles wird hier erhalten:

$\log r$	0.176 0913
$\log r'$	0.178 9769
$\log (r+r')$	0.478 5665
$\log \sqrt{r+r'}$	0.239 2832
$\log s$	9.176 0913
$\log \frac{s}{r+r'}$	8.697 5248
$\frac{r+r'}{a}$	+0.301 0000
$\frac{s}{a}$	+0.015 0000
$\log \frac{s}{a}$	8.176 091

$\log Q_1$	8.734 874
$\log R_1$	0.016 877
$\log \frac{r+r'}{a}$	9.478 566
Σ	8.230 317
Zahl	+0.016 9948

$\log Q_2$	7.655 49
$\log R_2$	0.062 37
$\log \left(\frac{s}{a}\right)^2$	6.352 18
Σ	4.070 04
Zahl	+0.000 0012

$\log s\sqrt{r+r'}$	9.415 3745
$\log Q$	9.698 9249
$\frac{r+r'}{a} R_1 Q_1$	0.016 9948
$\left(\frac{s}{a}\right)^2 R_2 Q_2$	0.000 0012
$\log [k(t'-t)]$	9.131 2954
$\log (t'-t)$	0.895 7140
$t'-t$	$+7^d.865\,276$

Tafel XXV

ist eine Reproduction der bekannten Encke'schen Tafel zur Entscheidung über die Möglichkeit einer Bahnbestimmung aus 3 Beobachtungen (Berl. J. B. für 1854). Ihr Gebrauch ist an Ort und Stelle angegeben.

Vierter Theil.

Tafeln zur Berechnung specieller Störungen und zur Bahnverbesserung.

Tafel XXVI

ist die bekannte von Encke berechnete Tafel für die Reihe:

$$f = 3\left(1 - \frac{5}{2}q + \frac{5\cdot 7}{2\cdot 3}q^2 - \cdots\right),$$

welche bei Berechnung der speciellen Störungen in den rechtwinkeligen und Polarcoordinaten auftritt, und bedarf keiner Erläuterung. Sie ist mit Berücksichtigung der von Oppolzer bekannt gegebenen Fehler, auf 6 Stellen abgekürzt, dem Berliner Jahrbuch für 1858 entnommen.

Tafeln XXVII und XXVIII.

Wenn man die Verbesserung einer parabelnahen Bahn mittelst der Differenzialquotienten der beobachteten Coordinaten nach den Elementen unternimmt, dann machen bekanntlich die Differenzialquotienten nach dem reciproken Werth der grossen Halbaxe a, den man zweckmässig neben der Durchgangszeit durchs Perihel T und der Periheldistanz q als zu corrigirende Elemente einführt, ungewöhnliche rechnerische Schwierigkeiten. Führt man statt $\frac{1}{a}$ die Excentricität e ein, so treten sie bei diesem Element auf. Durch die Arbeiten von v. Oppolzer, Weiss und Schönfeld sind diese Schwierigkeiten aufgehoben worden. Den geringsten Apparat an Hülfstafeln bei nahe gleicher Rechnungsarbeit bedarf die Methode von Schönfeld (Astr. Nachr. Bd. 113 pag. 65 ff.) und ich habe daher die von ihm gerechneten Hülfstafeln, von denen XXVII für die Ellipse, XXVIII für die Hyperbel gilt, aufgenommen. Indem betreff der Ableitung der Formeln auf die genannte Abhandlung verwiesen wird, kann ich mich hier auf die Auseinandersetzung des Gebrauches beschränken, wobei es genügen wird, nur die Differenzialquotienten nach dem einen Element $\frac{1}{a}$ anzuführen; die übrigen kann man ohne Schwierigkeit nach einer beliebigen Methode berechnen. Zunächst sind aus den beobachteten Coordinaten Rectascension α und Declination δ, sowie aus den auf den Aequator bezogenen Elementen i' (Neigung) ☊′ (Knoten), ω' (Abstand des Perihels vom Knoten) die Hülfsgrössen γ, g, γ', g', die auch bei allen übrigen Differenzialquotienten auftreten, aus folgenden Formeln zu berechnen:

$$\sin\gamma\sin(g-\omega') = -\sin(\alpha-\Omega') \qquad \sin\gamma'\sin(g'-\omega') = -\sin\delta\cos(\alpha-\Omega')$$
$$\sin\gamma\cos(g-\omega') = \cos i'\cos(\alpha-\Omega') \qquad \sin\gamma'\cos(g'-\omega') = \cos\delta\sin i'-\sin\delta\cos i'\sin(\alpha-\Omega')$$
$$\cos\gamma = -\sin i'\cos(\alpha-\Omega') \qquad \cos\gamma' = \cos\delta\cos i'+\sin\delta\sin i'\sin(\alpha-\Omega')$$

Dann hat man für die

a) Ellipse

zu rechnen:

$$m = \frac{2\,\mathrm{tg}\frac{v}{2}^2}{1+e}\frac{1}{\xi} \qquad n = \frac{2\,\mathrm{tg}\frac{v}{2}^4}{1+e}\eta \qquad \begin{array}{l} v = \text{wahre Anomalie} \\ \xi \text{ und } \eta \text{ aus Taf. XXVII.}\end{array}$$

ferner h und H aus:

$$h\sin\left(H-\frac{v}{2}\right) = -\,\mathrm{tg}\frac{v}{2}\cdot(1+m)$$
$$h\cos\left(H-\frac{v}{2}\right) = 1+n$$

und schliesslich:

$$\frac{\cos\delta\, d\alpha}{d\frac{1}{a}} = -\frac{r\sin\gamma}{\varDelta}\frac{h\sin v\cos\frac{1}{2}v}{2}\cos(g+H)\frac{q}{1+e}$$
$$\frac{d\delta}{d\frac{1}{a}} = -\frac{r\sin\gamma'}{\varDelta}\frac{h\sin v\cos\frac{1}{2}v}{2}\cos(g'+H)\frac{q}{1+e}$$

$\varDelta$ = Entfernung des Gestirnes von der Erde.

Für die

b) Hyperbel

wird

$$m = \frac{2\,\mathrm{tg}\frac{v}{2}^2}{e+1}\zeta, \qquad n = \frac{2\,\mathrm{tg}\frac{v}{2}^4}{e+1}\eta \qquad \zeta \text{ und } \eta \text{ aus Taf. XXVIII.}$$

und

$$h\sin\left(H-\frac{v}{2}\right) = -\,\mathrm{tg}\frac{v}{2}\cdot(1+m)$$
$$h\cos\left(H-\frac{v}{2}\right) = 1+n$$

und schliesslich:

$$\frac{\cos\delta\, d\alpha}{d\frac{1}{a}} = \frac{r \sin\gamma}{\varDelta} \frac{h \sin v \cos\frac{1}{2}v}{2} \cos(g + H) \frac{q}{e+1}$$

$$\frac{d\delta}{d\frac{1}{a}} = \frac{r \sin\gamma'}{\varDelta} \frac{h \sin v \cos\frac{1}{2}v}{2} \cos(g' + H) \frac{q}{e+1}$$

$\varDelta$ = Entfernung des Gestirnes von der Erde.

Will man statt des Elementes $\frac{1}{a}$ die Excentricität e einführen, so wird man zu setzen haben:

$$\text{Ellipse:}\quad -\frac{q}{1+e} d\frac{1}{a} = \frac{de}{1+e} + \frac{1-e}{1+e} \cdot \frac{dq}{q}$$

$$\text{Hyperbel:}\quad \frac{q}{e+1} d\frac{1}{a} = \frac{de}{e+1} - \frac{e-1}{e+1} \cdot \frac{dq}{q}.$$

Tafel XXIX.

Soll eine parabolische Bahn einer Verbesserung mit Hülfe der Differenzialquotienten der beobachteten Coordinaten α und δ nach den Elementen unterworfen werden und erstrebt man dabei auch eine etwaige Verbesserung de der Excentricität 1 nach der positiven oder negativen Seite (parabelnahe Hyperbel oder Ellipse), so werden die Differenzialquotienten nach T (Perihelzeit), e und q (Periheldistanz) besonders einfache Ausdrücke, die durch Hülfstafeln bequem ermittelt werden können. Schönfeld hat in der oben citirten Abhandlung auch diese Hülfstafeln neu berechnet. Sie sind als Taf. XXIX hier aufgenommen.

Die Formeln sind, wenn wir uns auf die Elemente e, q, T beschränken, folgende:

$$\left.\begin{aligned}
\cos\delta\, d\alpha &= \frac{r\sin\gamma}{\varDelta}\frac{h_1 \operatorname{tg}\frac{1}{2}v}{\cos\frac{1}{2}v}\cos(g+H)\frac{de}{2} \\
&\quad + \frac{\sin\gamma}{\varDelta}\frac{j}{\cos\frac{1}{2}v}\sin(g+J)\,dq \\
&\quad - \frac{\sin\gamma}{\varDelta}\cdot\frac{\cos\left(g+\frac{v}{2}\right)}{\sqrt{r}}k\sqrt{2}\,dT \\
d\delta &= \frac{r\sin\gamma'}{\varDelta}\frac{h_1 \operatorname{tg}\frac{1}{2}v}{\cos\frac{1}{2}v}\cos(g'+H)\frac{de}{2} \\
&\quad + \frac{\sin\gamma'}{\varDelta}\frac{j}{\cos\frac{1}{2}v}\sin(g'+J)\,dq \\
&\quad - \frac{\sin\gamma'}{\varDelta}\cdot\frac{\cos\left(g+\frac{v}{2}\right)}{\sqrt{r}}k\sqrt{2}\,dT
\end{aligned}\right\}
\begin{array}{c}H,\ \log h_1,\ J,\ \log j\\ \text{werden mit dem Arg. } v\\ \text{der Tafel XXIX ent-}\\ \text{nommen.}\end{array}$$

Hierin ist k in Secunden zu nehmen und de und dq sind mit sin 1″ zu multipliciren, um die gebräuchlichen Einheiten einzuführen. $\gamma\, \gamma'\, g\, g'$ sind die schon in den Tafeln XXVII und XXVIII erklärten Grössen.

h_1 und j sind durchweg positiv. Die Winkel H und J sind in der Tafel für positive v angesetzt; für negative v ändern sie das Zeichen.

Fünfter Theil.

Tafeln zur Berechnung von Praecession, Nutation, Aberration und Parallaxe.

Tafel XXX

giebt die Praecessionsgrössen und die mittlere Schiefe der Ekliptik von 10 zu 10 Jahren für den Zeitraum 1600—2100 für die Epochen der tropischen Jahresanfänge und bezogen auf das tropische Jahr als Einheit. Als Constanten sind angenommen die von Newcomb abgeleiteten*).

Es ist bezeichnet mit:

p die allgemeine Praecession in Länge für ein tropisches Jahr,

π die einjährige Aenderung der Neigung der Ekliptik gegen die Ekliptik der Fundamentalepoche 1850.0 in Bogensecunden,

Π die Länge des aufsteigenden Knotens der Ekliptik auf der Ekliptik der Fundamentalepoche 1850.0, gezählt vom Aequinoctium des jeweiligen Datums,

m die jährliche Praecession in Rectascension $= p \cos \varepsilon$,

n die jährliche Praecession in Declination $= p_1 \sin \varepsilon$, wenn p_1 die Lunisolarpraecession bedeutet.

(Die Lunisolarpraecession selbst ist in die Tabelle nicht aufgenommen worden. Ihr Werth ist für das Jahr T:

$$50''3684 + 0''0000495\,(T - 1850.0))$$

ε die mittlere Schiefe der Ekliptik.

Die Tafel ist dazu bestimmt, die Uebertragung der Coordinaten eines Gestirnes oder der Bahnelemente eines Wandelsternes in Bezug auf Ekliptik oder Aequator von einer Epoche T auf eine andere Epoche $T + t$ zu erleichtern. Folgende Formeln, die wir für Ekliptik und Aequator getrennt ansetzen, dürften sich hierzu am meisten empfehlen.

Ekliptik.

Mit λ und β seien Länge und Breite eines Gestirnes, mit Ω, i, ω Länge des Knotens, Neigung und Abstand des Perihels vom Knoten einer Bahnebene, im System der Ekliptik bezeichnet. Es mögen sich beziehen:

$\lambda_0\ \beta_0\ \Omega_0\ i_0\ \omega_0$ auf mittleres Aequinoctium und Ekliptik für die Zeit T,

$\lambda\ \beta\ \Omega\ i\ \omega$ » » » » » » » » $T + t$,

$\overline{\lambda}\ \overline{\beta}\ \overline{\Omega}\ \overline{i}\ \overline{\omega}$ » » » » » » » » $T + \frac{t}{2}$,

dann ist:

$$\lambda = \lambda_0 + [p + \pi \operatorname{tg} \overline{\beta} \cos(\Pi - \overline{\lambda})]\, t$$
$$\beta = \beta_0 + \pi \sin(\Pi - \overline{\lambda})\, t$$
$$\Omega = \Omega_0 + [p - \pi \operatorname{cotg} \overline{i} \sin(\Pi - \overline{\Omega})]\, t$$
$$i = i_0 - \pi \cos(\Pi - \overline{\Omega})\, t$$
$$\omega = \omega_0 + \pi \operatorname{cosec} \overline{i} \sin(\Pi - \overline{\Omega})\, t$$

*) Newcomb, A new determination of the Precessional Constant, Astr. Papers Vol. VIII Pt. 1.

Um $\bar{\lambda}\ \bar{\beta}\ \bar{\Omega}\ \bar{i}\ \bar{\omega}$ zu finden, wird man diese Gleichungen zuerst genähert auflösen, indem man rechts statt $\bar{\lambda}\ \bar{\beta}\ldots$ setzt $\lambda_0\ \beta_0\ldots$; sind (λ), (β), ... die hiermit erhaltenen Werthe, dann wird mit hinlänglicher Genauigkeit: $\bar{\lambda}=\frac{\lambda_0+(\lambda)}{2}$, $\bar{\beta}=\frac{\beta_0+(\beta)}{2}$, ...

Die Grössen p, π, Π sind mit dem Argument $T+\frac{t}{2}$ der Tafel zu entnehmen.

Aequator.

Mit α und δ seien Rectascension und Declination eines Gestirnes, mit Ω', i', ω' Rectascension des Knotens, Neigung und Abstand des Perihels vom Knoten der Bahnebene, im System des Aequators bezeichnet. Es mögen sich beziehen:

$\alpha_0\ \delta_0\ \Omega_0'\ i_0'\ \omega_0'$ auf mittleres Aequinoctium und Aequator für die Zeit T,
$\alpha\ \delta\ \Omega'\ i'\ \omega'$ » » » » » » » » $T+t$,
$\bar{\alpha}\ \bar{\delta}\ \bar{\Omega}'\ \bar{i}'\ \bar{\omega}'$ » » » » » » » » $T+\frac{t}{2}$,

dann ist:

$$\begin{aligned}
\alpha &= \alpha_0+(m+n\operatorname{tg}\bar{\delta}\sin\bar{\alpha})\,t\\
\delta &= \delta_0+n\cos\bar{\alpha}\,t\\
\Omega' &= \Omega_0'+(m-n\operatorname{cotg}\bar{i}'\cos\bar{\Omega}')\,t\\
i' &= i_0'-n\sin\bar{\Omega}'\,t\\
\omega' &= \omega_0'+n\cos\bar{\Omega}'\operatorname{cosec}\bar{i}'\,t
\end{aligned}$$

$\bar{\alpha}$, $\bar{\delta}$, $\bar{\Omega}'$, $\bar{i}'$, $\bar{\omega}'$ können ähnlich wie oben $\bar{\lambda}$, $\bar{\beta}$ ... berechnet werden. Die Grössen m und n sind mit dem Argument $T+\frac{t}{2}$ der Tafel zu entnehmen.

Tafeln XXXI^a—XXXIe.

Diese zur Berechnung der Bessel'schen Reductionsgrössen für jeden Tag innerhalb des Zeitraumes 1600—2000 dienende Tafel verdanke ich der gütigen Mitwirkung von Herrn Professor P. Lehmann, der sich auf meine Bitte der Mühe unterzogen hat, die zur Berechnung der entsprechenden Grössen des Berliner Jahrbuches dienenden Manuscripttafeln auf die hier gewählte Form zu transformiren. Es sind dadurch ebenso compendiöse wie bequeme Tafeln entstanden, die durch eine kurze Rechnung die Reductionsgrössen bezogen auf das von der Pariser Conferenz 1896 angenommene System der astronomischen Constanten anzugeben gestatten. Hierbei sind, wie das jetzt auch in den Jahrbüchern geschieht, die von der Mondlänge abhängigen Nutationsglieder unberücksichtigt geblieben.

Schreibt man die Reductionen, die an die mittlere Rectascension α und die mittlere Declination δ für den Jahresanfang anzubringen sind, um die scheinbaren Coordinaten für ein beliebiges Datum innerhalb dieses Jahres zu erhalten, in der Form:

$$\begin{aligned}
\Delta\alpha &= f+g\sin(G+\alpha)\operatorname{tg}\delta+h\sin(H+\alpha)\sec\delta\\
\Delta\delta &= \phantom{f+{}} g\cos(G+\alpha)\phantom{\operatorname{tg}\delta}+h\cos(H+\alpha)\sin\delta+i\cos\delta
\end{aligned}$$

(wo von der Eigenbewegung abgesehen ist), so sind die Grössen f, g, h, i, G, H durch folgende Ausdrücke gegeben:

Praecession und Nutation.

$$f = f_{\odot} + f_{\Omega}$$
$$g \cos G = (g \cos G)_{\odot} + (g \cos G)_{\Omega}$$
$$g \sin G = (g \sin G)_{\odot} + (g \sin G)_{\Omega}$$

$$\begin{array}{rlllll}
f_{\odot} = & + 46''0850\,t & - 1''1674 \sin 2\odot & + 0''1355 \sin(\odot + & 81^{\circ}57') & 1900 \\
& + 46.1129 & - 1.1676 & + 0.1348 & 80\;42 & 2000 \\
(g \cos G)_{\odot} = & + 20''0468\,t & - 0''5064 \sin 2\odot & + 0''0588 \sin(\odot + & 81^{\circ}57') & 1900 \\
& + 20.0383 & - 0.5062 & + 0.0584 & 80\;42 & 2000 \\
(g \sin G)_{\odot} = & & - 0''5519 \cos 2\odot & - 0''0092 \cos(\odot + & 281^{\circ}13') & 1900 \\
& & - 0.5516 & - 0.0092 & 282\;56 & 2000
\end{array}$$

$$\begin{array}{rlll}
f_{\Omega} = & - 15''8080 \sin \Omega & + 0''1900 \sin 2\,\Omega & 1900 \\
& - 15.8256 & + 0.1900 & 2000 \\
(g \cos G)_{\Omega} = & - \;\; 6''8580 \sin \Omega & + 0''0820 \sin 2\,\Omega & 1900 \\
& - \;\; 6.8610 & + 0.0820 & 2000 \\
(g \sin G)_{\Omega} = & - \;\; 9''2100 \cos \Omega & + 0''0895 \cos 2\,\Omega & 1900 \\
& - \;\; 9.2109 & + 0.0894 & 2000
\end{array}$$

Aberration.

$$\begin{array}{rll}
h \cos H = & - 20''47 \sin \odot & 1900 \\
& - 20.47 & 2000 \\
h \sin H = & - 18''7790 \cos \odot & 1900 \\
& - 18.7809 & 2000 \\
i = & - \;\; 8''1468 \cos \odot & 1900 \\
& - \;\; 8.1425 & 2000
\end{array}$$

Hierin bedeutet: t die seit dem Beginn des annus fictus verflossene Zeit, ausgedrückt in Bruchtheilen des Jahres,

$\odot$ die wahre Länge der Sonne,

Ω die Länge des aufsteigenden Knotens der Mondbahn auf der Ekliptik.

Diese Grössen können also mit zwei Argumenten tabulirt werden:

1) Mit der wahren Sonnenlänge oder, was bequemer ist, mit den Tagen des annus fictus; dies geschieht in Taf. XXXI^{b}.

2) Mit der Länge des Mondknotens; dies geschieht in Taf. XXXIe.

Die Bildung der Argumente selbst wird durch die Tafeln XXXI^{a} und XXXI$^{c,\,d}$ vermittelt. Es giebt nämlich Taf. XXXI^{a} den »dies reductus« k für jedes Jahr von 1600—2000, d. h. jene Grösse, die zu einem in mittlerer Berliner Zeit gegebenen astronomischen Datum hinzuzufügen ist, um das Datum im annus fictus zu erhalten (siehe auch Erläuterung zu Taf. II). Mit dem Argument

(Datum in mittl. Zeit Berlin) $+ k$

beziehungsweise

(Datum in mittl. Ortszeit) $+ k + d$,

wo d die Längendifferenz des Ortes mit Berlin (westlich positiv gerechnet und in Bruchtheilen des Tages ausgedrückt) bedeutet, entnimmt man der Tafel XXXI^{b}, welche für die Anfänge der Tage des annus fictus gilt, alle von der Sonnenlänge abhängigen Glieder durch eine einfache Interpolation. Die Tafeln XXXI^{c,d} geben die Länge des Mondknotens unmittelbar für 0^h mittl. Zeit Berlin in der Form ☊ = ☊$_I$ + ☊$_{II}$. Taf. XXXI^c enthält ☊$_I$, nämlich die Länge des Mondknotens für die Anfänge der astronomischen Jahre 1600—2000 (Jan. 0, 0^h M. Z. Berlin in Gemeinjahren, Jan. 1, 0^h M. Z. Berlin in Schaltjahren); Tafel XXXI^d enthält ☊$_{II}$, nämlich die Bewegung des Mondknotens in den mittleren Sonnentagen eines Jahres. Mit ☊ als Argument entnimmt man der Tafel XXXIe alle vom Mondknoten abhängigen Glieder. Dieselben sind zu den Sonnengliedern in der oben angegebenen Weise hinzuzufügen.

Die in den Tafeln XXXI^b und XXXIe angesetzten Grössen gelten unmittelbar für die Epoche 1900. Den oben angegebenen Saecularänderungen der Coefficienten wird durch die mit »Aenderung in 100 Jahren« überschriebenen Columnen Rechnung getragen. Diese Columnen geben in Einheiten der letzten angeführten Stelle der Hauptglieder die 100jährigen Aenderungen dieser letzteren, sind also für das Jahr T, mit dem Factor $\frac{T - 1900}{100}$ multiplicirt, zum nebenstehenden Hauptglied hinzuzufügen.

Man wird in der Regel die Reductionsgrössen für einen längeren Zeitraum zu rechnen haben; dann genügt es, die Sonnenglieder etwa in Intervallen von 8 bis 10 Tagen, die langperiodischen Mondknotenglieder in Intervallen von 64—100 Tagen zu berechnen. Vielfache Erleichterungen bei der Bildung der Argumente und bei den Interpolationen bieten sich von selbst dar.

Beispiel: Berechnung der Reductionsgrössen für

1903 Jan. 1.5, 8.5, 16.5, 24.5, Febr. 1.5, 9.5, 17.5 M. Z. Berlin.

1903 dies red.	— 1.0773 (Taf. XXXI^a)	☊$_I$	201.1979 (Taf. XXXI^c)
	+ 0.5000	Bew. in $0^d.5$	— 0.0265
Arg.	— 0.5773		201.1714

1903		Jan. 0.5	Jan. 8.5	Jan. 16.5	Jan. 24.5	Febr. 1.5	Febr. 9.5	Febr. 17.5
Mit Taf. d	☊	201°.1714	200°.7478	200°.3242	199°.9005	199°.4769	199°.0532	198°.6296
» » b	$f_\odot$	+ 0".307	+ 1".629	+ 2".899	+ 4".094	+ 5".201	+ 6".214	+ 7".134
» » e	$f_☊$	+ 5.838	+ 5.726	+ 5.615	+ 5.503	+ 5.390	+ 5.278	+ 5.165
	f	+ 6.145	+ 7.355	+ 8.514	+ 9.597	+ 10.591	+ 11.492	+ 12.299
» » d	$(g \cos G)_\odot$	+ 0.133	+ 0.708	+ 1.259	+ 1.780	+ 2.262	+ 2.702	+ 3.101
» » e	$(g \cos G)_☊$	+ 2.532	+ 2.484	+ 2.435	+ 2.387	+ 2.338	+ 2.289	+ 2.240
	$g \cos G$	+ 2.665	+ 3.192	+ 3.694	+ 4.167	+ 4.600	+ 4.991	+ 5.341
» » d	$(g \sin G)_\odot$	+ 0.532	+ 0.459	+ 0.352	+ 0.216	+ 0.064	— 0.093	— 0.241
» » e	$(g \sin G)_☊$	+ 8.655	+ 8.680	+ 8.704	+ 8.729	+ 8.752	+ 8.776	+ 8.799
	$g \sin G$	+ 9.187	+ 9.139	+ 9.056	+ 8.945	+ 8.816	+ 8.683	+ 8.558
	$\log (g \cos G)$	0.4257	0.5041	0.5675	0.6198	0.6628	0.6982	0.7276
	$\log (g \sin G)$	0.9632	0.9609	0.9569	0.9515	0.9453	0.9387	0.9324
	G	73° 49'	70° 45'	67° 48'	65° 1'	62° 27'	60° 7'	58° 2'
	$\log g$	0.9807	0.9859	0.9903	0.9942	0.9976	1.0007	1.0038
» » d	H	351° 23'	343° 51'	336° 11'	328° 25'	320° 30'	312° 24'	304° 7'
» » d	$\log h$	1.3102	1.3080	1.3046	1.3002	1.2952	1.2899	1.2848
» » d	i	— 1".327	— 2".454	— 3".530	— 4".534	— 5".445	— 6".245	— 6".920
	$\log i$	0.1230_n	0.3899_n	0.5478_n	0.6565_n	0.7360_n	0.7955_n	0.8401_n

Die Resultate stimmen bis auf die unvermeidlichen Abrundungsfehler mit den Angaben des Berliner Jahrbuches, die mit anders eingerichteten Tafeln gerechnet sind, überein.

Tafel XXXII

giebt die bekannten Hülfsgrössen zur Berechnung der Parallaxe für diejenigen Sternwarten, in denen Planeten- und Kometen-Beobachtungen angestellt werden. Die Coordinaten der Sternwarten sind nach dem Verzeichniss des Berliner Jahrbuches gleichfalls angeführt worden. Die einzelnen Columnen sind durch die Ueberschriften hinreichend erklärt. Es ist nur anzugeben, dass unter »Corr. der Sternzeit« die Grösse

$$236^s\!.555\, l$$

(l = Längendifferenz von Berlin (+ westlich) in Tagen ausgedrückt)

verzeichnet ist, die an die Sternzeit im mittleren Berliner Mittag anzubringen ist, um die Sternzeit im mittleren Mittag des betreffenden Ortes zu erhalten. Ferner, dass der Berechnung der geocentrischen Breite φ' und der Entfernung ϱ vom Erdmittelpunkt die Bessel'schen Dimensionen des Erdkörpers (siehe Tafel XXXXIII) zu Grunde liegen; in $\log \varrho$ ist die Seehöhe mit inbegriffen, soweit sie mir bekannt ist. Die Formeln zur Berechnung der Parallaxe sind

$$\Theta - \alpha = \text{Stundenwinkel}, \quad \operatorname{tg}\gamma = \frac{\operatorname{tg}\varphi'}{\cos(\Theta - \alpha)} \qquad \gamma < 180^\circ$$
$$\Delta \cdot (\alpha - \alpha')^s = (\varrho\pi \cos\varphi')^s \sin(\Theta - \alpha) \sec\delta$$
$$\Delta \cdot (\delta - \delta')'' = (\varrho\pi \sin\varphi')'' \sin(\gamma - \delta) \operatorname{cosec}\gamma .$$

$\log(\varrho\pi \cos\varphi')^s$ ist bereits in Zeitsecunden verwandelt; $(\varrho\pi \sin\varphi')''$ ist in Bogensecunden gegeben. Δ ist die Entfernung des Gestirnes vom Erdmittelpunkt. Für den Werth der Sonnenparallaxe π ist der von der Pariser Conferenz 1896 adoptirte Werth $8''\!.80$ angenommen. Die Formeln geben die Reduction vom gemessenen auf den geocentrischen Ort.

Beispiel: Es sind die parallaktischen Factoren für folgende Beobachtung zu berechnen:

1899 Mai 13 $12^h\,10^m\,42^s$ M. Z. Strassburg. $\alpha' = 23^h\,14^m\,47^s$ $\delta' = +35^\circ\,53'\,43''$

M. Z.	$12^h 10^m 42^s$	$\operatorname{tg}\varphi'$	0.0516	$(\varrho\pi\cos\varphi')^s$	9.5898	$(\varrho\pi\sin\varphi')''$	0.8174
Taf. IV	+ 2 0	$\cos(\Theta-\alpha)$	9.6180_n	$\sin(\Theta-\alpha)$	9.9590_n	$\sin(\gamma-\delta)$	9.9836
	3 24 1	$\operatorname{tg}\gamma$	0.4336_n	$\sec\delta$	0.0915	$\operatorname{cosec}\gamma$	0.0277
St. Z.	15 36 43	γ	$110^\circ 13'\!.7$				
$\Theta-\alpha$	16 21 56	$\gamma-\delta$	74 20.0	$\log(p_\alpha\Delta)$	9.6403_n	$\log(p_\delta\Delta)$	0.8287
»	$245^\circ 29'\!.0$						

Sechster Theil.

Mathematische Hülfstafeln und verschiedene Constanten.

Tafeln XXXIII—XXXVIII.

Hier sind zuerst in Taf. XXXIII die gebräuchlichsten Formeln für Interpolation, mechanische Differenziation und mechanische Quadratur zusammengestellt, so dass die darauffolgenden Tafeln einer Erläuterung nicht mehr bedürfen.

Tafel XXXIX

giebt die Werthe der Function

$$\Theta(x) = \frac{2}{\sqrt{\pi}}\int_0^x e^{-t^2}\,dt$$

mit einer Genauigkeit, welche für die gewöhnlichen Zwecke der Fehlertheorie u. s. f. ausreichend ist. Sie ist der Encke'schen Abhandlung: Ueber die Methode der kleinsten Quadrate, Berl. Jahrb. 1834, entnommen und am Schluss ergänzt worden.

Tafel XXXX

giebt die Werthe der Function $x - \sin x$ von 0° bis 40° von Minute zu Minute in Theilen des Winkels. Sie ist aus einer umfangreichen Tafel, die im Manuscript im Berliner astronomischen Rechen-Institut vorhanden ist, ausgezogen. Ueber die Berechnung derselben liegen keine Anhaltspunkte vor; sehr zahlreiche Prüfungen haben ergeben, dass sie zuverlässig ist, dass die letzte Stelle jedoch um eine Einheit fehlerhaft sein kann. Für die Brauchbarkeit der Tafel ist dies ohne Belang.

Tafeln XXXXI—XXXXIII

geben eine Zusammenstellung der am häufigsten gebrauchten mathematischen, astronomischen und geodätischen Constanten mit ihren Logarithmen. Für die astronomischen Constanten sind die von der Pariser Conferenz angenommenen Werthe, beziehungsweise die in den Newcomb'schen Sonnentafeln angegebenen Grössen eingesetzt.

Tafeln XXXXIV—XXXXV

enthalten die Elemente und Massen der grossen Planeten, erstere ausgezogen aus den Tafeln von Newcomb und Hill, letztere nach den gegenwärtig als sichersten geltenden Quellen. Die bei der Berechnung von speciellen Störungen gebrauchten Factoren: $(w\,k)^2\,m\,10^7$ und $w\,k''\,m$ sind hinzugefügt.

Tafeln.

Taf. I. Zahl der Tage seit Beginn der julianischen Periode.

	Jahrhundert der christl. Aera	Tage	Jahr	Tage	Jahr	Tage	Datum	Gem. Jahr	Schaltjahr	Tage
Julianischer Kalender.	Die negativen Jahre in astronomischer Bezeichnung.		00 Greg.	0 001						
			*00 Jul.	0 000						
	— 2000	990 557			50	18 263	Jan.	0	0	000
	— 1900	1 027 082	01	0 366	51	18 628		10	10	010
	— 1800	1 063 607	02	0 731	*52	18 993		20	20	020
	— 1700	1 100 132	03	1 096	53	19 359		30	30	030
	— 1600	1 136 657	*04	1 461	54	19 724	Febr.	9	9	040
	— 1500	1 173 182	05	1 827	55	20 089		19	19	050
	— 1400	1 209 707	06	2 192	*56	20 454	März	1	0	060
	— 1300	1 246 232	07	2 557	57	20 820		11	10	070
	— 1200	1 282 757	*08	2 922	58	21 185		21	20	080
	— 1100	1 319 282	09	3 288	59	21 550		31	30	090
	— 1000	1 355 807	10	3 653	*60	21 915	April	10	9	100
	— 900	1 392 332	11	4 018	61	22 281		20	19	110
	— 800	1 428 857	*12	4 383	62	22 646		30	29	120
	— 700	1 465 382	13	4 749	63	23 011	Mai	10	9	130
	— 600	1 501 907	14	5 114	*64	23 376		20	19	140
	— 500	1 538 432	15	5 479	65	23 742		30	29	150
	— 400	1 574 957	*16	5 844	66	24 107	Juni	9	8	160
	— 300	1 611 482	17	6 210	67	24 472		19	18	170
	— 200	1 648 007	18	6 575	*68	24 837		29	28	180
	— 100	1 684 532	19	6 940	69	25 203	Juli	9	8	190
	0	1 721 057	*20	7 305	70	25 568		19	18	200
	100	1 757 582	21	7 671	71	25 933		29	28	210
	200	1 794 107	22	8 036	*72	26 298	Aug.	8	7	220
	300	1 830 632	23	8 401	73	26 664		18	17	230
	400	1 867 157	*24	8 766	74	27 029		28	27	240
	500	1 903 682	25	9 132	75	27 394	Sept.	7	6	250
	600	1 940 207	26	9 497	*76	27 759		17	16	260
	700	1 976 732	27	9 862	77	28 125		27	26	270
	800	2 013 257	*28	10 227	78	28 490	Oct.	7	6	280
	900	2 049 782	29	10 593	79	28 855		17	16	290
	1000	2 086 307	30	10 958	*80	29 220		27	26	300
	1100	2 122 832	31	11 323	81	29 586	Nov.	6	5	310
	1200	2 159 357	*32	11 688	82	29 951		16	15	320
	1300	2 195 882	33	12 054	83	30 316		26	25	330
	1400	2 232 407	34	12 419	*84	30 681	Dec.	6	5	340
	1500	2 268 932	35	12 784	85	31 047		16	15	350
	1600	2 305 457	*36	13 149	86	31 412		26	25	360
	1700	2 341 982	37	13 515	87	31 777				
	1800	2 378 507	38	13 880	*88	32 142				
	1900	2 415 032	39	14 245	89	32 508				
Gregorianischer Kalender.	1500	2 268 922	*40	14 610	90	32 873				
	*1600	2 305 447	41	14 976	91	33 238				
	1700	2 341 971	42	15 341	*92	33 603				
	1800	2 378 495	43	15 706	93	33 969				
	1900	2 415 019	*44	16 071	94	34 334				
	*2000	2 451 544	45	16 437	95	34 699				
	2100	2 488 068	46	16 802	*96	35 064				
	2200	2 524 592	47	17 167	97	35 430				
	2300	2 561 116	*48	17 532	98	35 795				
	*2400	2 597 641	49	17 898	99	36 160				

Die Schaltjahre sind mit * bezeichnet.

Für die Jahre 1600, 2000, 2400 des Greg. Kalenders nehme man statt 00 Greg. als Argument: 00 Jul. und behandle sie als Schaltjahre.

Taf. II. Bruchtheile des Bessel'schen Jahres.

Datum G.J.	Datum Sch.J.	Jahrestag	Jahresbruch	Datum	Jahrestag	Jahresbruch	Datum	Jahrestag	Jahresbruch	Datum	Jahrestag	Jahresbruch	Datum	Jahrestag	Jahresbruch	Datum	Jahrestag	Jahresbruch
Jan. 0	1	0	0.0000	Mrz. 1	60	0.1643	Mai 1	121	0.3313	Juli 1	182	0.4983	Sept. 1	244	0.6681	Nov. 1	305	0.8351
1	2	1	0027	2	61	1670	2	122	3340	2	183	5010	2	245	6708	2	306	8378
2	3	2	0055	3	62	1698	3	123	3368	3	184	5038	3	246	6735	3	307	8405
3	4	3	0082	4	63	1725	4	124	3395	4	185	5065	4	247	6763	4	308	8433
4	5	4	0110	5	64	1752	5	125	3422	5	186	5093	5	248	6790	5	309	8460
5	6	5	0.0137	6	65	0.1780	6	126	0.3450	6	187	0.5120	6	249	0.6817	6	310	0.8488
6	7	6	0164	7	66	1807	7	127	3477	7	188	5147	7	250	6845	7	311	8515
7	8	7	0192	8	67	1834	8	128	3504	8	189	5175	8	251	6872	8	312	8542
8	9	8	0219	9	68	1862	9	129	3532	9	190	5202	9	252	6900	9	313	8570
9	10	9	0246	10	69	1889	10	130	3559	10	191	5229	10	253	6927	10	314	8597
10	11	10	0.0274	11	70	0.1917	11	131	0.3587	11	192	0.5257	11	254	0.6954	11	315	0.8624
11	12	11	0301	12	71	1944	12	132	3614	12	193	5284	12	255	6982	12	316	8652
12	13	12	0329	13	72	1971	13	133	3641	13	194	5312	13	256	7009	13	317	8679
13	14	13	0356	14	73	1999	14	134	3669	14	195	5339	14	257	7036	14	318	8707
14	15	14	0383	15	74	2026	15	135	3696	15	196	5366	15	258	7064	15	319	8734
15	16	15	0.0411	16	75	0.2053	16	136	0.3724	16	197	0.5394	16	259	0.7091	16	320	0.8761
16	17	16	0438	17	76	2081	17	137	3751	17	198	5421	17	260	7119	17	321	8789
17	18	17	0466	18	77	2108	18	138	3778	18	199	5448	18	261	7146	18	322	8816
18	19	18	0493	19	78	2136	19	139	3806	19	200	5476	19	262	7173	19	323	8843
19	20	19	0520	20	79	2163	20	140	3833	20	201	5503	20	263	7201	20	324	8871
20	21	20	0.0548	21	80	0.2190	21	141	0.3860	21	202	0.5531	21	264	0.7228	21	325	0.8898
21	22	21	0575	22	81	2218	22	142	3888	22	203	5558	22	265	7255	22	326	8926
22	23	22	0602	23	82	2245	23	143	3915	23	204	5585	23	266	7283	23	327	8953
23	24	23	0630	24	83	2272	24	144	3943	24	205	5613	24	267	7310	24	328	8980
24	25	24	0657	25	84	2300	25	145	3970	25	206	5640	25	268	7338	25	329	9008
25	26	25	0.0684	26	85	0.2327	26	146	0.3997	26	207	0.5667	26	269	0.7365	26	330	0.9035
26	27	26	0712	27	86	2355	27	147	4025	27	208	5695	27	270	7392	27	331	9062
27	28	27	0739	28	87	2382	28	148	4052	28	209	5722	28	271	7420	28	332	9090
28	29	28	0767	29	88	2409	29	149	4079	29	210	5750	29	272	7447	29	333	9117
29	30	29	0794	30	89	2437	30	150	4107	30	211	5777	30	273	7474	30	334	9145
30	31	30	0.0821	31	90	0.2464	31	151	0.4134	31	212	0.5804	Oct. 1	274	0.7502	Dec. 1	335	0.9172
Fbr. 0	1	31	0849	Apr. 1	91	2492	Juni 1	152	4162	Aug. 1	213	5832	2	275	7529	2	336	9199
1	2	32	0876	2	92	2519	2	153	4189	2	214	5859	3	276	7557	3	337	9227
2	3	33	0904	3	93	2546	3	154	4216	3	215	5887	4	277	7584	4	338	9254
3	4	34	0931	4	94	2574	4	155	4244	4	216	5914	5	278	7611	5	339	9282
4	5	35	0.0958	5	95	0.2601	5	156	0.4271	5	217	0.5941	6	279	0.7639	6	340	0.9309
5	6	36	0986	6	96	2628	6	157	4299	6	218	5969	7	280	7666	7	341	9336
6	7	37	1013	7	97	2656	7	158	4326	7	219	5996	8	281	7694	8	342	9364
7	8	38	1040	8	98	2683	8	159	4353	8	220	6023	9	282	7721	9	343	9391
8	9	39	1068	9	99	2711	9	160	4381	9	221	6051	10	283	7748	10	344	9418
9	10	40	0.1095	10	100	0.2738	10	161	0.4408	10	222	0.6078	11	284	0.7776	11	345	0.9446
10	11	41	1123	11	101	2765	11	162	4435	11	223	6106	12	285	7803	12	346	9473
11	12	42	1150	12	102	2793	12	163	4463	12	224	6133	13	286	7830	13	347	9501
12	13	43	1177	13	103	2820	13	164	4490	13	225	6160	14	287	7858	14	348	9528
13	14	44	1205	14	104	2847	14	165	4518	14	226	6188	15	288	7885	15	349	9555
14	15	45	0.1232	15	105	0.2875	15	166	0.4545	15	227	0.6215	16	289	0.7913	16	350	0.9583
15	16	46	1259	16	106	2902	16	167	4572	16	228	6242	17	290	7940	17	351	9610
16	17	47	1287	17	107	2930	17	168	4600	17	229	6270	18	291	7967	18	352	9637
17	18	48	1314	18	108	2957	18	169	4627	18	230	6297	19	292	7995	19	353	9665
18	19	49	1342	19	109	2984	19	170	4654	19	231	6325	20	293	8022	20	354	9692
19	20	50	0.1369	20	110	0.3012	20	171	0.4682	20	232	0.6352	21	294	0.8049	21	355	0.9720
20	21	51	1396	21	111	3039	21	172	4709	21	233	6379	22	295	8077	22	356	9747
21	22	52	1424	22	112	3066	22	173	4737	22	234	6407	23	296	8104	23	357	9774
22	23	53	1451	23	113	3094	23	174	4764	23	235	6434	24	297	8132	24	358	9802
23	24	54	1478	24	114	3121	24	175	4791	24	236	6461	25	298	8159	25	359	9829
24	25	55	0.1506	25	115	0.3149	25	176	0.4819	25	237	0.6489	26	299	0.8186	26	360	0.9856
25	26	56	1533	26	116	3176	26	177	4846	26	238	6516	27	300	8214	27	361	9884
26	27	57	1561	27	117	3203	27	178	4873	27	239	6544	28	301	8241	28	362	9911
27	28	58	1588	28	118	3231	28	179	4901	28	240	6571	29	302	8268	29	363	9939
28	29	59	1615	29	119	3258	29	180	4928	29	241	6598	30	303	8296	30	364	9966
				30	120	0.3285	30	181	0.4956	30	242	0.6626	31	304	0.8323	31	365	0.9993
										31	243	6653						

Um 0^h M. Z. Berlin des Tafeldatums sind seit Beginn des Bessel'schen Jahres (annus fictus) verflossen: (Jahrestag $+ k$) Tage und $\left(\text{Jahresbruch} + \frac{k}{365.2422}\right)$ Theile des Bessel'schen Jahres. k aus Taf. XXXI^a.

$$\frac{1}{365.2422} = 0.0027379.$$

Taf. III. Verwandelung von Stunden, Minuten und Secunden in Decimaltheile des Tages und umgekehrt.

Tage	h m s	Tage	h m s	Tage	m s	Tage	m s	Tage	s
$0^d.00$	$0^h\ 0^m\ 0^s$	$0^d.50$	$12^h\ 0^m\ 0^s$	$0^d.0000$	$0^m\ 0^s.00$	$0^d.0050$	$7^m\ 12^s.00$		
01	0 14 24	51	12 14 24	01	0 8.64	51	7 20.64		
02	0 28 48	52	12 28 48	02	0 17.28	52	7 29.28		
03	0 43 12	53	12 43 12	03	0 25.92	53	7 37.92		
04	0 57 36	54	12 57 36	04	0 34.56	54	7 46.56		
0.05	1 12 0	0.55	13 12 0	0.0005	0 43.20	0.0055	7 55.20		
06	1 26 24	56	13 26 24	06	0 51.84	56	8 3.84		
07	1 40 48	57	13 40 48	07	1 0.48	57	8 12.48		
08	1 55 12	58	13 55 12	08	1 9.12	58	8 21.12		
09	2 9 36	59	14 9 36	09	1 17.76	59	8 29.76		
0.10	2 24 0	0.60	14 24 0	0.0010	1 26.40	0.0060	8 38.40	$0^d.00000$	$0^s.000$
11	2 38 24	61	14 38 24	11	1 35.04	61	8 47.04	1	0.864
12	2 52 48	62	14 52 48	12	1 43.68	62	8 55.68	2	1.728
13	3 7 12	63	15 7 12	13	1 52.32	63	9 4.32	3	2.592
14	3 21 36	64	15 21 36	14	2 0.96	64	9 12.96	4	3.456
0.15	3 36 0	0.65	15 36 0	0.0015	2 9.60	0.0065	9 21.60	0.00005	4.320
16	3 50 24	66	15 50 24	16	2 18.24	66	9 30.24	6	5.184
17	4 4 48	67	16 4 48	17	2 26.88	67	9 38.88	7	6.048
18	4 19 12	68	16 19 12	18	2 35.52	68	9 47.52	8	6.912
19	4 33 36	69	16 33 36	19	2 44.16	69	9 56.16	9	7.776
0.20	4 48 0	0.70	16 48 0	0.0020	2 52.80	0.0070	10 4.80		
21	5 2 24	71	17 2 24	21	3 1.44	71	10 13.44		
22	5 16 48	72	17 16 48	22	3 10.08	72	10 22.08		
23	5 31 12	73	17 31 12	23	3 18.72	73	10 30.72		
24	5 45 36	74	17 45 36	24	3 27.36	74	10 39.36		
0.25	6 0 0	0.75	18 0 0	0.0025	3 36.00	0.0075	10 48.00		
26	6 14 24	76	18 14 24	26	3 44.64	76	10 56.64		
27	6 28 48	77	18 28 48	27	3 53.28	77	11 5.28		
28	6 43 12	78	18 43 12	28	4 1.92	78	11 13.92		
29	6 57 36	79	18 57 36	29	4 10.56	79	11 22.56		
0.30	7 12 0	0.80	19 12 0	0.0030	4 19.20	0.0080	11 31.20	$0^d.000000$	$0^s.0000$
31	7 26 24	81	19 26 24	31	4 27.84	81	11 39.84	1	0.0864
32	7 40 48	82	19 40 48	32	4 36.48	82	11 48.48	2	0.1728
33	7 55 12	83	19 55 12	33	4 45.12	83	11 57.12	3	0.2592
34	8 9 36	84	20 9 36	34	4 53.76	84	12 5.76	4	0.3456
0.35	8 24 0	0.85	20 24 0	0.0035	5 2.40	0.0085	12 14.40	0.000005	0.4320
36	8 38 24	86	20 38 24	36	5 11.04	86	12 23.04	6	0.5184
37	8 52 48	87	20 52 48	37	5 19.68	87	12 31.68	7	0.6048
38	9 7 12	88	21 7 12	38	5 28.32	88	12 40.32	8	0.6912
39	9 21 36	89	21 21 36	39	5 36.96	89	12 48.96	9	0.7776
0.40	9 36 0	0.90	21 36 0	0.0040	5 45.60	0.0090	12 57.60		
41	9 50 24	91	21 50 24	41	5 54.24	91	13 6.24		
42	10 4 48	92	22 4 48	42	6 2.88	92	13 14.88		
43	10 19 12	93	22 19 12	43	6 11.52	93	13 23.52		
44	10 33 36	94	22 33 36	44	6 20.16	94	13 32.16		
0.45	10 48 0	0.95	22 48 0	0.0045	6 28.80	0.0095	13 40.80		
46	11 2 24	96	23 2 24	46	6 37.44	96	13 49.44		
47	11 16 48	97	23 16 48	47	6 46.08	97	13 58.08		
48	11 31 12	98	23 31 12	48	6 54.72	98	14 6.72		
49	11 45 36	99	23 45 36	49	7 3.36	99	14 15.36		

Berlin — Greenwich: $+\ 0^h 53^m 34^s.91 = +\ 0^d.037\ 2096$

Berlin — Paris: $+\ 0\ 44\ 13.88 = +\ 0.030\ 7162.$

Taf. IV. Mittl. Zeit in Sternzeit.

Red. auf St.-Zt.	Mittl. Zt.
+0m 0s	0h 0m 0s
0 10	1 0 52
0 20	2 1 45
0 30	3 2 37
0 40	4 3 30
0 50	5 4 22
+1 0	6 5 15
1 10	7 6 7
1 20	8 6 59
1 30	9 7 52
1 40	10 8 44
1 50	11 9 37
+2 0	12 10 29
2 10	13 11 21
2 20	14 12 14
2 30	15 13 6
2 40	16 13 59
2 50	17 14 51
+3 0	18 15 44
3 10	19 16 36
3 20	20 17 28
3 30	21 18 21
3 40	22 19 13
3 50	23 20 6
+4 0	24 20 58
Red. auf St.-Zt.	**Mittl. Zt.**
+0s.01	0m 4s
0.02	0 7
0.03	0 11
0.04	0 15
0.05	0 18
0.06	0 22
0.07	0 26
0.08	0 29
0.09	0 33
0.10	0 37

Red. auf St.-Zt.	Mittl. Zt.	Red. auf St.-Zt.	Mittl. Zt.
+0s.0	0m 0s	+5s.0	30m 26s
0.1	0 37	5.1	31 3
0.2	1 13	5.2	31 39
0.3	1 50	5.3	32 16
0.4	2 26	5.4	32 52
0.5	3 3	5.5	33 29
0.6	3 39	5.6	34 5
0.7	4 16	5.7	34 42
0.8	4 52	5.8	35 18
0.9	5 29	5.9	35 55
+1.0	6 5	+6.0	36 31
1.1	6 42	6.1	37 8
1.2	7 18	6.2	37 44
1.3	7 55	6.3	38 21
1.4	8 31	6.4	38 57
1.5	9 8	6.5	39 34
1.6	9 44	6.6	40 10
1.7	10 21	6.7	40 47
1.8	10 57	6.8	41 23
1.9	11 34	6.9	42 0
+2.0	12 10	+7.0	42 37
2.1	12 47	7.1	43 14
2.2	13 23	7.2	43 50
2.3	14 0	7.3	44 27
2.4	14 36	7.4	45 3
2.5	15 13	7.5	45 40
2.6	15 49	7.6	46 16
2.7	16 26	7.7	46 53
2.8	17 2	7.8	47 29
2.9	17 39	7.9	48 6
+3.0	18 16	+8.0	48 42
3.1	18 53	8.1	49 19
3.2	19 29	8.2	49 55
3.3	20 6	8.3	50 32
3.4	20 42	8.4	51 8
3.5	21 19	8.5	51 45
3.6	21 55	8.6	52 21
3.7	22 32	8.7	52 58
3.8	23 8	8.8	53 34
3.9	23 45	8.9	54 11
+4.0	24 21	+9.0	54 47
4.1	24 58	9.1	55 24
4.2	25 34	9.2	56 0
4.3	26 11	9.3	56 37
4.4	26 47	9.4	57 13
4.5	27 24	9.5	57 50
4.6	28 0	9.6	58 26
4.7	28 37	9.7	59 3
4.8	29 13	9.8	59 39
4.9	29 50	9.9	60 16

Taf. V. Sternzeit in mittl. Zeit.

Red. auf Mittl. Zt.	Stern-Zt.
−0m 0s	0h 0m 0s
0 10	1 1 2
0 20	2 2 5
0 30	3 3 7
0 40	4 4 10
0 50	5 5 12
−1 0	6 6 15
1 10	7 7 17
1 20	8 8 19
1 30	9 9 22
1 40	10 10 24
1 50	11 11 27
−2 0	12 12 29
2 10	13 13 31
2 20	14 14 34
2 30	15 15 36
2 40	16 16 39
2 50	17 17 41
−3 0	18 18 44
3 10	19 19 46
3 20	20 20 48
3 30	21 21 51
3 40	22 22 53
3 50	23 23 56
−4 0	24 24 58
Red. auf Mittl. Zt.	**Stern-Zt.**
−0s.01	0m 4s
0.02	0 7
0.03	0 11
0.04	0 15
0.05	0 18
0.06	0 22
0.07	0 26
0.08	0 29
0.09	0 33
0.10	0 37

Red. auf Mittl. Zt.	Stern-Zt.	Red. auf Mittl. Zt.	Stern-Zt.
−0s.0	0m 0s	−5s.0	30m 31s
0.1	0 37	5.1	31 8
0.2	1 13	5.2	31 44
0.3	1 50	5.3	32 21
0.4	2 26	5.4	32 57
0.5	3 3	5.5	33 34
0.6	3 40	5.6	34 11
0.7	4 16	5.7	34 47
0.8	4 53	5.8	35 24
0.9	5 30	5.9	36 1
−1.0	6 6	−6.0	36 37
1.1	6 43	6.1	37 14
1.2	7 19	6.2	37 50
1.3	7 56	6.3	38 27
1.4	8 32	6.4	39 3
1.5	9 9	6.5	39 40
1.6	9 46	6.6	40 17
1.7	10 22	6.7	40 53
1.8	10 59	6.8	41 30
1.9	11 36	6.9	42 7
−2.0	12 12	−7.0	42 44
2.1	12 49	7.1	43 21
2.2	13 25	7.2	43 57
2.3	14 2	7.3	44 34
2.4	14 38	7.4	45 10
2.5	15 15	7.5	45 47
2.6	15 52	7.6	46 24
2.7	16 28	7.7	47 0
2.8	17 5	7.8	47 37
2.9	17 42	7.9	48 14
−3.0	18 19	−8.0	48 50
3.1	18 56	8.1	49 27
3.2	19 32	8.2	50 3
3.3	20 9	8.3	50 40
3.4	20 45	8.4	51 16
3.5	21 22	8.5	51 53
3.6	21 59	8.6	52 30
3.7	22 35	8.7	53 6
3.8	23 12	8.8	53 43
3.9	23 49	8.9	54 20
−4.0	24 25	−9.0	54 56
4.1	25 2	9.1	55 33
4.2	25 38	9.2	56 9
4.3	26 15	9.3	56 46
4.4	26 51	9.4	57 22
4.5	27 28	9.5	57 59
4.6	28 5	9.6	58 36
4.7	28 41	9.7	59 12
4.8	29 18	9.8	59 49
4.9	29 55	9.9	60 26

Taf. VI. Verwandlung der Decimaltheile des Grades in Minuten und Secunden des Winkels und der Zeit, und umgekehrt.

Grad	Winkel	Zeit	Grad	Winkel	Zeit	Grad	Winkel	Zeit	Grad	Winkel	Zeit	Grad	Winkel	Zeit
0°.01	0' 36"	0m 2s.4	0°.51	30' 36"	2m 2s.4	0°.0001	0".36	0s.024	0°.0051	18".36	1s.224	0°.0000 028	0".01	0s.001
0.02	1 12	4.8	0.52	31 12	4.8	0.0002	0.72	048	0.0052	18.72	248	056	02	001
0.03	1 48	7.2	0.53	31 48	7.2	0.0003	1.08	072	0.0053	19.08	272	083	03	002
0.04	2 24	9.6	0.54	32 24	9.6	0.0004	1.44	096	0.0054	19.44	296	111	04	003
0.05	3 0	12.0	0.55	33 0	12.0	0.0005	1.80	120	0.0055	19.80	320	139	05	003
0.06	3 36	0 14.4	0.56	33 36	2 14.4	0.0006	2.16	0.144	0.0056	20.16	1.344	0.0000 167	0.06	0.004
0.07	4 12	16.8	0.57	34 12	16.8	0.0007	2.52	168	0.0057	20.52	368	194	07	005
0.08	4 48	19.2	0.58	34 48	19.2	0.0008	2.88	192	0.0058	20.88	392	222	08	005
0.09	5 24	21.6	0.59	35 24	21.6	0.0009	3.24	216	0.0059	21.24	416	250	09	006
0.10	6 0	24.0	0.60	36 0	24.0	0.0010	3.60	240	0.0060	21.60	440	278	10	007
0.11	6 36	0 26.4	0.61	36 36	2 26.4	0.0011	3.96	0.264	0.0061	21.96	1.464	0.0000 306	0.11	0.007
0.12	7 12	28.8	0.62	37 12	28.8	0.0012	4.32	288	0.0062	22.32	488	333	12	008
0.13	7 48	31.2	0.63	37 48	31.2	0.0013	4.68	312	0.0063	22.68	512	361	13	009
0.14	8 24	33.6	0.64	38 24	33.6	0.0014	5.04	336	0.0064	23.04	536	389	14	009
0.15	9 0	36.0	0.65	39 0	36.0	0.0015	5.40	360	0.0065	23.40	560	417	15	010
0.16	9 36	0 38.4	0.66	39 36	2 38.4	0.0016	5.76	0.384	0.0066	23.76	1.584	0.0000 444	0.16	0.011
0.17	10 12	40.8	0.67	40 12	40.8	0.0017	6.12	408	0.0067	24.12	608	472	17	011
0.18	10 48	43.2	0.68	40 48	43.2	0.0018	6.48	432	0.0068	24.48	632	500	18	012
0.19	11 24	45.6	0.69	41 24	45.6	0.0019	6.84	456	0.0069	24.84	656	528	19	013
0.20	12 0	48.0	0.70	42 0	48.0	0.0020	7.20	480	0.0070	25.20	680	556	20	013
0.21	12 36	0 50.4	0.71	42 36	2 50.4	0.0021	7.56	0.504	0.0071	25.56	1.704	0.0000 583	0.21	0.014
0.22	13 12	52.8	0.72	43 12	52.8	0.0022	7.92	528	0.0072	25.92	728	611	22	015
0.23	13 48	55.2	0.73	43 48	55.2	0.0023	8.28	552	0.0073	26.28	752	639	23	015
0.24	14 24	57.6	0.74	44 24	57.6	0.0024	8.64	576	0.0074	26.64	776	667	24	016
0.25	15 0	1 0.0	0.75	45 0	3 0.0	0.0025	9.00	600	0.0075	27.00	800	694	25	017
0.26	15 36	1 2.4	0.76	45 36	3 2.4	0.0026	9.36	0.624	0.0076	27.36	1.824	0.0000 722	0.26	0.017
0.27	16 12	4.8	0.77	46 12	4.8	0.0027	9.72	648	0.0077	27.72	848	750	27	018
0.28	16 48	7.2	0.78	46 48	7.2	0.0028	10.08	672	0.0078	28.08	872	778	28	019
0.29	17 24	9.6	0.79	47 24	9.6	0.0029	10.44	696	0.0079	28.44	896	806	29	019
0.30	18 0	12.0	0.80	48 0	12.0	0.0030	10.80	720	0.0080	28.80	920	833	30	020
0.31	18 36	1 14.4	0.81	48 36	3 14.4	0.0031	11.16	0.744	0.0081	29.16	1.944	0.0000 861	0.31	0.021
0.32	19 12	16.8	0.82	49 12	16.8	0.0032	11.52	768	0.0082	29.52	968	889	32	021
0.33	19 48	19.2	0.83	49 48	19.2	0.0033	11.88	792	0.0083	29.88	992	917	33	022
0.34	20 24	21.6	0.84	50 24	21.6	0.0034	12.24	816	0.0084	30.24	2.016	944	34	023
0.35	21 0	24.0	0.85	51 0	24.0	0.0035	12.60	840	0.0085	30.60	040	972	35	023
0.36	21 36	1 26.4	0.86	51 36	3 26.4	0.0036	12.96	0.864	0.0086	30.96	2.064	0.0001 000	0.36	0.024
0.37	22 12	28.8	0.87	52 12	28.8	0.0037	13.32	888	0.0087	31.32	088			
0.38	22 48	31.2	0.88	52 48	31.2	0.0038	13.68	912	0.0088	31.68	112			
0.39	23 24	33.6	0.89	53 24	33.6	0.0039	14.04	936	0.0089	32.04	136			
0.40	24 0	36.0	0.90	54 0	36.0	0.0040	14.40	960	0.0090	32.40	160			
0.41	24 36	1 38.4	0.91	54 36	3 38.4	0.0041	14.76	0.984	0.0091	32.76	2.184			
0.42	25 12	40.8	0.92	55 12	40.8	0.0042	15.12	1.008	0.0092	33.12	208			
0.43	25 48	43.2	0.93	55 48	43.2	0.0043	15.48	032	0.0093	33.48	232			
0.44	26 24	45.6	0.94	56 24	45.6	0.0044	15.84	056	0.0094	33.84	256			
0.45	27 0	48.0	0.95	57 0	48.0	0.0045	16.20	080	0.0095	34.20	280			
0.46	27 36	1 50.4	0.96	57 36	3 50.4	0.0046	16.56	1.104	0.0096	34.56	2.304			
0.47	28 12	52.8	0.97	58 12	52.8	0.0047	16.92	128	0.0097	34.92	328			
0.48	28 48	55.2	0.98	58 48	55.2	0.0048	17.28	152	0.0098	35.28	352			
0.49	29 24	57.6	0.99	59 24	57.6	0.0049	17.64	176	0.0099	35.64	376			
0.50	30 0	2 0.0	1.00	60 0	4 0.0	0.0050	18.00	200	0.0100	36.00	400			

Taf. VII. Verwandlung von Graden und Minuten in Secunden und umgekehrt.

0°	0"	60°	216 000"	120°	432 000"	180°	648 000"	240°	864 000"	300°	1 080 000"	0'	0"
1	3 600	61	219 600	121	435 600	181	651 600	241	867 600	301	1 083 600	1	60
2	7 200	62	223 200	122	439 200	182	655 200	242	871 200	302	1 087 200	2	120
3	10 800	63	226 800	123	442 800	183	658 800	243	874 800	303	1 090 800	3	180
4	14 400	64	230 400	124	446 400	184	662 400	244	878 400	304	1 094 400	4	240
5	18 000	65	234 000	125	450 000	185	666 000	245	882 000	305	1 098 000	5	300
6	21 600	66	237 600	126	453 600	186	669 600	246	885 600	306	1 101 600	6	360
7	25 200	67	241 200	127	457 200	187	673 200	247	889 200	307	1 105 200	7	420
8	28 800	68	244 800	128	460 800	188	676 800	248	892 800	308	1 108 800	8	480
9	32 400	69	248 400	129	464 400	189	680 400	249	896 400	309	1 112 400	9	540
10	36 000	70	252 000	130	468 000	190	684 000	250	900 000	310	1 116 000	10	600
11	39 600	71	255 600	131	471 600	191	687 600	251	903 600	311	1 119 600	11	660
12	43 200	72	259 200	132	475 200	192	691 200	252	907 200	312	1 123 200	12	720
13	46 800	73	262 800	133	478 800	193	694 800	253	910 800	313	1 126 800	13	780
14	50 400	74	266 400	134	482 400	194	698 400	254	914 400	314	1 130 400	14	840
15	54 000	75	270 000	135	486 000	195	702 000	255	918 000	315	1 134 000	15	900
16	57 600	76	273 600	136	489 600	196	705 600	256	921 600	316	1 137 600	16	960
17	61 200	77	277 200	137	493 200	197	709 200	257	925 200	317	1 141 200	17	1 020
18	64 800	78	280 800	138	496 800	198	712 800	258	928 800	318	1 144 800	18	1 080
19	68 400	79	284 400	139	500 400	199	716 400	259	932 400	319	1 148 400	19	1 140
20	72 000	80	288 000	140	504 000	200	720 000	260	936 000	320	1 152 000	20	1 200
21	75 600	81	291 600	141	507 600	201	723 600	261	939 600	321	1 155 600	21	1 260
22	79 200	82	295 200	142	511 200	202	727 200	262	943 200	322	1 159 200	22	1 320
23	82 800	83	298 800	143	514 800	203	730 800	263	946 800	323	1 162 800	23	1 380
24	86 400	84	302 400	144	518 400	204	734 400	264	950 400	324	1 166 400	24	1 440
25	90 000	85	306 000	145	522 000	205	738 000	265	954 000	325	1 170 000	25	1 500
26	93 600	86	309 600	146	525 600	206	741 600	266	957 600	326	1 173 600	26	1 560
27	97 200	87	313 200	147	529 200	207	745 200	267	961 200	327	1 177 200	27	1 620
28	100 800	88	316 800	148	532 800	208	748 800	268	964 800	328	1 180 800	28	1 680
29	104 400	89	320 400	149	536 400	209	752 400	269	968 400	329	1 184 400	29	1 740
30	108 000	90	324 000	150	540 000	210	756 000	270	972 000	330	1 188 000	30	1 800
31	111 600	91	327 600	151	543 600	211	759 600	271	975 600	331	1 191 600	31	1 860
32	115 200	92	331 200	152	547 200	212	763 200	272	979 200	332	1 195 200	32	1 920
33	118 800	93	334 800	153	550 800	213	766 800	273	982 800	333	1 198 800	33	1 980
34	122 400	94	338 400	154	554 400	214	770 400	274	986 400	334	1 202 400	34	2 040
35	126 000	95	342 000	155	558 000	215	774 000	275	990 000	335	1 206 000	35	2 100
36	129 600	96	345 600	156	561 600	216	777 600	276	993 600	336	1 209 600	36	2 160
37	133 200	97	349 200	157	565 200	217	781 200	277	997 200	337	1 213 200	37	2 220
38	136 800	98	352 800	158	568 800	218	784 800	278	1 000 800	338	1 216 800	38	2 280
39	140 400	99	356 400	159	572 400	219	788 400	279	1 004 400	339	1 220 400	39	2 340
40	144 000	100	360 000	160	576 000	220	792 000	280	1 008 000	340	1 224 000	40	2 400
41	147 600	101	363 600	161	579 600	221	795 600	281	1 011 600	341	1 227 600	41	2 460
42	151 200	102	367 200	162	583 200	222	799 200	282	1 015 200	342	1 231 200	42	2 520
43	154 800	103	370 800	163	586 800	223	802 800	283	1 018 800	343	1 234 800	43	2 580
44	158 400	104	374 400	164	590 400	224	806 400	284	1 022 400	344	1 238 400	44	2 640
45	162 000	105	378 000	165	594 000	225	810 000	285	1 026 000	345	1 242 000	45	2 700
46	165 600	106	381 600	166	597 600	226	813 600	286	1 029 600	346	1 245 600	46	2 760
47	169 200	107	385 200	167	601 200	227	817 200	287	1 033 200	347	1 249 200	47	2 820
48	172 800	108	388 800	168	604 800	228	820 800	288	1 036 800	348	1 252 800	48	2 880
49	176 400	109	392 400	169	608 400	229	824 400	289	1 040 400	349	1 256 400	49	2 940
50	180 000	110	396 000	170	612 000	230	828 000	290	1 044 000	350	1 260 000	50	3 000
51	183 600	111	399 600	171	615 600	231	831 600	291	1 047 600	351	1 263 600	51	3 060
52	187 200	112	403 200	172	619 200	232	835 200	292	1 051 200	352	1 267 200	52	3 120
53	190 800	113	406 800	173	622 800	233	838 800	293	1 054 800	353	1 270 800	53	3 180
54	194 400	114	410 400	174	626 400	234	842 400	294	1 058 400	354	1 274 400	54	3 240
55	198 000	115	414 000	175	630 000	235	846 000	295	1 062 000	355	1 278 000	55	3 300
56	201 600	116	417 600	176	633 600	236	849 600	296	1 065 600	356	1 281 600	56	3 360
57	205 200	117	421 200	177	637 200	237	853 200	297	1 069 200	357	1 285 200	57	3 420
58	208 800	118	424 800	178	640 800	238	856 800	298	1 072 800	358	1 288 800	58	3 480
59	212 400	119	428 400	179	644 400	239	860 400	299	1 076 400	359	1 292 400	59	3 540
60	216 000	120	432 000	180	648 000	240	864 000	300	1 080 000	360	1 296 000	60	3 600

Taf. VIII. Verwandlung von Winkelmass in Bogenmass für den Halbmesser 1.

Grade						Minuten		Secunden	
0°	0.000 000 0	60°	1.047 197 6	120°	2.094 395 1	0'	0.000 000 0	0"	0.000 000 0
1	0.017 453 3	61	1.064 650 8	121	2.111 848 4	1	0.000 290 9	1	0.000 004 8
2	0.034 906 6	62	1.082 104 1	122	2.129 301 7	2	0.000 581 8	2	0.000 009 7
3	0.052 359 9	63	1.099 557 4	123	2.146 755 0	3	0.000 872 7	3	0.000 014 5
4	0.069 813 2	64	1.117 010 7	124	2.164 208 3	4	0.001 163 6	4	0.000 019 4
5	0.087 266 5	65	1.134 464 0	125	2.181 661 6	5	0.001 454 4	5	0.000 024 2
6	0.104 719 8	66	1.151 917 3	126	2.199 114 9	6	0.001 745 3	6	0.000 029 1
7	0.122 173 0	67	1.169 370 6	127	2.216 568 2	7	0.002 036 2	7	0.000 033 9
8	0.139 626 3	68	1.186 823 9	128	2.234 021 4	8	0.002 327 1	8	0.000 038 8
9	0.157 079 6	69	1.204 277 2	129	2.251 474 7	9	0.002 618 0	9	0.000 043 6
10	0.174 532 9	70	1.221 730 5	130	2.268 928 0	10	0.002 908 9	10	0.000 048 5
11	0.191 986 2	71	1.239 183 8	131	2.286 381 3	11	0.003 199 8	11	0.000 053 3
12	0.209 439 5	72	1.256 637 1	132	2.303 834 6	12	0.003 490 7	12	0.000 058 2
13	0.226 892 8	73	1.274 090 4	133	2.321 287 9	13	0.003 781 5	13	0.000 063 0
14	0.244 346 1	74	1.291 543 6	134	2.338 741 2	14	0.004 072 4	14	0.000 067 9
15	0.261 799 4	75	1.308 996 9	135	2.356 194 5	15	0.004 363 3	15	0.000 072 7
16	0.279 252 7	76	1.326 450 2	136	2.373 647 8	16	0.004 654 2	16	0.000 077 6
17	0.296 706 0	77	1.343 903 5	137	2.391 101 1	17	0.004 945 1	17	0.000 082 4
18	0.314 159 3	78	1.361 356 8	138	2.408 554 4	18	0.005 236 0	18	0.000 087 3
19	0.331 612 6	79	1.378 810 1	139	2.426 007 7	19	0.005 526 9	19	0.000 092 1
20	0.349 065 9	80	1.396 263 4	140	2.443 461 0	20	0.005 817 8	20	0.000 097 0
21	0.366 519 1	81	1.413 716 7	141	2.460 914 2	21	0.006 108 7	21	0.000 101 8
22	0.383 972 4	82	1.431 170 0	142	2.478 367 5	22	0.006 399 5	22	0.000 106 7
23	0.401 425 7	83	1.448 623 3	143	2.495 820 8	23	0.006 690 4	23	0.000 111 5
24	0.418 879 0	84	1.466 076 6	144	2.513 274 1	24	0.006 981 3	24	0.000 116 4
25	0.436 332 3	85	1.483 529 9	145	2.530 727 4	25	0.007 272 2	25	0.000 121 2
26	0.453 785 6	86	1.500 983 2	146	2.548 180 7	26	0.007 563 1	26	0.000 126 1
27	0.471 238 9	87	1.518 436 4	147	2.565 634 0	27	0.007 854 0	27	0.000 130 9
28	0.488 692 2	88	1.535 889 7	148	2.583 087 3	28	0.008 144 9	28	0.000 135 7
29	0.506 145 5	89	1.553 343 0	149	2.600 540 6	29	0.008 435 8	29	0.000 140 6
30	0.523 598 8	90	1.570 796 3	150	2.617 993 9	30	0.008 726 6	30	0.000 145 4
31	0.541 052 1	91	1.588 249 6	151	2.635 447 2	31	0.009 017 5	31	0.000 150 3
32	0.558 505 4	92	1.605 702 9	152	2.652 900 5	32	0.009 308 4	32	0.000 155 1
33	0.575 958 7	93	1.623 156 2	153	2.670 353 8	33	0.009 599 3	33	0.000 160 0
34	0.593 411 9	94	1.640 609 5	154	2.687 807 0	34	0.009 890 2	34	0.000 164 8
35	0.610 865 2	95	1.658 062 8	155	2.705 260 3	35	0.010 181 1	35	0.000 169 7
36	0.628 318 5	96	1.675 516 1	156	2.722 713 6	36	0.010 472 0	36	0.000 174 5
37	0.645 771 8	97	1.692 969 4	157	2.740 166 9	37	0.010 762 9	37	0.000 179 4
38	0.663 225 1	98	1.710 422 7	158	2.757 620 2	38	0.011 053 8	38	0.000 184 2
39	0.680 678 4	99	1.727 876 0	159	2.775 073 5	39	0.011 344 6	39	0.000 189 1
40	0.698 131 7	100	1.745 329 3	160	2.792 526 8	40	0.011 635 5	40	0.000 193 9
41	0.715 585 0	101	1.762 782 5	161	2.809 980 1	41	0.011 926 4	41	0.000 198 8
42	0.733 038 3	102	1.780 235 8	162	2.827 433 4	42	0.012 217 3	42	0.000 203 6
43	0.750 491 6	103	1.797 689 1	163	2.844 886 7	43	0.012 508 2	43	0.000 208 5
44	0.767 944 9	104	1.815 142 4	164	2.862 340 0	44	0.012 799 1	44	0.000 213 3
45	0.785 398 2	105	1.832 595 7	165	2.879 793 3	45	0.013 090 0	45	0.000 218 2
46	0.802 851 5	106	1.850 049 0	166	2.897 246 6	46	0.013 380 9	46	0.000 223 0
47	0.820 304 7	107	1.867 502 3	167	2.914 699 9	47	0.013 671 7	47	0.000 227 9
48	0.837 758 0	108	1.884 955 6	168	2.932 153 1	48	0.013 962 6	48	0.000 232 7
49	0.855 211 3	109	1.902 408 9	169	2.949 606 4	49	0.014 253 5	49	0.000 237 6
50	0.872 664 6	110	1.919 862 2	170	2.967 059 7	50	0.014 544 4	50	0.000 242 4
51	0.890 117 9	111	1.937 315 5	171	2.984 513 0	51	0.014 835 3	51	0.000 247 3
52	0.907 571 2	112	1.954 768 8	172	3.001 966 3	52	0.015 126 2	52	0.000 252 1
53	0.925 024 5	113	1.972 222 1	173	3.019 419 6	53	0.015 417 1	53	0.000 257 0
54	0.942 477 8	114	1.989 675 3	174	3.036 872 9	54	0.015 708 0	54	0.000 261 8
55	0.959 931 1	115	2.007 128 6	175	3.054 326 2	55	0.015 998 9	55	0.000 266 6
56	0.977 384 4	116	2.024 581 9	176	3.071 779 5	56	0.016 289 7	56	0.000 271 5
57	0.994 837 7	117	2.042 035 2	177	3.089 232 8	57	0.016 580 6	57	0.000 276 3
58	1.012 291 0	118	2.059 488 5	178	3.106 686 1	58	0.016 871 5	58	0.000 281 2
59	1.029 744 3	119	2.076 941 8	179	3.124 139 4	59	0.017 162 4	59	0.000 286 0
60	1.047 197 6	120	2.094 395 1	180	3.141 592 7	60	0.017 453 3	60	0.000 290 9

48	
1	4.8
2	9.6
3	14.4
4	19.2
5	24.0
6	28.8
7	33.6
8	38.4
9	43.2

49	
1	4.9
2	9.8
3	14.7
4	19.6
5	24.5
6	29.4
7	34.3
8	39.2
9	44.1

Taf. IX. Verwandlung von Gradmass in Zeitmass und umgekehrt.

Grade												Minuten		Secunden	
0°	0h 0m	60°	4h 0m	120°	8h 0m	180°	12h 0m	240°	16h 0m	300°	20h 0m	0′	0m 0s	0″	0s.000
1	0 4	61	4 4	121	8 4	181	12 4	241	16 4	301	20 4	1	0 4	1	0.067
2	0 8	62	4 8	122	8 8	182	12 8	242	16 8	302	20 8	2	0 8	2	0.133
3	0 12	63	4 12	123	8 12	183	12 12	243	16 12	303	20 12	3	0 12	3	0.200
4	0 16	64	4 16	124	8 16	184	12 16	244	16 16	304	20 16	4	0 16	4	0.267
5	0 20	65	4 20	125	8 20	185	12 20	245	16 20	305	20 20	5	0 20	5	0.333
6	0 24	66	4 24	126	8 24	186	12 24	246	16 24	306	20 24	6	0 24	6	0.400
7	0 28	67	4 28	127	8 28	187	12 28	247	16 28	307	20 28	7	0 28	7	0.467
8	0 32	68	4 32	128	8 32	188	12 32	248	16 32	308	20 32	8	0 32	8	0.533
9	0 36	69	4 36	129	8 36	189	12 36	249	16 36	309	20 36	9	0 36	9	0.600
10	0 40	70	4 40	130	8 40	190	12 40	250	16 40	310	20 40	10	0 40	10	0.667
11	0 44	71	4 44	131	8 44	191	12 44	251	16 44	311	20 44	11	0 44	11	0.733
12	0 48	72	4 48	132	8 48	192	12 48	252	16 48	312	20 48	12	0 48	12	0.800
13	0 52	73	4 52	133	8 52	193	12 52	253	16 52	313	20 52	13	0 52	13	0.867
14	0 56	74	4 56	134	8 56	194	12 56	254	16 56	314	20 56	14	0 56	14	0.933
15	1 0	75	5 0	135	9 0	195	13 0	255	17 0	315	21 0	15	1 0	15	1.000
16	1 4	76	5 4	136	9 4	196	13 4	256	17 4	316	21 4	16	1 4	16	1.067
17	1 8	77	5 8	137	9 8	197	13 8	257	17 8	317	21 8	17	1 8	17	1.133
18	1 12	78	5 12	138	9 12	198	13 12	258	17 12	318	21 12	18	1 12	18	1.200
19	1 16	79	5 16	139	9 16	199	13 16	259	17 16	319	21 16	19	1 16	19	1.267
20	1 20	80	5 20	140	9 20	200	13 20	260	17 20	320	21 20	20	1 20	20	1.333
21	1 24	81	5 24	141	9 24	201	13 24	261	17 24	321	21 24	21	1 24	21	1.400
22	1 28	82	5 28	142	9 28	202	13 28	262	17 28	322	21 28	22	1 28	22	1.467
23	1 32	83	5 32	143	9 32	203	13 32	263	17 32	323	21 32	23	1 32	23	1.533
24	1 36	84	5 36	144	9 36	204	13 36	264	17 36	324	21 36	24	1 36	24	1.600
25	1 40	85	5 40	145	9 40	205	13 40	265	17 40	325	21 40	25	1 40	25	1.667
26	1 44	86	5 44	146	9 44	206	13 44	266	17 44	326	21 44	26	1 44	26	1.733
27	1 48	87	5 48	147	9 48	207	13 48	267	17 48	327	21 48	27	1 48	27	1.800
28	1 52	88	5 52	148	9 52	208	13 52	268	17 52	328	21 52	28	1 52	28	1.867
29	1 56	89	5 56	149	9 56	209	13 56	269	17 56	329	21 56	29	1 56	29	1.933
30	2 0	90	6 0	150	10 0	210	14 0	270	18 0	330	22 0	30	2 0	30	2.000
31	2 4	91	6 4	151	10 4	211	14 4	271	18 4	331	22 4	31	2 4	31	2.067
32	2 8	92	6 8	152	10 8	212	14 8	272	18 8	332	22 8	32	2 8	32	2.133
33	2 12	93	6 12	153	10 12	213	14 12	273	18 12	333	22 12	33	2 12	33	2.200
34	2 16	94	6 16	154	10 16	214	14 16	274	18 16	334	22 16	34	2 16	34	2.267
35	2 20	95	6 20	155	10 20	215	14 20	275	18 20	335	22 20	35	2 20	35	2.333
36	2 24	96	6 24	156	10 24	216	14 24	276	18 24	336	22 24	36	2 24	36	2.400
37	2 28	97	6 28	157	10 28	217	14 28	277	18 28	337	22 28	37	2 28	37	2.467
38	2 32	98	6 32	158	10 32	218	14 32	278	18 32	338	22 32	38	2 32	38	2.533
39	2 36	99	6 36	159	10 36	219	14 36	279	18 36	339	22 36	39	2 36	39	2.600
40	2 40	100	6 40	160	10 40	220	14 40	280	18 40	340	22 40	40	2 40	40	2.667
41	2 44	101	6 44	161	10 44	221	14 44	281	18 44	341	22 44	41	2 44	41	2.733
42	2 48	102	6 48	162	10 48	222	14 48	282	18 48	342	22 48	42	2 48	42	2.800
43	2 52	103	6 52	163	10 52	223	14 52	283	18 52	343	22 52	43	2 52	43	2.867
44	2 56	104	6 56	164	10 56	224	14 56	284	18 56	344	22 56	44	2 56	44	2.933
45	3 0	105	7 0	165	11 0	225	15 0	285	19 0	345	23 0	45	3 0	45	3.000
46	3 4	106	7 4	166	11 4	226	15 4	286	19 4	346	23 4	46	3 4	46	3.067
47	3 8	107	7 8	167	11 8	227	15 8	287	19 8	347	23 8	47	3 8	47	3.133
48	3 12	108	7 12	168	11 12	228	15 12	288	19 12	348	23 12	48	3 12	48	3.200
49	3 16	109	7 16	169	11 16	229	15 16	289	19 16	349	23 16	49	3 16	49	3.267
50	3 20	110	7 20	170	11 20	230	15 20	290	19 20	350	23 20	50	3 20	50	3.333
51	3 24	111	7 24	171	11 24	231	15 24	291	19 24	351	23 24	51	3 24	51	3.400
52	3 28	112	7 28	172	11 28	232	15 28	292	19 28	352	23 28	52	3 28	52	3.467
53	3 32	113	7 32	173	11 32	233	15 32	293	19 32	353	23 32	53	3 32	53	3.533
54	3 36	114	7 36	174	11 36	234	15 36	294	19 36	354	23 36	54	3 36	54	3.600
55	3 40	115	7 40	175	11 40	235	15 40	295	19 40	355	23 40	55	3 40	55	3.667
56	3 44	116	7 44	176	11 44	236	15 44	296	19 44	356	23 44	56	3 44	56	3.733
57	3 48	117	7 48	177	11 48	237	15 48	297	19 48	357	23 48	57	3 48	57	3.800
58	3 52	118	7 52	178	11 52	238	15 52	298	19 52	358	23 52	58	3 52	58	3.867
59	3 56	119	7 56	179	11 56	239	15 56	299	19 56	359	23 56	59	3 56	59	3.933
60	4 0	120	8 0	180	12 0	240	16 0	300	20 0	360	24 0	60	4 0	60	4.000

Taf. X. Werthe der excentrischen Anomalie.

M \ e	0.1	0.2	0.3	0.4	0.5	0.55	0.60	0.65	0.70	0.75	0.80	0.85	0.90	0.95	1.00
	E	*E*	*E*	*E*	*E*	*E*	*E*	*E*	*E*	*E*	*E*	*E*	*E*	*E*	*E*
0°	0°00	0°00	0°00	0°00	0°00	0°00	0°00	0°00	0°00	0°00	0°00	0°00	0°00	0°00	0°00
1	1.11	1.25	1.43	1.67	2.00	2.22	2.50	2.85	3.33	3.99	4.97	6.58	9.60	16.04	27.11
2	2.22	2.50	2.86	3.33	4.00	4.44	4.99	5.70	6.63	7.92	9.81	12.74	17.54	25.02	34.23
3	3.33	3.75	4.28	5.00	5.99	6.65	7.47	8.51	9.89	11.75	14.40	18.26	23.85	31.18	39.26
4	4.44	5.00	5.71	6.66	7.97	8.85	9.93	11.29	13.07	15.44	18.68	23.13	29.00	35.97	43.28
5	5.55	6.25	7.14	8.31	9.95	11.03	12.36	14.03	16.17	18.97	22.66	27.45	33.34	39.95	46.69
6	6.66	7.49	8.56	9.97	11.91	13.19	14.76	16.70	19.17	22.32	26.33	31.30	37.12	43.40	49.69
7	7.77	8.74	9.98	11.61	13.86	15.33	17.12	19.32	22.07	25.50	29.73	34.78	40.47	46.45	52.39
8	8.88	9.99	11.40	13.26	15.80	17.45	19.44	21.88	24.86	28.51	32.89	37.95	43.49	49.21	54.84
9	9.99	11.23	12.81	14.89	17.72	19.54	21.72	24.36	27.55	31.37	35.84	40.86	46.25	51.74	57.11
10	11.10	12.47	14.22	16.52	19.62	21.60	23.96	26.78	30.14	34.08	38.59	43.56	48.80	54.08	59.23
11	12.21	13.72	15.63	18.13	21.50	23.63	26.15	29.13	32.62	36.65	41.18	46.08	51.17	56.27	61.22
12	13.32	14.96	17.04	19.74	23.36	25.63	28.30	31.41	35.01	39.10	43.62	48.44	53.40	58.32	63.09
13	14.43	16.20	18.44	21.34	25.20	27.60	30.39	33.62	37.31	41.44	45.94	50.67	55.49	60.26	64.87
14	15.53	17.43	19.83	22.93	27.01	29.53	32.44	35.77	39.52	43.67	48.14	52.78	57.48	62.11	66.57
15	16.64	18.67	21.22	24.51	28.80	31.44	34.44	37.85	41.66	45.81	50.23	54.79	59.37	63.87	68.20
16	17.75	19.90	22.61	26.07	30.57	33.30	36.40	39.88	43.72	47.87	52.24	56.71	61.18	65.55	69.76
17	18.85	21.13	23.99	27.63	32.31	35.14	38.31	41.84	45.71	49.84	54.16	58.54	62.91	67.16	71.26
18	19.95	22.36	25.36	29.17	34.03	36.94	40.18	43.76	47.63	51.74	56.00	60.31	64.57	68.72	72.70
19	21.06	23.58	26.73	30.70	35.73	38.70	42.01	45.62	49.50	53.58	57.78	62.00	66.17	70.22	74.10
20	22.16	24.81	28.10	32.22	37.40	40.44	43.79	47.42	51.30	55.35	59.49	63.64	67.71	71.67	75.46
21	23.26	26.03	29.45	33.72	39.05	42.15	45.53	49.19	53.05	57.07	61.15	65.22	69.21	73.07	76.78
22	24.36	27.25	30.80	35.22	40.67	43.82	47.24	50.90	54.76	58.73	62.75	66.74	70.65	74.43	78.06
23	25.46	28.46	32.15	36.69	42.27	45.46	48.91	52.58	56.41	60.34	64.30	68.23	72.06	75.76	79.30
24	26.56	29.67	33.48	38.16	43.84	47.08	50.54	54.21	58.02	61.91	65.81	69.67	73.42	77.05	80.51
25	27.66	30.88	34.81	39.61	45.40	48.66	52.14	55.80	59.59	63.43	67.28	71.07	74.75	78.30	81.69
26	28.76	32.09	36.14	41.05	46.93	50.22	53.71	57.36	61.12	64.92	68.71	72.43	76.04	79.52	82.85
27	29.85	33.29	37.45	42.48	48.43	51.75	55.24	58.88	62.61	66.37	70.10	73.76	77.31	80.72	83.98
28	30.95	34.49	38.76	43.89	49.92	53.25	56.75	60.37	64.07	67.78	71.46	75.05	78.54	81.89	85.08
29	32.04	35.68	40.06	45.29	51.38	54.73	58.22	61.83	65.49	69.16	72.78	76.32	79.74	83.03	86.17
30	33.13	36.88	41.36	46.67	52.83	56.18	59.67	63.26	66.89	70.51	74.08	77.56	80.92	84.15	87.23
31	34.22	38.06	42.64	48.04	54.25	57.61	61.09	64.66	68.25	71.83	75.35	78.77	82.07	85.24	88.27
32	35.31	39.25	43.92	49.40	55.65	59.02	62.49	66.03	69.59	73.12	76.59	79.95	83.20	86.32	89.29
33	36.40	40.43	45.20	50.75	57.04	60.40	63.86	67.38	70.90	74.39	77.80	81.12	84.31	87.37	90.29
34	37.49	41.61	46.46	52.08	58.40	61.76	65.21	68.70	72.18	75.63	78.99	82.26	85.40	88.41	91.28
35	38.57	42.78	47.72	53.40	59.75	63.10	66.53	70.00	73.44	76.84	80.16	83.38	86.47	89.43	92.25
36	39.66	43.95	48.97	54.71	61.07	64.43	67.84	71.27	74.68	78.04	81.31	84.47	87.52	90.43	93.21
37	40.74	45.12	50.21	56.00	62.38	65.73	69.12	72.52	75.90	79.21	82.44	85.55	88.55	91.41	94.15
38	41.82	46.28	51.44	57.28	63.68	67.01	70.38	73.75	77.09	80.37	83.55	86.62	89.56	92.38	95.07
39	42.90	47.44	52.67	58.55	64.95	68.27	71.62	74.97	78.27	81.50	84.64	87.66	90.56	93.34	95.98
40	43.98	48.60	53.89	59.81	66.22	69.52	72.85	76.16	79.43	82.62	85.71	88.69	91.55	94.28	96.88
41	45.06	49.75	55.10	61.06	67.46	70.75	74.06	77.34	80.56	83.71	86.76	89.70	92.52	95.21	97.77
42	46.13	50.89	56.30	62.29	68.69	71.96	75.24	78.49	81.68	84.80	87.80	90.70	93.47	96.12	98.64
43	47.20	52.03	57.50	63.51	69.90	73.16	76.42	79.63	82.79	85.86	88.83	91.68	94.41	97.02	99.51
44	48.28	53.17	58.69	64.72	71.10	74.34	77.57	80.76	83.88	86.91	89.84	92.65	95.34	97.91	100.36
45	49.35	54.31	59.87	65.92	72.29	75.51	78.71	81.87	84.95	87.94	90.83	93.60	96.26	98.79	101.20
46	50.42	55.44	61.04	67.11	73.46	76.66	79.84	82.96	86.01	88.96	91.81	94.55	97.16	99.66	102.04
47	51.48	56.56	62.21	68.29	74.62	77.80	80.95	84.04	87.05	89.97	92.78	95.48	98.06	100.52	102.86
48	52.55	57.68	63.37	69.46	75.77	78.93	82.05	85.11	88.08	90.97	93.74	96.40	98.94	101.36	103.67
49	53.61	58.80	64.52	70.62	76.90	80.04	83.13	86.16	89.10	91.95	94.68	97.31	99.81	102.20	104.48
50	54.68	59.91	65.66	71.77	78.02	81.14	84.20	87.20	90.11	92.92	95.62	98.20	100.67	103.03	105.27
51	55.74	61.02	66.80	72.91	79.13	82.22	85.26	88.22	91.10	93.87	96.54	99.09	101.53	103.85	106.06
52	56.79	62.13	67.93	74.03	80.23	83.30	86.31	89.24	92.08	94.82	97.45	99.97	102.37	104.66	106.84
53	57.85	63.23	69.05	75.15	81.32	84.36	87.34	90.24	93.05	95.75	98.35	100.83	103.20	105.46	107.61
54	58.91	64.33	70.17	76.26	82.40	85.41	88.36	91.23	94.01	96.68	99.24	101.69	104.03	106.25	108.37
55	59.96	65.42	71.28	77.36	83.46	86.45	89.38	92.21	94.96	97.60	100.12	102.54	104.85	107.04	109.13
56	61.01	66.51	72.38	78.45	84.52	87.48	90.38	93.18	95.90	98.50	100.99	103.38	105.65	107.82	109.88
57	62.06	67.59	73.48	79.54	85.56	88.50	91.37	94.14	96.82	99.40	101.86	104.21	106.45	108.59	110.62
58	63.11	68.67	74.57	80.61	86.60	89.51	92.35	95.09	97.74	100.28	102.71	105.03	107.25	109.35	111.36
59	64.16	69.75	75.65	81.68	87.62	90.51	93.32	96.04	98.65	101.16	103.56	105.85	108.03	110.11	112.09
60	65.20	70.82	76.73	82.73	88.64	91.50	94.28	96.97	99.55	102.03	104.40	106.66	108.81	110.86	112.81

Taf. X (Forts.). **Werthe der excentrischen Anomalie.**

M \ e	0.1	0.2	0.3	0.4	0.5	0.55	0.60	0.65	0.70	0.75	0.80	0.85	0.90	0.95	1.00
	E	*E*	*E*	*E*	*E*	*E*	*E*	*E*	*E*	*E*	*E*	*E*	*E*	*E*	*E*
60°	65°.20	70°.82	76°.73	82°.73	88°.64	91°.50	94°.28	96°.97	99°.55	102°.03	104°.40	106°.66	108°.81	110°.86	112°.81
61	66.24	71.89	77.80	83.78	89.65	92.48	95.23	97.89	100.44	102.89	105.23	107.46	109.58	111.61	113.53
62	67.28	72.95	78.87	84.83	90.65	93.46	96.18	98.80	101.33	103.74	106.05	108.25	110.35	112.34	114.24
63	68.32	74.02	79.92	85.86	91.64	94.42	97.11	99.71	102.20	104.59	106.86	109.04	111.11	113.08	114.95
64	69.36	75.07	80.98	86.88	92.62	95.37	98.04	100.61	103.07	105.42	107.67	109.82	111.86	113.80	115.65
65	70.40	76.12	82.02	87.90	93.59	96.32	98.96	101.50	103.93	106.25	108.47	110.59	112.60	114.52	116.34
66	71.43	77.17	83.06	88.91	94.56	97.26	99.87	102.38	104.78	107.08	109.27	111.36	113.34	115.24	117.03
67	72.46	78.22	84.10	89.92	95.51	98.19	100.77	103.25	105.62	107.89	110.06	112.12	114.08	115.95	117.72
68	73.49	79.26	85.13	90.91	96.47	99.11	101.67	104.12	106.46	108.70	110.84	112.87	114.81	116.65	118.40
69	74.52	80.29	86.15	91.90	97.41	100.03	102.56	104.98	107.29	109.51	111.61	113.62	115.53	117.35	119.08
70	75.55	81.33	87.17	92.89	98.34	100.94	103.44	105.83	108.12	110.30	112.38	114.36	116.25	118.04	119.75
71	76.57	82.36	88.18	93.87	99.27	101.84	104.31	106.67	108.94	111.09	113.15	115.10	116.96	118.73	120.41
72	77.60	83.38	89.19	94.84	100.20	102.74	105.18	107.51	109.75	111.88	113.90	115.83	117.67	119.41	121.07
73	78.62	84.40	90.19	95.80	101.11	103.63	106.04	108.35	110.55	112.66	114.66	116.56	118.37	120.09	121.73
74	79.64	85.42	91.19	96.76	102.02	104.51	106.89	109.18	111.35	113.43	115.40	117.28	119.07	120.77	122.38
75	80.65	86.44	92.18	97.71	102.92	105.38	107.74	110.00	112.15	114.20	116.15	118.00	119.76	121.44	123.03
76	81.67	87.45	93.16	98.66	103.82	106.25	108.58	110.81	112.94	114.96	116.88	118.71	120.45	122.11	123.68
77	82.68	88.45	94.14	99.60	104.71	107.12	109.42	111.62	113.72	115.72	117.61	119.42	121.14	122.77	124.32
78	83.69	89.46	95.12	100.53	105.59	107.97	110.25	112.43	114.50	116.47	118.34	120.12	121.82	123.43	124.96
79	84.70	90.46	96.09	101.46	106.47	108.83	111.08	113.23	115.27	117.22	119.06	120.82	122.49	124.08	125.59
80	85.71	91.46	97.06	102.39	107.34	109.67	111.90	114.02	116.04	117.96	119.78	121.52	123.17	124.73	126.22
81	86.72	92.45	98.02	103.30	108.21	110.51	112.71	114.81	116.80	118.69	120.50	122.21	123.83	125.38	126.85
82	87.72	93.44	98.98	104.22	109.07	111.35	113.52	115.59	117.56	119.43	121.20	122.89	124.50	126.02	127.47
83	88.73	94.42	99.93	105.12	109.93	112.18	114.33	116.37	118.31	120.16	121.91	123.58	125.16	126.66	128.09
84	89.73	95.41	100.88	106.03	110.78	113.01	115.12	117.14	119.06	120.88	122.61	124.25	125.81	127.30	128.71
85	90.73	96.39	101.82	106.93	111.63	113.83	115.92	117.91	119.80	121.60	123.31	124.93	126.47	127.93	129.32
86	91.73	97.36	102.76	107.82	112.47	114.64	116.71	118.67	120.54	122.32	124.00	125.60	127.12	128.56	129.93
87	92.72	98.34	103.70	108.71	113.31	115.45	117.49	119.43	121.28	123.03	124.69	126.27	127.76	129.19	130.54
88	93.72	99.31	104.63	109.59	114.14	116.26	118.28	120.19	122.01	123.74	125.37	126.93	128.41	129.81	131.15
89	94.71	100.27	105.56	110.47	114.97	117.06	119.05	120.94	122.74	124.44	126.06	127.59	129.05	130.43	131.75
90	95.70	101.24	106.48	111.35	115.79	117.86	119.82	121.69	123.46	125.14	126.73	128.25	129.68	131.05	132.35
91	96.69	102.20	107.40	112.22	116.61	118.65	120.59	122.43	124.18	125.84	127.41	128.90	130.32	131.66	132.94
92	97.68	103.16	108.32	113.08	117.43	119.44	121.36	123.17	124.90	126.53	128.08	129.55	130.95	132.27	133.54
93	98.66	104.11	109.23	113.95	118.24	120.23	122.12	123.91	125.61	127.22	128.75	130.20	131.58	132.88	134.13
94	99.65	105.06	110.14	114.80	119.05	121.01	122.87	124.64	126.32	127.91	129.41	130.84	132.20	133.49	134.72
95	100.63	106.01	111.04	115.66	119.85	121.79	123.63	125.37	127.02	128.59	130.07	131.48	132.82	134.09	135.30
96	101.61	106.96	111.94	116.51	120.65	122.56	124.37	126.09	127.72	129.27	130.73	132.12	133.44	134.69	135.88
97	102.59	107.90	112.84	117.35	121.44	123.33	125.12	126.81	128.42	129.95	131.39	132.76	134.06	135.29	136.46
98	103.57	108.84	113.73	118.20	122.23	124.10	125.86	127.53	129.12	130.62	132.04	133.39	134.67	135.89	137.04
99	104.55	109.78	114.63	119.04	123.02	124.86	126.60	128.25	129.81	131.29	132.69	134.02	135.28	136.48	137.62
100	105.52	110.72	115.51	119.87	123.80	125.62	127.33	128.96	130.50	131.96	133.34	134.65	135.89	137.07	138.19
101	106.49	111.65	116.40	120.70	124.59	126.37	128.07	129.67	131.18	132.62	133.98	135.27	136.50	137.66	138.77
102	107.46	112.58	117.28	121.53	125.36	127.13	128.79	130.37	131.87	133.28	134.62	135.89	137.10	138.25	139.34
103	108.43	113.51	118.15	122.36	126.14	127.88	129.52	131.07	132.55	133.94	135.26	136.51	137.70	138.83	139.90
104	109.40	114.43	119.03	123.18	126.91	128.62	130.24	131.77	133.22	134.60	135.90	137.13	138.30	139.41	140.47
105	110.37	115.36	119.90	124.00	127.67	129.36	130.96	132.47	133.90	135.25	136.53	137.75	138.90	139.99	141.03
106	111.34	116.28	120.77	124.82	128.44	130.10	131.68	133.16	134.57	135.90	137.16	138.36	139.49	140.57	141.59
107	112.30	117.19	121.63	125.63	129.20	130.84	132.39	133.85	135.24	136.55	137.79	138.97	140.09	141.15	142.15
108	113.26	118.11	122.50	126.44	129.96	131.57	133.10	134.54	135.91	137.20	138.42	139.58	140.68	141.72	142.71
109	114.23	119.02	123.36	127.24	130.71	132.31	133.81	135.23	136.57	137.84	139.04	140.18	141.26	142.29	143.27
110	115.19	119.93	124.21	128.05	131.47	133.03	134.51	135.91	137.23	138.48	139.67	140.79	141.85	142.86	143.82
111	116.14	120.84	125.07	128.85	132.22	133.76	135.22	136.59	137.89	139.12	140.29	141.39	142.44	143.43	144.37
112	117.10	121.74	125.92	129.65	132.96	134.48	135.92	137.27	138.55	139.76	140.90	141.99	143.02	144.00	144.92
113	118.06	122.65	126.77	130.44	133.71	135.20	136.61	137.95	139.20	140.39	141.52	142.59	143.60	144.56	145.47
114	119.01	123.55	127.61	131.23	134.45	135.92	137.31	138.62	139.86	141.03	142.13	143.18	144.18	145.12	146.02
115	119.96	124.45	128.46	132.02	135.19	136.64	138.00	139.29	140.51	141.66	142.75	143.78	144.76	145.69	146.57
116	120.92	125.35	129.30	132.81	135.93	137.35	138.69	139.96	141.16	142.29	143.36	144.37	145.33	146.25	147.11
117	121.87	126.24	130.14	133.60	136.66	138.06	139.38	140.63	141.80	142.91	143.96	144.96	145.91	146.80	147.65
118	122.81	127.13	130.98	134.38	137.39	138.77	140.07	141.29	142.45	143.54	144.57	145.55	146.48	147.36	148.20
119	123.76	128.03	131.81	135.16	138.12	139.48	140.75	141.95	143.09	144.16	145.17	146.14	147.05	147.91	148.74
120	124.71	128.92	132.64	135.94	138.85	140.18	141.43	142.61	143.73	144.78	145.78	146.72	147.62	148.47	149.27

Taf. X (Schluss). **Werthe der excentrischen Anomalie.**

M \ e	0.1	0.2	0.3	0.4	0.5	0.55	0.60	0.65	0.70	0.75	0.80	0.85	0.90	0.95	1.00
	E	*E*	*E*	*E*	*E*	*E*	*E*	*E*	*E*	*E*	*E*	*E*	*E*	*E*	*E*
120°	124°.71	128°.92	132°.64	135°.94	138°.85	140°.18	141°.43	142°.61	143°.73	144°.78	145°.78	146°.72	147°.62	148°.47	149°.27
121	125.66	129.80	133.47	136.71	139.58	140.88	142.11	143.27	144.37	145.40	146.38	147.31	148.18	149.02	149.81
122	126.60	130.69	134.30	137.49	140.30	141.58	142.79	143.93	145.00	146.02	146.98	147.89	148.75	149.57	150.35
123	127.54	131.57	135.13	138.26	141.02	142.28	143.47	144.58	145.64	146.63	147.58	148.47	149.31	150.12	150.88
124	128.49	132.45	135.95	139.03	141.74	142.98	144.14	145.24	146.27	147.25	148.17	149.05	149.88	150.67	151.41
125	129.43	133.33	136.77	139.79	142.46	143.67	144.81	145.89	146.90	147.86	148.77	149.63	150.44	151.21	151.95
126	130.37	134.21	137.59	140.56	143.17	144.36	145.48	146.54	147.53	148.47	149.36	150.20	151.00	151.76	152.48
127	131.30	135.09	138.41	141.32	143.88	145.05	146.15	147.18	148.16	149.08	149.95	150.78	151.56	152.30	153.01
128	132.24	135.97	139.23	142.08	144.60	145.74	146.82	147.83	148.79	149.69	150.54	151.35	152.12	152.84	153.53
129	133.18	136.84	140.04	142.84	145.31	146.43	147.48	148.47	149.41	150.29	151.13	151.92	152.67	153.38	154.06
130	134.11	137.71	140.85	143.60	146.01	147.11	148.14	149.12	150.03	150.90	151.72	152.49	153.23	153.92	154.59
131	135.05	138.58	141.66	144.35	146.72	147.79	148.81	149.76	150.65	151.50	152.30	153.06	153.78	154.46	155.11
132	135.98	139.45	142.47	145.11	147.42	148.48	149.47	150.40	151.27	152.11	152.89	153.63	154.33	155.00	155.64
133	136.91	140.32	143.28	145.86	148.13	149.16	150.12	151.03	151.89	152.71	153.47	154.20	154.89	155.54	156.16
134	137.84	141.18	144.08	146.61	148.83	149.83	150.78	151.67	152.51	153.30	154.05	154.76	155.43	156.07	156.68
135	138.77	142.05	144.89	147.36	149.53	150.51	151.44	152.31	153.13	153.90	154.63	155.33	155.99	156.61	157.20
136	139.70	142.91	145.69	148.11	150.23	151.19	152.09	152.94	153.74	154.50	155.21	155.89	156.53	157.14	157.72
137	140.63	143.77	146.49	148.85	150.92	151.86	152.74	153.57	154.36	155.10	155.79	156.46	157.08	157.68	158.24
138	141.56	144.63	147.29	149.60	151.62	152.53	153.40	154.21	154.97	155.69	156.37	157.02	157.63	158.21	158.76
139	142.49	145.49	148.09	150.34	152.31	153.21	154.05	154.84	155.58	156.28	156.95	157.58	158.17	158.74	159.27
140	143.42	146.35	148.88	151.08	153.00	153.88	154.70	155.46	156.19	156.88	157.52	158.14	158.72	159.27	159.79
141	144.34	147.21	149.68	151.82	153.69	154.55	155.34	156.09	156.80	157.47	158.10	158.70	159.26	159.80	160.31
142	145.27	148.06	150.47	152.56	154.38	155.21	155.99	156.72	157.41	158.06	158.67	159.25	159.80	160.33	160.82
143	146.19	148.92	151.26	153.30	155.07	155.88	156.63	157.35	158.01	158.65	159.24	159.81	160.35	160.85	161.34
144	147.11	149.77	152.05	154.03	155.76	156.54	157.28	157.97	158.62	159.23	159.82	160.36	160.89	161.38	161.85
145	148.03	150.62	152.85	154.77	156.45	157.21	157.92	158.59	159.23	159.82	160.39	160.92	161.43	161.91	162.36
146	148.96	151.47	153.63	155.50	157.13	157.87	158.56	159.22	159.83	160.41	160.96	161.47	161.97	162.43	162.87
147	149.88	152.32	154.42	156.24	157.82	158.53	159.20	159.84	160.43	160.99	161.52	162.03	162.50	162.96	163.38
148	150.80	153.17	155.21	156.97	158.50	159.19	159.84	160.46	161.03	161.58	162.09	162.58	163.04	163.48	163.89
149	151.72	154.02	155.99	157.70	159.18	159.85	160.48	161.08	161.64	162.16	162.66	163.13	163.58	164.00	164.40
150	152.64	154.87	156.78	158.43	159.86	160.51	161.12	161.70	162.24	162.75	163.23	163.68	164.11	164.52	164.91
151	153.55	155.71	157.56	159.16	160.54	161.17	161.76	162.31	162.84	163.33	163.79	164.23	164.65	165.05	165.42
152	154.47	156.56	158.34	159.88	161.22	161.83	162.40	162.93	163.43	163.91	164.36	164.78	165.18	165.57	165.93
153	155.39	157.40	159.12	160.61	161.90	162.48	163.03	163.55	164.03	164.49	164.92	165.33	165.72	166.09	166.44
154	156.30	158.25	159.91	161.34	162.58	163.14	163.67	164.16	164.63	165.07	165.49	165.88	166.25	166.61	166.94
155	157.22	159.09	160.69	162.06	163.25	163.79	164.30	164.78	165.23	165.65	166.05	166.43	166.79	167.13	167.45
156	158.13	159.93	161.46	162.78	163.93	164.45	164.93	165.39	165.82	166.23	166.61	166.98	167.32	167.65	167.96
157	159.05	160.77	162.24	163.51	164.61	165.10	165.57	166.01	166.42	166.81	167.17	167.52	167.85	168.16	168.46
158	159.96	161.61	163.02	164.23	165.28	165.75	166.20	166.62	167.01	167.38	167.74	168.07	168.38	168.68	168.97
159	160.88	162.45	163.80	164.95	165.95	166.41	166.83	167.23	167.61	167.96	168.30	168.61	168.91	169.20	169.47
160	161.79	163.29	164.57	165.67	166.63	167.06	167.46	167.84	168.20	168.54	168.86	169.16	169.45	169.72	169.97
161	162.70	164.13	165.35	166.39	167.30	167.71	168.09	168.45	168.79	169.11	169.42	169.70	169.98	170.23	170.48
162	163.62	164.97	166.12	167.11	167.97	168.36	168.72	169.06	169.39	169.69	169.98	170.25	170.51	170.75	170.98
163	164.53	165.81	166.90	167.83	168.64	169.01	169.35	169.67	169.98	170.27	170.54	170.79	171.04	171.27	171.48
164	165.44	166.65	167.67	168.55	169.31	169.66	169.98	170.28	170.57	170.84	171.09	171.34	171.56	171.78	171.99
165	166.35	167.48	168.44	169.27	169.98	170.31	170.61	170.89	171.16	171.41	171.65	171.88	172.09	172.30	172.49
166	167.26	168.32	169.22	169.98	170.65	170.95	171.24	171.50	171.75	171.99	172.21	172.42	172.62	172.81	172.99
167	168.17	169.16	169.99	170.70	171.32	171.60	171.86	172.11	172.34	172.56	172.77	172.97	173.15	173.33	173.49
168	169.08	169.99	170.76	171.42	171.99	172.25	172.49	172.72	172.93	173.14	173.33	173.51	173.68	173.84	173.99
169	170.00	170.83	171.53	172.14	172.66	172.90	173.12	173.33	173.52	173.71	173.88	174.05	174.21	174.35	174.50
170	170.91	171.66	172.30	172.85	173.33	173.54	173.75	173.94	174.11	174.28	174.44	174.59	174.73	174.87	175.00
171	171.82	172.50	173.07	173.57	174.00	174.19	174.37	174.54	174.70	174.85	175.00	175.13	175.26	175.38	175.50
172	172.73	173.33	173.84	174.28	174.66	174.84	175.00	175.15	175.29	175.43	175.55	175.67	175.79	175.90	176.00
173	173.64	174.16	174.61	175.00	175.33	175.48	175.62	175.76	175.88	176.00	176.11	176.21	176.31	176.41	176.50
174	174.54	175.00	175.38	175.71	176.00	176.13	176.25	176.36	176.47	176.57	176.67	176.75	176.84	176.92	177.00
175	175.45	175.83	176.15	176.43	176.67	176.77	176.87	176.97	177.06	177.14	177.22	177.30	177.37	177.44	177.50
176	176.36	176.67	176.92	177.14	177.33	177.42	177.50	177.58	177.65	177.72	177.78	177.84	177.90	177.95	178.00
177	177.27	177.50	177.69	177.86	178.00	178.07	178.12	178.18	178.24	178.29	178.33	178.38	178.42	178.46	178.50
178	178.18	178.33	178.46	178.57	178.67	178.71	178.75	178.79	178.82	178.86	178.89	178.92	178.95	178.97	179.00
179	179.08	179.17	179.23	179.29	179.33	179.35	179.37	179.39	179.41	179.43	179.44	179.46	179.47	179.49	179.50
180	180.00	180.00	180.00	180.00	180.00	180.00	180.00	180.00	180.00	180.00	180.00	180.00	180.00	180.00	180.00

Taf. XI. Zur genäherten Auflösung der Kepler'schen Gleichung (Erste Methode).

x_0	log C	Diff.	x_0	log C	Diff.	x_0	log C	Diff.	x_0	log C	Diff.	x_0	log C	Diff.
0° 0'	4.536274		6° 0'	4.536032		12° 0'	4.535265		18° 0'	4.533839		24° 0'	4.531521	
10	536274	0	10	536018	14	10	535235	30	10	533788	51	10	531440	81
20	536273	1	20	536004	14	20	535205	30	20	533737	51	20	531358	82
30	536272	1	30	535990	14	30	535174	31	30	533684	53	30	531275	83
40	536271	1	40	535975	15	40	535142	32	40	533631	53	40	531191	84
50	536269	2	50	535959	16	50	535110	32	50	533577	54	50	531107	84
1 0	4.536267	2	7 0	4.535943	16	13 0	4.535078	32	19 0	4.533523	54	25 0	4.531022	85
10	536265	2	10	535927	16	10	535045	33	10	533468	55	10	530936	86
20	536262	3	20	535910	17	20	535011	34	20	533412	56	20	530849	87
30	536259	3	30	535893	17	30	534977	34	30	533355	57	30	530760	89
40	536255	4	40	535876	17	40	534943	34	40	533298	57	40	530670	90
50	536252	3	50	535858	18	50	534908	35	50	533239	59	50	530580	90
2 0	4.536247	5	8 0	4.535839	19	14 0	4.534872	36	20 0	4.533180	59	26 0	4.530489	91
10	536243	4	10	535821	18	10	534836	36	10	533121	59	10	530397	92
20	536238	5	20	535801	20	20	534799	37	20	533060	61	20	530303	94
30	536232	6	30	535782	19	30	534762	37	30	532999	61	30	530208	95
40	536227	5	40	535762	20	40	534724	38	40	532937	62	40	530111	97
50	536221	6	50	535741	21	50	534685	39	50	532874	63	50	530013	98
3 0	4.536214	7	9 0	4.535720	21	15 0	4.534646	39	21 0	4.532811	63	27 0	4.529915	98
10	536207	7	10	535699	21	10	534607	39	10	532746	65	10	529815	100
20	536200	7	20	535677	22	20	534567	40	20	532681	65	20	529714	101
30	536192	8	30	535655	22	30	534526	41	30	532615	66	30	529613	101
40	536184	8	40	535632	23	40	534484	42	40	532548	67	40	529511	102
50	536176	8	50	535609	23	50	534442	42	50	532480	68	50	529407	104
4 0	4.536167	9	10 0	4.535585	24	16 0	4.534400	42	22 0	4.532412	68	28 0	4.529301	106
10	536158	9	10	535561	24	10	534357	43	10	532342	70	10	529194	107
20	536149	9	20	535537	24	20	534313	44	20	532272	70	20	529085	109
30	536139	10	30	535512	25	30	534268	45	30	532201	71	30	528976	109
40	536129	10	40	535486	26	40	534223	45	40	532129	72	40	528866	110
50	536118	11	50	535460	26	50	534178	45	50	532056	73	50	528755	111
5 0	4.536107	11	11 0	4.535434	26	17 0	4.534131	47	23 0	4.531982	74	29 0	4.528642	113
10	536095	12	10	535407	27	10	534084	47	10	531907	75	10	528528	114
20	536084	11	20	535379	28	20	534037	47	20	531831	76	20	528412	116
30	536071	13	30	535351	28	30	533988	49	30	531755	76	30	528295	117
40	536059	12	40	535323	28	40	533939	49	40	531678	77	40	528177	118
50	536046	13	50	535294	29	50	533890	49	50	531600	78	50	528057	120
6 0	4.536032	14	12 0	4.535265	29	18 0	4.533839	51	24 0	4.531521	79	30 0	4.527936	121

M = Mittlere Anomalie

φ = Excentricitätswinkel

E = Excentrische Anomalie

$$\operatorname{tg} x_0 = \frac{\sin\varphi \sin M}{1 - \sin\varphi \cos M} \qquad A = \frac{\cos x_0}{1 - \sin\varphi \cos M}$$

$$\Delta x = -A\,C \sin x_0^3$$

Genäherter Werth: $E = M + x_0 + \Delta x$

$$\delta x = \frac{\Delta x}{\cos x_0 (1 + 2A \sin^2 \frac{1}{2}(x_0 + \frac{1}{2}\Delta x))}$$

Nahezu strenger Werth: $E = M + x_0 + \delta x$

Taf. XII. Zur genäherten Auflösung der Kepler'schen Gleichung. (Zweite Methode.)

x_0	σ	
0° 0'	0″.00	
10	0.00	
20	0.00	
30	0.02	0.02
40	0.05	0.03
50	0.10	0.05
1 0	0.18	0.08
10	0.29	0.11
20	0.43	0.14
30	0.62	0.19
40	0.85	0.23
50	1.13	0.28
2 0	1.46	0.33
10	1.86	0.40
20	2.32	0.46
30	2.85	0.53
40	3.46	0.61
50	4.14	0.68
3 0	4.91	0.77
10	5.78	0.87
20	6.74	0.96
30	7.80	1.06
40	8.97	1.17
50	10.25	1.28
4 0	11.64	1.39
10	13.15	1.51
20	14.79	1.64
30	16.55	1.76
40	18.45	1.90
50	20.49	2.04
5 0	22.67	2.18
10	25.00	2.33
20	27.48	2.48
30	30.12	2.64
40	32.92	2.80
50	35.89	2.97
6 0	39.03	3.14
10	42.35	3.32
20	45.84	3.49
30	49.52	3.68
40	53.39	3.87
50	57.45	4.06
7 0	61.71	4.26
10	66.18	4.47
20	70.85	4.67
30	75.73	4.88
40	80.83	5.10
50	86.14	5.31
8 0	91.68	5.54
10	97.44	5.76
20	103.44	6.00
30	109.68	6.24
40	116.15	6.47
50	122.86	6.71
9 0	129.82	6.96
10	137.03	7.21
20	144.50	7.47
30	152.22	7.72
40	160.21	7.99
50	168.47	8.26
10 0	177.00	8.53

x_0	10° σ		11° σ		12° σ		13° σ		14° σ	
0'	177″.0		234″.0		301″.5		380″.2		470″.8	
1	177.9	0.9	235.0	1.0	302.7	1.2	381.7	1.5	472.4	1.6
2	178.7	0.8	236.0	1.0	304.0	1.3	383.1	1.4	474.0	1.6
3	179.6	0.9	237.1	1.1	305.2	1.2	384.5	1.4	475.6	1.6
4	180.5	0.9	238.1	1.0	306.4	1.2	385.9	1.4	477.2	1.6
5	181.4	0.9	239.2	1.1	307.6	1.2	387.3	1.4	478.9	1.7
6	182.2	0.8	240.2	1.0	308.9	1.3	388.8	1.5	480.5	1.6
7	183.1	0.9	241.3	1.1	310.1	1.2	390.2	1.4	482.1	1.6
8	184.0	0.9	242.4	1.1	311.4	1.3	391.6	1.4	483.8	1.7
9	184.9	0.9	243.4	1.0	312.6	1.2	393.1	1.5	485.4	1.6
10	185.8	0.9	244.5	1.1	313.8	1.2	394.5	1.4	487.0	1.6
11	186.7	0.9	245.6	1.1	315.1	1.3	395.9	1.4	488.7	1.7
12	187.6	0.9	246.6	1.0	316.3	1.2	397.4	1.5	490.3	1.6
13	188.5	0.9	247.7	1.1	317.6	1.3	398.8	1.4	492.0	1.7
14	189.4	0.9	248.8	1.1	318.9	1.3	400.3	1.5	493.6	1.6
15	190.3	0.9	249.8	1.0	320.1	1.2	401.7	1.4	495.3	1.7
16	191.2	0.9	250.9	1.1	321.4	1.3	403.2	1.5	497.0	1.7
17	192.1	0.9	252.0	1.1	322.7	1.3	404.7	1.5	498.6	1.6
18	193.0	0.9	253.1	1.1	323.9	1.2	406.1	1.4	500.3	1.7
19	193.9	0.9	254.2	1.1	325.2	1.3	407.6	1.5	502.0	1.7
20	194.9	1.0	255.3	1.1	326.5	1.3	409.1	1.5	503.6	1.6
21	195.8	0.9	256.4	1.1	327.8	1.3	410.6	1.5	505.3	1.7
22	196.7	0.9	257.5	1.1	329.0	1.2	412.0	1.4	507.0	1.7
23	197.6	0.9	258.6	1.1	330.3	1.3	413.5	1.5	508.7	1.7
24	198.6	1.0	259.7	1.1	331.6	1.3	415.0	1.5	510.4	1.7
25	199.5	0.9	260.8	1.1	332.9	1.3	416.5	1.5	512.1	1.7
26	200.4	0.9	261.9	1.1	334.2	1.3	418.0	1.5	513.8	1.7
27	201.4	1.0	263.0	1.1	335.5	1.3	419.5	1.5	515.5	1.7
28	202.3	0.9	264.1	1.1	336.8	1.3	421.0	1.5	517.2	1.7
29	203.3	1.0	265.3	1.2	338.1	1.3	422.5	1.5	518.9	1.7
30	204.2	0.9	266.4	1.1	339.4	1.3	424.0	1.5	520.6	1.7
31	205.2	1.0	267.5	1.1	340.7	1.3	425.5	1.5	522.3	1.7
32	206.1	0.9	268.6	1.1	342.1	1.4	427.0	1.5	524.0	1.7
33	207.1	1.0	269.8	1.2	343.4	1.3	428.5	1.5	525.8	1.8
34	208.0	0.9	270.9	1.1	344.7	1.3	430.1	1.6	527.5	1.7
35	209.0	1.0	272.0	1.1	346.0	1.3	431.6	1.5	529.2	1.7
36	210.0	1.0	273.2	1.2	347.4	1.4	433.1	1.5	530.9	1.7
37	210.9	0.9	274.3	1.1	348.7	1.3	434.6	1.5	532.7	1.8
38	211.9	1.0	275.4	1.1	350.0	1.3	436.2	1.6	534.4	1.7
39	212.9	1.0	276.6	1.2	351.4	1.4	437.7	1.5	536.1	1.7
40	213.8	0.9	277.8	1.2	352.7	1.3	439.3	1.6	537.9	1.8
41	214.8	1.0	279.0	1.2	354.1	1.4	440.8	1.5	539.6	1.7
42	215.8	1.0	280.1	1.1	355.4	1.3	442.3	1.5	541.4	1.8
43	216.8	1.0	281.3	1.2	356.8	1.4	443.9	1.6	543.2	1.8
44	217.8	1.0	282.4	1.1	358.1	1.3	445.4	1.5	544.9	1.7
45	218.8	1.0	283.6	1.2	359.5	1.4	447.0	1.6	546.7	1.8
46	219.8	1.0	284.8	1.2	360.8	1.3	448.6	1.6	548.4	1.7
47	220.8	1.0	286.0	1.2	362.2	1.4	450.1	1.5	550.2	1.8
48	221.8	1.0	287.1	1.1	363.6	1.4	451.7	1.6	552.0	1.8
49	222.8	1.0	288.3	1.2	364.9	1.3	453.3	1.6	553.8	1.8
50	223.8	1.0	289.5	1.2	366.3	1.4	454.8	1.5	555.6	1.8
51	224.8	1.0	290.7	1.2	367.7	1.4	456.4	1.6	557.3	1.7
52	225.8	1.0	291.9	1.2	369.1	1.4	458.0	1.6	559.1	1.8
53	226.8	1.0	293.1	1.2	370.5	1.4	459.6	1.6	560.9	1.8
54	227.8	1.0	294.3	1.2	371.8	1.3	461.2	1.6	562.7	1.8
55	228.8	1.0	295.5	1.2	373.2	1.4	462.8	1.6	564.5	1.8
56	229.9	1.1	296.7	1.2	374.6	1.4	464.4	1.6	566.3	1.8
57	230.9	1.0	297.9	1.2	376.0	1.4	466.0	1.6	568.1	1.8
58	231.9	1.0	299.1	1.2	377.4	1.4	467.6	1.6	569.9	1.8
59	232.9	1.0	300.3	1.2	378.8	1.4	469.2	1.6	571.7	1.8
60	234.0	1.1	301.5	1.2	380.2	1.4	470.8	1.6	573.6	1.9

$$\operatorname{tg} x_0 = -\frac{\sin\varphi \sin M}{1 - \sin\varphi \cos M} \qquad E = M + x_0 - \frac{\sigma}{1 - \sin\varphi \cos M} \text{ (genähert)}$$

Taf. XIV. Hülfstafel zur Berechnung der excentrischen Anomalie.

Werthe von $F = \frac{1}{1 - \sin\varphi \cos E}$. $E - E_1 = (M - M_1)\,F$

E \ φ	1°	2°	3°	4°	5°	6°	7°	8°	9°	10°	11°	12°	13°	14°	15°	φ / E
0°	1.018	1.036	1.055	1.075	1.095	1.117	1.139	1.162	1.185	1.210	1.236	1.262	1.290	1.319	1.349	360°
1	018	036	055	075	095	117	139	162	185	210	236	262	290	319	349	359
2	018	036	055	075	095	117	139	162	185	210	236	262	290	319	349	358
3	018	036	055	075	095	117	139	161	185	210	235	262	290	318	349	357
4	018	036	055	075	095	116	138	161	185	210	235	262	289	318	348	356
5	018	036	055	075	095	116	138	161	185	209	235	261	289	318	347	355
6	018	036	055	075	095	116	138	161	184	209	234	261	288	317	347	354
7	018	036	055	074	095	116	138	160	184	208	234	260	287	316	346	353
8	018	036	055	074	094	115	137	160	183	208	233	259	287	315	345	352
9	018	036	055	074	094	115	137	159	183	207	232	258	286	314	343	351
10	1.017	1.036	1.054	1.074	1.094	1.115	1.136	1.159	1.182	1.206	1.231	1.257	1.285	1.313	1.342	350
11	017	035	054	074	094	114	136	158	181	205	230	256	283	311	341	349
12	017	035	054	073	093	114	135	158	181	205	229	255	282	310	339	348
13	017	035	054	073	093	113	135	157	180	204	228	254	281	308	337	347
14	017	035	054	073	092	113	134	156	179	203	227	253	279	307	335	346
15	017	035	053	072	092	112	133	155	178	202	226	251	278	305	333	345
16	017	035	053	072	091	112	133	154	177	200	225	250	276	303	331	344
17	017	035	053	071	091	111	132	154	176	199	223	248	274	301	329	343
18	017	034	052	071	090	110	131	153	175	198	222	246	272	299	327	342
19	017	034	052	071	090	110	130	152	174	196	220	245	270	297	324	341
20	1.017	1.034	1.052	1.070	1.089	1.109	1.129	1.150	1.172	1.195	1.218	1.243	1.268	1.294	1.321	340
21	017	034	051	070	089	108	128	149	171	193	217	241	266	292	319	339
22	016	033	051	069	088	107	127	148	170	192	215	239	264	289	316	338
23	016	033	051	069	087	106	126	147	168	190	213	237	261	286	313	337
24	016	033	050	068	087	106	125	146	167	189	211	234	259	284	310	336
25	016	032	050	067	086	105	124	144	165	187	209	232	256	281	306	335
26	016	032	049	067	085	104	123	143	164	185	207	230	253	278	303	334
27	016	032	049	066	084	103	122	142	162	183	205	227	251	275	300	333
28	016	032	048	066	083	102	121	140	160	181	203	225	248	272	296	332
29	015	031	048	065	083	101	119	139	158	179	200	222	245	268	293	331
30	1.015	1.031	1.047	1.064	1.082	1.100	1.118	1.137	1.157	1.177	1.198	1.220	1.242	1.265	1.289	330
31	015	031	047	064	081	098	117	135	155	175	196	217	239	262	285	329
32	015	030	046	063	080	097	115	134	153	173	193	214	236	258	281	328
33	015	030	046	062	079	096	114	132	151	170	191	211	233	255	277	327
34	015	030	045	061	078	095	112	130	149	168	188	208	229	251	273	326
35	015	029	045	061	077	094	111	129	147	166	185	205	226	247	269	325
36	014	029	044	060	076	092	109	127	145	163	183	202	222	243	265	324
37	014	028	044	059	075	091	108	125	143	161	180	199	219	239	261	323
38	014	028	043	058	074	090	106	123	141	159	177	196	215	236	256	322
39	014	028	042	057	073	088	105	121	138	156	174	193	212	232	252	321
40	1.014	1.027	1.042	1.056	1.072	1.087	1.103	1.119	1.136	1.153	1.171	1.189	1.208	1.228	1.247	320
41	013	027	041	056	070	086	101	117	134	151	168	186	205	223	243	319
42	013	026	040	055	069	084	100	115	132	148	165	183	201	219	238	318
43	013	026	040	054	068	083	098	113	129	145	162	179	197	215	233	317
44	013	026	039	053	067	081	096	111	127	143	159	176	193	211	229	316
45	013	025	038	052	066	080	094	109	124	140	156	172	189	206	224	315
46	012	025	038	051	064	078	092	107	122	137	153	169	185	202	219	314
47	012	024	037	050	063	077	091	105	119	134	150	165	181	198	214	313
48	012	024	036	049	062	075	089	103	117	131	146	162	177	193	209	312
49	012	023	036	048	061	074	087	100	114	129	143	158	173	189	205	311
50	1.011	1.023	1.035	1.047	1.059	1.072	1.085	1.098	1.112	1.126	1.140	1.154	1.169	1.184	1.200	310
51	011	022	034	046	058	070	083	096	109	123	136	151	165	180	195	309
52	011	022	033	045	057	069	081	094	107	120	133	147	161	175	190	308
53	011	021	033	044	055	067	079	091	104	117	130	143	157	170	184	307
54	010	021	032	043	054	065	077	089	101	114	126	139	152	166	179	306
55	010	020	031	042	053	064	075	087	099	111	123	135	148	161	174	305
56	010	020	030	041	051	062	073	084	096	108	119	132	144	156	169	304
57	010	019	029	039	050	060	071	082	093	104	116	128	140	152	164	303
58	009	019	029	038	048	059	069	080	090	101	112	124	135	147	159	302
59	009	018	028	037	047	057	067	077	088	098	109	120	131	142	154	301
60	1.009	1.018	1.027	1.036	1.046	1.055	1.065	1.075	1.085	1.095	1.105	1.116	1.127	1.138	1.149	300

Taf. XIV (Forts.). **Hülfstafel zur Berechnung der excentrischen Anomalie.**

Werthe von $F = \frac{1}{1 - \sin\varphi \cos E}$. $E - E_1 = (M - M_1)\, F$

E \ φ	16°	17°	18°	19°	20°	21°	22°	23°	24°	25°	26°	27°	28°	29°	30°	φ / E
0°	1.381	1.413	1.447	1.483	1.520	1.559	1.599	1.641	1.686	1.732	1.781	1.831	1.885	1.941	2.000	360°
1	380	413	447	483	520	558	599	641	685	732	780	831	885	941	2.000	359
2	380	413	447	482	519	558	598	641	685	731	780	831	884	940	1.999	358
3	380	412	446	482	519	557	598	640	684	730	779	829	883	939	997	357
4	379	412	446	481	518	556	597	639	683	729	777	828	881	937	995	356
5	379	411	445	480	517	555	595	637	681	727	775	826	879	934	992	355
6	378	410	444	479	515	554	594	636	679	725	773	823	876	931	989	354
7	377	409	442	477	514	552	592	634	677	723	770	820	873	928	985	353
8	375	408	441	476	512	550	590	631	674	720	767	817	869	923	981	352
9	374	406	439	474	510	548	587	628	671	716	764	813	865	919	976	351
10	1.373	1.405	1.437	1.472	1.508	1.545	1.585	1.625	1.668	1.713	1.760	1.809	1.860	1.914	1.970	350
11	371	403	435	470	505	543	582	622	665	709	755	804	855	908	964	349
12	369	401	433	467	503	540	578	619	661	705	751	799	849	902	957	348
13	367	398	431	465	500	537	575	615	656	700	746	793	843	895	950	347
14	365	396	428	462	497	533	571	611	652	695	740	787	837	888	942	346
15	363	394	425	459	493	529	567	606	647	690	734	781	830	881	934	345
16	360	391	423	456	490	526	563	602	642	684	728	774	822	873	925	344
17	358	388	419	452	486	522	558	597	637	678	722	767	815	864	916	343
18	355	385	416	449	482	517	553	591	631	672	715	760	807	856	907	342
19	352	382	413	445	478	513	548	586	625	666	708	752	798	846	897	341
20	1.350	1.379	1.409	1.441	1.474	1.508	1.543	1.580	1.619	1.659	1.700	1.744	1.789	1.837	1.886	340
21	347	375	405	437	469	503	538	574	612	652	693	736	780	827	875	339
22	343	372	402	432	464	498	532	568	605	644	685	727	771	817	864	338
23	340	368	398	428	459	492	526	562	598	637	677	718	761	806	853	337
24	337	364	393	423	454	487	520	555	591	629	668	709	751	795	841	336
25	333	360	389	419	449	481	514	548	584	621	659	699	741	784	829	335
26	329	356	385	414	444	475	508	541	576	613	650	689	730	772	816	334
27	326	352	380	409	438	469	501	534	568	604	641	679	719	760	803	333
28	322	348	375	403	433	463	494	527	560	595	631	669	708	748	790	332
29	318	344	370	398	427	457	487	519	552	586	622	659	697	736	777	331
30	1.314	1.339	1.365	1.393	1.421	1.450	1.480	1.511	1.544	1.577	1.612	1.648	1.685	1.724	1.764	330
31	309	334	360	387	415	443	473	504	535	568	602	637	673	711	750	329
32	305	330	355	381	409	437	466	496	527	559	592	626	662	698	736	328
33	301	325	350	376	402	430	458	487	518	549	581	615	649	685	722	327
34	296	320	344	370	396	423	451	479	509	539	571	604	637	672	708	326
35	292	315	339	364	389	416	443	471	500	529	560	592	625	659	694	325
36	287	310	333	358	383	408	435	462	490	520	550	581	612	645	679	324
37	282	305	328	351	376	401	427	454	481	509	539	569	600	632	665	323
38	277	299	322	345	369	394	419	445	472	499	528	557	587	618	650	322
39	273	294	316	339	362	386	411	436	462	489	517	545	574	605	636	321
40	1.268	1.289	1.310	1.332	1.355	1.378	1.402	1.427	1.453	1.479	1.506	1.533	1.562	1.591	1.621	320
41	263	283	304	326	348	371	394	418	443	468	494	521	549	577	606	319
42	258	278	298	319	341	363	386	409	433	458	483	509	536	563	591	318
43	252	272	292	313	334	355	377	400	423	447	472	497	523	549	576	317
44	247	266	286	306	326	347	369	391	414	437	461	485	510	535	562	316
45	242	261	280	299	319	339	360	382	404	426	449	473	497	522	547	315
46	237	255	273	292	312	331	352	373	394	416	438	461	484	508	532	314
47	232	249	267	285	304	323	343	363	384	405	426	448	471	494	517	313
48	226	243	261	278	297	315	335	354	373	394	415	436	458	480	503	312
49	221	237	255	272	289	307	326	345	364	384	404	424	445	466	488	311
50	1.215	1.231	1.248	1.265	1.282	1.299	1.317	1.335	1.354	1.373	1.392	1.412	1.432	1.453	1.474	310
51	210	225	241	258	274	291	309	326	344	362	381	400	419	439	459	309
52	204	220	235	251	267	283	300	317	334	352	370	388	407	425	445	308
53	199	214	228	244	259	275	291	307	324	341	358	376	394	412	430	307
54	193	208	222	237	252	267	283	298	314	331	347	364	381	399	416	306
55	188	201	215	230	244	259	274	289	304	320	336	352	369	385	402	305
56	182	195	209	223	236	251	265	280	294	310	325	340	356	372	388	304
57	177	189	202	216	229	243	256	270	284	299	314	328	344	359	374	303
58	171	183	196	209	221	234	248	261	275	289	303	317	331	346	360	302
59	165	177	189	201	214	226	239	252	265	278	292	305	319	333	347	301
60	1.160	1.171	1.183	1.194	1.206	1.218	1.230	1.243	1.255	1.268	1.281	1.294	1.307	1.320	1.333	300

Taf. XIV (Forts.). **Hülfstafel zur Berechnung der excentrischen Anomalie.**

Werthe von $F = \frac{1}{1 - \sin\varphi \cos E}$. $E - E_1 = (M - M_1)\,F$

E \ φ	1°	2°	3°	4°	5°	6°	7°	8°	9°	10°	11°	12°	13°	14°	15°	φ / E
60°	1.009	1.018	1.027	1.036	1.046	1.055	1.065	1.075	1.085	1.095	1.105	1.116	1.127	1.138	1.149	300°
61	009	017	026	035	044	053	063	072	082	092	102	112	122	133	143	299
62	008	017	025	034	043	052	061	070	079	089	098	108	118	128	138	298
63	008	016	024	033	041	050	059	067	076	086	095	104	114	123	133	297
64	008	016	023	032	040	048	056	065	074	082	091	100	109	119	128	296
56	007	015	023	030	038	046	054	062	071	079	088	096	105	114	123	295
66	007	014	022	029	037	044	052	060	068	076	084	092	101	109	118	294
67	007	014	021	028	035	043	050	058	065	073	081	088	096	104	113	293
68	007	013	020	027	034	041	048	055	062	070	077	084	092	100	107	292
69	006	013	019	026	032	039	046	052	059	066	073	081	088	095	102	291
70	1.006	1.012	1.018	1.024	1.031	1.037	1.043	1.050	1.057	1.063	1.070	1.077	1.083	1.090	1.097	290
71	006	011	017	023	029	035	041	047	054	060	066	073	079	085	092	289
72	006	011	016	022	028	033	039	045	051	057	063	069	075	081	087	288
73	005	010	016	021	026	032	037	042	048	053	059	065	070	076	082	287
74	005	010	015	020	025	030	035	040	045	050	056	061	066	071	077	286
75	005	009	014	018	023	028	033	037	042	047	052	057	062	067	072	285
76	004	009	013	017	022	026	030	035	039	044	048	053	058	062	067	284
77	004	008	012	016	020	024	028	032	036	041	045	049	053	058	062	283
78	004	007	011	015	018	022	026	030	034	037	041	045	049	053	057	282
79	003	007	010	013	017	020	024	027	031	034	038	041	045	048	052	281
80	1.003	1.006	1.009	1.012	1.015	1.018	1.022	1.025	1.028	1.031	1.034	1.037	1.041	1.044	1.047	280
81	003	006	008	011	014	017	019	022	025	028	031	034	036	039	042	279
82	002	005	007	010	012	015	017	020	022	025	027	030	032	035	037	278
83	002	004	006	009	011	013	015	017	019	022	024	026	028	030	033	277
84	002	004	006	007	009	011	013	015	017	018	020	022	024	026	028	276
85	002	003	005	006	008	009	011	012	014	015	017	018	020	022	023	275
86	001	002	004	005	006	007	009	010	011	012	013	015	016	017	018	274
87	001	002	003	004	005	006	006	007	008	009	010	011	012	013	014	273
88	001	001	002	002	003	004	004	005	005	006	007	007	008	009	009	272
89	000	001	001	001	002	002	002	002	003	003	003	004	004	004	005	271
90	1.000	1.000	1.000	1.000	1.000	1.000	1.000	1.000	1.000	1.000	1.000	1.000	1.000	1.000	1.000	270
91	1.000	0.999	0.999	0.999	0.998	0.998	0.998	0.998	0.997	0.997	0.997	0.996	0.996	0.996	0.996	269
92	0.999	999	998	998	997	996	996	995	995	994	993	993	992	992	991	268
93	999	998	997	996	995	995	994	993	992	991	990	989	988	987	987	267
94	999	998	996	995	994	993	992	990	989	988	987	986	985	983	982	266
95	998	997	995	994	992	991	989	988	987	985	984	982	981	979	978	265
96	998	996	995	993	991	989	987	986	984	982	980	979	977	975	974	264
97	998	996	994	992	989	987	985	983	981	979	977	975	973	971	969	263
98	998	995	993	990	988	986	983	981	979	976	974	972	970	967	965	262
99	997	995	992	989	987	984	981	979	976	974	971	969	966	964	961	261
100	0.997	0.994	0.991	0.988	0.985	0.982	0.979	0.976	0.974	0.971	0.968	0.965	0.962	0.960	0.957	260
101	997	993	990	987	984	980	977	974	971	968	965	962	959	956	953	259
102	996	993	989	986	982	979	975	972	969	965	962	959	955	952	949	258
103	996	992	988	985	981	977	973	970	966	962	959	955	952	948	945	257
104	996	992	987	983	979	975	971	967	964	960	956	952	948	945	941	256
105	996	991	987	982	978	974	969	965	961	957	953	949	945	941	937	255
106	995	990	986	981	977	972	967	963	959	954	950	946	942	937	933	254
107	995	990	985	980	975	970	966	961	956	952	947	943	938	934	930	253
108	995	989	984	979	974	969	964	959	954	949	944	940	935	930	926	252
109	994	989	983	978	972	967	962	957	952	946	942	937	932	927	922	251
110	0.994	0.988	0.982	0.977	0.971	0.965	0.960	0.955	0.949	0.944	0.939	0.934	0.929	0.924	0.919	250
111	994	988	982	976	970	964	958	952	947	941	936	931	925	920	915	249
112	994	987	981	975	968	962	956	950	945	939	933	928	922	917	912	248
113	993	987	980	973	967	961	955	948	942	936	931	925	919	914	908	247
114	993	986	979	972	966	959	953	946	940	934	928	922	916	910	905	246
115	993	985	978	971	964	958	951	944	938	932	925	919	913	907	901	245
116	992	985	978	970	963	956	949	942	936	929	923	916	910	904	898	244
117	992	984	977	969	962	955	948	941	934	927	920	914	907	901	895	243
118	992	984	976	968	961	953	946	939	932	925	918	911	904	898	892	242
119	992	983	975	967	959	952	944	937	930	922	915	908	902	895	889	241
120	0.991	0.983	0.974	0.966	0.958	0.950	0.943	0.935	0.927	0.920	0.913	0.906	0.899	0.892	0.885	240

Taf. XIV (Forts.). **Hülfstafel zur Berechnung der excentrischen Anomalie.**

Werthe von $F = \frac{1}{1 - \sin\varphi \cos E}$. $E - E_1 = (M - M_1) F$

E \ φ	16°	17°	18°	19°	20°	21°	22°	23°	24°	25°	26°	27°	28°	29°	30°	φ / E
60°	1.160	1.171	1.183	1.194	1.206	1.218	1.230	1.243	1.255	1.268	1.281	1.294	1.307	1.320	1.333	300°
61	154	165	176	187	199	210	222	234	246	258	270	282	295	307	320	299
62	149	159	170	180	191	202	213	225	236	248	259	271	283	295	307	298
63	143	153	163	173	184	194	205	216	226	237	248	260	271	282	294	297
64	137	147	157	166	176	186	196	207	217	227	238	248	259	270	281	296
65	132	141	150	160	169	178	188	198	208	217	227	237	248	258	268	295
66	126	135	144	153	162	171	180	189	198	208	217	226	236	246	255	294
67	121	129	137	146	154	163	171	180	189	198	207	216	225	234	243	293
68	115	123	131	139	147	155	163	171	180	188	196	205	213	222	230	292
69	110	117	125	132	140	147	155	163	171	178	186	194	202	210	218	291
70	1.104	1.111	1.118	1.125	1.132	1.140	1.147	1.154	1.162	1.169	1.176	1.184	1.191	1.199	1.206	290
71	099	105	112	118	125	132	139	146	153	160	166	173	180	187	194	289
72	093	099	106	112	118	125	131	137	144	150	157	163	170	176	183	288
73	088	093	099	105	111	117	123	129	135	141	147	153	159	165	171	287
74	082	088	093	099	104	110	115	121	126	132	137	143	149	154	160	286
75	077	082	087	092	097	102	107	113	118	123	128	133	138	143	149	285
76	071	076	081	085	090	095	100	104	109	114	119	123	128	133	138	284
77	066	070	075	079	083	088	092	096	101	105	109	114	118	122	127	283
78	061	065	069	073	077	081	084	088	092	096	100	104	108	112	116	282
79	056	059	063	066	070	073	077	081	084	088	091	095	098	102	105	281
80	1.050	1.053	1.057	1.060	1.063	1.066	1.070	1.073	1.076	1.079	1.082	1.086	1.089	1.092	1.095	280
81	045	048	051	054	057	059	062	065	068	071	074	076	079	082	085	279
82	040	042	045	047	050	052	055	058	060	062	065	067	070	072	075	278
83	035	037	039	041	043	046	048	050	052	054	056	059	061	063	065	277
84	030	032	033	035	037	039	041	043	044	046	048	050	052	053	055	276
85	025	026	028	029	031	032	034	035	037	038	040	041	043	044	046	275
86	020	021	022	023	024	026	027	028	029	030	032	033	034	035	036	274
87	015	016	016	017	018	019	020	021	022	023	023	024	025	026	027	273
88	010	010	011	011	012	013	013	014	014	015	016	016	017	017	018	272
89	005	005	006	006	006	006	007	007	007	007	008	008	008	009	009	271
90	1.000	1.000	1.000	1.000	1.000	1.000	1.000	1.000	1.000	1.000	1.000	1.000	1.000	1.000	1.000	270
91	0.995	0.995	0.995	0.994	0.994	0.994	0.994	0.993	0.993	0.993	0.992	0.992	0.992	0.992	0.991	269
92	990	990	989	989	988	988	987	987	986	985	985	984	984	983	983	268
93	986	985	984	983	982	982	981	980	979	978	978	977	976	975	974	267
94	981	980	979	978	977	976	975	973	972	971	970	969	968	967	966	266
95	977	975	974	972	971	970	968	967	966	964	963	962	961	959	958	265
96	972	970	969	967	965	964	962	961	959	958	956	955	953	952	950	264
97	967	966	964	962	960	958	956	955	953	951	949	948	946	944	943	263
98	963	961	959	957	955	952	950	948	946	944	942	941	939	937	935	262
99	959	956	954	952	949	947	945	942	940	938	936	934	932	930	927	261
100	0.954	0.952	0.949	0.946	0.944	0.941	0.939	0.936	0.934	0.932	0.929	0.927	0.925	0.922	0.920	260
101	950	947	944	942	939	936	933	931	928	925	923	920	918	915	913	259
102	946	943	940	937	934	931	928	925	922	919	916	914	911	908	906	258
103	942	938	935	932	929	925	922	919	916	913	910	907	904	902	899	257
104	937	934	930	927	924	920	917	914	910	907	904	901	898	895	892	256
105	933	930	926	922	919	915	912	908	905	901	898	895	892	889	885	255
106	929	925	922	918	914	910	906	903	899	896	892	889	885	882	879	254
107	925	921	917	913	909	905	901	897	894	890	886	883	879	876	872	253
108	922	917	913	909	904	900	896	892	888	884	881	877	873	870	866	252
109	918	913	909	904	900	896	891	887	883	879	875	871	867	864	860	251
110	0.914	0.909	0.904	0.900	0.895	0.891	0.886	0.882	0.878	0.874	0.870	0.866	0.862	0.858	0.854	250
111	910	905	900	896	891	886	882	877	873	868	864	860	856	852	848	249
112	906	901	896	891	886	882	877	872	868	863	859	855	850	846	842	248
113	903	897	892	887	882	877	872	868	863	858	854	849	845	841	837	247
114	899	894	888	883	878	873	868	863	858	853	849	844	840	835	831	246
115	896	890	884	879	874	868	863	858	853	848	844	839	834	830	826	245
116	892	886	881	875	870	864	859	854	849	844	839	834	829	825	820	244
117	889	883	877	871	866	860	855	849	844	839	834	829	824	820	815	243
118	885	879	873	867	862	856	850	845	840	834	829	824	819	815	810	242
119	882	876	870	864	858	852	846	841	835	830	825	820	815	810	805	241
120	0.879	0.872	0.866	0.860	0.854	0.848	0.842	0.837	0.831	0.826	0.820	0.815	0.810	0.805	0.800	240

Taf. XIV (Forts.). **Hülfstafel zur Berechnung der excentrischen Anomalie.**

Werthe von $F = \frac{1}{1 - \sin\varphi \cos E}$. $E - E_1 = (M - M_1)\, F$

E \ φ	1°	2°	3°	4°	5°	6°	7°	8°	9°	10°	11°	12°	13°	14°	15°	φ / E
120°	0.991	0.983	0.974	0.966	0.958	0.950	0.943	0.935	0.927	0.920	0.913	0.906	0.899	0.892	0.885	240°
121	991	982	974	965	957	949	941	933	925	918	911	903	896	889	882	239
122	991	982	973	964	956	948	939	931	923	916	908	901	893	886	879	238
123	991	981	972	963	955	946	938	930	921	914	906	898	891	884	876	237
124	990	981	972	962	954	945	936	928	920	911	904	896	888	881	874	236
125	990	980	971	962	952	943	935	926	918	909	901	893	886	878	871	235
126	990	980	970	961	951	942	933	924	916	907	899	891	883	876	868	234
127	990	979	969	960	950	941	932	923	914	905	897	889	881	873	865	233
128	989	979	969	959	949	940	930	921	912	903	895	887	878	871	863	232
129	989	979	968	958	948	938	929	919	910	901	893	884	876	868	860	231
130	0.989	0.978	0.968	0.957	0.947	0.937	0.927	0.918	0.909	0.900	0.891	0.882	0.874	0.865	0.857	230
131	989	978	967	956	946	936	926	916	907	898	889	880	871	863	855	229
132	988	977	966	955	945	935	925	915	905	896	887	878	869	861	852	228
133	988	977	966	955	944	933	923	913	904	894	885	876	867	858	850	227
134	988	976	965	954	943	932	922	912	902	892	883	874	865	856	848	226
135	988	976	964	953	942	931	921	910	900	891	881	872	863	854	845	225
136	988	976	964	952	941	930	919	909	899	889	879	870	861	852	843	224
137	987	975	963	951	940	929	918	908	897	887	878	868	859	850	841	223
138	987	974	962	951	939	928	917	906	896	886	876	866	857	848	839	222
139	987	974	962	950	938	927	916	905	894	884	874	864	855	846	837	221
140	0.987	0.974	0.961	0.949	0.937	0.926	0.915	0.904	0.893	0.883	0.872	0.863	0.853	0.844	0.835	220
141	987	974	961	949	937	925	914	902	892	881	871	861	851	842	833	219
142	986	973	960	948	936	924	913	901	890	880	869	859	849	840	831	218
143	986	973	960	947	935	923	911	900	889	878	868	858	848	838	829	217
144	986	973	959	947	934	922	910	899	888	877	866	856	846	836	827	216
145	986	972	959	946	933	921	909	898	886	875	865	854	844	835	825	215
146	986	972	958	945	933	920	908	897	885	874	863	853	843	833	823	214
147	986	972	958	945	932	919	907	895	884	873	862	852	841	831	822	213
148	985	971	958	944	931	919	906	894	883	872	861	850	840	830	820	212
149	985	971	957	944	930	918	905	893	882	870	859	849	838	828	818	211
150	0.985	0.971	0.957	0.943	0.930	0.917	0.905	0.892	0.881	0.869	0.858	0.847	0.837	0.827	0.817	210
151	985	970	956	942	929	916	904	891	880	868	857	846	836	825	815	209
152	985	970	956	942	929	916	903	891	879	867	856	845	834	824	814	208
153	985	970	955	941	928	915	902	890	878	866	855	844	833	823	813	207
154	985	970	955	941	927	914	901	889	877	865	854	843	832	821	811	206
155	984	969	955	941	927	913	901	888	876	864	853	841	831	820	810	205
156	984	969	954	940	926	913	900	887	875	863	852	840	830	819	809	204
157	984	969	954	940	926	912	899	886	874	862	851	839	828	818	808	203
158	984	969	954	939	925	912	898	886	873	861	850	838	827	817	806	202
159	984	968	953	939	925	911	898	885	873	861	849	837	826	816	805	201
160	0.984	0.968	0.953	0.938	0.924	0.911	0.897	0.884	0.872	0.860	0.848	0.837	0.825	0.815	0.804	200
161	984	968	953	938	924	910	897	884	871	859	847	836	825	814	803	199
162	984	968	953	938	923	910	896	883	870	858	846	835	824	813	802	198
163	984	968	952	937	923	909	896	883	870	858	846	834	823	812	802	197
164	984	968	952	937	923	909	895	882	869	857	845	833	822	811	801	196
165	983	967	952	937	922	908	895	882	869	856	844	833	822	811	800	195
166	983	967	952	937	922	908	894	881	868	856	844	832	821	810	799	194
167	983	967	951	936	922	908	894	881	868	855	843	832	820	809	799	193
168	983	967	951	936	921	907	894	880	867	855	843	831	820	809	798	192
169	983	967	951	936	921	907	893	880	867	854	842	831	819	808	797	191
170	0.983	0.967	0.951	0.936	0.921	0.907	0.893	0.879	0.867	0.854	0.842	0.830	0.819	0.808	0.797	190
171	983	967	951	936	921	906	893	879	866	854	841	830	818	807	796	189
172	983	967	951	935	921	906	892	879	866	853	841	829	818	807	796	188
173	983	967	951	935	920	906	892	879	866	853	841	829	817	806	796	187
174	983	966	951	935	920	906	892	878	866	853	841	829	817	806	795	186
175	983	966	950	935	920	905	892	878	865	853	840	828	817	806	795	185
176	983	966	950	935	920	905	892	878	865	852	840	828	817	806	795	184
177	983	966	950	935	920	905	892	878	865	852	840	828	817	805	795	183
178	983	966	950	935	920	905	891	878	865	852	840	828	816	805	794	182
179	983	966	950	935	920	905	891	878	865	852	840	828	816	805	794	181
180	0.983	0.966	0.950	0.935	0.920	0.905	0.891	0.878	0.865	0.852	0.840	0.828	0.816	0.805	0.794	180

Taf. XIV (Schluss). **Hülfstafel zur Berechnung der excentrischen Anomalie.**

Werthe von $F = \frac{1}{1 - \sin\varphi \cos E}$. $E - E_1 = (M - M_1)\,F$

E \ φ	16°	17°	18°	19°	20°	21°	22°	23°	24°	25°	26°	27°	28°	29°	30°	φ / E
120°	0.879	0.872	0.866	0.860	0.854	0.848	0.842	0.837	0.831	0.826	0.820	0.815	0.810	0.805	0.800	240°
121	876	869	863	856	850	844	838	832	827	821	816	810	805	800	795	239
122	873	866	859	853	847	840	834	828	823	817	811	806	801	796	791	238
123	869	863	856	849	843	837	831	825	819	813	807	802	796	791	786	237
124	866	859	853	846	839	833	827	821	815	809	803	798	792	787	781	236
125	863	856	849	843	836	829	823	817	811	805	799	793	788	782	777	235
126	861	853	846	839	833	826	820	813	807	801	795	789	784	778	773	234
127	858	850	843	836	829	823	816	810	803	797	791	785	780	774	769	233
128	855	847	840	833	826	819	813	806	800	794	787	781	776	770	765	232
129	852	845	837	830	823	816	809	802	796	790	784	778	772	766	761	231
130	0.849	0.842	0.834	0.827	0.820	0.813	0.806	0.799	0.793	0.786	0.780	0.774	0.768	0.762	0.757	230
131	847	839	831	824	817	810	803	796	789	783	777	771	765	759	753	229
132	844	836	829	821	814	807	800	793	786	780	773	767	761	755	749	228
133	842	834	826	818	811	804	797	790	783	776	770	764	757	752	746	227
134	839	831	823	816	808	801	794	787	780	773	767	760	754	748	742	226
135	837	829	821	813	805	798	791	784	777	770	763	757	751	745	739	225
136	835	826	818	810	803	795	788	781	774	767	760	754	748	741	735	224
137	832	824	816	808	800	792	785	778	771	764	757	751	744	738	732	223
138	830	822	813	805	797	790	782	775	768	761	754	748	741	735	729	222
139	828	819	811	803	795	787	780	772	765	758	751	745	738	732	726	221
140	0.826	0.817	0.809	0.800	0.792	0.785	0.777	0.770	0.762	0.755	0.749	0.742	0.735	0.729	0.723	220
141	824	815	806	798	790	782	775	767	760	753	746	739	733	726	720	219
142	822	813	804	796	788	780	772	765	757	750	743	737	730	724	717	218
143	820	811	802	794	786	777	770	762	755	748	741	734	727	721	715	217
144	818	809	800	792	783	775	767	760	752	745	738	731	725	718	712	216
145	816	807	798	789	781	773	765	758	750	743	736	729	722	716	709	215
146	814	805	796	787	779	771	763	755	748	741	733	727	720	713	707	214
147	812	803	794	786	777	769	761	753	746	738	731	724	717	711	705	213
148	811	801	792	784	775	767	759	751	744	736	729	722	715	709	702	212
149	809	800	791	782	773	765	757	749	741	734	727	720	713	706	700	211
150	0.807	0.798	0.789	0.780	0.771	0.763	0.755	0.747	0.740	0.732	0.725	0.718	0.711	0.704	0.698	210
151	806	796	787	778	770	761	753	745	738	730	723	716	709	702	696	209
152	804	795	786	777	768	760	751	743	736	728	721	714	707	700	694	208
153	803	793	784	775	766	758	750	742	734	726	719	712	705	698	692	207
154	801	792	783	774	765	756	748	740	732	725	717	710	703	697	690	206
155	800	791	781	772	763	755	747	738	731	723	716	708	702	695	688	205
156	799	789	780	771	762	753	745	737	729	721	714	707	700	693	686	204
157	798	788	779	769	761	752	744	735	728	720	712	705	698	691	685	203
158	796	787	777	768	759	751	742	734	726	718	711	704	697	690	683	202
159	795	786	776	767	758	749	741	733	725	717	710	702	695	688	682	201
160	0.794	0.784	0.775	0.766	0.757	0.748	0.740	0.731	0.723	0.716	0.708	0.701	0.694	0.687	0.680	200
161	793	783	774	765	756	747	738	730	722	714	707	700	693	686	679	199
162	792	782	773	764	755	746	737	729	721	713	706	698	691	684	678	198
163	791	781	772	763	754	745	736	728	720	712	705	697	690	683	677	197
164	791	781	771	762	753	744	735	727	719	711	704	696	689	682	675	196
165	790	780	770	761	752	743	734	726	718	710	703	695	688	681	674	195
166	789	779	769	760	751	742	733	725	717	709	702	694	687	680	673	194
167	788	778	768	759	750	741	733	724	716	708	701	693	686	679	672	193
168	788	778	768	758	749	740	732	723	716	708	700	692	685	678	672	192
169	787	777	767	758	749	740	731	723	715	707	699	692	685	678	671	191
170	0.786	0.776	0.767	0.757	0.748	0.739	0.731	0.722	0.714	0.706	0.698	0.691	0.684	0.677	0.670	190
171	786	776	766	757	747	739	730	722	713	706	698	690	683	676	669	189
172	786	775	766	756	747	738	729	721	713	705	697	690	683	676	669	188
173	785	775	765	756	747	738	729	720	712	704	697	689	682	675	668	187
174	785	775	765	755	746	737	729	720	712	704	696	689	682	675	668	186
175	785	774	765	755	746	737	728	720	712	704	696	689	681	674	668	185
176	784	774	764	755	746	737	728	720	711	703	696	688	681	674	667	184
177	784	774	764	755	745	736	728	719	711	703	696	688	681	674	667	183
178	784	774	764	755	745	736	728	719	711	703	695	688	681	674	667	182
179	784	774	764	754	745	736	728	719	711	703	695	688	681	674	667	181
180	0.784	0.774	0.764	0.754	0.745	0.736	0.727	0.719	0.711	0.703	0.695	0.688	0.681	0.673	0.667	180

Taf. XV. Zur Ermittelung der wahren Anomalie in der parabolischen Bewegung.

M	v	log A	d	M	v	log A	d	M	v	log A	d	M	v	log A	d
0.0	0° 0′ 0″.00	3.70052		5.0	6° 57′ 7″.90	3.69732		10.0	13° 48′ 13″.31	3.68789		15.0	20° 27′ 46″.67	3.67268	
1	0 8 21.79	70052	0	1	7 5 25.93	69719	13	1	13 56 20.57	68764	25	1	20 35 37.10	67232	36
2	0 16 43.57	70052	0	2	7 13 43.81	69706	13	2	14 4 27.55	68739	25	2	20 43 27.14	67196	36
3	0 25 5.36	70051	1	3	7 22 1.55	69693	13	3	14 12 34.25	68713	26	3	20 51 16.79	67159	37
4	0 33 27.13	70050	1	4	7 30 19.13	69679	14	4	14 20 40.66	68688	25	4	20 59 6.05	67123	36
5	0 41 48.89	3.70049	1	5	7 38 36.55	3.69665	14	5	14 28 46.78	3.68662	26	5	21 6 54.91	3.67086	37
6	0 50 10.63	70048	1	6	7 46 53.81	69651	14	6	14 36 52.61	68636	26	6	21 14 43.38	67049	37
7	0 58 32.36	70046	2	7	7 55 10.91	69637	14	7	14 44 58.15	68609	27	7	21 22 31.44	67012	37
8	1 6 54.06	70044	2	8	8 3 27.84	69622	15	8	14 53 3.40	68583	26	8	21 30 19.11	66975	37
9	1 15 15.74	70042	2	9	8 11 44.60	69607	15	9	15 1 8.34	68556	27	9	21 38 6.37	66937	38
1.0	1 23 37.40	3.70039	3	6.0	8 20 1.19	3.69592	15	11.0	15 9 12.98	3.68529	27	16.0	21 45 53.23	3.66900	37
1	1 31 59.03	70037	2	1	8 28 17.61	69577	15	1	15 17 17.32	68502	27	1	21 53 39.68	66862	38
2	1 40 20.62	70034	3	2	8 36 33.85	69561	16	2	15 25 21.36	68474	28	2	22 1 25.73	66824	38
3	1 48 42.18	70031	3	3	8 44 49.91	69545	16	3	15 33 25.09	68446	28	3	22 9 11.36	66786	38
4	1 57 3.70	70027	4	4	8 53 5.79	69529	16	4	15 41 28.51	68418	28	4	22 16 56.59	66747	39
5	2 5 25.17	3.70023	4	5	9 1 21.48	3.69513	16	5	15 49 31.62	3.68390	28	5	22 24 41.40	3.66708	39
6	2 13 46.61	70019	4	6	9 9 36.99	69497	16	6	15 57 34.41	68362	28	6	22 32 25.80	66669	39
7	2 22 7.99	70015	4	7	9 17 52.30	69480	17	7	16 5 36.88	68333	29	7	22 40 9.78	66630	39
8	2 30 29.33	70010	5	8	9 26 7.42	69463	17	8	16 13 39.04	68304	29	8	22 47 53.34	66591	39
9	2 38 50.61	70006	4	9	9 34 22.35	69445	18	9	16 21 40.88	68275	29	9	22 55 36.48	66552	39
2.0	2 47 11.83	3.70001	5	7.0	9 42 37.08	3.69428	17	12.0	16 29 42.39	3.68246	29	17.0	23 3 19.20	3.66512	40
1	2 55 33.00	69996	5	1	9 50 51.61	69410	18	1	16 37 43.58	68217	29	1	23 11 1.50	66472	40
2	3 3 54.11	69990	6	2	9 59 5.93	69392	18	2	16 45 44.44	68187	30	2	23 18 43.38	66432	40
3	3 12 15.14	69984	6	3	10 7 20.04	69374	18	3	16 53 44.97	68157	30	3	23 26 24.83	66392	40
4	3 20 36.11	69978	6	4	10 15 33.95	69355	19	4	17 1 45.16	68127	30	4	23 34 5.85	66352	40
5	3 28 57.01	3.69972	6	5	10 23 47.64	3.69336	19	5	17 9 45.02	3.68096	31	5	23 41 46.44	3.66311	41
6	3 37 17.84	69965	7	6	10 32 1.12	69317	19	6	17 17 44.55	68066	30	6	23 49 26.60	66270	41
7	3 45 38.59	69959	6	7	10 40 14.38	69298	19	7	17 25 43.74	68035	31	7	23 57 6.32	66229	41
8	3 53 59.26	69952	7	8	10 48 27.42	69278	20	8	17 33 42.59	68004	31	8	24 4 45.61	66188	41
9	4 2 19.85	69944	8	9	10 56 40.23	69259	19	9	17 41 41.09	67973	31	9	24 12 24.47	66147	41
3.0	4 10 40.34	3.69937	7	8.0	11 4 52.82	3.69239	20	13.0	17 49 39.24	3.67941	32	18.0	24 20 2.89	3.66105	42
1	4 19 0.76	69929	8	1	11 13 5.19	69218	21	1	17 57 37.05	67910	31	1	24 27 40.87	66064	41
2	4 27 21.07	69921	8	2	11 21 17.32	69198	20	2	18 5 34.51	67878	32	2	24 35 18.41	66022	42
3	4 35 41.30	69912	9	3	11 29 29.22	69177	21	3	18 13 31.62	67846	32	3	24 42 55.51	65980	42
4	4 44 1.43	69904	8	4	11 37 40.88	69156	21	4	18 21 28.38	67813	33	4	24 50 32.16	65938	42
5	4 52 21.46	3.69895	9	5	11 45 52.30	3.69135	21	5	18 29 24.78	3.67781	32	5	24 58 8.37	3.65895	43
6	5 0 41.39	69886	9	6	11 54 3.49	69114	21	6	18 37 20.82	67748	33	6	25 5 44.13	65853	42
7	5 9 1.21	69877	9	7	12 2 14.43	69092	22	7	18 45 16.50	67715	33	7	25 13 19.44	65810	43
8	5 17 20.92	69867	10	8	12 10 25.12	69070	22	8	18 53 11.82	67682	33	8	25 20 54.31	65767	43
9	5 25 40.52	69857	10	9	12 18 35.57	69048	22	9	19 1 6.77	67649	33	9	25 28 28.73	65724	43
4.0	5 34 0.00	3.69847	10	9.0	12 26 45.76	3.69026	22	14.0	19 9 1.36	3.67615	34	19.0	25 36 2.69	3.65680	44
1	5 42 19.37	69837	10	1	12 34 55.70	69003	23	1	19 16 55.58	67581	34	1	25 43 36.20	65637	43
2	5 50 38.61	69826	11	2	12 43 5.38	68980	23	2	19 24 49.43	67547	34	2	25 51 9.25	65593	44
3	5 58 57.74	69815	11	3	12 51 14.80	68957	23	3	19 32 42.91	67513	34	3	25 58 41.85	65549	44
4	6 7 16.73	69804	11	4	12 59 23.97	68934	23	4	19 40 36.01	67478	35	4	26 6 13.99	65505	44
5	6 15 35.60	3.69793	11	5	13 7 32.87	3.68910	24	5	19 48 28.74	3.67444	34	5	26 13 45.68	3.65461	44
6	6 23 54.34	69781	12	6	13 15 41.50	68886	24	6	19 56 21.09	67409	35	6	26 21 16.90	65417	44
7	6 32 12.94	69769	12	7	13 23 49.86	68862	24	7	20 4 13.06	67374	35	7	26 28 47.66	65372	45
8	6 40 31.40	69757	12	8	13 31 57.95	68838	24	8	20 12 4.65	67339	35	8	26 36 17.95	65327	45
9	6 48 49.72	69745	12	9	13 40 5.77	68813	25	9	20 19 55.86	67303	36	9	26 43 47.78	65282	45
5.0	6 57 7.90	3.69732	13	10.0	13 48 13.31	3.68789	24	15.0	20 27 46.67	3.67268	35	20.0	26 51 17.15	3.65237	45

″	10	12	14	16	18	20	22	24	26	28	30	31	32	33	34	35	36	37	38	39	40	41	42	43	44	45
1	0.5	0.6	0.7	0.8	0.9	1.0	1.1	1.2	1.3	1.4	1.5	1.5	1.6	1.6	1.7	1.7	1.8	1.8	1.9	1.9	2.0	2.0	2.1	2.1	2.2	2.2
2	1.0	1.2	1.4	1.6	1.8	2.0	2.2	2.4	2.6	2.8	3.0	3.1	3.2	3.3	3.4	3.5	3.6	3.7	3.8	3.9	4.0	4.1	4.2	4.3	4.4	4.5
3	1.5	1.8	2.1	2.4	2.7	3.0	3.3	3.6	3.9	4.2	4.5	4.6	4.8	4.9	5.1	5.2	5.4	5.5	5.7	5.8	6.0	6.1	6.3	6.4	6.6	6.7
4	2.0	2.4	2.8	3.2	3.6	4.0	4.4	4.8	5.2	5.6	6.0	6.2	6.4	6.6	6.8	7.0	7.2	7.4	7.6	7.8	8.0	8.2	8.4	8.6	8.8	9.0
5	2.5	3.0	3.5	4.0	4.5	5.0	5.5	6.0	6.5	7.0	7.5	7.7	8.0	8.2	8.5	8.7	9.0	9.2	9.5	9.7	10.0	10.2	10.5	10.7	11.0	11.2
6	3.0	3.6	4.2	4.8	5.4	6.0	6.6	7.2	7.8	8.4	9.0	9.3	9.6	9.9	10.2	10.5	10.8	11.1	11.4	11.7	12.0	12.3	12.6	12.9	13.2	13.5
7	3.5	4.2	4.9	5.6	6.3	7.0	7.7	8.4	9.1	9.8	10.5	10.8	11.2	11.5	11.9	12.2	12.6	12.9	13.3	13.6	14.0	14.3	14.7	15.0	15.4	15.7
8	4.0	4.8	5.6	6.4	7.2	8.0	8.8	9.6	10.4	11.2	12.0	12.4	12.8	13.2	13.6	14.0	14.4	14.8	15.2	15.6	16.0	16.4	16.8	17.2	17.6	18.0
9	4.5	5.4	6.3	7.2	8.1	9.0	9.9	10.8	11.7	12.6	13.5	13.9	14.4	14.8	15.3	15.7	16.2	16.6	17.1	17.5	18.0	18.4	18.9	19.3	19.8	20.2

Taf. XV (Forts.). **Zur Ermittelung der wahren Anomalie in der parabolischen Bewegung.**

log *M*	*v*	log *A*	*d*
1.300	26° 47′ 44″.31	5.31480	80
301	26 51 10.94	31560	79
302	26 54 37.95	31639	79
303	26 58 5.34	31718	79
304	27 1 33.11	31797	79
305	27 5 1.25	5.31876	79
306	27 8 29.77	31955	78
307	27 11 58.67	32033	79
308	27 15 27.95	32112	79
309	27 18 57.61	32191	78
1.310	27 22 27.65	5.32269	78
311	27 25 58.07	32347	79
312	27 29 28.87	32426	78
313	27 33 0.05	32504	78
314	27 36 31.61	32582	78
315	27 40 3.55	5.32660	78
316	27 43 35.87	32738	78
317	27 47 8.57	32816	78
318	27 50 41.65	32894	78
319	27 54 15.12	32972	77
1.320	27 57 48.96	5.33049	78
321	28 1 23.19	33127	77
322	28 4 57.80	33204	77
323	28 8 32.79	33281	78
324	28 12 8.17	33359	77
325	28 15 43.93	5.33436	77
326	28 19 20.07	33513	77
327	28 22 56.60	33590	77
328	28 26 33.52	33667	76
329	28 30 10.81	33743	77
1.330	28 33 48.49	5.33820	77
331	28 37 26.56	33897	76
332	28 41 5.01	33973	77
333	28 44 43.84	34050	76
334	28 48 23.06	34126	76
335	28 52 2.67	5.34202	76
336	28 55 42.66	34278	76
337	28 59 23.03	34354	76
338	29 3 3.79	34430	76
339	29 6 44.94	34506	76
1.340	29 10 26.47	5.34582	76
341	29 14 8.39	34658	75
342	29 17 50.70	34733	76
343	29 21 33.39	34809	75
344	29 25 16.48	34884	75
345	29 28 59.94	5.34959	75
346	29 32 43.80	35034	75
347	29 36 28.04	35109	75
348	29 40 12.67	35184	75
349	29 43 57.69	35259	75
1.350	29 47 43.10	5.35334	

log *M*	*v*	log *A*	*d*
1.350	29° 47′ 43″.10	5.35334	75
351	29 51 28.90	35409	74
352	29 55 15.08	35483	75
353	29 59 1.65	35558	74
354	30 2 48.61	35632	74
355	30 6 35.96	5.35706	75
356	30 10 23.70	35781	74
357	30 14 11.83	35855	74
358	30 18 0.34	35929	74
359	30 21 49.25	36003	73
1.360	30 25 38.55	5.36076	74
361	30 29 28.23	36150	74
362	30 33 18.31	36224	73
363	30 37 8.77	36297	73
364	30 40 59.63	36370	74
365	30 44 50.87	5.36444	73
366	30 48 42.51	36517	73
367	30 52 34.53	36590	73
368	30 56 26.95	36663	73
369	31 0 19.75	36736	72
1.370	31 4 12.95	5.36808	73
371	31 8 6.54	36881	73
372	31 12 0.51	36954	72
373	31 15 54.88	37026	72
374	31 19 49.64	37098	72
375	31 23 44.78	5.37170	72
376	31 27 40.32	37242	72
377	31 31 36.25	37314	72
378	31 35 32.57	37386	72
379	31 39 29.29	37458	72
1.380	31 43 26.39	5.37530	71
381	31 47 23.89	37601	72
382	31 51 21.77	37673	71
383	31 55 20.05	37744	71
384	31 59 18.72	37815	71
385	32 3 17.78	5.37886	71
386	32 7 17.23	37957	71
387	32 11 17.07	38028	71
388	32 15 17.31	38099	71
389	32 19 17.93	38170	70
1.390	32 23 18.95	5.38240	71
391	32 27 20.36	38311	70
392	32 31 22.17	38381	70
393	32 35 24.36	38451	70
394	32 39 26.95	38521	70
395	32 43 29.92	5.38591	70
396	32 47 33.29	38661	70
397	32 51 37.05	38731	69
398	32 55 41.21	38800	70
399	32 59 45.75	38870	70
1.400	33 3 50.69	5.38940	

log *M*	*v*	log *A*	*d*
1.400	33° 3′ 50″.69	5.38940	69
401	33 7 56.02	39009	69
402	33 12 1.73	39078	69
403	33 16 7.85	39147	69
404	33 20 14.35	39216	69
405	33 24 21.24	5.39285	69
406	33 28 28.52	39354	68
407	33 32 36.19	39422	69
408	33 36 44.26	39491	68
409	33 40 52.71	39559	68
1.410	33 45 1.56	5.39627	69
411	33 49 10.80	39696	68
412	33 53 20.42	39764	67
413	33 57 30.44	39831	68
414	34 1 40.85	39899	68
415	34 5 51.65	5.39967	67
416	34 10 2.85	40034	68
417	34 14 14.43	40102	67
418	34 18 26.40	40169	67
419	34 22 38.76	40236	67
1.420	34 26 51.52	5.40303	67
421	34 31 4.66	40370	67
422	34 35 18.20	40437	67
423	34 39 32.12	40504	66
424	34 43 46.43	40570	67
425	34 48 1.14	5.40637	66
426	34 52 16.24	40703	66
427	34 56 31.72	40769	66
428	35 0 47.60	40835	66
429	35 5 3.86	40901	66
1.430	35 9 20.50	5.40967	66
431	35 13 37.54	41033	65
432	35 17 54.97	41098	66
433	35 22 12.78	41164	65
434	35 26 30.98	41229	65
435	35 30 49.57	5.41294	65
436	35 35 8.55	41359	65
437	35 39 27.92	41424	65
438	35 43 47.68	41489	64
439	35 48 7.82	41553	65
1.440	35 52 28.35	5.41618	64
441	35 56 49.27	41682	65
442	36 1 10.58	41747	64
443	36 5 32.27	41811	64
444	36 9 54.35	41875	64
445	36 14 16.81	5.41939	63
446	36 18 39.66	42002	64
447	36 23 2.89	42066	63
448	36 27 26.51	42129	64
449	36 31 50.51	42193	63
1.450	36 36 14.90	5.42256	

log *M*	*v*	log *A*	*d*
1.450	36° 36′ 14″.90	5.42256	63
451	36 40 39.67	42319	63
452	36 45 4.83	42382	63
453	36 49 30.37	42445	63
454	36 53 56.30	42508	62
455	36 58 22.61	5.42570	62
456	37 2 49.31	42632	63
457	37 7 16.39	42695	62
458	37 11 43.85	42757	62
459	37 16 11.69	42819	62
1.460	37 20 39.92	5.42881	62
461	37 25 8.53	42943	61
462	37 29 37.51	43004	62
463	37 34 6.88	43066	61
464	37 38 36.63	43127	61
465	37 43 6.76	5.43188	61
466	37 47 37.27	43249	61
467	37 52 8.16	43310	61
468	37 56 39.43	43371	60
469	38 1 11.08	43431	61
1.470	38 5 43.11	5.43492	60
471	38 10 15.52	43552	60
472	38 14 48.31	43612	61
473	38 19 21.48	43673	60
474	38 23 55.02	43733	59
475	38 28 28.94	5.43792	60
476	38 33 3.24	43852	59
477	38 37 37.92	43911	60
478	38 42 12.97	43971	59
479	38 46 48.39	44030	59
1.480	38 51 24.19	5.44089	59
481	38 56 0.37	44148	59
482	39 0 36.92	44207	58
483	39 5 13.84	44265	59
484	39 9 51.14	44324	58
485	39 14 28.81	5.44382	59
486	39 19 6.85	44441	58
487	39 23 45.26	44499	58
488	39 28 24.05	44557	57
489	39 33 3.21	44614	58
1.490	39 37 42.75	5.44672	57
491	39 42 22.66	44729	58
492	39 47 2.93	44787	57
493	39 51 43.57	44844	57
494	39 56 24.58	44901	57
495	40 1 5.97	5.44958	57
496	40 5 47.72	45015	56
497	40 10 29.83	45071	57
498	40 15 12.32	45128	56
499	40 19 55.17	45184	56
1.500	40 24 38.38	5.45240	

	80	79	78	77	76	75	74	73	72	71	70	69	68	67	66	65	64	63	62	61	60	59	58	57	
1	4.0	3.9	3.9	3.8	3.8	3.7	3.7	3.6	3.6	3.5	3.5	3.4	3.4	3.3	3.3	3.2	3.2	3.1	3.1	3.0	3.0	2.9	2.9	2.8	1
2	8.0	7.9	7.8	7.7	7.6	7.5	7.4	7.3	7.2	7.1	7.0	6.9	6.8	6.7	6.6	6.5	6.4	6.3	6.2	6.1	6.0	5.9	5.8	5.7	2
3	12.0	11.8	11.7	11.5	11.4	11.2	11.1	10.9	10.8	10.6	10.5	10.3	10.2	10.0	9.9	9.7	9.6	9.4	9.3	9.1	9.0	8.8	8.7	8.5	3
4	16.0	15.8	15.6	15.4	15.2	15.0	14.8	14.6	14.4	14.2	14.0	13.8	13.6	13.4	13.2	13.0	12.8	12.6	12.4	12.2	12.0	11.8	11.6	11.4	4
5	20.0	19.7	19.5	19.2	19.0	18.7	18.5	18.2	18.0	17.7	17.5	17.2	17.0	16.7	16.5	16.2	16.0	15.7	15.5	15.2	15.0	14.7	14.5	14.2	5
6	24.0	23.7	23.4	23.1	22.8	22.5	22.2	21.9	21.6	21.3	21.0	20.7	20.4	20.1	19.8	19.5	19.2	18.9	18.6	18.3	18.0	17.7	17.4	17.1	6
7	28.0	27.6	27.3	26.9	26.6	26.2	25.9	25.5	25.2	24.8	24.5	24.1	23.8	23.4	23.1	22.7	22.4	22.0	21.7	21.3	21.0	20.6	20.3	19.9	7
8	32.0	31.6	31.2	30.8	30.4	30.0	29.6	29.2	28.8	28.4	28.0	27.6	27.2	26.8	26.4	26.0	25.6	25.2	24.8	24.4	24.0	23.6	23.2	22.8	8
9	36.0	35.5	35.1	34.6	34.2	33.7	33.3	32.8	32.4	31.9	31.5	31.0	30.6	30.1	29.7	29.2	28.8	28.3	27.9	27.4	27.0	26.5	26.1	25.6	9

Taf. XV (Forts.). **Zur Ermittelung der wahren Anomalie in der parabolischen Bewegung.**

log *M*	*v* °	′	″	log *A*	*d*
1.500	40°	24′	38″.38	5.45240	
501	40	29	21.96	45296	56
502	40	34	5.91	45352	56
503	40	38	50.22	45408	56
504	40	43	34.90	45463	55
505	40	48	19.95	5.45519	56
506	40	53	5.37	45574	55
507	40	57	51.14	45629	55
508	41	2	37.26	45684	55
509	41	7	23.75	45739	55
1.510	41	12	10.61	5.45793	54
511	41	16	57.82	45848	55
512	41	21	45.40	45902	54
513	41	26	33.33	45956	54
514	41	31	21.62	46010	54
515	41	36	10.28	5.46064	54
516	41	40	59.29	46118	54
517	41	45	48.66	46172	54
518	41	50	38.38	46225	53
519	41	55	28.46	46278	53
1.520	42	0	18.89	5.46331	53
521	42	5	9.68	46384	53
522	42	10	0.82	46437	53
523	42	14	52.32	46490	53
524	42	19	44.17	46542	52
525	42	24	36.37	5.46594	52
526	42	29	28.92	46647	53
527	42	34	21.83	46699	52
528	42	39	15.09	46751	52
529	42	44	8.70	46802	51
1.530	42	49	2.65	5.46854	52
531	42	53	56.95	46905	51
532	42	58	51.60	46956	51
533	43	3	46.60	47007	51
534	43	8	41.94	47058	51
535	43	13	37.63	5.47109	51
536	43	18	33.67	47159	50
537	43	23	30.05	47210	51
538	43	28	26.77	47260	50
539	43	33	23.83	47310	50
1.540	43	38	21.23	5.47360	50
541	43	43	18.98	47410	50
542	43	48	17.07	47459	49
543	43	53	15.50	47509	50
544	43	58	14.27	47558	49
545	44	3	13.38	5.47607	49
546	44	8	12.82	47656	49
547	44	13	12.60	47705	49
548	44	18	12.72	47753	48
549	44	23	13.18	47802	49
1.550	44	28	13.97	5.47850	48

log *M*	*v* °	′	″	log *A*	*d*
1.550	44°	28′	13″.97	5.47850	
551	44	33	15.09	47898	48
552	44	38	16.54	47946	48
553	44	43	18.33	47994	48
554	44	48	20.45	48042	48
555	44	53	22.90	5.48089	47
556	44	58	25.68	48136	47
557	45	3	28.79	48183	47
558	45	8	32.22	48230	47
559	45	13	35.98	48277	47
1.560	45	18	40.07	5.48324	47
561	45	23	44.49	48370	46
562	45	28	49.24	48416	46
563	45	33	54.30	48462	46
564	45	38	59.69	48508	46
565	45	44	5.41	5.48554	46
566	45	49	11.44	48599	45
567	45	54	17.79	48645	46
568	45	59	24.48	48690	45
569	46	4	31.47	48736	46
1.570	46	9	38.77	5.48780	44
571	46	14	46.40	48825	45
572	46	19	54.35	48870	45
573	46	25	2.62	48914	44
574	46	30	11.20	48958	44
575	46	35	20.09	5.49002	44
576	46	40	29.29	49046	44
577	46	45	38.80	49090	44
578	46	50	48.63	49134	44
579	46	55	58.77	49177	43
1.580	47	1	9.22	5.49220	43
581	47	6	19.97	49263	43
582	47	11	31.03	49306	43
583	47	16	42.39	49349	43
584	47	21	54.07	49391	42
585	47	27	6.05	5.49433	42
586	47	32	18.33	49476	43
587	47	37	30.91	49518	42
588	47	42	43.79	49559	41
589	47	47	56.98	49601	42
1.590	47	53	10.47	5.49642	41
591	47	58	24.25	49684	42
592	48	3	38.33	49725	41
593	48	8	52.71	49766	41
594	48	14	7.39	49806	40
595	48	19	22.37	5.49847	41
596	48	24	37.63	49887	40
597	48	29	53.18	49928	41
598	48	35	9.02	49968	40
599	48	40	25.16	50008	40
1.600	48	45	41.58	5.50047	39

log *M*	*v* °	′	″	log *A*	*d*
1.600	48°	45′	41″.58	5.50047	
601	48	50	58.29	50086	39
602	48	56	15.30	50126	40
603	49	1	32.60	50165	39
604	49	6	50.17	50204	39
605	49	12	8.03	5.50243	39
606	49	17	26.18	50281	38
607	49	22	44.60	50320	39
608	49	28	3.31	50358	38
609	49	33	22.29	50396	38
1.610	49	38	41.55	5.50434	38
611	49	44	1.09	50472	38
612	49	49	20.91	50509	37
613	49	54	41.01	50547	38
614	50	0	1.38	50584	37
615	50	5	22.02	5.50621	37
616	50	10	42.94	50657	36
617	50	16	4.13	50694	37
618	50	21	25.58	50731	37
619	50	26	47.30	50767	36
1.620	50	32	9.29	5.50803	36
621	50	37	31.56	50839	36
622	50	42	54.10	50874	35
623	50	48	16.89	50910	36
624	50	53	39.94	50945	35
625	50	59	3.26	5.50980	35
626	51	4	26.83	51015	35
627	51	9	50.66	51050	35
628	51	15	14.76	51085	35
629	51	20	39.12	51119	34
1.630	51	26	3.73	5.51153	34
631	51	31	28.59	51187	34
632	51	36	53.71	51221	34
633	51	42	19.09	51255	34
634	51	47	44.72	51289	34
635	51	53	10.59	5.51322	33
636	51	58	36.72	51355	33
637	52	4	3.10	51388	33
638	52	9	29.71	51421	33
639	52	14	56.57	51453	32
1.640	52	20	23.68	5.51486	33
641	52	25	51.04	51518	32
642	52	31	18.63	51550	32
643	52	36	46.46	51582	32
644	52	42	14.54	51613	31
645	52	47	42.86	5.51645	32
646	52	53	11.41	51676	31
647	52	58	40.20	51707	31
648	53	4	9.22	51738	31
649	53	9	38.48	51768	30
1.650	53	15	7.96	5.51799	31

log *M*	*v* °	′	″	log *A*	*d*
1.650	53°	15′	7″.96	5.51799	
651	53	20	37.68	51829	30
652	53	26	7.62	51859	30
653	53	31	37.79	51889	30
654	53	37	8.20	51919	30
655	53	42	38.84	5.51949	30
656	53	48	9.70	51978	29
657	53	53	40.77	52007	29
658	53	59	12.06	52036	29
659	54	4	43.58	52065	29
1.660	54	10	15.32	5.52094	29
661	54	15	47.27	52122	28
662	54	21	19.44	52150	28
663	54	26	51.83	52179	29
664	54	32	24.43	52206	27
665	54	37	57.24	5.52234	28
666	54	43	30.26	52262	28
667	54	49	3.50	52289	27
668	54	54	36.95	52316	27
669	55	0	10.60	52343	27
1.670	55	5	44.46	5.52370	27
671	55	11	18.53	52396	26
672	55	16	52.81	52423	27
673	55	22	27.28	52449	26
674	55	28	1.94	52475	26
675	55	33	36.81	5.52501	26
676	55	39	11.88	52526	25
677	55	44	47.15	52552	26
678	55	50	22.61	52577	25
679	55	55	58.26	52602	25
1.680	56	1	34.10	5.52627	25
681	56	7	10.13	52651	24
682	56	12	46.36	52676	25
683	56	18	22.78	52700	24
684	56	23	59.39	52724	24
685	56	29	36.19	5.52748	24
686	56	35	13.17	52772	24
687	56	40	50.33	52795	23
688	56	46	27.67	52818	23
689	56	52	5.19	52842	24
1.690	56	57	42.88	5.52864	22
691	57	3	20.76	52887	23
692	57	8	58.82	52910	23
693	57	14	37.05	52932	22
694	57	20	15.45	52954	22
695	57	25	54.02	5.52976	22
696	57	31	32.76	52998	22
697	57	37	11.67	53020	22
698	57	42	50.75	53041	21
699	57	48	30.00	53062	21
1.700	57	54	9.41	5.53083	21

	56	55	54	53	52	51	50	49	48	47	46	45	44	43	42	41	40	39	38	37	36	35	34	33	32	
1	[illegible]	2.8	2.7	2.6	2.6	2.5	2.5	2.4	2.4	[illegible]	2.3	2.2	2.2	2.1	2.1	2.0	2.0	[illegible]	[illegible]	1.8	1.8	1.7	1.7	1.6	1.6	1
2	[illegible]	5.5	5.4	5.3	5.2	5.1	5.0	[illegible]	[illegible]	4.7	4.6	4.5	4.4	4.3	4.2	4.1	[illegible]	[illegible]	3.8	3.7	3.6	3.5	3.4	3.3	3.2	2
3	8.4	[illegible]	[illegible]	[illegible]	7.8	7.6	7.5	[illegible]	7.2	7.1	[illegible]	6.7	[illegible]	6.4	6.3	6.1	[illegible]	5.8	5.7	5.5	5.4	5.2	5.1	4.9	4.8	3
4	11.2	[illegible]	[illegible]	[illegible]	[illegible]	[illegible]	[illegible]	[illegible]	[illegible]	[illegible]	[illegible]	[illegible]	8.8	[illegible]	8.4	8.2	8.0	[illegible]	[illegible]	7.4	7.2	[illegible]	6.8	6.6	6.4	4
5	[illegible]	[illegible]	[illegible]	[illegible]	[illegible]	[illegible]	[illegible]	[illegible]	[illegible]	[illegible]	[illegible]	[illegible]	[illegible]	[illegible]	[illegible]	[illegible]	10.0	[illegible]	[illegible]	[illegible]	[illegible]	[illegible]	8.5	8.2	8.0	5
6	16.8	[illegible]	[illegible]	[illegible]	15.6	[illegible]	[illegible]	[illegible]	14.4	14.1	[illegible]	[illegible]	[illegible]	[illegible]	[illegible]	12.3	[illegible]	11.7	11.4	11.1	[illegible]	10.5	10.2	9.9	9.6	6
7	[illegible]	[illegible]	[illegible]	[illegible]	[illegible]	[illegible]	17.5	[illegible]	[illegible]	[illegible]	16.1	[illegible]	15.4	[illegible]	[illegible]	14.4	14.0	13.6	[illegible]	13.0	[illegible]	12.3	[illegible]	11.6	11.2	7
8	22.4	22	[illegible]	[illegible]	[illegible]	[illegible]	[illegible]	[illegible]	[illegible]	[illegible]	18.4	[illegible]	[illegible]	17.2	[illegible]	16.4	[illegible]	15.6	[illegible]	[illegible]	14.4	[illegible]	[illegible]	13.2	12.8	8
9	[illegible]	[illegible]	[illegible]	[illegible]	[illegible]	[illegible]	[illegible]	[illegible]	[illegible]	21.2	[illegible]	[illegible]	[illegible]	[illegible]	[illegible]	[illegible]	[illegible]	[illegible]	17.1	[illegible]	[illegible]	15.8	15.3	14.9	14.4	9

Taf. XV (Forts.). **Zur Ermittelung der wahren Anomalie in der parabolischen Bewegung.**

log *M*	*v*	log *A*	*d*
1.700	57° 54′ 9″.41	5.53083	
701	57 59 48.99	53104	21
702	58 5 28.74	53125	21
703	58 11 8.64	53145	20
704	58 16 48.69	53165	20
705	58 22 28.91	5.53185	20
706	58 28 9.28	53205	20
707	58 33 49.80	53225	20
708	58 39 30.47	53244	19
709	58 45 11.30	53264	20
1.710	58 50 52 29	5.53283	19
711	58 56 33.41	53302	19
712	59 2 14.70	53320	18
713	59 7 56.13	53339	19
714	59 13 37.71	53357	18
715	59 19 19.42	5.53375	18
716	59 25 1.27	53393	18
717	59 30 43.26	53411	18
718	59 36 25.39	53429	18
719	59 42 7.66	53446	17
1.720	59 47 50.07	5.53463	17
721	59 53 32.62	53480	17
722	59 59 15.30	53497	17
723	60 4 58.11	53513	16
724	60 10 41.04	53530	17
725	60 16 24.10	5.53546	16
726	60 22 7.30	53562	16
727	60 27 50.63	53578	16
728	60 33 34.08	53594	16
729	60 39 17.65	53609	15
1.730	60 45 1.34	5.53624	15
731	60 50 45.15	53639	15
732	60 56 29.08	53654	15
733	61 2 13.12	53669	15
734	61 7 57.28	53683	14
735	61 13 41.55	5.53698	15
736	61 19 25.94	53712	14
737	61 25 10.44	53726	14
738	61 30 55.04	53739	13
739	61 36 39.76	53753	14
1.740	61 42 24.59	5.53766	13
741	61 48 9.52	53779	13
742	61 53 54.55	53792	13
743	61 59 39.68	53805	13
744	62 5 24.91	53818	13
745	62 11 10.24	5.53830	12
746	62 16 55.67	53842	12
747	62 22 41.20	53854	12
748	62 28 26.82	53866	12
749	62 34 12.54	53878	12
1.750	62 39 58.35	5.53889	11

log *M*	*v*	log *A*	*d*
1.750	62° 39′ 58″.35	5.53889	
751	62 45 44.26	53900	11
752	62 51 30.24	53911	11
753	62 57 16.30	53922	11
754	63 3 2.46	53933	11
755	63 8 48.71	5.53943	10
756	63 14 35.04	53954	11
757	63 20 21.45	53964	10
758	63 26 7.94	53974	10
759	63 31 54.50	53983	9
1.760	63 37 41.14	5.53993	10
761	63 43 27.85	54002	9
762	63 49 14.65	54011	9
763	63 55 1.52	54020	9
764	64 0 48.45	54029	9
765	64 6 35.45	5.54038	9
766	64 12 22.52	54046	8
767	64 18 9.65	54054	8
768	64 23 56.86	54062	8
769	64 29 44.13	54070	8
1.770	64 35 31.46	5.54078	8
771	64 41 18.85	54085	7
772	64 47 6.30	54093	8
773	64 52 53.80	54100	7
774	64 58 41.36	54106	6
775	65 4 28.98	5.54113	7
776	65 10 16.64	54120	7
777	65 16 4.36	54126	6
778	65 21 52.13	54132	6
779	65 27 39.95	54138	6
1.780	65 33 27.81	5.54144	6
781	65 39 15.72	54149	5
782	65 45 3.68	54155	6
783	65 50 51.67	54160	5
784	65 56 39.71	54165	5
785	66 2 27.78	5.54170	5
786	66 8 15.89	54175	5
787	66 14 4.04	54179	4
788	66 19 52.23	54183	4
789	66 25 40.45	54187	4
1.790	66 31 28.71	5.54191	4
791	66 37 17.00	54195	4
792	66 43 5.31	54198	3
793	66 48 53.64	54202	4
794	66 54 42.01	54205	3
795	67 0 30.40	5.54208	3
796	67 6 18.81	54211	3
797	67 12 7.24	54213	2
798	67 17 55.69	54216	3
799	67 23 44.16	54218	2
1.800	67 29 32.65	5.54220	2

log *M*	*v*	log *A*	*d*
1.800	67° 29′ 32″.65	5.54220	
801	67 35 21.16	54222	2
802	67 41 9.67	54224	2
803	67 46 58.21	54225	1
804	67 52 46.76	54226	1
805	67 58 35.31	5.54227	1
806	68 4 23.87	54228	1
807	68 10 12.44	54229	1
808	68 16 1.01	54230	1
809	68 21 49.58	54230	0
1.810	68 27 38.16	5.54230	0
811	68 33 26.75	54230	0
812	68 39 15.33	54230	0
813	68 45 3.90	54230	0
814	68 50 52.47	54229	1
815	68 56 41.05	5.54229	0
816	69 2 29.62	54228	1
817	69 8 18.18	54227	1
818	69 14 6.72	54226	1
819	69 19 55.26	54224	2
1.820	69 25 43.79	5.54223	1
821	69 31 32.30	54221	2
822	69 37 20.80	54219	2
823	69 43 9.28	54217	2
824	69 48 57.74	54214	3
825	69 54 46.18	5.54212	2
826	70 0 34.60	54209	3
827	70 6 23.00	54207	2
828	70 12 11.38	54203	4
829	70 17 59.73	54200	3
1.830	70 23 48.06	5.54197	3
831	70 29 36.36	54193	4
832	70 35 24.63	54190	3
833	70 41 12.87	54186	4
834	70 47 1.08	54182	4
835	70 52 49.25	5.54177	5
836	70 58 37.39	54173	4
837	71 4 25.49	54168	5
838	71 10 13.55	54164	4
839	71 16 1.58	54159	5
1.840	71 21 49.57	5.54153	6
841	71 27 37.51	54148	5
842	71 33 25.41	54143	5
843	71 39 13.26	54137	6
844	71 45 1.06	54131	6
845	71 50 48.82	5.54125	6
846	71 56 36.54	54119	6
847	72 2 24.20	54113	6
848	72 8 11.82	54106	7
849	72 13 59.38	54099	7
1.850	72 19 46.89	5.54093	6

log *M*	*v*	log *A*	*d*
1.850	72° 19′ 46″.89	5.54093	
851	72 25 34.34	54085	8
852	72 31 21.73	54078	7
853	72 37 9.06	54071	7
854	72 42 56.33	54063	8
855	72 48 43.54	5.54056	7
856	72 54 30.69	54048	8
857	73 0 17.78	54040	8
858	73 6 4.80	54031	9
859	73 11 51.76	54023	8
1.860	73 17 38.65	5.54014	9
861	73 23 25.46	54006	8
862	73 29 12.21	53997	9
863	73 34 58.89	53988	9
864	73 40 45.49	53978	10
865	73 46 32.01	5.53969	9
866	73 52 18.46	53959	10
867	73 58 4.84	53950	9
868	74 3 51.14	53940	10
869	74 9 37.35	53930	10
1.870	74 15 23.48	5.53919	11
871	74 21 9.54	53909	10
872	74 26 55.51	53898	11
873	74 32 41.40	53888	10
874	74 38 27.20	53877	11
875	74 44 12.91	5.53866	11
876	74 49 58.53	53854	12
877	74 55 44.05	53843	11
878	75 1 29.49	53831	12
879	75 7 14.84	53820	11
1.880	75 13 0.09	5.53808	12
881	75 18 45.25	53796	12
882	75 24 30.31	53784	12
883	75 30 15.28	53771	13
884	75 36 0.14	53759	12
885	75 41 44.90	5.53746	13
886	75 47 29.56	53733	13
887	75 53 14.13	53720	13
888	75 58 58.59	53707	13
889	76 4 42.94	53693	14
1.890	76 10 27.18	5.53680	13
891	76 16 11.31	53666	14
892	76 21 55.34	53652	14
893	76 27 39.26	53638	14
894	76 33 23.07	53624	14
895	76 39 6.76	5.53610	14
896	76 44 50.34	53595	15
897	76 50 33.81	53581	14
898	76 56 17.15	53566	15
899	77 2 0.38	53551	15
1.900	77 7 43.50	5.53536	15

	31	30	29	28	27	26	25	24	23	22	21	20	19	18	17	16	15	14	13	12	11	10	9	8	7	
1	1.6	1.5	1.4	1.4	1.3	1.3	1.2	1.2	1.1	1.1	1.0	1.0	0.9	0.9	0.8	0.8	0.7	0.7	0.6	0.6	0.5	0.5	0.4	0.4	0.3	1
2	3.1	3.0	2.9	2.8	2.7	2.6	2.5	2.4	2.3	2.2	2.1	2.0	1.9	1.8	1.7	1.6	1.5	1.4	1.3	1.2	1.1	1.0	0.9	0.8	0.7	2
3	4.7	4.5	4.3	4.2	4.0	3.9	3.7	3.6	3.4	3.3	3.1	3.0	2.8	2.7	2.5	2.4	2.2	2.1	1.9	1.8	1.6	1.5	1.3	1.2	1.0	3
4	6.2	6.0	5.8	5.6	5.4	5.2	5.0	4.8	4.6	4.4	4.2	4.0	3.8	3.6	3.4	3.2	3.0	2.8	2.6	2.4	2.2	2.0	1.8	1.6	1.4	4
5	7.7	7.5	7.3	7.0	6.7	6.5	6.2	6.0	5.7	5.5	5.2	5.0	4.7	4.5	4.2	4.0	3.7	3.5	3.2	3.0	2.7	2.5	2.2	2.0	1.7	5
6	9.3	9.0	8.7	8.4	8.1	7.8	7.5	7.2	6.9	6.6	6.3	6.0	5.7	5.4	5.1	4.8	4.5	4.2	3.9	3.6	3.3	3.0	2.7	2.4	2.1	6
7	10.8	10.5	10.1	9.8	9.4	9.1	8.7	8.4	8.0	7.7	7.3	7.0	6.6	6.3	5.9	5.6	5.2	4.9	4.5	4.2	3.8	3.5	3.1	2.8	2.4	7
8	12.4	12.0	11.6	11.2	10.8	10.4	10.0	9.6	9.2	8.8	8.4	8.0	7.6	7.2	6.8	6.4	6.0	5.6	5.2	4.8	4.4	4.0	3.6	3.2	2.8	8
9	13.9	13.5	13.0	12.6	12.1	11.7	11.2	10.8	10.3	9.9	9.4	9.0	8.5	8.1	7.6	7.2	6.7	6.3	5.8	5.4	4.9	4.5	4.0	3.6	3.2	9

Taf. XV (Forts.). Zur Ermittelung der wahren Anomalie in der parabolischen Bewegung.

log *M*	*v*	log *A*	*d*	log *M*	*v*	log *A*	*d*	log *M*	*v*	log *A*	*d*	log *M*	*v*	log *A*	*d*
1.500	40° 24′ 38″.38	5.45240		1.550	44° 28′ 13″.97	5.47850		1.600	48° 45′ 41″.58	5.50047		1.650	53° 15′ 7″.96	5.51799	
501	40 29 21.96	45296	56	551	44 33 15.09	47898	48	601	48 50 58.29	50086	39	651	53 20 37.68	51829	30
502	40 34 5.91	45352	56	552	44 38 16.54	47946	48	602	48 56 15.30	50126	40	652	53 26 7.62	51859	30
503	40 38 50.22	45408	56	553	44 43 18.33	47994	48	603	49 1 32.60	50165	39	653	53 31 37.79	51889	30
504	40 43 34.90	45463	55	554	44 48 20.45	48042	48	604	49 6 50.17	50204	39	654	53 37 8.20	51919	30
505	40 48 19.95	5.45519	56	555	44 53 22.90	5.48089	47	605	49 12 8.03	5.50243	39	655	53 42 38.84	5.51949	30
506	40 53 5.37	45574	55	556	44 58 25.68	48136	47	606	49 17 26.18	50281	38	656	53 48 9.70	51978	29
507	40 57 51.14	45629	55	557	45 3 28.79	48183	47	607	49 22 44.60	50320	39	657	53 53 40.77	52007	29
508	41 2 37.26	45684	55	558	45 8 32.22	48230	47	608	49 28 3.31	50358	38	658	53 59 12.06	52036	29
509	41 7 23.75	45739	55	559	45 13 35.98	48277	47	609	49 33 22.29	50396	38	659	54 4 43.58	52065	29
1.510	41 12 10.61	5.45793	54	1.560	45 18 40.07	5.48324	47	1.610	49 38 41.55	5.50434	38	1.660	54 10 15.32	5.52094	29
511	41 16 57.82	45848	55	561	45 23 44.49	48370	46	611	49 44 1.09	50472	38	661	54 15 47.27	52122	28
512	41 21 45.40	45902	54	562	45 28 49.24	48416	46	612	49 49 20.91	50509	37	662	54 21 19.44	52150	28
513	41 26 33.33	45956	54	563	45 33 54.30	48462	46	613	49 54 41.01	50547	38	663	54 26 51.83	52179	29
514	41 31 21.62	46010	54	564	45 38 59.69	48508	46	614	50 0 1.38	50584	37	664	54 32 24.43	52206	27
515	41 36 10.28	5.46064	54	565	45 44 5.41	5.48554	46	615	50 5 22.02	5.50621	37	665	54 37 57.24	5.52234	28
516	41 40 59.29	46118	54	566	45 49 11.44	48599	45	616	50 10 42.94	50657	36	666	54 43 30.26	52262	28
517	41 45 48.66	46172	54	567	45 54 17.79	48645	46	617	50 16 4.13	50694	37	667	54 49 3.50	52289	27
518	41 50 38.38	46225	53	568	45 59 24.48	48690	45	618	50 21 25.58	50731	37	668	54 54 36.95	52316	27
519	41 55 28.46	46278	53	569	46 4 31.47	48736	46	619	50 26 47.30	50767	36	669	55 0 10.60	52343	27
1.520	42 0 18.89	5.46331	53	1.570	46 9 38.77	5.48780	44	1.620	50 32 9.29	5.50803	36	1.670	55 5 44.46	5.52370	27
521	42 5 9.68	46384	53	571	46 14 46.40	48825	45	621	50 37 31.56	50839	36	671	55 11 18.53	52396	26
522	42 10 0.82	46437	53	572	46 19 54.35	48870	45	622	50 42 54.10	50874	35	672	55 16 52.81	52423	27
523	42 14 52.32	46490	53	573	46 25 2.62	48914	44	623	50 48 16.89	50910	36	673	55 22 27.28	52449	26
524	42 19 44.17	46542	52	574	46 30 11.20	48958	44	624	50 53 39.94	50945	35	674	55 28 1.94	52475	26
525	42 24 36.37	5.46594	52	575	46 35 20.09	5.49002	44	625	50 59 3.26	5.50980	35	675	55 33 36.81	5.52501	26
526	42 29 28.92	46647	53	576	46 40 29.29	49046	44	626	51 4 26.83	51015	35	676	55 39 11.88	52526	25
527	42 34 21.83	46699	52	577	46 45 38.80	49090	44	627	51 9 50.66	51050	35	677	55 44 47.15	52552	26
528	42 39 15.09	46751	52	578	46 50 48.63	49134	44	628	51 15 14.76	51085	35	678	55 50 22.61	52577	25
529	42 44 8.70	46802	51	579	46 55 58.77	49177	43	629	51 20 39.12	51119	34	679	55 55 58.26	52602	25
1.530	42 49 2.65	5.46854	52	1.580	47 1 9.22	5.49220	43	1.630	51 26 3.73	5.51153	34	1.680	56 1 34.10	5.52627	25
531	42 53 56.95	46905	51	581	47 6 19.97	49263	43	631	51 31 28.59	51187	34	681	56 7 10.13	52651	24
532	42 58 51.60	46956	51	582	47 11 31.03	49306	43	632	51 36 53.71	51221	34	682	56 12 46.36	52676	25
533	43 3 46.60	47007	51	583	47 16 42.39	49349	43	633	51 42 19.09	51255	34	683	56 18 22.78	52700	24
534	43 8 41.94	47058	51	584	47 21 54.07	49391	42	634	51 47 44.72	51289	34	684	56 23 59.39	52724	24
535	43 13 37.63	5.47109	51	585	47 27 6.05	5.49433	42	635	51 53 10.59	5.51322	33	685	56 29 36.19	5.52748	24
536	43 18 33.67	47159	50	586	47 32 18.33	49476	43	636	51 58 36.72	51355	33	686	56 35 13.17	52772	24
537	43 23 30.05	47210	51	587	47 37 30.91	49518	42	637	52 4 3.10	51388	33	687	56 40 50.33	52795	23
538	43 28 26.77	47260	50	588	47 42 43.79	49559	41	638	52 9 29.71	51421	33	688	56 46 27.67	52818	23
539	43 33 23.83	47310	50	589	47 47 56.98	49601	42	639	52 14 56.57	51453	32	689	56 52 5.19	52842	24
1.540	43 38 21.23	5.47360	50	1.590	47 53 10.47	5.49642	41	1.640	52 20 23.68	5.51486	33	1.690	56 57 42.88	5.52864	22
541	43 43 18.98	47410	50	591	47 58 24.25	49684	42	641	52 25 51.04	51518	32	691	57 3 20.76	52887	23
542	43 48 17.07	47459	49	592	48 3 38.33	49725	41	642	52 31 18.63	51550	32	692	57 8 58.82	52910	23
543	43 53 15.50	47509	50	593	48 8 52.71	49766	41	643	52 36 46.46	51582	32	693	57 14 37.05	52932	22
544	43 58 14.27	47558	49	594	48 14 7.39	49806	40	644	52 42 14.54	51613	31	694	57 20 15.45	52954	22
545	44 3 13.38	5.47607	49	595	48 19 22.37	5.49847	41	645	52 47 42.86	5.51645	32	695	57 25 54.02	5.52976	22
546	44 8 12.82	47656	49	596	48 24 37.63	49887	40	646	52 53 11.41	51676	31	696	57 31 32.76	52998	22
547	44 13 12.60	47705	49	597	48 29 53.18	49928	41	647	52 58 40.20	51707	31	697	57 37 11.67	53020	22
548	44 18 12.72	47753	48	598	48 35 9.02	49968	40	648	53 4 9.22	51738	31	698	57 42 50.75	53041	21
549	44 23 13.18	47802	49	599	48 40 25.16	50008	40	649	53 9 38.48	51768	30	699	57 48 30.00	53062	21
1.550	44 28 13.97	5.47850	48	1.600	48 45 41.58	5.50047	39	1.650	53 15 7.96	5.51799	31	1.700	57 54 9.41	5.53083	21

	56	55	54	53	52	51	50	49	48	47	46	45	44	43	42	41	40	39	38	37	36	35	34	33	32	
1	2.8	2.8	2.7	2.6	2.6	2.5	2.5	2.4	2.4	2.3	2.3	2.2	2.2	2.1	2.1	2.0	2.0	1.9	1.9	1.8	1.8	1.7	1.7	1.6	1.6	1
2	5.6	5.5	5.4	5.3	5.2	5.1	5.0	4.9	4.8	4.7	4.6	4.5	4.4	4.3	4.2	4.1	4.0	3.9	3.8	3.7	3.6	3.5	3.4	3.3	3.2	2
3	8.4	8.2	8.1	8.0	7.8	7.6	7.5	7.3	7.2	7.1	6.9	6.7	6.6	6.4	6.3	6.1	6.0	5.8	5.7	5.5	5.4	5.2	5.1	4.9	4.8	3
4	11.2	11.0	10.8	10.6	10.4	10.2	10.0	9.8	9.6	9.4	9.2	9.0	8.8	8.6	8.4	8.2	8.0	7.8	7.6	7.4	7.2	7.0	6.8	6.6	6.4	4
5	14.0	13.7	13.5	13.2	13.0	12.7	12.5	12.3	12.0	11.8	11.5	11.3	11.0	10.7	10.5	10.2	10.0	9.7	9.5	9.2	9.0	8.7	8.5	8.2	8.0	5
6	16.8	16.5	16.2	15.9	15.6	15.3	15.0	14.7	14.4	14.1	13.8	13.5	13.2	12.9	12.6	12.3	12.0	11.7	11.4	11.1	10.8	10.5	10.2	9.9	9.6	6
7	19.6	19.3	18.9	18.5	18.2	17.9	17.5	17.1	16.8	16.4	16.1	15.7	15.4	15.0	14.7	14.4	14.0	13.6	13.3	13.0	12.6	12.3	11.9	11.6	11.2	7
8	22.4	22.0	21.6	21.2	20.8	20.4	20.0	19.6	19.2	18.8	18.4	18.0	17.6	17.2	16.8	16.4	16.0	15.6	15.2	14.8	14.4	14.0	13.6	13.2	12.8	8
9	25.2	24.7	24.3	23.8	23.4	23.0	22.5	22.0	21.6	21.2	20.7	20.2	19.8	19.3	18.9	18.4	18.0	17.6	17.1	16.6	16.2	15.8	15.3	14.9	14.4	9

Taf. XV (Forts.). **Zur Ermittelung der wahren Anomalie in der parabolischen Bewegung.**

log *M*	*v*	log *A*	*d*	log *M*	*v*	log *A*	*d*	log *M*	*v*	log *A*	*d*	log *M*	*v*	log *A*	*d*
1.700	57° 54′ 9″.41	5.53083	21	1.750	62° 39′ 58″.35	5.53889	11	1.800	67° 29′ 32″.65	5.54220	2	1.850	72° 19′ 46″.89	5.54093	8
701	57 59 48.99	53104	21	751	62 45 44.26	53900	11	801	67 35 21.16	54222	2	851	72 25 34.34	54085	7
702	58 5 28.74	53125	20	752	62 51 30.24	53911	11	802	67 41 9.67	54224	1	852	72 31 21.73	54078	7
703	58 11 8.64	53145	20	753	62 57 16.30	53922	11	803	67 46 58.21	54225	1	853	72 37 9.06	54071	8
704	58 16 48.69	53165	20	754	63 3 2.46	53933	10	804	67 52 46.76	54226	1	854	72 42 56.33	54063	7
705	58 22 28.91	5.53185	20	755	63 8 48.71	5.53943	11	805	67 58 35.31	5.54227	1	855	72 48 43.54	5.54056	8
706	58 28 9.28	53205	20	756	63 14 35.04	53954	10	806	68 4 23.87	54228	1	856	72 54 30.69	54048	8
707	58 33 49.80	53225	19	757	63 20 21.45	53964	10	807	68 10 12.44	54229	1	857	73 0 17.78	54040	9
708	58 39 30.47	53244	20	758	63 26 7.94	53974	9	808	68 16 1.01	54230	0	858	73 6 4.80	54031	8
709	58 45 11.30	53264	19	759	63 31 54.50	53983	10	809	68 21 49.58	54230	0	859	73 11 51.76	54023	9
1.710	58 50 52.29	5.53283	19	1.760	63 37 41.14	5.53993	9	1.810	68 27 38.16	5.54230	0	1.860	73 17 38.65	5.54014	8
711	58 56 33.41	53302	18	761	63 43 27.85	54002	9	811	68 33 26.75	54230	0	861	73 23 25.46	54006	9
712	59 2 14.70	53320	19	762	63 49 14.65	54011	9	812	68 39 15.33	54230	0	862	73 29 12.21	53997	9
713	59 7 56.13	53339	18	763	63 55 1.52	54020	9	813	68 45 3.90	54230	1	863	73 34 58.89	53988	10
714	59 13 37.71	53357	18	764	64 0 48.45	54029	9	814	68 50 52.47	54229	0	864	73 40 45.49	53978	9
715	59 19 19.42	5.53375	18	765	64 6 35.45	5.54038	8	815	68 56 41.05	5.54229	1	865	73 46 32.01	5.53969	10
716	59 25 1.27	53393	18	766	64 12 22.52	54046	8	816	69 2 29.62	54228	1	866	73 52 18.46	53959	9
717	59 30 43.26	53411	18	767	64 18 9.65	54054	8	817	69 8 18.18	54227	1	867	73 58 4.84	53950	10
718	59 36 25.39	53429	17	768	64 23 56.86	54062	8	818	69 14 6.72	54226	2	868	74 3 51.14	53940	10
719	59 42 7.66	53446	17	769	64 29 44.13	54070	8	819	69 19 55.26	54224	1	869	74 9 37.35	53930	11
1.720	59 47 50.07	5.53463	17	1.770	64 35 31.46	5.54078	7	1.820	69 25 43.79	5.54223	2	1.870	74 15 23.48	5.53919	10
721	59 53 32.62	53480	17	771	64 41 18.85	54085	8	821	69 31 32.30	54221	2	871	74 21 9.54	53909	11
722	59 59 15.30	53497	16	772	64 47 6.30	54093	7	822	69 37 20.80	54219	2	872	74 26 55.51	53898	10
723	60 4 58.11	53513	17	773	64 52 53.80	54100	6	823	69 43 9.28	54217	3	873	74 32 41.40	53888	11
724	60 10 41.04	53530	16	774	64 58 41.36	54106	7	824	69 48 57.74	54214	2	874	74 38 27.20	53877	11
725	60 16 24.10	5.53546	16	775	65 4 28.98	5.54113	7	825	69 54 46.18	5.54212	3	875	74 44 12.91	5.53866	12
726	60 22 7.30	53562	16	776	65 10 16.64	54120	6	826	70 0 34.60	54209	2	876	74 49 58.53	53854	11
727	60 27 50.63	53578	16	777	65 16 4.36	54126	6	827	70 6 23.00	54207	4	877	74 55 44.05	53843	12
728	60 33 34.08	53594	15	778	65 21 52.13	54132	6	828	70 12 11.38	54203	3	878	75 1 29.49	53831	11
729	60 39 17.65	53609	15	779	65 27 39.95	54138	6	829	70 17 59.73	54200	3	879	75 7 14.84	53820	12
1.730	60 45 1.34	5.53624	15	1.780	65 33 27.81	5.54144	5	1.830	70 23 48.06	5.54197	4	1.880	75 13 0.09	5.53808	12
731	60 50 45.15	53639	15	781	65 39 15.72	54149	6	831	70 29 36.36	54193	3	881	75 18 45.25	53796	12
732	60 56 29.08	53654	15	782	65 45 3.68	54155	5	832	70 35 24.63	54190	4	882	75 24 30.31	53784	13
733	61 2 13.12	53669	14	783	65 50 51.67	54160	5	833	70 41 12.87	54186	4	883	75 30 15.28	53771	12
734	61 7 57.28	53683	15	784	65 56 39.71	54165	5	834	70 47 1.08	54182	5	884	75 36 0.14	53759	13
735	61 13 41.55	5.53698	14	785	66 2 27.78	5.54170	5	835	70 52 49.25	5.54177	4	885	75 41 44.90	5.53746	13
736	61 19 25.94	53712	14	786	66 8 15.89	54175	4	836	70 58 37.39	54173	5	886	75 47 29.56	53733	13
737	61 25 10.44	53726	13	787	66 14 4.04	54179	4	837	71 4 25.49	54168	4	887	75 53 14.13	53720	13
738	61 30 55.04	53739	14	788	66 19 52.23	54183	4	838	71 10 13.55	54164	5	888	75 58 58.59	53707	14
739	61 36 39.76	53753	13	789	66 25 40.45	54187	4	839	71 16 1.58	54159	6	889	76 4 42.94	53693	13
1.740	61 42 24.59	5.53766	13	1.790	66 31 28.71	5.54191	4	1.840	71 21 49.57	5.54153	5	1.890	76 10 27.18	5.53680	14
741	61 48 9.52	53779	13	791	66 37 17.00	54195	3	841	71 27 37.51	54148	5	891	76 16 11.31	53666	14
742	61 53 54.55	53792	13	792	66 43 5.31	54198	4	842	71 33 25.41	54143	6	892	76 21 55.34	53652	14
743	61 59 39.68	53805	13	793	66 48 53.64	54202	3	843	71 39 13.26	54137	6	893	76 27 39.26	53638	14
744	62 5 24.91	53818	12	794	66 54 42.01	54205	3	844	71 45 1.06	54131	6	894	76 33 23.07	53624	14
745	62 11 10.24	5.53830	12	795	67 0 30.40	5.54208	3	845	71 50 48.82	5.54125	6	895	76 39 6.76	5.53610	15
746	62 16 55.67	53842	12	796	67 6 18.81	54211	2	846	71 56 36.54	54119	6	896	76 44 50.34	53595	14
747	62 22 41.20	53854	12	797	67 12 7.24	54213	3	847	72 2 24.20	54113	7	897	76 50 33.81	53581	15
748	62 28 26.82	53866	12	798	67 17 55.69	54216	2	848	72 8 11.82	54106	7	898	76 56 17.15	53566	15
749	62 34 12.54	53878	11	799	67 23 44.16	54218	2	849	72 13 59.38	54099	6	899	77 2 0.38	53551	15
1.750	62 39 58.35	5.53889		1.800	67 29 32.65	5.54220		1.850	72 19 46.89	5.54093		1.900	77 7 43.50	5.53536	

	31	30	29	28	27	26	25	24	23	22	21	20	19	18	17	16	15	14	13	12	11	10	9	8	7	
1	1.6	1.5	1.4	1.4	1.3	1.3	1.2	1.2	1.1	1.1	1.0	1.0	0.9	0.9	0.8	0.8	0.7	0.7	0.6	0.6	0.5	0.5	0.4	0.4	0.3	1
2	3.1	3.0	2.9	2.8	2.7	2.6	2.5	2.4	2.3	2.2	2.1	2.0	1.9	1.8	1.7	1.6	1.5	1.4	1.3	1.2	1.1	1.0	0.9	0.8	0.7	2
3	4.7	4.5	4.3	4.2	4.0	3.9	3.7	3.6	3.4	3.3	3.1	3.0	2.8	2.7	2.5	2.4	2.2	2.1	1.9	1.8	1.6	1.5	1.3	1.2	1.0	3
4	6.2	6.0	5.8	5.6	5.4	5.2	5.0	4.8	4.6	4.4	4.2	4.0	3.8	3.6	3.4	3.2	3.0	2.8	2.6	2.4	2.2	2.0	1.8	1.6	1.4	4
5	7.7	7.5	7.3	7.0	6.7	6.5	6.2	6.0	5.7	5.5	5.2	5.0	4.7	4.5	4.2	4.0	3.7	3.5	3.2	3.0	2.7	2.5	2.2	2.0	1.7	5
6	9.3	9.0	8.7	8.4	8.1	7.8	7.5	7.2	6.9	6.6	6.3	6.0	5.7	5.4	5.1	4.8	4.5	4.2	3.9	3.6	3.3	3.0	2.7	2.4	2.1	6
7	10.8	10.5	10.1	9.8	9.4	9.1	8.7	8.4	8.0	7.7	7.3	7.0	6.6	6.3	5.9	5.6	5.2	4.9	4.5	4.2	3.8	3.5	3.1	2.8	2.4	7
8	12.4	12.0	11.6	11.2	10.8	10.4	10.0	9.6	9.2	8.8	8.4	8.0	7.6	7.2	6.8	6.4	6.0	5.6	5.2	4.8	4.4	4.0	3.6	3.2	2.8	8
9	13.9	13.5	13.0	12.6	12.1	11.7	11.2	10.8	10.3	9.9	9.4	9.0	8.5	8.1	7.6	7.2	6.7	6.3	5.8	5.4	4.9	4.5	4.0	3.6	3.2	9

Taf. XV (Forts.). **Zur Ermittelung der wahren Anomalie in der parabolischen Bewegung.**

log *M*	*v*	log *A*	*d*	log *M*	*v*	log *A*	*d*	log *M*	*v*	log *A*	*d*	log *M*	*v*	log *A*	*d*
1.900	77° 7′ 43″.50	5.53536		1.950	81° 50′ 42″.52	5.52589		2.000	86° 26′ 28″.51	5.51299		2.050	90° 53′ 14″.15	5.49712	
901	77 13 26.49	53521	15	951	81 56 18.09	52567	22	001	86 31 54.23	51270	29	051	90 58 28.17	49678	34
902	77 19 9.35	53505	16	952	82 1 53.49	52545	22	002	86 37 19.74	51240	30	052	91 3 41.94	49643	35
903	77 24 52.11	53490	15	953	82 7 28.71	52521	24	003	86 42 45.02	51212	28	053	91 8 55.45	49609	34
904	77 30 34.73	53474	16	954	82 13 3.75	52498	23	004	86 48 10.07	51182	30	054	91 14 8.72	49574	35
905	77 36 17.23	5.53458	16	955	82 18 38.62	5.52475	23	005	86 53 34.91	5.51152	30	055	91 19 21.74	5.49539	35
906	77 41 59.61	53442	16	956	82 24 13.30	52452	23	006	86 58 59.53	51123	29	056	91 24 34.50	49504	35
907	77 47 41.85	53426	16	957	82 29 47.79	52428	24	007	87 4 23.94	51093	30	057	91 29 47.01	49469	35
908	77 53 23.97	53410	16	958	82 35 22.11	52405	23	008	87 9 48.12	51063	30	058	91 34 59.28	49434	35
909	77 59 5.97	53393	17	959	82 40 56.25	52381	24	009	87 15 12.07	51033	30	059	91 40 11.29	49399	35
1.910	78 4 47.83	5.53377	16	1.960	82 46 30.22	5.52357	24	2.010	87 20 35.79	5.51003	30	2.060	91 45 23.05	5.49364	35
911	78 10 29.56	53360	17	961	82 52 4.00	52333	24	011	87 25 59.29	50973	30	061	91 50 34.55	49328	36
912	78 16 11.16	53343	17	962	82 57 37.59	52309	24	012	87 31 22.57	50943	30	062	91 55 45.79	49293	35
913	78 21 52.63	53326	17	963	83 3 10.99	52285	24	013	87 36 45.63	50912	31	063	92 0 56.78	49257	36
914	78 27 33.96	53308	18	964	83 8 44.20	52261	24	014	87 42 8.46	50882	30	064	92 6 7.52	49222	35
915	78 33 15.14	5.53291	17	965	83 14 17.23	5.52236	25	015	87 47 31.06	5.50851	31	065	92 11 18.01	5.49186	36
916	78 38 56.19	53273	18	966	83 19 50.07	52211	25	016	87 52 53.44	50821	30	066	92 16 28.24	49150	36
917	78 44 37.10	53256	17	967	83 25 22.72	52187	24	017	87 58 15.58	50790	31	067	92 21 38.21	49114	36
918	78 50 17.87	53238	18	968	83 30 55.18	52162	25	018	88 3 37.49	50759	31	068	92 26 47.93	49078	36
919	78 55 58.50	53220	18	969	83 36 27.46	52137	25	019	88 8 59.18	50728	31	069	92 31 57.39	49042	36
1.920	79 1 39.00	5.53202	18	1.970	83 41 59.54	5.32112	25	2.020	88 14 20.64	5.50697	31	2.070	92 37 6.59	5.49006	36
921	79 7 19.35	53183	19	971	83 47 31.43	52086	26	021	88 19 41.86	50665	32	071	92 42 15.53	48970	36
922	79 12 59.56	53165	18	972	83 53 3.12	52061	25	022	88 25 2.86	50634	31	072	92 47 24.22	48933	37
923	79 18 39.63	53146	19	973	83 58 34.62	52035	26	023	88 30 23.62	50602	32	073	92 52 32.65	48897	36
924	79 24 19.55	53128	18	974	84 4 5.93	52010	25	024	88 35 44.16	50571	31	074	92 57 40.81	48860	37
925	79 29 59.32	5.53109	19	975	84 9 37.04	5.51984	26	025	88 41 4.46	5.50539	32	075	93 2 48.71	5.48824	36
926	79 35 38.93	53090	19	976	84 15 7.95	51958	26	026	88 46 24.52	50507	32	076	93 7 56.36	48787	37
927	79 41 18.40	53071	19	977	84 20 38.66	51932	26	027	88 51 44.35	50475	32	077	93 13 3.75	48750	37
928	79 46 57.72	53051	20	978	84 26 9.17	51906	26	028	88 57 3.94	50443	32	078	93 18 10.88	48713	37
929	79 52 36.88	53032	19	979	84 31 39.48	51880	26	029	89 2 23.29	50411	32	079	93 23 17.74	48676	37
1.930	79 58 15.90	5.53012	20	1.980	84 37 9.60	5.51853	27	2.030	89 7 42.40	5.50379	32	2.080	93 28 24.35	5.48639	37
931	80 3 54.76	52992	20	981	84 42 39.52	51827	26	031	89 13 1.28	50347	32	081	93 33 30.70	48602	37
932	80 9 33.47	52972	20	982	84 48 9.24	51800	27	032	89 18 19.93	50314	33	082	93 38 36.77	48565	37
933	80 15 12.02	52952	20	983	84 53 38.75	51773	27	033	89 23 38.34	50282	32	083	93 43 42.58	48527	38
934	80 20 50.41	52932	20	984	84 59 8.04	51746	27	034	89 28 56.50	50249	33	084	93 48 48.13	48490	37
935	80 26 28.64	5.52912	20	985	85 4 37.13	5.51719	27	035	89 34 14.42	5.50216	33	085	93 53 53.42	5.48452	38
936	80 32 6.71	52891	21	986	85 10 6.02	51692	27	036	89 39 32.11	50183	33	086	93 58 58.45	48415	37
937	80 37 44.63	52871	20	987	85 15 34.71	51665	27	037	89 44 49.56	50150	33	087	94 4 3.22	48377	38
938	80 43 22.40	52850	21	988	85 21 3.19	51637	28	038	89 50 6.76	50117	33	088	94 9 7.72	48339	38
939	80 49 0.00	52829	21	989	85 26 31.47	51610	27	039	89 55 23.72	50084	33	089	94 14 11.95	48302	37
1.940	80 54 37.43	5.52808	21	1.990	85 31 59.54	5.51582	28	2.040	90 0 40.43	5.50050	34	2.090	94 19 15.91	5.48264	38
941	81 0 14.69	52787	21	991	85 37 27.39	51554	28	041	90 5 56.90	50017	33	091	94 24 19.61	48226	38
942	81 5 51.78	52765	22	992	85 42 55.03	51526	28	042	90 11 13.13	49984	33	092	94 29 23.04	48187	39
943	81 11 28.72	52744	21	993	85 48 22.46	51498	28	043	90 16 29.12	49950	34	093	94 34 26.21	48149	38
944	81 17 5.49	52722	22	994	85 53 49.69	51470	28	044	90 21 44.87	49916	34	094	94 39 29.11	48111	38
945	81 22 42.09	5.52700	22	995	85 59 16.70	5.51442	28	045	90 27 0.37	5.49883	33	095	94 44 31.74	5.48073	38
946	81 28 18.52	52678	22	996	86 4 43.50	51413	29	046	90 32 15.62	49849	34	096	94 49 34.11	48034	39
947	81 33 54.78	52656	22	997	86 10 10.08	51385	28	047	90 37 30.63	49815	34	097	94 54 36.21	47996	38
948	81 39 30.87	52634	22	998	86 15 36.44	51356	29	048	90 42 45.38	49781	34	098	94 59 38.04	47957	39
949	81 45 6.78	52612	22	999	86 21 2.58	51328	28	049	90 47 59.89	49746	35	099	95 4 39.61	47918	39
1.950	81 50 42.52	5.52589	23	2.000	86 26 28.51	5.51299	29	2.050	90 53 14.15	5.49712	34	2.100	95 9 40.90	5.47880	38

	15	16	17	18	19	20	21	22	23	24	25	26	27	28	29	30	31	32	33	34	35	36	37	38	39	
1	0.7	0.8	0.8	0.9	0.9	1.0	1.0	1.1	1.1	1.2	1.2	1.3	1.3	1.4	1.4	1.5	1.6	1.6	1.6	1.7	1.7	1.8	1.8	1.9	1.9	1
2	1.5	1.6	1.7	1.8	1.9	2.0	2.1	2.2	2.3	2.4	2.5	2.6	2.7	2.8	2.9	3.0	3.1	3.2	3.3	3.4	3.5	3.6	3.7	3.8	3.9	2
3	2.2	2.4	2.5	2.7	2.8	3.0	3.1	3.3	3.4	3.6	3.7	3.9	4.0	4.2	4.3	4.5	4.7	4.8	4.9	5.1	5.2	5.4	5.5	5.7	5.8	3
4	3.0	3.2	3.4	3.6	3.8	4.0	4.2	4.4	4.6	4.8	5.0	5.2	5.4	5.6	5.8	6.0	6.2	6.4	6.6	6.8	7.0	7.2	7.4	7.6	7.8	4
5	3.7	4.0	4.2	4.5	4.7	5.0	5.2	5.5	5.7	6.0	6.2	6.5	6.7	7.0	7.3	7.5	7.7	8.0	8.2	8.5	8.7	9.0	9.2	9.5	9.7	5
6	4.5	4.8	5.1	5.4	5.7	6.0	6.3	6.6	6.9	7.2	7.5	7.8	8.1	8.4	8.7	9.0	9.3	9.6	9.9	10.2	10.5	10.8	11.1	11.4	11.7	6
7	5.2	5.6	5.9	6.3	6.6	7.0	7.3	7.7	8.0	8.4	8.7	9.1	9.4	9.8	10.1	10.5	10.8	11.2	11.6	11.9	12.3	12.6	13.0	13.3	13.6	7
8	6.0	6.4	6.8	7.2	7.6	8.0	8.4	8.8	9.2	9.6	10.0	10.4	10.8	11.2	11.6	12.0	12.4	12.8	13.2	13.6	14.0	14.4	14.8	15.2	15.6	8
9	6.7	7.2	7.6	8.1	8.5	9.0	9.4	9.9	10.3	10.8	11.2	11.7	12.1	12.6	13.0	13.5	13.9	14.4	14.9	15.3	15.8	16.2	16.6	17.1	17.6	9

Taf. XV (Forts.). **Zur Ermittelung der wahren Anomalie in der parabolischen Bewegung.**

log *M*	*v*	log *A*	*d*	log *M*	*v*	log *A*	*d*	log *M*	*v*	log *A*	*d*	log *M*	*v*	log *A*	*d*
2.100	95° 9′ 40″.90	5.47880		2.150	99° 14′ 57″.13	5.45848		2.200	103° 8′ 34″.73	5.43661		2.250	106° 50′ 24″.96	5.41356	
101	95 14 41.93	47841	39	151	99 19 44.39	45806	42	201	103 13 7.87	43616	45	251	106 54 43.97	41308	48
102	95 19 42.69	47802	39	152	99 24 31.37	45763	43	202	103 17 40.73	43571	45	252	106 59 2.71	41261	47
103	95 24 43.18	47763	39	153	99 29 18.06	45721	42	203	103 22 13.30	43525	46	253	107 3 21.16	41214	47
104	95 29 43.39	47724	39	154	99 34 4.47	45678	43	204	103 26 45.58	43480	45	254	107 7 39.33	41167	47
105	95 34 43.33	5.47685	39	155	99 38 50.60	5.45636	42	205	103 31 17.58	5.43435	45	255	107 11 57.22	5.41120	47
106	95 39 43.01	47646	39	156	99 43 36.46	45593	43	206	103 35 49.30	43390	45	256	107 16 14.83	41073	47
107	95 44 42.42	47606	40	157	99 48 22.03	45550	43	207	103 40 20.73	43344	46	257	107 20 32.16	41025	48
108	95 49 41.55	47567	39	158	99 53 7.32	45508	42	208	103 44 51.89	43299	45	258	107 24 49.20	40978	47
109	95 54 40.42	47527	40	159	99 57 52.34	45465	43	209	103 49 22.76	43253	46	259	107 29 5.97	40931	47
2.110	95 59 39.01	5.47488	39	2.160	100 2 37.07	5.45422	43	2.210	103 53 53.35	5.43208	45	2.260	107 33 22.46	5.40883	48
111	96 4 37.32	47448	40	161	100 7 21.52	45379	43	211	103 58 23.66	43162	46	261	107 37 38.67	40836	47
112	96 9 35.37	47409	39	162	100 12 5.68	45336	43	212	104 2 53.68	43117	45	262	107 41 54.60	40789	47
113	96 14 33.15	47369	40	163	100 16 49.57	45293	43	213	104 7 23.42	43071	46	263	107 46 10.26	40741	48
114	96 19 30.65	47329	40	164	100 21 33.17	45250	43	214	104 11 52.88	43026	45	264	107 50 25.64	40694	47
115	96 24 27.89	5.47289	40	165	100 26 16.50	5.45206	44	215	104 16 22.05	5.42980	46	265	107 54 40.74	5.40646	48
116	96 29 24.84	47249	40	166	100 30 59.54	45163	43	216	104 20 50.94	42934	46	266	107 58 55.55	40599	47
117	96 34 21.51	47209	40	167	100 35 42.29	45120	43	217	104 25 19.54	42888	46	267	108 3 10.08	40551	48
118	96 39 17.92	47169	40	168	100 40 24.77	45077	43	218	104 29 47.86	42843	45	268	108 7 24.33	40503	48
119	96 44 14.05	47129	40	169	100 45 6.97	45033	44	219	104 34 15.90	42797	46	269	108 11 38.30	40456	47
2.120	96 49 9.91	5.47088	41	2.170	100 49 48.88	5.44990	43	2.220	104 38 43.65	5.42751	46	2.270	108 15 52.00	5.40408	48
121	96 54 5.50	47048	40	171	100 54 30.51	44946	44	221	104 43 11.12	42705	46	271	108 20 5.43	40360	48
122	96 59 0.82	47008	40	172	100 59 11.86	44903	43	222	104 47 38.31	42659	46	272	108 24 18.58	40313	47
123	97 3 55.85	46967	41	173	101 3 52.92	44859	44	223	104 52 5.21	42613	46	273	108 28 31.44	40265	48
124	97 8 50.61	46927	40	174	101 8 33.70	44815	44	224	104 56 31.83	42567	46	274	108 32 44.02	40217	48
125	97 13 45.09	5.46886	41	175	101 13 14.20	5.44771	44	225	105 0 58.16	5.42520	47	275	108 36 56.33	5.40169	48
126	97 18 39.29	46845	41	176	101 17 54.42	44728	43	226	105 5 24.22	42474	46	276	108 41 8.36	40121	48
127	97 23 33.23	46805	40	177	101 22 34.36	44684	44	227	105 9 50.00	42428	46	277	108 45 20.12	40074	47
128	97 28 26.89	46764	41	178	101 27 14.02	44640	44	228	105 14 15.49	42382	46	278	108 49 31.59	40026	48
129	97 33 20.28	46723	41	179	101 31 53.39	44596	44	229	105 18 40.71	42336	46	279	108 53 42.79	39978	48
2.130	97 38 13.39	5.46682	41	2.180	101 36 32.48	5.44552	44	2.230	105 23 5.64	5.42289	47	2.280	108 57 53.71	5.39930	48
131	97 43 6.22	46641	41	181	101 41 11.28	44508	44	231	105 27 30.29	42243	46	281	109 2 4.36	39882	48
132	97 47 58.77	46600	41	182	101 45 49.80	44464	44	232	105 31 54.65	42197	46	282	109 6 14.73	39834	48
133	97 52 51.04	46558	42	183	101 50 28.03	44419	45	233	105 36 18.73	42150	47	283	109 10 24.82	39786	48
134	97 57 43.03	46517	41	184	101 55 5.98	44375	44	234	105 40 42.53	42104	46	284	109 14 34.63	39738	48
135	98 2 34.75	5.46476	41	185	101 59 43.66	5.44331	44	235	105 45 6.04	5.42057	47	285	109 18 44.16	5.39690	48
136	98 7 26.19	46435	41	186	102 4 21.05	44287	44	236	105 49 29.27	42011	46	286	109 22 53.43	39642	48
137	98 12 17.35	46393	42	187	102 8 58.15	44242	45	237	105 53 52.22	41964	47	287	109 27 2.42	39594	48
138	98 17 8.25	46352	41	188	102 13 34.97	44198	44	238	105 58 14.89	41918	46	288	109 31 11.14	39545	49
139	98 21 58.87	46310	42	189	102 18 11.51	44153	45	239	106 2 37.28	41871	47	289	109 35 19.58	39497	48
2.140	98 26 49.20	5.46268	42	2.190	102 22 47.76	5.44109	44	2.240	106 6 59.39	5.41824	47	2.290	109 39 27.73	5.39449	48
141	98 31 39.25	46227	41	191	102 27 23.73	44064	45	241	106 11 21.21	41778	46	291	109 43 35.62	39401	48
142	98 36 29.02	46185	42	192	102 31 59.42	44020	44	242	106 15 42.75	41731	47	292	109 47 43.22	39353	48
143	98 41 18.51	46143	42	193	102 36 34.82	43975	45	243	106 20 4.01	41684	47	293	109 51 50.54	39304	49
144	98 46 7.72	46101	42	194	102 41 9.94	43930	45	244	106 24 24.99	41637	47	294	109 55 57.60	39256	48
145	98 50 56.65	5.46059	42	195	102 45 44.78	5.43885	45	245	106 28 45.69	5.41590	47	295	110 0 4.40	5.39208	48
146	98 55 45.31	46017	42	196	102 50 19.34	43841	44	246	106 33 6.11	41543	47	296	110 4 10.91	39159	49
147	99 0 33.69	45975	42	197	102 54 53.62	43796	45	247	106 37 26.25	41497	46	297	110 8 17.14	39111	48
148	99 5 21.79	45933	42	198	102 59 27.61	43751	45	248	106 41 46.10	41450	47	298	110 12 23.10	39062	49
149	99 10 9.60	45890	43	199	103 4 1.31	43706	45	249	106 46 5.67	41403	47	299	110 16 28.79	39014	48
2.150	99 14 57.13	5.45848	42	2.200	103 8 34.73	5.43661	45	2.250	106 50 24.96	5.41356	47	2.300	110 20 34.20	5.38966	48

	39	40	41	42	43	44	45	46	47	48	49	
1	1.9	2.0	2.0	2.1	2.1	2.2	2.2	2.3	2.3	2.4	2.4	1
2	3.9	4.0	4.1	4.2	4.3	4.4	4.5	4.6	4.7	4.8	4.9	2
3	5.8	6.0	6.1	6.3	6.4	6.6	6.7	6.9	7.1	7.2	7.3	3
4	7.8	8.0	8.2	8.4	8.6	8.8	9.0	9.2	9.4	9.6	9.8	4
5	9.7	10.0	10.2	10.5	10.7	11.0	11.3	11.5	11.8	12.0	12.3	5
6	11.7	12.0	12.3	12.6	12.9	13.2	13.5	13.8	14.1	14.4	14.7	6
7	13.6	14.0	14.4	14.7	15.0	15.4	15.7	16.1	16.4	16.8	17.1	7
8	15.6	16.0	16.4	16.8	17.2	17.6	18.0	18.4	18.8	19.2	19.6	8
9	17.6	18.0	18.4	18.9	19.3	19.8	20.2	20.7	21.2	21.6	22.0	9

Taf. XV (Forts.). **Zur Ermittelung der wahren Anomalie in der parabolischen Bewegung.**

log *M*	*v*	log *A*	*d*	log *M*	*v*	log *A*	*d*	log *M*	*v*	log *A*	*d*	log *M*	*v*	log *A*	*d*
2.300	110° 20′ 34″.20	5.38966		**2.350**	113° 39′ 19″.98	5.36519		**2.400**	116° 47′ 7″.54	5.34037		**2.450**	119° 44′ 27″.15	5.31540	
301	110 24 39.34	38917	49	351	113 43 11.69	36469	50	401	116 50 46.38	33988	49	451	119 47 53.76	31490	50
302	110 28 44.21	38869	48	352	113 47 3.13	36420	49	402	116 54 24.97	33938	50	452	119 51 20.13	31440	50
303	110 32 48.80	38820	49	353	113 50 54.31	36371	49	403	116 58 3.30	33888	50	453	119 54 46.27	31390	50
304	110 36 53.12	38772	48	354	113 54 45.22	36321	50	404	117 1 41.39	33838	50	454	119 58 12.17	31340	50
305	110 40 57.17	5.38723	49	355	113 58 35.88	5.36272	49	405	117 5 19.24	5.33788	50	455	120 1 37.82	5.31290	50
306	110 45 0.95	38675	48	356	114 2 26.27	36222	50	406	117 8 56.82	33738	50	456	120 5 3.24	31240	50
307	110 49 4.45	38626	49	357	114 6 16.41	36173	49	407	117 12 34.15	33688	50	457	120 8 28.44	31190	50
308	110 53 7.67	38577	49	358	114 10 6.29	36123	50	408	117 16 11.24	33639	49	458	120 11 53.40	31140	50
309	110 57 10.63	38529	48	359	114 13 55.89	36074	49	409	117 19 48.08	33589	50	459	120 15 18.12	31090	50
2.310	111 1 13.32	5.38480	49	**2.360**	114 17 45.23	5.36025	49	**2.410**	117 23 24.68	5.33539	50	**2.460**	120 18 42.60	5.31040	50
311	111 5 15.74	38431	49	361	114 21 34.32	35975	50	411	117 27 1.02	33489	50	461	120 22 6.84	30990	50
312	111 9 17.88	38383	48	362	114 25 23.14	35926	49	412	117 30 37.11	33439	50	462	120 25 30.85	30940	50
313	111 13 19.75	38334	49	363	114 29 11.71	35876	50	413	117 34 12.95	33389	50	463	120 28 54.62	30890	50
314	111 17 21.35	38285	49	364	114 33 0.01	35827	49	414	117 37 48.54	33339	50	464	120 32 18.17	30840	50
315	111 21 22.67	5.38236	49	365	114 36 48.05	5.35777	50	415	117 41 23.89	5.33289	50	465	120 35 41.48	5.30790	50
316	111 25 23.73	38188	48	366	114 40 35.83	35727	50	416	117 44 58.99	33239	50	466	120 39 4.55	30740	50
317	111 29 24.52	38139	49	367	114 44 23.36	35678	49	417	117 48 33.84	33189	50	467	120 42 27.39	30690	50
318	111 33 25.03	38090	49	368	114 48 10.62	35628	50	418	117 52 8.45	33139	50	468	120 45 50.00	30640	50
319	111 37 25.28	38041	49	369	114 51 57.64	35579	49	419	117 55 42.81	33090	49	469	120 49 12.37	30590	50
2.320	111 41 25.25	5.37992	49	**2.370**	114 55 44.38	5.35529	50	**2.420**	117 59 16.93	5.33040	50	**2.470**	120 52 34.51	5.30540	50
321	111 45 24.96	37943	49	371	114 59 30.86	35480	49	421	118 2 50.80	32990	50	471	120 55 56.42	30490	50
322	111 49 24.40	37895	48	372	115 3 17.09	35430	50	422	118 6 24.42	32940	50	472	120 59 18.10	30440	50
323	111 53 23.56	37846	49	373	115 7 3.07	35380	50	423	118 9 57.80	32890	50	473	121 2 39.54	30390	50
324	111 57 22.46	37797	49	374	115 10 48.78	35331	49	424	118 13 30.93	32840	50	474	121 6 0.75	30340	50
325	112 1 21.09	5.37748	49	375	115 14 34.23	5.35281	50	425	118 17 3.81	5.32790	50	475	121 9 21.73	5.30290	50
326	112 5 19.45	37699	49	376	115 18 19.43	35231	50	426	118 20 36.45	32740	50	476	121 12 42.48	30241	49
327	112 9 17.55	37650	49	377	115 22 4.37	35182	49	427	118 24 8.85	32690	50	477	121 16 2.99	30191	50
328	112 13 15.37	37601	49	378	115 25 49.06	35132	50	428	118 27 41.01	32640	50	478	121 19 23.28	30141	50
329	112 17 12.92	37552	49	379	115 29 33.48	35083	49	429	118 31 12.92	32590	50	479	121 22 43.34	30091	50
2.330	112 21 10.21	5.37503	49	**2.380**	115 33 17.65	5.35033	50	**2.430**	118 34 44.59	5.32540	50	**2.480**	121 26 3.17	5.30041	50
331	112 25 7.23	37454	49	381	115 37 1.56	34983	50	431	118 38 16.01	32490	50	481	121 29 22.77	29991	50
332	112 29 3.97	37405	49	382	115 40 45.22	34933	50	432	118 41 47.19	32440	50	482	121 32 42.15	29941	50
333	112 33 0.45	37356	49	383	115 44 28.62	34884	49	433	118 45 18.12	32390	50	483	121 36 1.28	29891	50
334	112 36 56.67	37306	50	384	115 48 11.76	34834	50	434	118 48 48.82	32340	50	484	121 39 20.20	29841	50
335	112 40 52.62	5.37257	49	385	115 51 54.65	5.34784	50	435	118 52 19.27	5.32290	50	485	121 42 38.87	5.29791	50
336	112 44 48.31	37208	49	386	115 55 37.29	34735	49	436	118 55 49.48	32240	50	486	121 45 57.32	29741	50
337	112 48 43.72	37159	49	387	115 59 19.67	34685	50	437	118 59 19.45	32190	50	487	121 49 15.54	29691	50
338	112 52 38.87	37110	49	388	116 3 1.80	34635	50	438	119 2 49.18	32140	50	488	121 52 33.54	29641	50
339	112 56 33.76	37061	49	389	116 6 43.66	34585	50	439	119 6 18.66	32090	50	489	121 55 51.32	29591	50
2.340	113 0 28.38	5.37011	50	**2.390**	116 10 25.28	5.34536	49	**2.440**	119 9 47.91	5.32040	50	**2.490**	121 59 8.86	5.29541	50
341	113 4 22.72	36962	49	391	116 14 6.64	34486	50	441	119 13 16.91	31990	50	491	122 2 26.17	29491	50
342	113 8 16.81	36913	49	392	116 17 47.75	34436	50	442	119 16 45.67	31940	50	492	122 5 43.26	29441	50
343	113 12 10.63	36864	49	393	116 21 28.61	34386	50	443	119 20 14.19	31890	50	493	122 9 0.12	29391	50
344	113 16 4.18	36815	49	394	116 25 9.22	34336	50	444	119 23 42.47	31840	50	494	122 12 16.76	29341	50
345	113 19 57.48	5.36765	50	395	116 28 49.57	5.34287	49	445	119 27 10.52	5.31790	50	495	122 15 33.17	5.29291	50
346	113 23 50.51	36716	49	396	116 32 29.67	34237	50	446	119 30 38.32	31740	50	496	122 18 49.35	29241	50
347	113 27 43.28	36667	49	397	116 36 9.52	34187	50	447	119 34 5.89	31690	50	497	122 22 5.31	29192	49
348	113 31 35.78	36617	50	398	116 39 49.10	34137	50	448	119 37 33.21	31640	50	498	122 25 21.05	29142	50
349	113 35 28.01	36568	49	399	116 43 28.44	34087	50	449	119 41 0.30	31590	50	499	122 28 36.56	29092	50
2.350	113 39 19.98	5.36519	49	**2.400**	116 47 7.54	5.34037	50	**2.450**	119 44 27.15	5.31540	50	**2.500**	122 31 51.85	5.29042	50

	48	49	50	
1	2.4	2.4	2.5	1
2	4.8	4.9	5.0	2
3	7.2	7.3	7.5	3
4	9.6	9.8	10.0	4
5	12.0	12.3	12.5	5
6	14.4	14.7	15.0	6
7	16.8	17.1	17.5	7
8	19.2	19.6	20.0	8
9	21.6	22.0	22.5	9

Taf. XV (Forts.). **Zur Ermittelung der wahren Anomalie in der parabolischen Bewegung.**

log *M*	*v*	log *A*	*d*
2.500	122° 31′ 51″.85	5.29042	
501	122 35 6.90	28992	50
502	122 38 21.73	28942	50
503	122 41 36.36	28892	50
504	122 44 50.74	28842	50
505	122 48 4.91	5.28792	50
506	122 51 18.86	28742	50
507	122 54 32.58	28693	49
508	122 57 46.07	28643	50
509	123 0 59.34	28593	50
2.510	123 4 12.39	5.28543	50
511	123 7 25.24	28493	50
512	123 10 37.84	28443	50
513	123 13 50.23	28393	50
514	123 17 2.40	28344	49
515	123 20 14.35	5.28294	50
516	123 23 26.08	28244	50
517	123 26 37.59	28194	50
518	123 29 48.89	28144	50
519	123 32 59.96	28094	50
2.520	123 36 10.80	5.28045	49
521	123 39 21.43	27995	50
522	123 42 31.85	27945	50
523	123 45 42.05	27895	50
524	123 48 52.03	27845	50
525	123 52 1.79	5.27796	49
526	123 55 11.33	27746	50
527	123 58 20.66	27696	50
528	124 1 29.76	27646	50
529	124 4 38.65	27597	49
2.530	124 7 47.33	5.27547	50
531	124 10 55.79	27497	50
532	124 14 4.04	27447	50
533	124 17 12.07	27398	49
534	124 20 19.88	27348	50
535	124 23 27.48	5.27298	50
536	124 26 34.87	27248	50
537	124 29 42.04	27199	49
538	124 32 48.99	27149	50
539	124 35 55.73	27099	50
2.540	124 39 2.26	5.27050	49
541	124 42 8.57	27000	50
542	124 45 14.67	26950	50
543	124 48 20.56	26901	49
544	124 51 26.23	26851	50
545	124 54 31.70	5.26801	50
546	124 57 36.96	26752	49
547	125 0 42.00	26702	50
548	125 3 46.83	26652	50
549	125 6 51.44	26603	49
2.550	125 9 55.86	5.26553	50

log *M*	*v*	log *A*	*d*
2.550	125° 9′ 55″.86	5.26553	
551	125 13 0.06	26503	50
552	125 16 4.04	26454	49
553	125 19 7.82	26404	50
554	125 22 11.38	26355	49
555	125 25 14.74	5.26305	50
556	125 28 17.89	26256	49
557	125 31 20.83	26206	50
558	125 34 23.56	26156	50
559	125 37 26.08	26107	49
2.560	125 40 28.40	5.26057	50
561	125 43 30.51	26008	49
562	125 46 32.40	25958	50
563	125 49 34.09	25909	49
564	125 52 35.58	25859	50
565	125 55 36.85	5.25810	49
566	125 58 37.92	25760	50
567	126 1 38.79	25711	49
568	126 4 39.46	25661	50
569	126 7 39.91	25612	49
2.570	126 10 40.16	5.25562	50
571	126 13 40.20	25513	49
572	126 16 40.04	25463	50
573	126 19 39.68	25414	49
574	126 22 39.10	25365	49
575	126 25 38.32	5.25315	50
576	126 28 37.34	25266	49
577	126 31 36.16	25216	50
578	126 34 34.78	25167	49
579	126 37 33.19	25118	49
2.580	126 40 31.39	5.25068	50
581	126 43 29.40	25019	49
582	126 46 27.21	24970	49
583	126 49 24.81	24920	50
584	126 52 22.21	24871	49
585	126 55 19.41	5.24821	50
586	126 58 16.41	24772	49
587	127 1 13.20	24723	49
588	127 4 9.80	24674	49
589	127 7 6.19	24624	50
2.590	127 10 2.39	5.24575	49
591	127 12 58.38	24526	49
592	127 15 54.18	24476	50
593	127 18 49.78	24427	49
594	127 21 45.18	24378	49
595	127 24 40.39	5.24329	49
596	127 27 35.39	24279	50
597	127 30 30.19	24230	49
598	127 33 24.79	24181	49
599	127 36 19.20	24132	49
2.600	127 39 13.41	5.24083	49

log *M*	*v*	log *A*	*d*
2.600	127° 39′ 13″.41	5.24083	
601	127 42 7.42	24034	49
602	127 45 1.24	23984	50
603	127 47 54.86	23935	49
604	127 50 48.28	23886	49
605	127 53 41.51	5.23837	49
606	127 56 34.54	23788	49
607	127 59 27.37	23739	49
608	128 2 20.01	23690	49
609	128 5 12.46	23640	50
2.610	128 8 4.71	5.23591	49
611	128 10 56.76	23542	49
612	128 13 48.63	23493	49
613	128 16 40.30	23444	49
614	128 19 31.77	23395	49
615	128 22 23.05	5.23346	49
616	128 25 14.14	23297	49
617	128 28 5.03	23248	49
618	128 30 55.73	23199	49
619	128 33 46.24	23150	49
2.620	128 36 36.55	5.23101	49
621	128 39 26.67	23052	49
622	128 42 16.60	23003	49
623	128 45 6.35	22954	49
624	128 47 55.90	22905	49
625	128 50 45.26	5.22856	49
626	128 53 34.43	22808	48
627	128 56 23.41	22759	49
628	128 59 12.19	22710	49
629	129 2 0.79	22661	49
2.630	129 4 49.20	5.22612	49
631	129 7 37.42	22563	49
632	129 10 25.45	22514	49
633	129 13 13.29	22465	49
634	129 16 0.94	22417	48
635	129 18 48.41	5.22368	49
636	129 21 35.69	22319	49
637	129 24 22.77	22270	49
638	129 27 9.67	22221	49
639	129 29 56.38	22173	48
2.640	129 32 42.91	5.22124	49
641	129 35 29.25	22075	49
642	129 38 15.40	22026	49
643	129 41 1.36	21978	48
644	129 43 47.14	21929	49
645	129 46 32.73	5.21880	49
646	129 49 18.15	21831	49
647	129 52 3.37	21783	48
648	129 54 48.41	21734	49
649	129 57 33.26	21685	49
2.650	130 0 17.93	5.21637	48

log *M*	*v*	log *A*	*d*
2.650	130° 0′ 17″.93	5.21637	
651	130 3 2.42	21588	49
652	130 5 46.72	21540	48
653	130 8 30.84	21491	49
654	130 11 14.77	21442	49
655	130 13 58.51	5.21394	48
656	130 16 42.08	21345	49
657	130 19 25.47	21297	48
658	130 22 8.67	21248	49
659	130 24 51.69	21200	48
2.660	130 27 34.53	5.21151	49
661	130 30 17.18	21103	48
662	130 32 59.65	21054	49
663	130 35 41.94	21005	49
664	130 38 24.05	20957	48
665	130 41 5.99	5.20909	48
666	130 43 47.74	20860	49
667	130 46 29.31	20812	48
668	130 49 10.69	20763	49
669	130 51 51.90	20715	48
2.670	130 54 32.93	5.20666	49
671	130 57 13.78	20618	48
672	130 59 54.45	20570	48
673	131 2 34.94	20521	49
674	131 5 15.26	20473	48
675	131 7 55.39	5.20425	48
676	131 10 35.35	20376	49
677	131 13 15.13	20328	48
678	131 15 54.74	20280	48
679	131 18 34.16	20231	49
2.680	131 21 13.41	5.20183	48
681	131 23 52.48	20135	48
682	131 26 31.37	20086	49
683	131 29 10.09	20038	48
684	131 31 48.63	19990	48
685	131 34 26.99	5.19942	48
686	131 37 5.17	19894	48
687	131 39 43.19	19845	49
688	131 42 21.04	19797	48
689	131 44 58.70	19749	48
2.690	131 47 36.19	5.19701	48
691	131 50 13.51	19653	48
692	131 52 50.64	19605	48
693	131 55 27.60	19556	49
694	131 58 4.40	19508	48
695	132 0 41.02	5.19460	48
696	132 3 17.46	19412	48
697	132 5 53.73	19364	48
698	132 8 29.83	19316	48
699	132 11 5.76	19268	48
2.700	132 13 41.51	5.19220	48

	50	49	48	
1	2.5	2.4	2.4	1
2	5.0	4.9	4.8	2
3	7.5	7.3	7.2	3
4	10.0	9.8	9.6	4
5	12.5	12.3	12.0	5
6	15.0	14.7	14.4	6
7	17.5	17.1	16.8	7
8	20.0	19.6	19.2	8
9	22.5	22.0	21.6	9

Taf. XV (Forts). **Zur Ermittelung der wahren Anomalie in der parabolischen Bewegung.**

log *M*	*v*	log *A*	*d*
2.700	132° 13′ 41″.51	5.19220	
701	132 16 17.09	19172	48
702	132 18 52.50	19124	48
703	132 21 27.75	19076	48
704	132 24 2.81	19028	48
705	132 26 37.71	5.18980	48
706	132 29 12.43	18932	48
707	132 31 46.99	18884	48
708	132 34 21.37	18836	48
709	132 36 55.58	18788	48
2.710	132 39 29.63	5.18740	48
711	132 42 3.50	18692	48
712	132 44 37.20	18645	47
713	132 47 10.74	18597	48
714	132 49 44.10	18549	48
715	132 52 17.30	5.18501	48
716	132 54 50.33	18453	48
717	132 57 23.19	18405	48
718	132 59 55.88	18358	47
719	133 2 28.40	18310	48
2.720	133 5 0.76	5.18262	48
721	133 7 32.95	18214	48
722	133 10 4.97	18167	47
723	133 12 36.83	18119	48
724	133 15 8.51	18071	48
725	133 17 40.03	5.18023	48
726	133 20 11.39	17976	47
727	133 22 42.57	17928	48
728	133 25 13.59	17880	48
729	133 27 44.45	17833	47
2.730	133 30 15.15	5.17785	48
731	133 32 45.67	17737	48
732	133 35 16.03	17690	47
733	133 37 46.23	17642	48
734	133 40 16.27	17595	47
735	133 42 46.13	5.17547	48
736	133 45 15.83	17499	48
737	133 47 45.37	17452	47
738	133 50 14.75	17404	48
739	133 52 43.96	17357	47
2.740	133 55 13.01	5.17309	48
741	133 57 41.90	17262	47
742	134 0 10.62	17214	48
743	134 2 39.18	17167	47
744	134 5 7.58	17119	48
745	134 7 35.82	5.17072	47
746	134 10 3.90	17025	47
747	134 12 31.81	16977	48
748	134 14 59.56	16930	47
749	134 17 27.15	16882	48
2.750	134 19 54.58	5.16835	47

log *M*	*v*	log *A*	*d*
2.750	134° 19′ 54″.58	5.16835	
751	134 22 21.86	16788	47
752	134 24 48.97	16740	48
753	134 27 15.92	16693	47
754	134 29 42.70	16646	47
755	134 32 9.33	5.16598	48
756	134 34 35.80	16551	47
757	134 37 2.11	16504	47
758	134 39 28.26	16457	47
759	134 41 54.26	16409	48
2.760	134 44 20.09	5.16362	47
761	134 46 45.76	16315	47
762	134 49 11.28	16268	47
763	134 51 36.64	16220	48
764	134 54 1.84	16173	47
765	134 56 26.88	5.16126	47
766	134 58 51.77	16079	47
767	135 1 16.50	16032	47
768	135 3 41.07	15985	47
769	135 6 5.48	15938	47
2.770	135 8 29.74	5.15890	48
771	135 10 53.85	15843	47
772	135 13 17.79	15796	47
773	135 15 41.58	15749	47
774	135 18 5.21	15702	47
775	135 20 28.69	5.15655	47
776	135 22 52.01	15608	47
777	135 25 15.18	15561	47
778	135 27 38.20	15514	47
779	135 30 1.06	15467	47
2.780	135 32 23.75	5.15420	47
781	135 34 46.31	15373	47
782	135 37 8.70	15326	47
783	135 39 30.94	15279	47
784	135 41 53.03	15233	46
785	135 44 14.97	5.15186	47
786	135 46 36.75	15139	47
787	135 48 58.38	15092	47
788	135 51 19.86	15045	47
789	135 53 41.19	14998	47
2.790	135 56 2.36	5.14951	47
791	135 58 23.37	14905	46
792	136 0 44.24	14858	47
793	136 3 4.95	14811	47
794	136 5 25.52	14764	47
795	136 7 45.93	5.14717	47
796	136 10 6.20	14671	46
797	136 12 26.31	14624	47
798	136 14 46.27	14577	47
799	136 17 6.08	14531	46
2.800	136 19 25.74	5.14484	47

log *M*	*v*	log *A*	*d*
2.800	136° 19′ 25″.74	5.14484	
801	136 21 45.25	14437	47
802	136 24 4.61	14391	46
803	136 26 23.82	14344	47
804	136 28 42.88	14297	47
805	136 31 1.79	5.14251	46
806	136 33 20.55	14204	47
807	136 35 39.16	14158	46
808	136 37 57.63	14111	47
809	136 40 15.96	14064	47
2.810	136 42 34.13	5.14018	46
811	136 44 52.15	13971	47
812	136 47 10.02	13925	46
813	136 49 27.74	13878	47
814	136 51 45.32	13832	46
815	136 54 2.76	5.13785	47
816	136 56 20.04	13739	46
817	136 58 37.18	13692	47
818	137 0 54.17	13646	46
819	137 3 11.01	13600	46
2.820	137 5 27.70	5.13553	47
821	137 7 44.26	13507	46
822	137 10 0.67	13460	47
823	137 12 16.93	13414	46
824	137 14 33.05	13368	46
825	137 16 49.02	5.13321	47
826	137 19 4.85	13275	46
827	137 21 20.53	13229	46
828	137 23 36.06	13182	47
829	137 25 51.45	13136	46
2.830	137 28 6.70	5.13090	46
831	137 30 21.81	13044	46
832	137 32 36.76	12997	47
833	137 34 51.58	12951	46
834	137 37 6.26	12905	46
835	137 39 20.78	5.12859	46
836	137 41 35.17	12813	46
837	137 43 49.41	12766	47
838	137 46 3.51	12720	46
839	137 48 17.47	12674	46
2.840	137 50 31.30	5.12628	46
841	137 52 44.97	12582	46
842	137 54 58.50	12536	46
843	137 57 11.89	12490	46
844	137 59 25.14	12444	46
845	138 1 38.25	5.12398	46
846	138 3 51.22	12352	46
847	138 6 4.04	12306	46
848	138 8 16.72	12259	47
849	138 10 29.27	12213	46
2.850	138 12 41.68	5.12168	45

log *M*	*v*	log *A*	*d*
2.850	138° 12′ 41″.68	5.12168	
851	138 14 53.94	12122	46
852	138 17 6.07	12076	46
853	138 19 18.06	12030	46
854	138 21 29.90	11984	46
855	138 23 41.61	5.11938	46
856	138 25 53.17	11892	46
857	138 28 4.60	11846	46
858	138 30 15.89	11800	46
859	138 32 27.04	11754	46
2.860	138 34 38.06	5.11708	46
861	138 36 48.93	11663	45
862	138 38 59.67	11617	46
863	138 41 10.26	11571	46
864	138 43 20.73	11525	46
865	138 45 31.05	5.11479	46
866	138 47 41.24	11434	45
867	138 49 51.29	11388	46
868	138 52 1.20	11342	46
869	138 54 10.97	11296	46
2.870	138 56 20.61	5.11251	45
871	138 58 30.12	11205	46
872	139 0 39.48	11159	46
873	139 2 48.71	11114	45
874	139 4 57.81	11068	46
875	139 7 6.77	5.11022	46
876	139 9 15.59	10977	45
877	139 11 24.28	10931	46
878	139 13 32.84	10886	45
879	139 15 41.26	10840	46
2.880	139 17 49.54	5.10794	46
881	139 19 57.68	10749	45
882	139 22 5.70	10703	46
883	139 24 13.58	10658	45
884	139 26 21.33	10612	46
885	139 28 28.94	5.10567	45
886	139 30 36.42	10521	46
887	139 32 43.77	10476	45
888	139 34 50.98	10430	46
889	139 36 58.06	10385	45
2.890	139 39 5.01	5.10340	45
891	139 41 11.83	10294	46
892	139 43 18.51	10249	45
893	139 45 25.06	10204	45
894	139 47 31.47	10158	46
895	139 49 37.75	5.10113	45
896	139 51 43.91	10067	46
897	139 53 49.94	10022	45
898	139 55 55.82	09977	45
899	139 58 1.58	09931	46
2.900	140 0 7.21	5.09886	45

	48	47	46	45	
1	2.4	2.3	2.3	2.2	1
2	4.8	4.7	4.6	4.5	2
3	7.2	7.1	6.9	6.7	3
4	9.6	9.4	9.2	9.0	4
5	12.0	11.8	11.5	11.3	5
6	14.4	14.1	13.8	13.5	6
7	16.8	16.4	16.1	15.7	7
8	19.2	18.8	18.4	18.0	8
9	21.6	21.2	20.7	20.2	9

Taf. XV (Forts.). **Zur Ermittelung der wahren Anomalie in der parabolischen Bewegung.**

log *M*	*v*	log *A*	*d*	log *M*	*v*	log *A*	*d*	log *M*	*v*	log *A*	*d*	log *M*	*v*	log *A*	*d*
2.900	140° 0′ 7″.21	5.09886		**2.950**	141° 42′ 5″.30	5.07639		**3.000**	143° 18′ 57″.20	5.05426		**3.050**	144° 51′ 2″.49	5.03247	
901	140 2 12.71	09841	45	951	141 44 4.48	07595	44	001	143 20 50.45	05383	43	051	144 52 50.20	03203	44
902	140 4 18.07	09796	45	952	141 46 3.52	07550	45	002	143 22 43.59	05339	44	052	144 54 37.80	03160	43
903	140 6 23.30	09750	46	953	141 48 2.45	07506	44	003	143 24 36.62	05295	44	053	144 56 25.30	03117	43
904	140 8 28.41	09705	45	954	141 50 1.26	07461	45	004	143 26 29.53	05251	44	054	144 58 12.68	03074	43
905	140 10 33.39	5.09660	45	955	141 51 59.94	5.07416	45	005	143 28 22.32	5.05207	44	055	144 59 59.96	5.03031	43
906	140 12 38.24	09615	45	956	141 53 58.50	07372	44	006	143 30 15.00	05163	44	056	145 1 47.13	02987	44
907	140 14 42.95	09569	46	957	141 55 56.94	07327	45	007	143 32 7.57	05119	44	057	145 3 34.20	02944	43
908	140 16 47.53	09524	45	958	141 57 55.26	07283	44	008	143 34 0.02	05076	43	058	145 5 21.16	02901	43
909	140 18 51.99	09479	45	959	141 59 53.46	07239	44	009	143 35 52.37	05032	44	059	145 7 8.02	02858	43
2.910	140 20 56.32	5.09434	45	**2.960**	142 1 51.53	5.07194	45	**3.010**	143 37 44.59	5.04988	44	**3.060**	145 8 54.77	5.02815	43
911	140 23 0.52	09389	45	961	142 3 49.49	07150	44	011	143 39 36.70	04944	44	061	145 10 41.41	02771	44
912	140 25 4.59	09344	45	962	142 5 47.33	07105	45	012	143 41 28.70	04900	44	062	145 12 27.94	02728	43
913	140 27 8.53	09299	45	963	142 7 45.04	07061	44	013	143 43 20.59	04857	43	063	145 14 14.37	02685	43
914	140 29 12.34	09253	46	964	142 9 42.63	07016	45	014	143 45 12.37	04813	44	064	145 16 0.70	02642	43
915	140 31 16.02	5.09208	45	965	142 11 40.11	5.06972	44	015	143 47 4.03	5.04769	44	065	145 17 46.92	5.02599	43
916	140 33 19.58	09163	45	966	142 13 37.46	06928	44	016	143 48 55.59	04725	44	066	145 19 33.03	02556	43
917	140 35 23.00	09118	45	967	142 15 34.70	06883	45	017	143 50 47.03	04682	43	067	145 21 19.05	02513	43
918	140 37 26.30	09073	45	968	142 17 31.81	06839	44	018	143 52 38.35	04638	44	068	145 23 4.95	02470	43
919	140 39 29.47	09028	45	969	142 19 28.81	06794	45	019	143 54 29.57	04594	44	069	145 24 50.75	02427	43
2.920	140 41 32.51	5.08983	45	**2.970**	142 21 25.68	5.06750	44	**3.020**	143 56 20.67	5.04551	43	**3.070**	145 26 36.44	5.02384	43
921	140 43 35.43	08938	45	971	142 23 22.44	06706	44	021	143 58 11.65	04507	44	071	145 28 22.04	02341	43
922	140 45 38.22	08893	45	972	142 25 19.07	06662	44	022	144 0 2.54	04463	44	072	145 30 7.52	02298	43
923	140 47 40.88	08848	45	973	142 27 15.59	06617	45	023	144 1 53.31	04420	43	073	145 31 52.90	02255	43
924	140 49 43.41	08803	45	974	142 29 11.99	06573	44	024	144 3 43.96	04376	44	074	145 33 38.18	02212	43
925	140 51 45.82	5.08758	45	975	142 31 8.27	5.06529	44	025	144 5 34.51	5.04333	43	075	145 35 23.35	5.02169	43
926	140 53 48.11	08713	45	976	142 33 4.43	06484	45	026	144 7 24.94	04289	44	076	145 37 8.42	02126	43
927	140 55 50.26	08669	44	977	142 35 0.48	06440	44	027	144 9 15.27	04245	44	077	145 38 53.38	02083	43
928	140 57 52.28	08624	45	978	142 36 56.41	06396	44	028	144 11 5.48	04202	43	078	145 40 38.24	02040	43
929	140 59 54.19	08579	45	979	142 38 52.21	06352	44	029	144 12 55.59	04158	44	079	145 42 23.00	01997	43
2.930	141 1 55.96	5.08534	45	**2.980**	142 40 47.90	5.06308	44	**3.030**	144 14 45.58	5.04115	43	**3.080**	145 44 7.65	5.01954	43
931	141 3 57.61	08489	45	981	142 42 43.48	06263	45	031	144 16 35.46	04071	44	081	145 45 52.21	01911	43
932	141 5 59.14	08444	45	982	142 44 38.93	06219	44	032	144 18 25.24	04028	43	082	145 47 36.66	01868	43
933	141 8 0.54	08399	45	983	142 46 34.27	06175	44	033	144 20 14.90	03984	44	083	145 49 21.00	01826	42
934	141 10 1.82	08355	44	984	142 48 29.48	06131	44	034	144 22 4.45	03941	43	084	145 51 5.24	01783	43
935	141 12 2.97	5.08310	45	985	142 50 24.59	5.06087	44	035	144 23 53.90	5.03897	44	085	145 52 49.38	5.01740	43
936	141 14 3.99	08265	45	986	142 52 19.57	06043	44	036	144 25 43.23	03854	43	086	145 54 33.41	01697	43
937	141 16 4.89	08220	45	987	142 54 14.44	05999	44	037	144 27 32.46	03810	44	087	145 56 17.35	01654	43
938	141 18 5.66	08175	45	988	142 56 9.20	05954	45	038	144 29 21.57	03767	43	088	145 58 1.18	01611	43
939	141 20 6.31	08131	44	989	142 58 3.84	05910	44	039	144 31 10.58	03723	44	089	145 59 44.91	01569	42
2.940	141 22 6.84	5.08086	45	**2.990**	142 59 58.36	5.05866	44	**3.040**	144 32 59.47	5.03680	43	**3.090**	146 1 28.54	5.01526	43
941	141 24 7.24	08041	45	991	143 1 52.77	05822	44	041	144 34 48.26	03637	43	091	146 3 12.06	01483	43
942	141 26 7.52	07996	45	992	143 3 47.05	05778	44	042	144 36 36.94	03593	44	092	146 4 55.49	01440	43
943	141 28 7.67	07952	44	993	143 5 41.22	05734	44	043	144 38 25.51	03550	43	093	146 6 38.80	01398	42
944	141 30 7.71	07907	45	994	143 7 35.28	05690	44	044	144 40 13.98	03507	43	094	146 8 22.02	01355	43
945	141 32 7.61	5.07862	45	995	143 9 29.23	5.05646	44	045	144 42 2.33	5.03463	44	095	146 10 5.14	5.01312	43
946	141 34 7.40	07818	44	996	143 11 23.05	05602	44	046	144 43 50.57	03420	43	096	146 11 48.16	01269	43
947	141 36 7.06	07773	45	997	143 13 16.76	05558	44	047	144 45 38.71	03377	43	097	146 13 31.08	01227	42
948	141 38 6.60	07728	45	998	143 15 10.35	05514	44	048	144 47 26.75	03333	44	098	146 15 13.89	01184	43
949	141 40 6.01	07684	44	999	143 17 3.84	05470	44	049	144 49 14.67	03290	43	099	146 16 56.60	01141	43
2.950	141 42 5.30	5.07639	45	**3.000**	143 18 57.20	5.05426	44	**3.050**	144 51 2.49	5.03247	43	**3.100**	146 18 39.22	5.01099	42

	46	45	44	43	42	
1	2.3	2.2	2.2	2.1	2.1	1
2	4.6	4.5	4.4	4.3	4.2	2
3	6.9	6.7	6.6	6.4	6.3	3
4	9.2	9.0	8.8	8.6	8.4	4
5	11.5	11.3	11.0	10.7	10.5	5
6	13.8	13.5	13.2	12.9	12.6	6
7	16.1	15.7	15.4	15.0	14.7	7
8	18.4	18.0	17.6	17.2	16.8	8
9	20.7	20.2	19.8	19.3	18.9	9

Taf. XV (Forts.). **Zur Ermittelung der wahren Anomalie in der parabolischen Bewegung.**

log M	v	log A	d	log M	v	log A	d	log M	v	log A	d	log M	v	log A	d
3.100	146° 18′ 39″.22	5.01099		3.150	147° 42′ 4″.04	4.98981		3.200	149° 1′ 32″.30	4.96893		3.250	150° 17′ 18″.15	4.94832	
101	146 20 21.73	01056	43	151	147 43 41.68	98939	42	201	149 3 5.35	96852	41	251	150 18 46.89	94791	41
102	146 22 4.14	01013	43	152	147 45 19.21	98897	42	202	149 4 38.32	96810	42	252	150 20 15.55	94751	40
103	146 23 46.45	00971	42	153	147 46 56.66	98855	42	203	149 6 11.19	96769	41	253	150 21 44.12	94710	41
104	146 25 28.66	00928	43	154	147 48 34.01	98813	42	204	149 7 43.98	96727	42	254	150 23 12.61	94669	41
105	146 27 10.77	5.00886	42	155	147 50 11.26	4.98771	42	205	149 9 16.67	4.96686	41	255	150 24 41.02	4.94628	41
106	146 28 52.78	00843	43	156	147 51 48.43	98729	42	206	149 10 49.28	96644	42	256	150 26 9.34	94587	41
107	146 30 34.69	00801	42	157	147 53 25.50	98687	42	207	149 12 21.80	96603	41	257	150 27 37.58	94546	41
108	146 32 16.50	00758	43	158	147 55 2.48	98645	42	208	149 13 54.23	96562	41	258	150 29 5.74	94505	41
109	146 33 58.21	00715	43	159	147 56 39.36	98603	42	209	149 15 26.57	96520	42	259	150 30 33.81	94464	41
3.110	146 35 39.83	5.00673	42	3.160	147 58 16.15	4.98561	42	3.210	149 16 58.83	4.96479	41	3.260	150 32 1.80	4.94423	41
111	146 37 21.34	00630	43	161	147 59 52.84	98519	42	211	149 18 31.00	96437	42	261	150 33 29.71	94383	40
112	146 39 2.75	00588	42	162	148 1 29.44	98478	41	212	149 20 3.08	96396	41	262	150 34 57.54	94342	41
113	146 40 44.06	00545	43	163	148 3 5.95	98436	42	213	149 21 35.07	96355	41	263	150 36 25.28	94301	41
114	146 42 25.28	00503	42	164	148 4 42.37	98394	42	214	149 23 6.98	96313	42	264	150 37 52.94	94260	41
115	146 44 6.39	5.00460	43	165	148 6 18.69	4.98352	42	215	149 24 38.80	4.96272	41	265	150 39 20.52	4.94219	41
116	146 45 47.41	00418	42	166	148 7 54.92	98310	42	216	149 26 10.53	96231	41	266	150 40 48.02	94179	40
117	146 47 28.32	00375	43	167	148 9 31.06	98268	42	217	149 27 42.17	96189	42	267	150 42 15.43	94138	41
118	146 49 9.14	00333	42	168	148 11 7.11	98226	42	218	149 29 13.72	96148	41	268	150 43 42.77	94097	41
119	146 50 49.86	00291	42	169	148 12 43.05	98184	42	219	149 30 45.19	96107	41	269	150 45 10.02	94056	41
3.120	146 52 30.48	5.00248	43	3.170	148 14 18.92	4.98143	41	3.220	149 32 16.58	4.96066	41	3.270	150 46 37.18	4.94016	40
121	146 54 11.01	00206	42	171	148 15 54.68	98101	42	221	149 33 47.87	96024	42	271	150 48 4.27	93975	41
122	146 55 51.44	00163	43	172	148 17 30.35	98059	42	222	149 35 19.08	95983	41	272	150 49 31.28	93934	41
123	146 57 31.77	00121	42	173	148 19 5.94	98017	42	223	149 36 50.20	95942	41	273	150 50 58.20	93893	41
124	146 59 11.99	00079	42	174	148 20 41.43	97975	42	224	149 38 21.24	95901	41	274	150 52 25.04	93853	40
125	147 0 52.13	5.00036	43	175	148 22 16.83	4.97934	41	225	149 39 52.19	4.95859	42	275	150 53 51.80	4.93812	41
126	147 2 32.16	4.99994	42	176	148 23 52.14	97892	42	226	149 41 23.05	95818	41	276	150 55 18.48	93771	41
127	147 4 12.10	99952	42	177	148 25 27.35	97850	42	227	149 42 53.83	95777	41	277	150 56 45.08	93731	40
128	147 5 51.94	99909	43	178	148 27 2.48	97808	42	228	149 44 24.52	95736	41	278	150 58 11.60	93690	41
129	147 7 31.68	99867	42	179	148 28 37.51	97767	41	229	149 45 55.13	95695	41	279	150 59 38.04	93649	41
3.130	147 9 11.32	4.99825	42	3.180	148 30 12.45	4.97725	42	3.230	149 47 25.65	4.95653	42	3.280	151 1 4.39	4.93609	40
131	147 10 50.88	99782	43	181	148 31 47.31	97683	42	231	149 48 56.08	95612	41	281	151 2 30.66	93568	41
132	147 12 30.33	99740	42	182	148 33 22.06	97642	41	232	149 50 26.42	95571	41	282	151 3 56.86	93527	41
133	147 14 9.68	99698	42	183	148 34 56.73	97600	42	233	149 51 56.68	95530	41	283	151 5 22.97	93487	40
134	147 15 48.94	99656	42	184	148 36 31.31	97558	42	234	149 53 26.86	95489	41	284	151 6 49.00	93446	41
135	147 17 28.11	4.99613	43	185	148 38 5.80	4.97517	41	235	149 54 56.95	4.95448	41	285	151 8 14.96	4.93406	40
136	147 19 7.17	99571	42	186	148 39 40.20	97475	42	236	149 56 26.96	95407	41	286	151 9 40.83	93365	41
137	147 20 46.14	99529	42	187	148 41 14.50	97433	42	237	149 57 56.88	95366	41	287	151 11 6 62	93325	40
138	147 22 25.01	99487	42	188	148 42 48.72	97392	41	238	149 59 26.72	95325	41	288	151 12 32.33	93284	41
139	147 24 3.79	99445	42	189	148 44 22.84	97350	42	239	150 0 56.47	95283	42	289	151 13 57.96	93243	41
3.140	147 25 42.48	4.99402	43	3.190	148 45 56.88	4.97308	42	3.240	150 2 26.14	4.95242	41	3.290	151 15 23.52	4.93203	40
141	147 27 21.06	99360	42	191	148 47 30.83	97267	41	241	150 3 55.72	95201	41	291	151 16 48.99	93162	41
142	147 28 59.55	99318	42	192	148 49 4.68	97225	42	242	150 5 25.21	95160	41	292	151 18 14.39	93122	40
143	147 30 37.94	99276	42	193	148 50 38.44	97184	41	243	150 6 54.63	95119	41	293	151 19 39.70	93081	41
144	147 32 16.24	99234	42	194	148 52 12.12	97142	42	244	150 8 23.96	95078	41	294	151 21 4.93	93041	40
145	147 33 54.45	4.99192	42	195	148 53 45.71	4.97101	41	245	150 9 53.20	4.95037	41	295	151 22 30.09	4.93000	41
146	147 35 32.56	99150	42	196	148 55 19.21	97059	42	246	150 11 22.36	94996	41	296	151 23 55.16	92960	40
147	147 37 10.57	99108	42	197	148 56 52.61	97018	41	247	150 12 51.43	94955	41	297	151 25 20.15	92919	41
148	147 38 48.48	99065	43	198	148 58 25.93	96976	42	248	150 14 20.42	94914	41	298	151 26 45.07	92879	40
149	147 40 26.31	99023	42	199	148 59 59.16	96935	41	249	150 15 49.33	94873	41	299	151 28 9.91	92838	41
3.150	147 42 4.04	4.98981	42	3.200	149 1 32.30	4.96893	42	3.250	150 17 18.15	4.94832	41	3.300	151 29 34.67	4.92798	40

	43	42	41	40	
1	2.1	2.1	2.0	2.0	1
2	4.3	4.2	4.1	4.0	2
3	6.4	6.3	6.1	6.0	3
4	8.6	8.4	8.2	8.0	4
5	10.7	10.5	10.2	10.0	5
6	12.9	12.6	12.3	12.0	6
7	15.0	14.7	14.4	14.0	7
8	17.2	16.8	16.4	16.0	8
9	19.3	18.9	18.4	18.0	9

Taf. XV (Forts.). **Zur Ermittelung der wahren Anomalie in der parabolischen Bewegung.**

log *M*	*v*	log *A*	*d*
3.300	151° 29′ 34″.67	4.92798	
301	151 30 59.35	92758	40
302	151 32 23.95	92717	41
303	151 33 48.47	92677	40
304	151 35 12.91	92636	41
305	151 36 37.28	4.92596	40
306	151 38 1.57	92556	40
307	151 39 25.77	92515	41
308	151 40 49.90	92475	40
309	151 42 13.95	92434	41
3.310	151 43 37.93	4.92394	40
311	151 45 1.82	92354	40
312	151 46 25.64	92313	41
313	151 47 49.38	92273	40
314	151 49 13.04	92233	40
315	151 50 36.62	4.92193	40
316	151 52 0.13	92152	41
317	151 53 23.56	92112	40
318	151 54 46.92	92072	40
319	151 56 10.19	92031	41
3.320	151 57 33.39	4.91991	40
321	151 58 56.51	91951	40
322	152 0 19.55	91911	40
323	152 1 42.52	91871	40
324	152 3 5.41	91831	40
325	152 4 28.23	4.91790	41
326	152 5 50.97	91750	40
327	152 7 13.63	91710	40
328	152 8 36.21	91670	40
329	152 9 58.71	91629	41
3.330	152 11 21.15	4.91589	40
331	152 12 43.51	91549	40
332	152 14 5.78	91509	40
333	152 15 27.99	91469	40
334	152 16 50.11	91429	40
335	152 18 12.17	4.91389	40
336	152 19 34.14	91349	40
337	152 20 56.04	91309	40
338	152 22 17.87	91269	40
339	152 23 39.62	91228	41
3.340	152 25 1.29	4.91188	40
341	152 26 22.88	91148	40
342	152 27 44.41	91108	40
343	152 29 5.86	91068	40
344	152 30 27.23	91028	40
345	152 31 48.53	4.90988	40
346	152 33 9.76	90948	40
347	152 34 30.91	90908	40
348	152 35 51.98	90868	40
349	152 37 12.98	90828	40
3.350	152 38 33.90	4.90788	40

log *M*	*v*	log *A*	*d*
3.350	152° 38′ 33″.90	4.90788	
351	152 39 54.75	90748	40
352	152 41 15.53	90708	40
353	152 42 36.23	90668	40
354	152 43 56.86	90629	39
355	152 45 17.42	4.90589	40
356	152 46 37.89	90549	40
357	152 47 58.30	90509	40
358	152 49 18.64	90469	40
359	152 50 38.89	90429	40
3.360	152 51 59.08	4.90389	40
361	152 53 19.18	90349	40
362	152 54 39.22	90310	39
363	152 55 59.18	90270	40
364	152 57 19.08	90230	40
365	152 58 38.89	4.90190	40
366	152 59 58.64	90150	40
367	153 1 18.31	90110	40
368	153 2 37.91	90071	39
369	153 3 57.44	90031	40
3.370	153 5 16.89	4.89991	40
371	153 6 36.27	89951	40
372	153 7 55.58	89912	39
373	153 9 14.81	89872	40
374	153 10 33.97	89832	40
375	153 11 53.07	4.89792	40
376	153 13 12.08	89753	39
377	153 14 31.03	89713	40
378	153 15 49.90	89673	40
379	153 17 8.70	89633	40
3.380	153 18 27.43	4.89594	39
381	153 19 46.09	89554	40
382	153 21 4.67	89514	40
383	153 22 23.19	89475	39
384	153 23 41.63	89435	40
385	153 25 0.00	4.89395	40
386	153 26 18.30	89356	39
387	153 27 36.53	89316	40
388	153 28 54.69	89277	39
389	153 30 12.78	89237	40
3.390	153 31 30.79	4.89197	40
391	153 32 48.73	89158	39
392	153 34 6.60	89118	40
393	153 35 24.40	89079	39
394	153 36 42.13	89039	40
395	153 37 59.79	4 89000	39
396	153 39 17.38	88960	40
397	153 40 34.90	88921	39
398	153 41 52.35	88881	40
399	153 43 9.72	88841	40
3.400	153 44 27.03	4.88802	39

log *M*	*v*	log *A*	*d*
3.400	153° 44′ 27″.03	4.88802	
401	153 45 44.26	88762	40
402	153 47 1.43	88723	39
403	153 48 18.53	88683	40
404	153 49 35.55	88644	39
405	153 50 52.51	4.88605	39
406	153 52 9.39	88565	40
407	153 53 26.21	88526	39
408	153 54 42.95	88486	40
409	153 55 59.63	88447	39
3.410	153 57 16.24	4.88407	40
411	153 58 32.78	88368	39
412	153 59 49.25	88329	39
413	154 1 5.65	88289	40
414	154 2 21.98	88250	39
415	154 3 38 24	4.88210	40
416	154 4 54.43	88171	39
417	154 6 10.55	88132	39
418	154 7 26.61	88092	40
419	154 8 42.60	88053	39
3.420	154 9 58.51	4.88014	39
421	154 11 14.35	87974	40
422	154 12 30.13	87935	39
423	154 13 45.84	87896	39
424	154 15 1.48	87856	40
425	154 16 17.06	4.87817	39
426	154 17 32.56	87778	39
427	154 18 48.00	87739	39
428	154 20 3.37	87699	40
429	154 21 18.67	87660	39
3.430	154 22 33.90	4.87621	39
431	154 23 49.06	87582	39
432	154 25 4.16	87542	40
433	154 26 19.19	87503	39
434	154 27 34.15	87464	39
435	154 28 49.04	4.87425	39
436	154 30 3.87	87385	40
437	154 31 18.63	87346	39
438	154 32 33.32	87307	39
439	154 33 47.94	87268	39
3.440	154 35 2.50	4.87229	39
441	154 36 16.99	87190	39
442	154 37 31.41	87150	40
443	154 38 45.76	87111	39
444	154 40 0.05	87072	39
445	154 41 14.27	4.87033	39
446	154 42 28.42	86994	39
447	154 43 42.51	86955	39
448	154 44 56.53	86916	39
449	154 46 10.49	86877	39
3.450	154 47 24.37	4.86838	39

log *M*	*r*	log *A*	*d*
3.450	154° 47′ 24″.37	4.86838	
451	154 48 38.19	86798	40
452	154 49 51.95	86759	39
453	154 51 5.64	86720	39
454	154 52 19.26	86681	39
455	154 53 32.82	4.86642	39
456	154 54 46.31	86603	39
457	154 55 59.73	86564	39
458	154 57 13.09	86525	39
459	154 58 26.38	86486	39
3.460	154 59 39.60	4.86447	39
461	155 0 52.77	86408	39
462	155 2 5.86	86369	39
463	155 3 18.89	86330	39
464	155 4 31.85	86291	39
465	155 5 44.75	4.86252	39
466	155 6 57.58	86213	39
467	155 8 10.35	86174	39
468	155 9 23.05	86135	39
469	155 10 35.69	86097	38
3.470	155 11 48.27	4.86058	39
471	155 13 0.77	86019	39
472	155 14 13.22	85980	39
473	155 15 25.59	85941	39
474	155 16 37.90	85902	39
475	155 17 50.15	4.85863	39
476	155 19 2.34	85824	39
477	155 20 14.46	85785	39
478	155 21 26.51	85747	38
479	155 22 38.50	85708	39
3.480	155 23 50.42	4.85669	39
481	155 25 2.28	85630	39
482	155 26 14.08	85591	39
483	155 27 25.81	85552	39
484	155 28 37.49	85514	38
485	155 29 49.09	4.85475	39
486	155 31 0.63	85436	39
487	155 32 12.11	85397	39
488	155 33 23.52	85358	39
489	155 34 34.87	85320	38
3.490	155 35 46.15	4.85281	39
491	155 36 57.37	85242	39
492	155 38 8.53	85203	39
493	155 39 19.63	85165	38
494	155 40 30.66	85126	39
495	155 41 41.63	4.85087	39
496	155 42 52.54	85048	39
497	155 44 3.38	85010	38
498	155 45 14.15	84971	39
499	155 46 24.87	84932	39
3.500	155 47 35.52	4 84894	38

	41	40	39	38	
1	2.0	2.0	1.9	1.9	1
2	4.1	4.0	3.9	3.8	2
3	6.1	6.0	5.8	5.7	3
4	8.2	8.0	7.8	7.6	4
5	10.2	10.0	9.7	9.5	5
6	12.3	12.0	11.7	11.4	6
7	14.4	14.0	13.6	13.3	7
8	16.4	16.0	15.6	15.2	8
9	18.4	18.0	17.6	17.1	9

Taf. XV (Forts.). **Zur Ermittelung der wahren Anomalie in der parabolischen Bewegung.**

log M	v	log A	d
500	155°47′35″.52	4.84894	
501	155 48 46.11	84855	39
502	155 49 56.64	84816	39
503	155 51 7.11	84778	38
504	155 52 17.51	84739	39
505	155 53 27.85	4.84700	39
506	155 54 38.12	84662	38
507	155 55 48.34	84623	39
508	155 56 58.49	84585	38
509	155 58 8.58	84546	39
510	155 59 18.61	4.84507	39
511	156 0 28.57	84469	38
512	156 1 38.48	84430	39
513	156 2 48.32	84391	39
514	156 3 58.09	84353	38
515	156 5 7.81	4.84314	39
516	156 6 17.47	84276	38
517	156 7 27.06	84237	39
518	156 8 36.59	84199	38
519	156 9 46.06	84160	39
520	156 10 55.46	4.84122	38
521	156 12 4.81	84083	39
522	156 13 14.10	84045	38
523	156 14 23.32	84006	39
524	156 15 32.48	83968	38
525	156 16 41.58	4.83929	39
526	156 17 50.62	83891	38
527	156 18 59.60	83852	39
528	156 20 8.52	83814	38
529	156 21 17.38	83775	39
530	156 22 26.18	4.83737	38
531	156 23 34.91	83698	39
532	156 24 43.58	83660	38
533	156 25 52.20	83621	39
534	156 27 0.75	83583	38
535	156 28 9.23	4.83545	38
536	156 29 17.67	83506	39
537	156 30 26.04	83468	38
538	156 31 34.35	83429	39
539	156 32 42.60	83391	38
540	156 33 50.79	4.83353	38
541	156 34 58.92	83314	39
542	156 36 6.99	83276	38
543	156 37 15.00	83237	39
544	156 38 22.94	83199	38
545	156 39 30.83	4.83161	38
546	156 40 38.66	83122	39
547	156 41 46.43	83084	38
548	156 42 54.14	83046	38
549	156 44 1.79	83007	39
550	156 45 9.38	4.82969	38

log M	v	log A	d
3.550	156°45′ 9″.38	4.82969	
551	156 46 16.91	82931	38
552	156 47 24.38	82893	38
553	156 48 31.79	82854	39
554	156 49 39.14	82816	38
555	156 50 46.44	4.82778	38
556	156 51 53.67	82739	39
557	156 53 0.85	82701	38
558	156 54 7.96	82663	38
559	156 55 15.02	82625	38
3.560	156 56 22.01	4.82586	39
561	156 57 28.95	82548	38
562	156 58 35.83	82510	38
563	156 59 42.65	82472	38
564	157 0 49.41	82434	38
565	157 1 56.11	4.82395	39
566	157 3 2.76	82357	38
567	157 4 9.35	82319	38
568	157 5 15.87	82281	38
569	157 6 22.34	82243	38
3.570	157 7 28.75	4.82204	39
571	157 8 35.10	82166	38
572	157 9 41.40	82128	38
573	157 10 47.63	82090	38
574	157 11 53.81	82052	38
575	157 12 59.93	4.82014	38
576	157 14 5.99	81976	38
577	157 15 11.99	81937	39
578	157 16 17.94	81899	38
579	157 17 23.83	81861	38
3.580	157 18 29.66	4.81823	38
581	157 19 35.43	81785	38
582	157 20 41.14	81747	38
583	157 21 46.80	81709	38
584	157 22 52.40	81671	38
585	157 23 57.94	4.81633	38
586	157 25 3.42	81595	38
587	157 26 8.85	81557	38
588	157 27 14.22	81519	38
589	157 28 19.54	81481	38
3.590	157 29 24.79	4.81443	38
591	157 30 29.99	81405	38
592	157 31 35.13	81366	39
593	157 32 40.21	81329	37
594	157 33 45.24	81290	39
595	157 34 50.21	4.81253	37
596	157 35 55.12	81215	38
597	157 36 59.98	81177	38
598	157 38 4.78	81139	38
599	157 39 9.52	81101	38
3.600	157 40 14.21	4.81063	38

log M	v	log A	d
3.600	157°40′ 14″.21	4.81063	
601	157 41 18.84	81025	38
602	157 42 23.42	80987	38
603	157 43 27.93	80949	38
604	157 44 32.39	80911	38
605	157 45 36.80	4.80873	38
606	157 46 41.15	80835	38
607	157 47 45.44	80797	38
608	157 48 49.68	80759	38
609	157 49 53.86	80721	38
3.610	157 50 57.98	4.80683	38
611	157 52 2.05	80645	38
612	157 53 6.06	80608	37
613	157 54 10.02	80570	38
614	157 55 13.92	80532	38
615	157 56 17.77	4.80494	38
616	157 57 21.56	80456	38
617	157 58 25.29	80418	38
618	157 59 28.97	80380	38
619	158 0 32.59	80343	37
3.620	158 1 36.16	4.80305	38
621	158 2 39.67	80267	38
622	158 3 43.13	80229	38
623	158 4 46.53	80191	38
624	158 5 49.88	80154	37
625	158 6 53.17	4.80116	38
626	158 7 56.40	80078	38
627	158 8 59.59	80040	38
628	158 10 2.71	80002	38
629	158 11 5.79	79965	37
3.630	158 12 8.80	4.79927	38
631	158 13 11.76	79889	38
632	158 14 14.67	79851	38
633	158 15 17.53	79814	37
634	158 16 20.33	79776	38
635	158 17 23.07	4.79738	38
636	158 18 25.76	79701	37
637	158 19 28.40	79663	38
638	158 20 30.97	79625	38
639	158 21 33.50	79587	38
3.640	158 22 35.97	4.79550	37
641	158 23 38.39	79512	38
642	158 24 40.75	79474	38
643	158 25 43.06	79437	37
644	158 26 45.31	79399	38
645	158 27 47.52	4.79361	38
646	158 28 49.66	79324	37
647	158 29 51.76	79286	38
648	158 30 53.80	79248	38
649	158 31 55.79	79211	37
3.650	158 32 57.72	4.79173	38

log M	v	log A	d
3.650	158°32′57″.72	4.79173	
651	158 33 59.60	79135	38
652	158 35 1.42	79098	37
653	158 36 3.19	79060	38
654	158 37 4.91	79023	37
655	158 38 6.58	4.78985	38
656	158 39 8.19	78947	38
657	158 40 9.75	78910	37
658	158 41 11.25	78872	38
659	158 42 12.70	78835	37
3.660	158 43 14.10	4.78797	38
661	158 44 15.44	78759	38
662	158 45 16.74	78722	37
663	158 46 17.97	78684	38
664	158 47 19.16	78647	37
665	158 48 20.30	4.78609	38
666	158 49 21.38	78572	37
667	158 50 22.41	78534	38
668	158 51 23.38	78497	37
669	158 52 24.31	78459	38
3.670	158 53 25.18	4.78422	37
671	158 54 25.99	78384	38
672	158 55 26.76	78347	37
673	158 56 27.47	78309	38
674	158 57 28.13	78272	37
675	158 58 28.74	4.78234	38
676	158 59 29.30	78197	37
677	159 0 29.80	78159	38
678	159 1 30.25	78122	37
679	159 2 30.64	78084	38
3.680	159 3 30.98	4.78047	37
681	159 4 31.27	78009	38
682	159 5 31.52	77972	37
683	159 6 31.71	77935	37
684	159 7 31.84	77897	38
685	159 8 31.93	4.77860	37
686	159 9 31.96	77822	38
687	159 10 31.95	77785	37
688	159 11 31.88	77748	37
689	159 12 31.76	77710	38
3.690	159 13 31.60	4.77673	37
691	159 14 31.38	77635	38
692	159 15 31.10	77598	37
693	159 16 30.78	77561	37
694	159 17 30.41	77523	38
695	159 18 29.99	4.77486	37
696	159 19 29.51	77448	38
697	159 20 28.98	77411	37
698	159 21 28.40	77374	37
699	159 22 27.77	77336	38
3.700	159 23 27.08	4.77299	37

	39	38	37	
1	1.9	1.9	1.8	1
2	3.9	3.8	3.7	2
3	5.8	5.7	5.5	3
4	7.8	7.6	7.4	4
5	9.7	9.5	9.2	5
6	11.7	11.4	11.1	6
7	13.6	13.3	13.0	7
8	15.6	15.2	14.8	8
9	17.6	17.1	16.6	9

Taf. XV (Forts.). **Zur Ermittelung der wahren Anomalie in der parabolischen Bewegung.**

log *M*	*v*	log *A*	*d*
3.700	159° 23′ 27″.08	4.77299	
701	159 24 26.35	77262	37
702	159 25 25.57	77224	38
703	159 26 24.73	77187	37
704	159 27 23.84	77150	37
705	159 28 22.90	4.77113	37
706	159 29 21.91	77075	38
707	159 30 20.87	77038	37
708	159 31 19.79	77001	37
709	159 32 18.65	76963	38
3.710	159 33 17.46	4.76926	37
711	159 34 16.22	76889	37
712	159 35 14.92	76852	37
713	159 36 13.58	76814	38
714	159 37 12.19	76777	37
715	159 38 10.75	4.76740	37
716	159 39 9.26	76703	37
717	159 40 7.71	76665	38
718	159 41 6.12	76628	37
719	159 42 4.48	76591	37
3.720	159 43 2.79	4.76554	37
721	159 44 1.05	76517	37
722	159 44 59.25	76479	38
723	159 45 57.41	76442	37
724	159 46 55.52	76405	37
725	159 47 53.58	4.76368	37
726	159 48 51.58	76331	37
727	159 49 49.54	76293	38
728	159 50 47.45	76256	37
729	159 51 45.31	76219	37
3.730	159 52 43.12	4.76182	37
731	159 53 40.88	76145	37
732	159 54 38.60	76108	37
733	159 55 36.26	76071	37
734	159 56 33.87	76033	38
735	159 57 31.43	4.75996	37
736	159 58 28.95	75959	37
737	159 59 26.42	75922	37
738	160 0 23.83	75885	37
739	160 1 21.20	75848	37
3.740	160 2 18.52	4.75811	37
741	160 3 15.78	75774	37
742	160 4 13.00	75737	37
743	160 5 10.18	75699	38
744	160 6 7.30	75662	37
745	160 7 4.38	4.75625	37
746	160 8 1.40	75588	37
747	160 8 58.38	75551	37
748	160 9 55.30	75514	37
749	160 10 52.18	75477	37
3.750	160 11 49.01	4.75440	37

log *M*	*v*	log *A*	*d*
3.750	160° 11′ 49″.01	4.75440	
751	160 12 45.79	75403	37
752	160 13 42.53	75366	37
753	160 14 39.22	75329	37
754	160 15 35.86	75292	37
755	160 16 32.44	4.75255	37
756	160 17 28.98	75218	37
757	160 18 25.48	75181	37
758	160 19 21.92	75144	37
759	160 20 18.32	75107	37
3.760	160 21 14.67	4.75070	37
761	160 22 10.97	75033	37
762	160 23 7.22	74996	37
763	160 24 3.43	74959	37
764	160 24 59.58	74922	37
765	160 25 55.69	4.74885	37
766	160 26 51.75	74848	37
767	160 27 47.77	74811	37
768	160 28 43.73	74774	37
769	160 29 39.65	74737	37
3.770	160 30 35.52	4.74700	37
771	160 31 31.34	74663	37
772	160 32 27.12	74626	37
773	160 33 22.85	74589	37
774	160 34 18.53	74553	36
775	160 35 14.17	4.74516	37
776	160 36 9.76	74479	37
777	160 37 5.29	74442	37
778	160 38 0.78	74405	37
779	160 38 56.23	74368	37
3.780	160 39 51.63	4.74331	37
781	160 40 46.98	74294	37
782	160 41 42.28	74257	37
783	160 42 37.54	74221	36
784	160 43 32.75	74184	37
785	160 44 27.91	4.74147	37
786	160 45 23.03	74110	37
787	160 46 18.10	74073	37
788	160 47 13.12	74036	37
789	160 48 8.10	73999	37
3.790	160 49 3.03	4.73963	36
791	160 49 57.91	73926	37
792	160 50 52.75	73889	37
793	160 51 47.54	73852	37
794	160 52 42.29	73815	37
795	160 53 36.98	4.73779	36
796	160 54 31.63	73742	37
797	160 55 26.24	73705	37
798	160 56 20.80	73668	37
799	160 57 15.31	73631	37
3.800	160 58 9.78	4.73595	36

log *M*	*v*	log *A*	*d*
3.800	160° 58′ 9″.78	4.73595	
801	160 59 4.20	73558	37
802	160 59 58.58	73521	37
803	161 0 52.90	73484	37
804	161 1 47.18	73447	37
805	161 2 41.42	4.73411	36
806	161 3 35.61	73374	37
807	161 4 29.76	73337	37
808	161 5 23.86	73300	37
809	161 6 17.91	73264	36
3.810	161 7 11.92	4.73227	37
811	161 8 5.88	73190	37
812	161 8 59.80	73154	36
813	161 9 53.66	73117	37
814	161 10 47.49	73080	37
815	161 11 41.27	4.73043	37
816	161 12 35.00	73007	36
817	161 13 28.69	72970	37
818	161 14 22.34	72933	37
819	161 15 15.93	72897	36
3.820	161 16 9.49	4.72860	37
821	161 17 2.99	72823	37
822	161 17 56.46	72787	36
823	161 18 49.88	72750	37
824	161 19 43.25	72713	37
825	161 20 36.57	4.72677	36
826	161 21 29.85	72640	37
827	161 22 23.09	72603	37
828	161 23 16.29	72567	36
829	161 24 9.44	72530	37
3.830	161 25 2.54	4.72493	37
831	161 25 55.59	72457	36
832	161 26 48.61	72420	37
833	161 27 41.58	72384	36
834	161 28 34.50	72347	37
835	161 29 27.38	4.72310	37
836	161 30 20.22	72274	36
837	161 31 13.01	72237	37
838	161 32 5.75	72201	36
839	161 32 58.46	72164	37
3.840	161 33 51.11	4.72127	37
841	161 34 43.72	72091	36
842	161 35 36.29	72054	37
843	161 36 28.82	72018	36
844	161 37 21.30	71981	37
845	161 38 13.73	4.71945	36
846	161 39 6.12	71908	37
847	161 39 58.47	71872	36
848	161 40 50.77	71835	37
849	161 41 43.04	71798	37
3.850	161 42 35.26	4.71762	36

log *M*	*v*	log *A*	*d*
3.850	161° 42′ 35″.26	4.71762	
851	161 43 27.42	71725	37
852	161 44 19.55	71689	36
853	161 45 11.63	71652	37
854	161 46 3.68	71616	36
855	161 46 55.67	4.71579	37
856	161 47 47.63	71543	36
857	161 48 39.53	71506	37
858	161 49 31.40	71470	36
859	161 50 23.22	71433	37
3.860	161 51 15.00	4.71397	36
861	161 52 6.74	71360	37
862	161 52 58.43	71324	36
863	161 53 50.08	71287	37
864	161 54 41.68	71251	36
865	161 55 33.24	4.71214	37
866	161 56 24.76	71178	36
867	161 57 16.24	71142	36
868	161 58 7.67	71105	37
869	161 58 59.06	71069	36
3.870	161 59 50.41	4.71032	37
871	162 0 41.71	70996	36
872	162 1 32.97	70959	37
873	162 2 24.18	70923	36
874	162 3 15.36	70886	37
875	162 4 6.49	4.70850	36
876	162 4 57.57	70814	36
877	162 5 48.62	70777	37
878	162 6 39.62	70741	36
879	162 7 30.58	70704	37
3.880	162 8 21.50	4.70668	36
881	162 9 12.37	70632	36
882	162 10 3.21	70595	37
883	162 10 53.99	70559	36
884	162 11 44.74	70523	36
885	162 12 35.44	4.70486	37
886	162 13 26.11	70450	36
887	162 14 16.73	70413	37
888	162 15 7.31	70377	36
889	162 15 57.84	70341	36
3.890	162 16 48.33	4.70304	37
891	162 17 38.78	70268	36
892	162 18 29.19	70232	36
893	162 19 19.55	70195	37
894	162 20 9.88	70159	36
895	162 21 0.16	4.70123	36
896	162 21 50.40	70086	37
897	162 22 40.60	70050	36
898	162 23 30.75	70014	36
899	162 24 20.87	69977	37
3.900	162 25 10.94	4.69941	36

	38	37	36	
1	1.9	1.8	1.8	1
2	3.8	3.7	3.6	2
3	5.7	5.5	5.4	3
4	7.6	7.4	7.2	4
5	9.5	9.2	9.0	5
6	11.4	11.1	10.8	6
7	13.3	13.0	12.6	7
8	15.2	14.8	14.4	8
9	17.1	16.6	16.2	9

Taf. XV (Forts.). **Zur Ermittelung der wahren Anomalie in der parabolischen Bewegung.**

log *M*	*v*	log *A*	*d*	log *M*	*v*	log *A*	*d*	log *M*	*v*	log *A*	*d*	log *M*	*v*	log *A*	*d*
3.900	162°25′10″.94	4.69941		3.950	163° 6′ 2″.01	4.68131		4.000	163°45′13″.32	4.66332		4.050	164°22′49″.46	4.64542	
901	162 26 0.97	69905	36	951	163 6 50.00	68095	36	001	163 45 59.36	66296	36	051	164 23 33.64	64507	35
902	162 26 50.95	69869	36	952	163 7 37.94	68059	36	002	163 46 45.36	66260	36	052	164 24 17.78	64471	36
903	162 27 40.90	69832	37	953	163 8 25.85	68023	36	003	163 47 31.32	66224	36	053	164 25 1.89	64435	36
904	162 28 30.81	69796	36	954	163 9 13.72	67987	36	004	163 48 17.25	66189	35	054	164 25 45.96	64400	35
905	162 29 20.67	4.69760	36	955	163 10 1.55	4.67951	36	005	163 49 3.14	4.66153	36	055	164 26 30.00	4.64364	36
906	162 30 10.49	69723	37	956	163 10 49.34	67915	36	006	163 49 49.00	66117	36	056	164 27 14.00	64328	36
907	162 31 0.27	69687	36	957	163 11 37.09	67879	36	007	163 50 34.81	66081	36	057	164 27 57.97	64292	36
908	162 31 50.01	69651	36	958	163 12 24.79	67843	36	008	163 51 20.59	66045	36	058	164 28 41.90	64257	35
909	162 32 39.71	69615	36	959	163 13 12.47	67807	36	009	163 52 6.32	66009	36	059	164 29 25.79	64221	36
3.910	162 33 29.36	4.69578	37	3.960	163 14 0.10	4.67771	36	4.010	163 52 52.02	4.65973	36	4.060	164 30 9.64	4.64185	36
911	162 34 18.97	69542	36	961	163 14 47.69	67735	36	011	163 53 37.68	65938	35	061	164 30 53.46	64150	35
912	162 35 8.55	69506	36	962	163 15 35.24	67699	36	012	163 54 23.31	65902	36	062	164 31 37.25	64114	36
913	162 35 58.08	69470	36	963	163 16 22.75	67663	36	013	163 55 8.89	65866	36	063	164 32 21.00	64078	36
914	162 36 47.56	69433	37	964	163 17 10.23	67627	36	014	163 55 54.44	65830	36	064	164 33 4.71	64043	35
915	162 37 37.01	4.69397	36	965	163 17 57.66	4.67591	36	015	163 56 39.95	4.65794	36	065	164 33 48.39	4.64007	36
916	162 38 26.42	69361	36	966	163 18 45.05	67555	36	016	163 57 25.43	65758	36	066	164 34 32.03	63972	35
917	162 39 15.79	69325	36	967	163 19 32.41	67519	36	017	163 58 10.86	65723	35	067	164 35 15.63	63936	36
918	162 40 5.11	69288	37	968	163 20 19.73	67483	36	018	163 58 56.26	65687	36	068	164 35 59.20	63900	36
919	162 40 54.40	69252	36	969	163 21 7.01	67447	36	019	163 59 41.62	65651	36	069	164 36 42.74	63865	35
3.920	162 41 43.64	4.69216	36	3.970	163 21 54.24	4.67411	36	4.020	164 0 26.95	4.65615	36	4.070	164 37 26.23	4.63829	36
921	162 42 32.84	69180	36	971	163 22 41.44	67375	36	021	164 1 12.24	65579	36	071	164 38 9.70	63793	36
922	162 43 22.00	69144	36	972	163 23 28.60	67339	36	022	164 1 57.49	65543	36	072	164 38 53.12	63758	35
923	162 44 11.12	69107	37	973	163 24 15.72	67303	36	023	164 2 42.70	65508	35	073	164 39 36.51	63722	36
924	162 45 0.20	69071	36	974	163 25 2.80	67267	36	024	164 3 27.87	65472	36	074	164 40 19.87	63686	36
925	162 45 49.24	4.69035	36	975	163 25 49.84	4.67231	36	025	164 4 13.01	4.65436	36	075	164 41 3.19	4.63651	35
926	162 46 38.24	68999	36	976	163 26 36.84	67195	36	026	164 4 58.11	65400	36	076	164 41 46.47	63615	36
927	162 47 27.19	68963	36	977	163 27 23.81	67159	36	027	164 5 43.18	65364	36	077	164 42 29.72	63580	35
928	162 48 16.11	68926	37	978	163 28 10.73	67123	36	028	164 6 28.20	65329	35	078	164 43 12.94	63544	36
929	162 49 4.98	68890	36	979	163 28 57.62	67087	36	029	164 7 13.19	65293	36	079	164 43 56.12	63508	36
3.930	162 49 53.82	4.68854	36	3.980	163 29 44.47	4.67051	36	4.030	164 7 58.14	4.65257	36	4.080	164 44 39.26	4.63473	35
931	162 50 42.61	68818	36	981	163 30 31.28	67015	36	031	164 8 43.06	65221	36	081	164 45 22.37	63437	36
932	162 51 31.36	68782	36	982	163 31 18.05	66979	36	032	164 9 27.94	65186	35	082	164 46 5.43	63402	35
933	162 52 20.07	68746	36	983	163 32 4.78	66943	36	033	164 10 12.77	65150	36	083	164 46 48.47	63366	36
934	162 53 8.74	68709	37	984	163 32 51.47	66907	36	034	164 10 57.58	65114	36	084	164 47 31.47	63330	36
935	162 53 57.37	4.68673	36	985	163 33 38.13	4.66871	36	035	164 11 42.35	4.65078	36	085	164 48 14.44	4.63295	35
936	162 54 45.96	68637	36	986	163 34 24.74	66835	36	036	164 12 27.08	65043	35	086	164 48 57.37	63259	36
937	162 55 34.52	68601	36	987	163 35 11.32	66799	36	037	164 13 11.77	65007	36	087	164 49 40.26	63224	35
938	162 56 23.03	68565	36	988	163 35 57.85	66763	36	038	164 13 56.43	64971	36	088	164 50 23.1[illegible]	63188	36
939	162 57 11.50	68529	36	989	163 36 44.35	66727	36	039	164 14 41.05	64935	36	089	164 51 5.95	63153	35
3.940	162 57 59.92	4.68493	36	3.990	163 37 30.81	4.66691	36	4.040	164 15 25.63	4.64900	35	4.090	164 51 48.74	4.63117	36
941	162 58 48.31	68456	37	991	163 38 17.24	66655	36	041	164 16 10.18	64864	36	091	164 52 31.50	63081	36
942	162 59 36.66	68420	36	992	163 39 3.62	66619	36	042	164 16 54.69	64828	36	092	164 53 14.22	63046	35
943	163 0 24.97	68384	36	993	163 39 49.97	66583	36	043	164 17 39.16	64792	36	093	164 53 56.90	63010	36
944	163 1 13.24	68348	36	994	163 40 36.28	66548	35	044	164 18 23.60	64757	35	094	164 54 39.56	62975	35
945	163 2 1.47	4.68312	36	995	163 41 22.54	4.66512	36	045	164 19 8.00	4.64721	36	095	164 55 22.17	4.62939	36
946	163 2 49.65	68276	36	996	163 42 8.77	66476	36	046	164 19 52.36	64685	36	096	164 56 4.75	62904	35
947	163 3 37.80	68240	36	997	163 42 54.97	66440	36	047	164 20 36.69	64649	36	097	164 56 47.30	62868	36
948	163 4 25.91	68204	36	998	163 43 41.13	66404	36	048	164 21 20.98	64614	35	098	164 57 29.81	62833	35
949	163 5 13.98	68168	36	999	163 44 27.24	66368	36	049	164 22 5.24	64578	36	099	164 58 12.28	62797	36
3.950	163 6 2.01	4.68131	37	4.000	163 45 13.32	4.66332	36	4.050	164 22 49.46	4.64542	36	4.100	164 58 54.73	4.62761	36

	37	36	35	
1	1.8	1.8	1.7	1
2	3.7	3.6	3.5	2
3	5.5	5.4	5.2	3
4	7.4	7.2	7.0	4
5	9.2	9.0	8.7	5
6	11.1	10.8	10.5	6
7	13.0	12.6	12.3	7
8	14.8	14.4	14.0	8
9	16.6	16.2	15.8	9

Taf. XV (Schluss).

log M	v	log A	d
4.10	164° 58′ 54″.73	4.6276	
11	165 5 57.24	6241	35
12	165 12 56.31	6205	36
13	165 19 51.97	6170	35
14	165 26 44.26	6134	36
15	165 33 33.20	4.6099	35
16	165 40 18.82	6064	35
17	165 47 1.16	6028	36
18	165 53 40.23	5993	35
19	166 0 16.08	5958	35
4.20	166 6 48.73	4.5922	36
21	166 13 18.20	5887	35
22	166 19 44.53	5852	35
23	166 26 7.75	5817	35
24	166 32 27.88	5782	35
25	166 38 44.95	4.5747	35
26	166 44 58.98	5712	35
27	166 51 10.00	5677	35
28	166 57 18.05	5641	36
29	167 3 23.14	5606	35
4.30	167 9 25.30	4.5571	35
31	167 15 24.55	5537	34
32	167 21 20.93	5502	35
33	167 27 14.46	5467	35
34	167 33 5.15	5432	35
35	167 38 53.04	4.5397	35
36	167 44 38.16	5362	35
37	167 50 20.52	5327	35
38	167 56 0.14	5293	34
39	168 1 37.05	5258	35
4.40	168 7 11.28	4.5223	35
41	168 12 42.85	5188	35
42	168 18 11.78	5154	34
43	168 23 38.10	5119	35
44	168 29 1.82	5084	35
45	168 34 22.96	4.5050	34
46	168 39 41.55	5015	35
47	168 44 57.62	4980	35
48	168 50 11.18	4946	34
49	168 55 22.25	4911	35
4.50	169 0 30.86	4.4877	34
51	169 5 37.02	4842	35
52	169 10 40.76	4808	34
53	169 15 42.10	4773	35
54	169 20 41.05	4739	34
55	169 25 37.64	4.4704	35
56	169 30 31.89	4669	35
57	169 35 23.82	4635	34
58	169 40 13.44	4601	34
59	169 45 0.77	4567	34
4.60	169 49 45.84	4.4532	35
61	169 54 28.66	4498	34
62	169 59 9.26	4464	34

	36	35	34	
1	1.8	1.7	1.7	1
2	3.6	3.5	3.4	2
3	5.4	5.2	5.1	3
4	7.2	7.0	6.8	4
5	9.0	8.7	8.5	5
6	10.8	10.5	10.2	6
7	12.6	12.3	11.9	7
8	14.4	14.0	13.6	8
9	16.2	15.8	15.3	9

Taf. XVI. Bestimmung von v in der Parabel für v nahe 180°.

	ϑ					
w	164°	165°	166°	167°	168°	169°
0′	21″.88	15″.85	11″.22	7″.75	5″.20	3″.36
1	21.76 12	15.76 9	11.15 7	7.70 5	5.16 4	3.34 2
2	21.64 12	15.67 9	11.09 6	7.65 5	5.12 4	3.31 3
3	21.53 11	15.58 9	11.02 7	7.60 5	5.08 4	3.29 2
4	21.42 11	15.49 9	10.96 6	7.55 5	5.05 3	3.26 3
5	21.31 11	15.41 8	10.89 7	7.50 5	5.01 4	3.24 2
6	21.20 11	15.32 9	10.83 6	7.45 5	4.98 3	3.21 3
7	21.09 11	15.23 9	10.76 7	7.41 4	4.94 4	3.19 2
8	20.98 11	15.14 9	10.70 6	7.36 5	4.91 3	3.16 3
9	20.87 11	15.06 8	10.63 7	7.32 4	4.87 4	3.14 2
10	20.76 11	14.98 8	10.57 6	7.27 5	4.84 3	3.11 3
11	20.65 11	14.89 9	10.50 7	7.23 4	4.80 4	3.09 2
12	20.54 11	14.81 8	10.44 6	7.18 5	4.77 3	3.06 3
13	20.43 11	14.73 8	10.37 7	7.14 4	4.73 4	3.04 2
14	20.32 11	14.65 8	10.31 6	7.09 5	4.70 3	3.01 3
15	20.22 10	14.57 8	10.25 6	7.04 5	4.66 4	2.99 2
16	20.11 11	14.49 8	10.19 6	7.00 4	4.63 3	2.96 3
17	20.00 11	14.40 9	10.13 6	6.95 5	4.60 3	2.94 2
18	19.90 10	14.32 8	10.07 6	6.90 5	4.57 3	2.92 2
19	19.79 11	14.24 8	10.01 6	6.86 4	4.54 3	2.90 2
20	19.69 10	14.16 8	9.95 6	6.81 5	4.51 3	2.88 2
21	19.58 11	14.08 8	9.89 6	6.77 4	4.48 3	2.85 3
22	19.48 10	14.00 8	9.83 6	6.72 5	4.45 3	2.83 2
23	19.38 10	13.92 8	9.77 6	6.68 4	4.42 3	2.81 2
24	19.28 10	13.84 8	9.71 6	6.63 5	4.39 3	2.78 3
25	19.18 10	13.76 8	9.65 6	6.59 4	4.35 4	2.76 2
26	19.07 11	13.68 8	9.59 6	6.54 5	4.32 3	2.74 2
27	18.97 10	13.60 8	9.53 6	6.50 4	4.29 3	2.72 2
28	18.87 10	13.52 8	9.47 6	6.45 5	4.26 3	2.70 2
29	18.77 10	13.45 7	9.41 6	6.41 4	4.23 3	2.68 2
30	18.67 10	13.38 7	9.36 5	6.37 4	4.20 3	2.66 2
31	18.57 10	13.31 7	9.30 6	6.32 5	4.17 3	2.64 2
32	18.47 10	13.23 8	9.24 6	6.28 4	4.14 3	2.62 2
33	18.37 10	13.15 8	9.19 5	6.24 4	4.11 3	2.60 2
34	18.27 10	13.08 7	9.14 5	6.20 4	4.08 3	2.58 2
35	18.17 10	13.00 8	9.08 6	6.16 4	4.05 3	2.56 2
36	18.07 10	12.93 7	9.03 5	6.12 4	4.02 3	2.54 2
37	17.97 10	12.85 8	8.97 6	6.08 4	3.99 3	2.52 2
38	17.88 9	12.78 7	8.91 6	6.04 4	3.96 3	2.50 2
39	17.78 10	12.70 8	8.86 5	6.00 4	3.93 3	2.48 2
40	17.69 9	12.63 7	8.80 6	5.96 4	3.90 3	2.46 2
41	17.59 10	12.55 8	8.75 5	5.92 4	3.87 3	2.44 2
42	17.49 10	12.48 7	8.69 6	5.88 4	3.84 3	2.42 2
43	17.39 10	12.40 8	8.64 5	5.84 4	3.81 3	2.40 2
44	17.30 9	12.33 7	8.58 6	5.80 4	3.78 3	2.38 2
45	17.21 9	12.26 7	8.53 5	5.76 4	3.75 3	2.36 2
46	17.11 10	12.19 7	8.47 6	5.72 4	3.72 3	2.34 2
47	17.02 9	12.12 7	8.42 5	5.68 4	3.70 2	2.32 2
48	16.93 9	12.05 7	8.36 6	5.64 4	3.67 3	2.30 2
49	16.84 9	11.98 7	8.31 5	5.60 4	3.65 2	2.28 2
50	16.75 9	11.91 7	8.26 5	5.57 3	3.62 3	2.27 1
51	16.65 10	11.84 7	8.20 6	5.53 4	3.59 3	2.25 2
52	16.56 9	11.77 7	8.15 5	5.49 4	3.56 3	2.23 2
53	16.47 9	11.70 7	8.10 5	5.45 4	3.54 2	2.21 2
54	16.38 9	11.63 7	8.05 5	5.41 4	3.51 3	2.19 2
55	16.29 9	11.56 7	8.00 5	5.38 3	3.49 2	2.17 2
56	16.20 9	11.49 7	7.95 5	5.34 4	3.46 3	2.16 1
57	16.11 9	11.42 7	7.90 5	5.31 3	3.44 2	2.14 2
58	16.02 9	11.35 7	7.85 5	5.27 4	3.41 3	2.12 2
59	15.93 9	11.28 7	7.80 5	5.23 4	3.39 2	2.10 2
60	15.85 8	11.22 6	7.75 5	5.20 3	3.36 3	2.09 1

w	ϑ
170° 0′	2″.09
10	1.92 17
20	1.76 16
30	1.62 14
40	1.48 14
50	1.35 13
171 0	1.23 12
10	1.12 11
20	1.02 10
30	0.93 9
40	0.84 9
50	0.76 8
172 0	0.68 8
10	0.61 7
20	0.55 6
30	0.49 6
40	0.44 5
50	0.39 5
173 0	0.35 4
10	0.31 4
20	0.27 4
30	0.24 3
40	0.21 3
50	0.19 2
174 0	0.16 3
10	0.14 2
20	0.12 2
30	0.10 2
40	0.09 1
50	0.08 1
175 0	0.07 1
10	0.06 1
20	0.05 1
30	0.04 1
40	0.03 1
50	0.03 0
176 0	0.02 1
10	0.02 0
20	0.01 1
30	0.01 0
40	0.01 0
50	0.01 0
177 0	0.01 0
10	0.00 1
20	0.00 0

$$\frac{1}{M} = \frac{q^{\frac{3}{2}}}{t}$$

$$\sin w = \sqrt[3]{[2.340\,9023]\,\frac{1}{M}}$$

w im II. Quadranten

$v = w + \vartheta$.

Taf. XVII. Zur Ermittelung der wahren Anomalie in parabelnahen Ellipsen.

A	$\log B$		$\log \sigma$		$\log \nu$		A	$\log B$		$\log \sigma$		$\log \nu$	
0.000	0.000 0000	0	0.000 0000	1738	0.000 0000	2172	0.050	0.000 0188	8	0.008 8381	1800	0.011 0238	2239
001	0000	0	000 1738	1739	000 2172	2174	051	0196	8	009 0181	1800	011 2477	2241
002	0000	1	000 3477	1740	000 4346	2174	052	0204	8	009 1981	1802	011 4718	2242
003	0001	0	000 5217	1741	000 6520	2176	053	0212	8	009 3783	1803	011 6960	2244
004	0001	1	000 6958	1743	000 8696	2178	054	0220	8	009 5586	1805	011 9204	2245
0.005	0.000 0002	1	0.000 8701	1744	0.001 0874	2178	0.055	0.000 0228	8	0.009 7391	1805	0.012 1449	2246
006	0003	1	001 0445	1745	001 3052	2180	056	0236	9	009 9196	1807	012 3695	2248
007	0004	1	001 2190	1746	001 5232	2182	057	0245	9	010 1003	1809	012 5943	2249
008	0005	1	001 3936	1747	001 7414	2182	058	0254	9	010 2812	1809	012 8192	2251
009	0006	1	001 5683	1748	001 9596	2184	059	0263	9	010 4621	1811	013 0443	2252
0.010	0.000 0007	2	0.001 7431	1750	0.002 1780	2185	0.060	0.000 0272	9	0.010 6432	1812	0.013 2695	2254
011	0009	2	001 9181	1751	002 3965	2187	061	0281	9	010 8244	1814	013 4949	2254
012	0011	2	002 0932	1752	002 6152	2188	062	0290	10	011 0058	1815	013 7203	2257
013	0013	2	002 2684	1754	002 8340	2189	063	0300	9	011 1873	1816	013 9460	2258
014	0015	2	002 4438	1755	003 0529	2191	064	0309	10	011 3689	1817	014 1718	2259
0.015	0.000 0017	2	0.002 6193	1756	0.003 2720	2192	0.065	0.000 0319	10	0.011 5506	1819	0.014 3977	2260
016	0019	3	002 7949	1756	003 4912	2193	066	0329	10	011 7325	1820	014 6237	2262
017	0022	2	002 9705	1759	003 7105	2194	067	0339	11	011 9145	1821	014 8499	2264
018	0024	3	003 1464	1759	003 9299	2196	068	0350	10	012 0966	1823	015 0763	2264
019	0027	3	003 3223	1761	004 1495	2197	069	0360	11	012 2789	1824	015 3027	2266
0.020	0.000 0030	3	0.003 4984	1762	0.004 3692	2199	0.070	0.000 0371	10	0.012 4613	1825	0.015 5293	2268
021	0033	3	003 6746	1763	004 5891	2200	071	0381	11	012 6438	1826	015 7561	2269
022	0036	4	003 8509	1764	004 8091	2201	072	0392	11	012 8264	1828	015 9830	2271
023	0040	3	004 0273	1766	005 0292	2203	073	0403	12	013 0092	1830	016 2101	2272
024	0043	4	004 2039	1767	005 2495	2203	074	0415	11	013 1922	1830	016 4373	2274
0.025	0.000 0047	4	0.004 3806	1768	0.005 4698	2206	0.075	0.000 0426	11	0.013 3752	1832	0.016 6647	2274
026	0051	4	004 5574	1769	005 6904	2206	076	0437	12	013 5584	1832	016 8921	2276
027	0055	4	004 7343	1771	005 9110	2208	077	0449	12	013 7416	1835	017 1197	2278
028	0059	4	004 9114	1772	006 1318	2210	078	0461	12	013 9251	1836	017 3475	2279
029	0063	4	005 0886	1772	006 3528	2210	079	0473	12	014 1087	1837	017 5754	2280
0.030	0.000 0067	5	0.005 2658	1774	0.006 5738	2212	0.080	0.000 0485	13	0.014 2924	1838	0.017 8034	2283
031	0072	5	005 4432	1776	006 7950	2213	081	0498	12	014 4762	1840	018 0317	2283
032	0077	5	005 6208	1777	007 0163	2215	082	0510	13	014 6602	1841	018 2600	2285
033	0082	5	005 7985	1778	007 2378	2216	083	0523	12	014 8443	1842	018 4885	2286
034	0087	5	005 9763	1779	007 4594	2217	084	0535	13	015 0285	1844	018 7171	2288
0.035	0.000 0092	5	0.006 1542	1780	0.007 6811	2219	0.085	0.000 0548	13	0.015 2129	1845	0.018 9459	2290
036	0097	6	006 3322	1782	007 9030	2221	086	0561	14	015 3974	1846	019 1749	2290
037	0103	5	006 5104	1783	008 1251	2221	087	0575	13	015 5820	1848	019 4039	2292
038	0108	6	006 6887	1784	008 3472	2223	088	0588	14	015 7668	1849	019 6331	2294
039	0114	6	006 8671	1786	008 5695	2224	089	0602	13	015 9517	1850	019 8625	2295
0.040	0.000 0120	6	0.007 0457	1787	0.008 7919	2226	0.090	0.000 0615	14	0.016 1367	1852	0.020 0920	2297
041	0126	7	007 2244	1788	009 0145	2227	091	0629	14	016 3219	1853	020 3217	2298
042	0133	6	007 4032	1789	009 2372	2228	092	0643	15	016 5072	1854	020 5515	2299
043	0139	7	007 5821	1790	009 4600	2230	093	0658	14	016 6926	1856	020 7814	2301
044	0146	6	007 7611	1792	009 6830	2231	094	0672	15	016 8782	1857	021 0115	2303
0.045	0.000 0152	7	0.007 9403	1793	0.009 9061	2233	0.095	0.000 0687	14	0.017 0639	1858	0.021 2418	2304
046	0159	7	008 1196	1794	010 1294	2234	096	0701	15	017 2497	1860	021 4722	2305
047	0166	7	008 2990	1796	010 3528	2235	097	0716	15	017 4357	1862	021 7027	2307
048	0173	8	008 4786	1797	010 5763	2237	098	0731	15	017 6219	1862	021 9334	2308
049	0181	7	008 6583	1798	010 8000	2238	099	0746	16	017 8081	1864	022 1642	2310
0.050	0.000 0188		0.008 8381		0.011 0238		0.100	0.000 0762		0.017 9945		0.022 3952	

Taf. XVII (Forts.). **Zur Ermittelung der wahren Anomalie in parabelnahen Ellipsen.**

A	$\log B$		$\log \sigma$		$\log \nu$	
0.100	0.000 0762		0.017 9945		0.022 3952	
101	0777	15	018 1810	1865	022 6264	2312
102	0793	16	018 3677	1867	022 8577	2313
103	0809	16	018 5545	1868	023 0891	2314
104	0825	16	018 7414	1869	023 3207	2316
0.105	0.000 0841	16	0.018 9285	1871	0.023 5524	2317
106	0857	16	019 1157	1872	023 7843	2319
107	0873	16	019 3030	1873	024 0163	2320
108	0890	17	019 4905	1875	024 2485	2322
109	0907	17	019 6781	1876	024 4808	2323
0.110	0.000 0924	17	0.019 8659	1878	0.024 7133	2325
111	0941	17	020 0538	1879	024 9460	2327
112	0958	17	020 2418	1880	025 1787	2327
113	0975	17	020 4300	1882	025 4117	2330
114	0993	18	020 6183	1883	025 6448	2331
0.115	0.000 1011	18	0.020 8068	1885	0.025 8780	2332
116	1029	18	020 9953	1885	026 1114	2334
117	1047	18	021 1841	1888	026 3449	2335
118	1065	18	021 3729	1888	026 5786	2337
119	1083	18	021 5619	1890	026 8125	2339
0.120	0.000 1102	19	0.021 7511	1892	0.027 0465	2340
121	1121	19	021 9404	1893	027 2806	2341
122	1139	18	022 1298	1894	027 5149	2343
123	1158	19	022 3194	1896	027 7494	2345
124	1178	20	022 5091	1897	027 9840	2346
0.125	0.000 1197	19	0.022 6990	1899	0.028 2188	2348
126	1217	20	022 8889	1899	028 4537	2349
127	1236	19	023 0791	1902	028 6887	2350
128	1256	20	023 2694	1903	028 9240	2353
129	1276	20	023 4598	1904	029 1594	2354
0.130	0.000 1296	20	0.023 6503	1905	0.029 3949	2355
131	1317	21	023 8410	1907	029 6306	2357
132	1337	20	024 0319	1909	029 8664	2358
133	1358	21	024 2229	1910	030 1024	2360
134	1378	20	024 4140	1911	030 3386	2362
0.135	0.000 1399	21	0.024 6053	1913	0.030 5749	2363
136	1421	22	024 7967	1914	030 8114	2365
137	1442	21	024 9882	1915	031 0480	2366
138	1463	21	025 1799	1917	031 2848	2368
139	1485	22	025 3718	1919	031 5217	2369
0.140	0.000 1507	22	0.025 5638	1920	0.031 7588	2371
141	1529	22	025 7559	1921	031 9961	2373
142	1551	22	025 9482	1923	032 2335	2374
143	1573	22	026 1406	1924	032 4710	2375
144	1596	23	026 3331	1925	032 7088	2378
0.145	0.000 1618	22	0.026 5259	1928	0.032 9466	2378
146	1641	23	026 7187	1928	033 1847	2381
147	1664	23	026 9117	1930	033 4229	2382
148	1687	23	027 1049	1932	033 6612	2383
149	1710	23	027 2981	1932	033 8997	2385
0.150	0.000 1734	24	0.027 4916	1935	0.034 1384	2387

A	$\log B$		$\log \sigma$		$\log \nu$	
0.150	0.000 1734		0.027 4916		0.034 1384	
151	1757	23	027 6852	1936	034 3772	2388
152	1781	24	027 8789	1937	034 6162	2390
153	1805	24	028 0728	1939	034 8554	2392
154	1829	24	028 2668	1940	035 0947	2393
0.155	0.000 1854	25	0.028 4610	1942	0.035 3342	2395
156	1878	24	028 6553	1943	035 5738	2396
157	1903	25	028 8498	1945	035 8136	2398
158	1927	24	029 0443	1945	036 0536	2400
159	1952	25	029 2391	1948	036 2937	2401
0.160	0.000 1977	25	0.029 4340	1949	0.036 5339	2402
161	2003	26	029 6291	1951	036 7744	2405
162	2028	25	029 8243	1952	037 0150	2406
163	2054	26	030 0197	1954	037 2557	2407
164	2080	26	030 2151	1954	037 4967	2410
0.165	0.000 2106	26	0.030 4108	1957	0.037 7377	2410
166	2132	26	030 6066	1958	037 9790	2413
167	2158	26	030 8025	1959	038 2204	2414
168	2184	26	030 9986	1961	038 4620	2416
169	2211	27	031 1949	1963	038 7037	2417
0.170	0.000 2238	27	0.031 3913	1964	0.038 9456	2419
171	2265	27	031 5879	1966	039 1877	2421
172	2292	27	031 7846	1967	039 4299	2422
173	2319	27	031 9814	1968	039 6723	2424
174	2347	28	032 1784	1970	039 9148	2425
0.175	0.000 2374	27	0.032 3756	1972	0.040 1575	2427
176	2402	28	032 5729	1973	040 4004	2429
177	2430	28	032 7703	1974	040 6435	2431
178	2458	28	032 9679	1976	040 8867	2432
179	2486	28	033 1657	1978	041 1301	2434
0.180	0.000 2515	29	0.033 3636	1979	0.041 3736	2435
181	2543	28	033 5617	1981	041 6174	2438
182	2572	29	033 7599	1982	041 8613	2439
183	2601	29	033 9583	1984	042 1053	2440
184	2630	29	034 1568	1985	042 3495	2442
0.185	0.000 2660	30	0.034 3555	1987	0.042 5939	2444
186	2689	29	034 5543	1988	042 8384	2445
187	2719	30	034 7533	1990	043 0831	2447
188	2749	30	034 9524	1991	043 3280	2449
189	2779	30	035 1517	1993	043 5731	2451
0.190	0.000 2809	30	0.035 3512	1995	0.043 8183	2452
191	2839	30	035 5507	1995	044 0637	2454
192	2870	31	035 7505	1998	044 3092	2455
193	2900	30	035 9505	2000	044 5550	2458
194	2931	31	036 1505	2000	044 8009	2459
0.195	0.000 2962	31	0.036 3507	2002	0.045 0469	2460
196	2993	31	036 5511	2004	045 2931	2462
197	3025	32	036 7517	2006	045 5395	2464
198	3056	31	036 9524	2007	045 7861	2466
199	3088	32	037 1532	2008	046 0329	2468
0.200	0.000 3120	32	0.037 3542	2010	0.046 2798	2469

Taf. XVII (Schluss). **Zur Ermittelung der wahren Anomalie in parabelnahen Ellipsen.**

A	$\log B$	$\log \sigma$	$\log \nu$	A	$\log B$	$\log \sigma$	$\log \nu$
0.200	0.000 3120	0.037 3542	0.046 2798	0.250	0.000 4935	0.047 6099	0.058 8488
201	3152 32	037 5554 2012	046 5269 2471	251	4976 41	047 8192 2093	059 1047 2559
202	3184 32	037 7567 2013	046 7741 2472	252	5017 41	048 0287 2095	059 3608 2561
203	3216 32	037 9582 2015	047 0215 2474	253	5058 41	048 2384 2097	059 6172 2564
204	3249 33	038 1598 2016	047 2692 2477	254	5099 41	048 4482 2098	059 8737 2565
	33	2018	2477		42	2100	2567
0.205	0.000 3282	0.038 3616	0.047 5169	0.255	0.000 5141	0.048 6582	0.060 1304
206	3315 33	038 5636 2020	047 7649 2480	256	5182 41	048 8684 2102	060 3873 2569
207	3348 33	038 7657 2021	048 0130 2481	257	5224 42	049 0788 2104	060 6444 2571
208	3381 33	038 9679 2022	048 2613 2483	258	5266 42	049 2893 2105	060 9016 2572
209	3414 33	039 1704 2025	048 5097 2484	259	5309 43	049 5000 2107	061 1590 2574
	34	2026	2487		42	2108	2576
0.210	0.000 3448	0.039 3730	0.048 7584	0.260	0.000 5351	0.049 7108	0.061 4166
211	3482 34	039 5757 2027	049 0072 2488	261	5394 43	049 9219 2111	061 6745 2579
212	3516 34	039 7786 2029	049 2562 2490	262	5436 42	050 1331 2112	061 9325 2580
213	3550 34	039 9817 2031	049 5053 2491	263	5479 43	050 3445 2114	062 1907 2582
214	3584 34	040 1849 2032	049 7547 2494	264	5522 43	050 5560 2115	062 4490 2583
	34	2034	2495		44	2117	2586
0.215	0.000 3618	0.040 3883	0.050 0042	0.265	0.000 5566	0.050 7677	0.062 7076
216	3653 35	040 5919 2036	050 2538 2496	266	5609 43	050 9796 2119	062 9663 2587
217	3688 35	040 7956 2037	050 5037 2499	267	5653 44	051 1917 2121	063 2253 2590
218	3723 35	040 9994 2038	050 7537 2500	268	5697 44	051 4040 2123	063 4844 2591
219	3758 35	041 2035 2041	051 0039 2502	269	5741 44	051 6164 2124	063 7437 2593
	35	2042	2504		44	2126	2595
0.220	0.000 3793	0.041 4077	0.051 2543	0.270	0.000 5785	0.051 8290	0.064 0032
221	3829 36	041 6120 2043	051 5049 2506	271	5829 44	052 0418 2128	064 2629 2597
222	3865 36	041 8166 2046	051 7556 2507	272	5874 45	052 2547 2129	064 5228 2599
223	3900 35	042 0212 2046	052 0065 2509	273	5919 45	052 4678 2131	064 7829 2601
224	3936 36	042 2261 2049	052 2576 2511	274	5964 45	052 6811 2133	065 0432 2603
	37	2050	2513		45	2135	2604
0.225	0.000 3973	0.042 4311	0.052 5089	0.275	0.000 6009	0.052 8946	0.065 3036
226	4009 36	042 6362 2051	052 7603 2514	276	6054 45	053 1082 2136	065 5643 2607
227	4046 37	042 8416 2054	053 0119 2516	277	6100 46	053 3221 2139	065 8251 2608
228	4082 36	043 0471 2055	053 2637 2518	278	6145 45	053 5360 2139	066 0861 2610
229	4119 37	043 2527 2056	053 5157 2520	279	6191 46	053 7502 2142	066 3474 2613
	37	2058	2521		46	2144	2614
0.230	0.000 4156	0.043 4585	0.053 7678	0.280	0.000 6237	0.053 9646	0.066 6088
231	4194 38	043 6646 2061	054 0202 2524	281	6283 46	054 1791 2145	066 8704 2616
232	4231 37	043 8707 2061	054 2727 2525	282	6330 47	054 3938 2147	067 1322 2618
233	4269 38	044 0770 2063	054 5254 2527	283	6376 46	054 6087 2149	067 3942 2620
234	4306 37	044 2835 2065	054 7782 2528	284	6423 47	054 8238 2151	067 6564 2622
	38	2067	2531		47	2152	2623
0.235	0.000 4344	0.044 4902	0.055 0313	0.285	0.000 6470	0.055 0390	0.067 9187
236	4382 38	044 6970 2068	055 2845 2532	286	6517 47	055 2544 2154	068 1813 2626
237	4421 39	044 9040 2070	055 5379 2534	287	6564 47	055 4700 2156	068 4441 2628
238	4459 38	045 1111 2071	055 7915 2536	288	6612 48	055 6858 2158	068 7071 2630
239	4498 39	045 3184 2073	056 0453 2538	289	6660 48	055 9018 2160	068 9702 2631
	39	2075	2539		48	2161	2634
0.240	0.000 4537	0.045 5259	0.056 2992	0.290	0.000 6708	0.056 1179	0.069 2336
241	4576 39	045 7335 2076	056 5534 2542	291	6756 48	056 3342 2163	069 4971 2635
242	4615 39	045 9413 2078	056 8077 2543	292	6804 48	056 5508 2166	069 7609 2638
243	4654 39	046 1493 2080	057 0622 2545	293	6852 48	056 7674 2166	070 0248 2639
244	4694 40	046 3575 2082	057 3168 2546	294	6901 49	056 9843 2169	070 2889 2641
	40	2083	2549		49	2170	2644
0.245	0.000 4734	0.046 5658	0.057 5717	0.295	0.000 6950	0.057 2013	0.070 5533
246	4774 40	046 7743 2085	057 8267 2550	296	6999 49	057 4186 2173	070 8178 2645
247	4814 40	046 9829 2086	058 0819 2552	297	7048 49	057 6359 2173	071 0825 2647
248	4854 40	047 1917 2088	058 3374 2555	298	7097 49	057 8535 2176	071 3475 2650
249	4894 40	047 4007 2090	058 5930 2556	299	7147 50	058 0713 2178	071 6126 2651
	41	2092	2558		49	2180	2653
0.250	0.000 4935	0.047 6099	0.058 8488	0.300	0.000 7196	0.058 2893	0.071 8779

Taf. XVIII. Zur Ermittelung der wahren Anomalie in parabelnahen Hyperbeln.

A	log B		log σ		T	
0.000	0.000 0000	0	0.000 0000	1737	0.00000	100
001	0000	0	9.999 8263	1735	00100	100
002	0000	1	999 6528	1734	00200	99
003	0001	0	999 4794	1733	00299	100
004	0001	1	999 3061	1732	00399	99
0.005	0.000 0002	1	9.999 1329	1730	0.00498	99
006	0003	1	998 9599	1730	00597	99
007	0004	1	998 7869	1728	00696	99
008	0005	1	998 6141	1727	00795	99
009	0006	1	998 4414	1726	00894	98
0.010	0.000 0007	2	9.998 2688	1725	0.00992	98
011	0009	2	998 0963	1723	01090	99
012	0011	2	997 9240	1723	01189	98
013	0013	2	997 7517	1721	01287	97
014	0015	2	997 5796	1720	01384	98
0.015	0.000 0017	2	9.997 4076	1719	0.01482	98
016	0019	2	997 2357	1718	01580	97
017	0021	3	997 0639	1716	01677	97
018	0024	3	996 8923	1716	01774	98
019	0027	3	996 7207	1714	01872	96
0.020	0.000 0030	3	9.996 5493	1713	0.01968	97
021	0033	3	996 3780	1712	02065	97
022	0036	3	996 2068	1711	02162	96
023	0039	4	996 0357	1709	02258	97
024	0043	3	995 8648	1709	02355	96
0.025	0.000 0046	4	9.995 6939	1707	0.02451	96
026	0050	4	995 5232	1706	02547	96
027	0054	4	995 3526	1705	02643	96
028	0058	4	995 1821	1704	02739	95
029	0062	5	995 0117	1703	02834	96
0.030	0.000 0067	4	9.994 8414	1702	0.02930	95
031	0071	5	994 6712	1700	03025	95
032	0076	4	994 5012	1699	03120	95
033	0080	5	994 3313	1698	03215	95
034	0085	6	994 1615	1697	03310	94
0.035	0.000 0091	5	9.993 9918	1696	0.03404	95
036	0096	5	993 8222	1695	03499	94
037	0101	6	993 6527	1693	03593	95
038	0107	5	993 4834	1693	03688.	94
039	0112	6	993 3141	1691	03782	
0.040	0.000 0118	6	9.993 1450	1690	0.03 8757	938
041	0124	6	992 9760	1689	03 9695	937
042	0130	6	992 8071	1688	04 0632	935
043	0136	7	992 6383	1687	04 1567	933
044	0143	6	992 4696	1686	04 2500	932
0.045	0.000 0149	7	9.992 3010	1684	0.04 3432	931
046	0156	7	992 1326	1684	04 4363	929
047	0163	7	991 9642	1682	04 5292	928
048	0170	7	991 7960	1681	04 6220	927
049	0177	7	991 6279	1680	04 7147	925
0.050	0.000 0184		9.991 4599		0.04 8072	

A	log B		log σ		T	
0.050	0.000 0184	7	9.991 4599	1679	0.04 8072	923
051	0191	8	991 2920	1678	04 8995	922
052	0199	8	991 1242	1677	04 9917	921
053	0207	8	990 9565	1675	05 0838	919
054	0215	8	990 7890	1674	05 1757	918
0.055	0.000 0223	8	9.990 6216	1674	0.05 2675	917
056	0231	8	990 4542	1672	05 3592	915
057	0239	8	990 2870	1671	05 4507	913
058	0247	9	990 1199	1670	05 5420	912
059	0256	9	989 9529	1669	05 6332	911
0.060	0.000 0265	8	9.989 7860	1668	0.05 7243	909
061	0273	9	989 6192	1667	05 8152	908
062	0282	9	989 4525	1665	05 9060	907
063	0291	10	989 2860	1665	05 9967	905
064	0301	9	989 1195	1663	06 0872	904
0.065	0.000 0310	10	9.988 9532	1663	0.06 1776	902
066	0320	9	988 7869	1661	06 2678	901
067	0329	10	988 6208	1660	06 3579	900
068	0339	10	988 4548	1659	06 4479	898
069	0349	10	988 2889	1658	06 5377	897
0.070	0.000 0359	11	9.988 1231	1657	0.06 6274	896
071	0370	10	987 9574	1656	06 7170	894
072	0380	10	987 7918	1654	06 8064	893
073	0390	11	987 6264	1654	06 8957	891
074	0401	11	987 4610	1652	06 9848	890
0.075	0.000 0412	11	9.987 2958	1652	0.07 0738	889
076	0423	11	987 1306	1650	07 1627	887
077	0434	11	986 9656	1650	07 2514	886
078	0445	12	986 8006	1648	07 3400	885
079	0457	11	986 6358	1647	07 4285	883
0.080	0.000 0468	12	9.986 4711	1646	0.07 5168	882
081	0480	12	986 3065	1645	07 6050	880
082	0492	12	986 1420	1644	07 6930	880
083	0504	12	985 9776	1643	07 7810	878
084	0516	12	985 8133	1642	07 8688	876
0.085	0.000 0528	12	9.985 6491	1641	0.07 9564	875
086	0540	13	985 4850	1639	08 0439	874
087	0553	13	985 3211	1639	08 1313	873
088	0566	12	985 1572	1638	08 2186	871
089	0578	13	984 9934	1636	08 3057	870
0.090	0.000 0591	13	9.984 8298	1635	0.08 3927	869
091	0604	14	984 6663	1635	08 4796	867
092	0618	13	984 5028	1633	08 5663	866
093	0631	14	984 3395	1632	08 6529	865
094	0645	13	984 1763	1631	08 7394	863
0.095	0.000 0658	14	9.984 0132	1630	0.08 8257	862
096	0672	14	983 8502	1629	08 9119	861
097	0686	14	983 6873	1628	08 9980	860
098	0700	14	983 5245	1627	09 0840	858
099	0714	14	983 3618	1626	09 1698	857
0.100	0.000 0728		9.983 1992		0.09 2555	

Taf. XVIII (Forts.). **Zur Ermittelung der wahren Anomalie in parabelnahen Hyperbeln.**

A	log *B*	Δ	log *σ*	Δ	*T*	Δ
0.100	0.000 0728	15	9.983 1992	1625	0.09 2555	855
101	0743	15	983 0367	1624	09 3410	855
102	0758	14	982 8743	1622	09 4265	853
103	0772	15	982 7121	1622	09 5118	851
104	0787	15	982 5499	1621	09 5969	851
0.105	0.000 0802	15	9.982 3878	1619	0.09 6820	849
106	0817	16	982 2259	1619	09 7669	848
107	0833	15	982 0640	1617	09 8517	847
108	0848	16	981 9023	1617	09 9364	845
109	0864	16	981 7406	1615	10 0209	844
0.110	0.000 0880	15	9.981 5791	1614	0.10 1053	843
111	0895	16	981 4177	1614	10 1896	842
112	0911	17	981 2563	1612	10 2738	840
113	0928	16	981 0951	1611	10 3578	839
114	0944	16	980 9340	1610	10 4417	838
0.115	0.000 0960	17	9.980 7730	1609	0.10 5255	837
116	0977	17	980 6121	1609	10 6092	835
117	0994	16	980 4512	1607	10 6927	834
118	1010	17	980 2905	1606	10 7761	833
119	1027	18	980 1299	1605	10 8594	832
0.120	0.000 1045	17	9.979 9694	1604	0.10 9426	830
121	1062	17	979 8090	1603	11 0256	829
122	1079	18	979 6487	1602	11 1085	828
123	1097	17	979 4885	1601	11 1913	827
124	1114	18	979 3284	1600	11 2740	826
0.125	0.000 1132	18	9.979 1684	1599	0.11 3566	824
126	1150	18	979 0085	1598	11 4390	823
127	1168	18	978 8487	1597	11 5213	822
128	1186	19	978 6890	1596	11 6035	820
129	1205	18	978 5294	1595	11 6855	820
0.130	0.000 1223	19	9.978 3699	1594	0.11 7675	818
131	1242	19	978 2105	1593	11 8493	817
132	1261	19	978 0512	1592	11 9310	816
133	1280	19	977 8920	1591	12 0126	814
134	1299	19	977 7329	1590	12 0940	814
0.135	0.000 1318	19	9.977 5739	1588	0.12 1754	812
136	1337	20	977 4151	1588	12 2566	811
137	1357	19	977 2563	1587	12 3377	809
138	1376	20	977 0976	1586	12 4186	809
139	1396	20	976 9390	1585	12 4995	807
0.140	0.000 1416	20	9.976 7805	1584	0.12 5802	807
141	1436	20	976 6221	1583	12 6609	805
142	1456	20	976 4638	1582	12 7414	803
143	1476	21	976 3056	1581	12 8217	803
144	1497	20	976 1475	1579	12 9020	802
0.145	0.000 1517	21	9.975 9896	1579	0.12 9822	800
146	1538	21	975 8317	1578	13 0622	799
147	1559	21	975 6739	1577	13 1421	798
148	1580	21	975 5162	1576	13 2219	797
149	1601	21	975 3586	1575	13 3016	796
0.150	0.000 1622		9.975 2011		0.13 3812	

A	log *B*	Δ	log *σ*	Δ	*T*	Δ
0.150	0.000 1622	21	9.975 2011	1574	0.13 3812	794
151	1643	22	975 0437	1573	13 4606	793
152	1665	21	974 8864	1572	13 5399	792
153	1686	22	974 7292	1571	13 6191	791
154	1708	22	974 5721	1570	13 6982	790
0.155	0.000 1730	22	9.974 4151	1569	0.13 7772	789
156	1752	22	974 2582	1568	13 8561	788
157	1774	23	974 1014	1567	13 9349	786
158	1797	22	973 9447	1566	14 0135	785
159	1819	23	973 7881	1565	14 0920	784
0.160	0.000 1842	22	9.973 6316	1564	0.14 1704	783
161	1864	23	973 4752	1563	14 2487	782
162	1887	23	973 3189	1562	14 3269	781
163	1910	23	973 1627	1562	14 4050	779
164	1933	23	973 0065	1560	14 4829	779
0.165	0.000 1956	24	9.972 8505	1559	0.14 5608	777
166	1980	23	972 6946	1558	14 6385	776
167	2003	24	972 5388	1557	14 7161	776
168	2027	24	972 3831	1557	14 7937	773
169	2051	24	972 2274	1555	14 8710	773
0.170	0.000 2075	24	9.972 0719	1554	0.14 9483	772
171	2099	24	971 9165	1554	15 0255	771
172	2123	24	971 7611	1552	15 1026	769
173	2147	25	971 6059	1552	15 1795	769
174	2172	24	971 4507	1551	15 2564	767
0.175	0.000 2196	25	9.971 2956	1549	0.15 3331	766
176	2221	25	971 1407	1549	15 4097	765
177	2246	25	970 9858	1547	15 4862	764
178	2271	25	970 8311	1547	15 5626	763
179	2296	25	970 6764	1546	15 6389	762
0.180	0.000 2321	25	9.970 5218	1545	0.15 7151	760
181	2346	26	970 3673	1544	15 7911	760
182	2372	26	970 2129	1543	15 8671	758
183	2398	25	970 0586	1541	15 9429	758
184	2423	26	969 9045	1541	16 0187	756
0.185	0.000 2449	26	9.969 7504	1540	0.16 0943	755
186	2475	27	969 5964	1539	16 1698	755
187	2502	26	969 4425	1539	16 2453	753
188	2528	26	969 2886	1537	16 3206	752
189	2554	27	969 1349	1536	16 3958	751
0.190	0.000 2581	27	9.968 9813	1535	0.16 4709	749
191	2608	26	968 8278	1535	16 5458	749
192	2634	27	968 6743	1533	16 6207	748
193	2661	27	968 5210	1533	16 6955	747
194	2688	28	968 3677	1531	16 7702	745
0.195	0.000 2716	27	9.968 2146	1531	0.16 8447	745
196	2743	28	968 0615	1530	16 9192	743
197	2771	27	967 9085	1528	16 9935	743
198	2798	28	967 7557	1528	17 0678	741
199	2826	28	967 6029	1527	17 1419	740
0.200	0.000 2854		9.967 4502		0.17 2159	

Taf. XVIII (Schluss). **Zur Ermittelung der wahren Anomalie in parabelnahen Hyperbeln.**

A	$\log B$	Δ	$\log \sigma$	Δ	T	Δ
0.200	0.000 2854		9.967 4502		0.17 2159	
201	2882	28	967 2976	1526	17 2899	740
202	2910	28	967 1451	1525	17 3637	738
203	2938	28	966 9927	1524	17 4374	737
204	2967	29	966 8404	1523	17 5110	736
0.205	0.000 2995	28	9.966 6882	1522	0.17 5845	735
206	3024	29	966 5361	1521	17 6579	734
207	3053	29	966 3841	1520	17 7312	733
208	3082	29	966 2321	1520	17 8044	732
209	3111	29	966 0802	1519	17 8775	731
0.210	0.000 3140	29	9.965 9285	1517	0.17 9505	730
211	3169	29	965 7768	1517	18 0234	729
212	3199	30	965 6253	1515	18 0962	728
213	3228	29	965 4738	1515	18 1688	726
214	3258	30	965 3224	1514	18 2414	726
0.215	0.000 3288	30	9.965 1711	1513	0.18 3139	725
216	3318	30	965 0199	1512	18 3863	724
217	3348	30	964 8687	1512	18 4585	722
218	3378	30	964 7177	1510	18 5307	722
219	3409	31	964 5667	1510	18 6028	721
0.220	0.000 3439	30	9.964 4159	1508	0.18 6747	719
221	3470	31	964 2651	1508	18 7466	719
222	3500	30	964 1145	1506	18 8184	718
223	3531	31	963 9639	1506	18 8900	716
224	3562	31	963 8134	1505	18 9616	716
0.225	0.000 3594	32	9.963 6630	1504	0.19 0331	715
226	3625	31	963 5127	1503	19 1044	713
227	3656	31	963 3625	1502	19 1757	713
228	3688	32	963 2124	1501	19 2468	711
229	3719	31	963 0623	1501	19 3179	711
0.230	0.000 3751	32	9.962 9124	1499	0.19 3889	710
231	3783	32	962 7626	1498	19 4597	708
232	3815	32	962 6128	1498	19 5305	708
233	3847	32	962 4631	1497	19 6012	707
234	3880	33	962 3136	1495	19 6717	705
0.235	0.000 3912	32	9.962 1641	1495	0.19 7422	705
236	3945	33	962 0147	1494	19 8126	704
237	3977	32	961 8654	1493	19 8829	703
238	4010	33	961 7162	1492	19 9530	701
239	4043	33	961 5671	1491	20 0231	701
0.240	0.000 4076	33	9.961 4180	1491	0.20 0931	700
241	4110	34	961 2690	1490	20 1630	699
242	4143	33	961 1202	1488	20 2328	698
243	4176	33	960 9714	1488	20 3025	697
244	4210	34	960 8227	1487	20 3721	696
0.245	0.000 4244	34	9.960 6741	1486	0.20 4416	695
246	4277	33	960 5255	1486	20 5110	694
247	4311	34	960 3771	1484	20 5803	693
248	4346	35	960 2288	1483	20 6495	692
249	4380	34	960 0805	1483	20 7186	691
0.250	0.000 4414	34	9.959 9324	1481	0.20 7876	690

A	$\log B$	Δ	$\log \sigma$	Δ	T	Δ
0.250	0.000 4414		9.959 9324		0.20 7876	
251	4449	35	959 7843	1481	20 8565	689
252	4483	34	959 6364	1479	20 9254	689
253	4518	35	959 4885	1479	20 9941	687
254	4553	35	959 3407	1478	21 0627	686
0.255	0.000 4588	35	9.959 1929	1478	0.21 1313	686
256	4623	35	959 0453	1476	21 1997	684
257	4658	35	958 8977	1476	21 2681	684
258	4694	36	958 7503	1474	21 3364	683
259	4729	35	958 6029	1474	21 4045	681
0.260	0.000 4765	36	9.958 4556	1473	0.21 4726	681
261	4801	36	958 3084	1472	21 5406	680
262	4838	37	958 1613	1471	21 6085	679
263	4873	35	958 0143	1470	21 6763	678
264	4909	36	957 8673	1470	21 7440	677
0.265	0.000 4945	36	9.957 7204	1469	0.21 8116	676
266	4981	36	957 5737	1467	21 8791	675
267	5018	37	957 4270	1467	21 9465	674
268	5055	37	957 2804	1466	22 0138	673
269	5091	36	957 1339	1465	22 0811	673
0.270	0.000 5128	37	9.956 9875	1464	0.22 1482	671
271	5165	37	956 8412	1463	22 2153	671
272	5202	37	956 6949	1463	22 2822	669
273	5240	38	956 5488	1461	22 3491	669
274	5277	37	956 4027	1461	22 4159	668
0.275	0.000 5315	38	9.956 2568	1459	0.22 4826	667
276	5352	37	956 1109	1459	22 5492	666
277	5390	38	955 9650	1459	22 6157	665
278	5428	38	955 8193	1457	22 6821	664
279	5466	38	955 6737	1456	22 7484	663
0.280	0.000 5504	38	9.955 5281	1456	0.22 8147	663
281	5542	38	955 3826	1455	22 8808	661
282	5581	39	955 2372	1454	22 9469	661
283	5619	38	955 0919	1453	23 0128	659
284	5658	39	954 9468	1451	23 0787	659
0.285	0.000 5697	39	9.954 8016	1452	0.23 1445	658
280	5736	39	954 6565	1451	23 2102	657
287	5775	39	954 5115	1450	23 2758	656
288	5814	39	954 3666	1449	23 3413	655
289	5853	39	954 2218	1448	23 4068	655
0.290	0.000 5893	40	9.954 0771	1447	0.23 4721	653
291	5932	39	953 9325	1446	23 5374	653
292	5972	40	953 7880	1445	23 6025	651
293	6012	40	953 6435	1445	23 6676	651
294	6052	40	953 4991	1444	23 7326	650
0.295	0.000 6092	40	9.953 3548	1443	0.23 7975	649
296	6132	40	953 2106	1442	23 8623	648
297	6172	40	953 0665	1441	23 9271	648
298	6213	41	952 9224	1441	23 9917	646
299	6253	40	952 7785	1439	24 0563	646
0.300	0.000 6294	41	9.952 6346	1439	0.24 1207	644

Taf. XIX. Zur Ermittelung von $\frac{\text{Sector}}{\text{Dreieck}}$ in der Ellipse und Hyperbel.

h	log y²		h	log y²		h	log y²		h	log y²	
0.0000	0.000 0000		0.0050	0.004 7832		0.0100	0.009 4838		0.0150	0.014 1052	
0001	000 0965	965	0051	004 8780	948	0101	009 5770	932	0151	014 1968	916
0002	000 1930	965	0052	004 9728	948	0102	009 6702	932	0152	014 2884	916
0003	000 2894	964	0053	005 0675	947	0103	009 7633	931	0153	014 3800	916
0004	000 3858	964	0054	005 1622	947	0104	009 8564	931	0154	014 4716	916
		963			947			931			915
0.0005	0.000 4821		0.0055	0.005 2569		0.0105	0.009 9495		0.0155	0.014 5631	
0006	000 5784	963	0056	005 3515	946	0106	010 0425	930	0156	014 6546	915
0007	000 6747	963	0057	005 4462	947	0107	010 1356	931	0157	014 7460	914
0008	000 7710	963	0058	005 5407	945	0108	010 2285	929	0158	014 8374	914
0009	000 8672	962	0059	005 6353	946	0109	010 3215	930	0159	014 9288	914
		962			945			929			914
0.0010	0.000 9634		0.0060	0.005 7298		0.0110	0.010 4144		0.0160	0.015 0202	
0011	001 0595	961	0061	005 8243	945	0111	010 5073	929	0161	015 1115	913
0012	001 1556	961	0062	005 9187	944	0112	010 6001	928	0162	015 2028	913
0013	001 2517	961	0063	006 0131	944	0113	010 6929	928	0163	015 2941	913
0014	001 3478	961	0064	006 1075	944	0114	010 7857	928	0164	015 3854	913
		960			944			928			912
0.0015	0.001 4438		0.0065	0.006 2019		0.0115	0.010 8785		0.0165	0.015 4766	
0016	001 5398	960	0066	006 2962	943	0116	010 9712	927	0166	015 5678	912
0017	001 6357	959	0067	006 3905	943	0117	011 0639	927	0167	015 6589	911
0018	001 7316	959	0068	006 4847	942	0118	011 1565	926	0168	015 7500	911
0019	001 8275	959	0069	005 5790	943	0119	011 2491	926	0169	015 8411	911
		959			942			926			911
0.0020	0.001 9234		0.0070	0.006 6732		0.0120	0.011 3417		0.0170	0.015 9322	
0021	002 0192	958	0071	006 7673	941	0121	011 4343	926	0171	016 0232	910
0022	002 1150	958	0072	006 8614	941	0122	011 5268	925	0172	016 1142	910
0023	002 2107	957	0073	006 9555	941	0123	011 6193	925	0173	016 2052	910
0024	002 3064	957	0074	007 0496	941	0124	011 7118	925	0174	016 2961	909
		957			940			925			909
0.0025	0.002 4021		0.0075	0.007 1436		0.0125	0.011 8043		0.0175	0.016 3870	
0026	002 4977	956	0076	007 2376	940	0126	011 8967	924	0176	016 4779	909
0027	002 5933	956	0077	007 3316	940	0127	011 9890	923	0177	016 5688	909
0028	002 6889	956	0078	007 4255	939	0128	012 0814	924	0178	016 6596	908
0029	002 7845	956	0079	007 5194	939	0129	012 1737	923	0179	016 7504	908
		955			939			923			908
0.0030	0.002 8800		0.0080	0.007 6133		0.0130	0.012 2660		0.0180	0.016 8412	
0031	002 9755	955	0081	007 7071	938	0131	012 3582	922	0181	016 9319	907
0032	003 0709	954	0082	007 8009	938	0132	012 4505	923	0182	017 0226	907
0033	003 1663	954	0083	007 8947	938	0133	012 5427	922	0183	017 1133	907
0034	003 2617	954	0084	007 9884	937	0134	012 6348	921	0184	017 2039	906
		953			937			921			906
0.0035	0.003 3570		0.0085	0.008 0821		0.0135	0.012 7269		0.0185	0.017 2945	
0036	003 4523	953	0086	008 1758	937	0136	012 8190	921	0186	017 3851	906
0037	003 5476	953	0087	008 2694	936	0137	012 9111	921	0187	017 4757	906
0038	003 6428	952	0088	008 3630	936	0138	013 0032	921	0188	017 5662	905
0039	003 7380	952	0089	008 4566	936	0139	013 0952	920	0189	017 6567	905
		952			936			919			904
0.0040	0.003 8332		0.0090	0.008 5502		0.0140	0.013 1871		0.0190	0.017 7471	
0041	003 9284	952	0091	008 6437	935	0141	013 2791	920	0191	017 8376	905
0042	004 0235	951	0092	008 7372	935	0142	013 3710	919	0192	017 9280	904
0043	004 1186	951	0093	008 8306	934	0143	013 4629	919	0193	018 0183	903
0044	004 2136	950	0094	008 9240	934	0144	013 5547	918	0194	018 1087	904
		950			934			918			903
0.0045	0.004 3086		0.0095	0.009 0174		0.0145	0.013 6465		0.0195	0.018 1990	
0046	004 4036	950	0096	009 1108	934	0146	013 7383	918	0196	018 2893	903
0047	004 4985	949	0097	009 2041	933	0147	013 8301	918	0197	018 3796	903
0048	004 5934	949	0098	009 2974	933	0148	013 9218	917	0198	018 4698	902
0049	004 6883	949	0099	009 3906	932	0149	014 0135	917	0199	018 5600	902
		949			932			917			901
0.0050	0.004 7832		0.0100	0.009 4838		0.0150	0.014 1052		0.0200	0.018 6501	

$m = \frac{k^2 (t'-t)^2}{(2\cos f\sqrt{rr'})^3}$; $\operatorname{tg}(45^\circ + \omega) = \sqrt[4]{\frac{r'}{r}}$; $l = \frac{\sin\frac{f^2}{2} + \operatorname{tg} 2\omega^2}{\cos f}$; $h = \frac{m}{\frac{5}{6} + l + \xi}$;

ξ mit Arg. $x = \frac{m}{y^2} - l$ aus Taf. XX. $\log k = 8.235\,5814$; $\log\frac{5}{6} = 9.920\,8188$.

Taf. XIX (Forts.). Zur Ermittelung von Sector / Dreieck in der Ellipse und Hyperbel.

h	$\log y^2$	Diff.	h	$\log y^2$	Diff.	h	$\log y^2$	Diff.	h	$\log y^2$	Diff.
0.0200	0.018 6501		0.0250	0.023 1215		0.0300	0.027 5218		0.0350	0.031 8536	
0201	018 7403	902	0251	023 2102	887	0301	027 6091	873	0351	031 9396	860
0202	018 8304	901	0252	023 2988	886	0302	027 6964	873	0352	032 0255	859
0203	018 9205	901	0253	023 3875	887	0303	027 7836	872	0353	032 1114	859
0204	019 0105	900	0254	023 4761	886	0304	027 8708	872	0354	032 1973	859
0.0205	0.019 1005	900	0.0255	0.023 5647	886	0.0305	0.027 9580	872	0.0355	0.032 2831	858
0206	019 1905	900	0256	023 6532	885	0306	028 0452	872	0356	032 3689	858
0207	019 2805	900	0257	023 7417	885	0307	028 1323	871	0357	032 4547	858
0208	019 3704	899	0258	023 8302	885	0308	028 2194	871	0358	032 5405	858
0209	019 4603	899	0259	023 9187	885	0309	028 3065	871	0359	032 6262	857
0.0210	0.019 5502	899	0.0260	0.024 0071	884	0.0310	0.028 3936	871	0.0360	0.032 7120	858
0211	019 6401	899	0261	024 0956	885	0311	028 4806	870	0361	032 7976	856
0212	019 7299	898	0262	024 1839	883	0312	028 5676	870	0362	032 8833	857
0213	019 8197	898	0263	024 2723	884	0313	028 6546	870	0363	032 9689	856
0214	019 9094	897	0264	024 3606	883	0314	028 7415	869	0364	033 0546	857
0.0215	0.019 9992	898	0.0265	0.024 4489	883	0.0315	0.028 8284	869	0.0365	0.033 1401	855
0216	020 0889	897	0266	024 5372	883	0316	028 9153	869	0366	033 2257	856
0217	020 1785	896	0267	024 6254	882	0317	029 0022	869	0367	033 3112	855
0218	020 2682	897	0268	024 7136	882	0318	029 0890	868	0368	033 3967	855
0219	020 3578	896	0269	024 8018	882	0319	029 1758	868	0369	033 4822	855
0.0220	0.020 4474	896	0.0270	0.024 8900	882	0.0320	0.029 2626	868	0.0370	0.033 5677	855
0221	020 5369	895	0271	024 9781	881	0321	029 3494	868	0371	033 6531	854
0222	020 6264	895	0272	025 0662	881	0322	029 4361	867	0372	033 7385	854
0223	020 7159	895	0273	025 1543	881	0323	029 5228	867	0373	033 8239	854
0224	020 8054	895	0274	025 2423	880	0324	029 6095	867	0374	033 9092	853
0.0225	0.020 8948	894	0.0275	0.025 3303	880	0.0325	0.029 6961	866	0.0375	0.033 9946	854
0226	020 9842	894	0276	025 4183	880	0326	029 7827	866	0376	034 0799	853
0227	021 0736	894	0277	025 5063	880	0327	029 8693	866	0377	034 1651	852
0228	021 1630	894	0278	025 5942	879	0328	029 9559	866	0378	034 2504	853
0229	021 2523	893	0279	025 6821	879	0329	030 0424	865	0379	034 3356	852
0.0230	0.021 3416	893	0.0280	0.025 7700	879	0.0330	0.030 1290	866	0.0380	0.034 4208	852
0231	021 4309	893	0281	025 8579	879	0331	030 2154	864	0381	034 5059	851
0232	021 5201	892	0282	025 9457	878	0332	030 3019	865	0382	034 5911	852
0233	021 6093	892	0283	026 0335	878	0333	030 3883	864	0383	034 6762	851
0234	021 6985	892	0284	026 1213	878	0334	030 4747	864	0384	034 7613	851
0.0235	0.021 7876	891	0.0285	0.026 2090	877	0.0335	0.030 5611	864	0.0385	0.034 8464	851
0236	021 8768	892	0286	026 2967	877	0336	030 6475	864	0386	034 9314	850
0237	021 9659	891	0287	026 3844	877	0337	030 7338	863	0387	035 0164	850
0238	022 0549	890	0288	026 4721	877	0338	030 8201	863	0388	035 1014	850
0239	022 1440	891	0289	026 5597	876	0339	030 9064	863	0389	035 1864	850
0.0240	0.022 2330	890	0.0290	0.026 6473	876	0.0340	0.030 9926	862	0.0390	0.035 2713	849
0241	022 3220	890	0291	026 7349	876	0341	031 0788	862	0391	035 3562	849
0242	022 4109	889	0292	026 8224	875	0342	031 1650	862	0392	035 4411	849
0243	022 4998	889	0293	026 9099	875	0343	031 2512	862	0393	035 5259	848
0244	022 5887	889	0294	026 9974	875	0344	031 3373	861	0394	035 6108	849
0.0245	0.022 6776	889	0.0295	0.027 0849	875	0.0345	0.031 4234	861	0.0395	0.035 6956	848
0246	022 7664	888	0296	027 1723	874	0346	031 5095	861	0396	035 7804	848
0247	022 8552	888	0297	027 2597	874	0347	031 5956	861	0397	035 8651	847
0248	022 9440	888	0298	027 3471	874	0348	031 6816	860	0398	035 9499	848
0249	023 0328	888	0299	027 4345	874	0349	031 7676	860	0399	036 0346	847
0.0250	0.023 1215	887	0.0300	0.027 5218	873	0.0350	0.031 8536	860	0.0400	0.036 1192	846

$$m = \frac{k^2 (t' - t_{\prime})^2}{(2 \cos f \sqrt{r r'})^3}; \quad \operatorname{tg}(45^\circ + \omega) = \sqrt[4]{\frac{r'}{r}}; \quad l = \frac{\sin \frac{f^2}{2} + \operatorname{tg} 2\omega^2}{\cos f}; \quad h = \frac{m}{\frac{5}{6} + l + \xi};$$

ξ mit Arg. $x = \frac{m}{y^2} - l$ aus Taf. XX. $\log k = 8.235\,5814$; $\log \frac{5}{6} = 9.920\,8188$.

Taf. XIX (Forts.). **Zur Ermittelung von $\frac{\text{Sector}}{\text{Dreieck}}$ in der Ellipse und Hyperbel.**

h	$\log y^2$		h	$\log y^2$		h	$\log y^2$		h	$\log y^2$	
0.0400	0.036 1192	846	0.0450	0.040 3209	834	0.050	0.044 4607	8207	0.100	0.082 8513	7180
0401	036 2038	847	0451	040 4043	834	051	045 2814	8183	101	083 5693	7161
0402	036 2885	846	0452	040 4877	833	052	046 0997	8160	102	084 2854	7145
0403	036 3731	846	0453	040 5710	833	053	046 9157	8137	103	084 9999	7126
0404	036 4577	845	0454	040 6543	833	054	047 7294	8113	104	085 7125	7110
0.0405	0.036 5422	845	0.0455	0.040 7376	833	0.055	0.048 5407	8089	0.105	0.086 4235	7092
0406	036 6267	845	0456	040 8209	832	056	049 3496	8067	106	087 1327	7074
0407	036 7112	845	0457	040 9041	832	057	050 1563	8044	107	087 8401	7058
0408	036 7957	845	0458	040 9873	832	058	050 9607	8021	108	088 5459	7041
0409	036 8802	844	0459	041 0705	832	059	051 7628	7998	109	089 2500	7023
0.0410	0.036 9646	844	0.0460	0.041 1537	831	0.060	0.052 5626	7976	0.110	0.089 9523	7007
0411	037 0490	844	0461	041 2368	832	061	053 3602	7954	111	090 6530	6990
0412	037 1334	843	0462	041 3200	831	062	054 1556	7932	112	091 3520	6974
0413	037 2177	844	0463	041 4031	831	063	054 9488	7909	113	092 0494	6957
0414	037 3021	843	0464	041 4862	830	064	055 7397	7888	114	092 7451	6940
0.0415	0.037 3864	842	0.0465	0.041 5692	830	0.065	0.056 5285	7865	0.115	0.093 4391	6924
0416	037 4706	843	0466	041 6522	830	066	057 3150	7844	116	094 1315	6908
0417	037 5549	842	0467	041 7352	830	067	058 0994	7823	117	094 8223	6891
0418	037 6391	842	0468	041 8182	830	068	058 8817	7801	118	095 5114	6876
0419	037 7233	842	0469	041 9012	829	069	059 6618	7780	119	096 1990	6859
0.0420	0.037 8075	841	0.0470	0.041 9841	829	0.070	0.060 4398	7759	0.120	0.096 8849	6843
0421	037 8916	842	0471	042 0670	829	071	061 2157	7738	121	097 5692	6828
0422	037 9758	840	0472	042 1499	829	072	061 9895	7717	122	098 2520	6811
0423	038 0598	841	0473	042 2328	828	073	062 7612	7696	123	098 9331	6796
0424	038 1439	841	0474	042 3156	828	074	063 5308	7676	124	099 6127	6780
0.0425	0.038 2280	840	0.0475	0.042 3984	828	0.075	0.064 2984	7655	0.125	0.100 2907	6765
0426	038 3120	840	0476	042 4812	828	076	065 0639	7635	126	100 9672	6749
0427	038 3960	839	0477	042 5640	827	077	065 8274	7614	127	101 6421	6733
0428	038 4799	840	0478	042 6467	827	078	066 5888	7595	128	102 3154	6719
0429	038 5639	839	0479	042 7294	827	079	067 3483	7574	129	102 9873	6703
0.0430	0.038 6478	839	0.0480	0.042 8121	827	0.080	0.068 1057	7555	0.130	0.103 6576	6688
0431	038 7317	839	0481	042 8948	826	081	068 8612	7534	131	104 3264	6672
0432	038 8156	838	0482	042 9774	826	082	069 6146	7515	132	104 9936	6658
0433	038 8994	838	0483	043 0600	826	083	070 3661	7496	133	105 6594	6643
0434	038 9832	838	0484	043 1426	826	084	071 1157	7476	134	106 3237	6628
0.0435	0.039 0670	838	0.0485	0.043 2252	825	0.085	0.071 8633	7457	0.135	0.106 9865	6613
0436	039 1508	837	0486	043 3077	825	086	072 6090	7437	136	107 6478	6598
0437	039 2345	837	0487	043 3902	825	087	073 3527	7418	137	108 3076	6584
0438	039 3182	837	0488	043 4727	825	088	074 0945	7400	138	108 9660	6569
0439	039 4019	837	0489	043 5552	824	089	074 8345	7380	139	109 6229	6554
0.0440	0.039 4856	836	0.0490	0.043 6376	824	0.090	0.075 5725	7362	0.140	0.110 2783	6540
0441	039 5692	836	0491	043 7200	824	091	076 3087	7343	141	110 9323	6526
0442	039 6528	836	0492	043 8024	824	092	077 0430	7324	142	111 5849	6511
0443	039 7364	836	0493	043 8848	823	093	077 7754	7306	143	112 2360	6497
0444	039 8200	836	0494	043 9671	824	094	078 5060	7288	144	112 8857	6483
0.0445	0.039 9036	835	0.0495	0.044 0495	823	0.095	0.079 2348	7269	0.145	0.113 5340	6469
0446	039 9871	835	0496	044 1318	822	096	079 9617	7251	146	114 1809	6455
0447	040 0706	834	0497	044 2140	823	097	080 6868	7233	147	114 8264	6440
0448	040 1540	835	0498	044 2963	822	098	081 4101	7215	148	115 4704	6427
0449	040 2375	834	0499	044 3785	822	099	082 1316	7197	149	116 1131	6413
0.0450	0.040 3209		0.0500	0.044 4607		0.100	0.082 8513		0.150	0.116 7544	

$m = \frac{k^2 (t'-t)^2}{(2\cos f \sqrt{rr'})^3}$; $\quad \mathrm{tg}(45^\circ + \omega) = \sqrt[4]{\frac{r'}{r}}$; $\quad l = \frac{\sin\frac{f}{2}^2 + \mathrm{tg}\, 2\omega^2}{\cos f}$; $\quad h = \frac{m}{\frac{5}{6} + l + \xi}$;

ξ mit Arg. $x = \frac{m}{y^2} - l$ aus Taf. XX. $\quad \log k = 8.235\,5814$; $\quad \log\frac{5}{6} = 9.920\,8188$.

Taf. XIX (Forts.). **Zur Ermittelung von $\frac{\text{Sector}}{\text{Dreieck}}$ in der Ellipse und Hyperbel.**

h	$\log y^2$		h	$\log y^2$		h	$\log y^2$		h	$\log y^2$	
0.150	0.116 7544		0.200	0.147 1869		0.250	0.174 8451		0.300	0.200 2285	
151	117 3943	6399	201	147 7653	5784	251	175 3736	5285	301	200 7157	4872
152	118 0329	6386	202	148 3427	5774	252	175 9013	5277	302	201 2021	4864
153	118 6701	6372	203	148 9189	5762	253	176 4280	5267	303	201 6878	4857
154	119 3059	6358	204	149 4940	5751	254	176 9538	5258	304	202 1727	4849
0.155	0.119 9404	6345	0.205	0.150 0681	5741	0.255	0.177 4788	5250	0.305	0.202 6569	4842
156	120 5735	6331	206	150 6411	5730	256	178 0029	5241	306	203 1403	4834
157	121 2053	6318	207	151 2130	5719	257	178 5261	5232	307	203 6230	4827
158	121 8357	6304	208	151 7838	5708	258	179 0484	5223	308	204 1050	4820
159	122 4649	6292	209	152 3535	5697	259	179 5698	5214	309	204 5862	4812
0.160	0.123 0927	6278	0.210	0.152 9222	5687	0.260	0.180 0903	5205	0.310	0.205 0667	4805
161	123 7192	6265	211	153 4899	5677	261	180 6100	5197	311	205 5464	4797
162	124 3444	6252	212	154 0565	5666	262	181 1288	5188	312	206 0254	4790
163	124 9682	6238	213	154 6220	5655	263	181 6467	5179	313	206 5037	4783
164	125 5908	6226	214	155 1865	5645	264	182 1638	5171	314	206 9813	4776
0.165	0.126 2121	6213	0.215	0.155 7499	5634	0.265	0.182 6800	5162	0.315	0.207 4581	4768
166	126 8321	6200	216	156 3123	5624	266	183 1953	5153	316	207 9342	4761
167	127 4508	6187	217	156 8737	5614	267	183 7098	5145	317	208 4096	4754
168	128 0683	6175	218	157 4340	5603	268	184 2235	5137	318	208 8843	4747
169	128 6845	6162	219	157 9933	5593	269	184 7363	5128	319	209 3582	4739
0.170	0.129 2994	6149	0.220	0.158 5516	5583	0.270	0.185 2483	5120	0.320	0.209 8315	4733
171	129 9131	6137	221	159 1089	5573	271	185 7594	5111	321	210 3040	4725
172	130 5255	6124	222	159 6652	5563	272	186 2696	5102	322	210 7759	4719
173	131 1367	6112	223	160 2204	5552	273	186 7791	5095	323	211 2470	4711
174	131 7466	6099	224	160 7747	5543	274	187 2877	5086	324	211 7174	4704
0.175	0.132 3553	6087	0.225	0.161 3279	5532	0.275	0.187 7955	5078	0.325	0.212 1871	4697
176	132 9628	6075	226	161 8802	5523	276	188 3024	5069	326	212 6562	4691
177	133 5690	6062	227	162 4315	5513	277	188 8085	5061	327	213 1245	4683
178	134 1740	6050	228	162 9817	5502	278	189 3138	5053	328	213 5921	4676
179	134 7778	6038	229	163 5310	5493	279	189 8183	5045	329	214 0591	4670
0.180	0.135 3804	6026	0.230	0.164 0793	5483	0.280	0.190 3220	5037	0.330	0.214 5253	4662
181	135 9818	6014	231	164 6267	5474	281	190 8249	5029	331	214 9909	4656
182	136 5821	6003	232	165 1730	5463	282	191 3269	5020	332	215 4558	4649
183	137 1811	5990	233	165 7184	5454	283	191 8281	5012	333	215 9200	4642
184	137 7789	5978	234	166 2628	5444	284	192 3286	5005	334	216 3835	4635
0.185	0.138 3755	5966	0.235	0.166 8063	5435	0.285	0.192 8282	4996	0.335	0.216 8464	4629
186	138 9710	5955	236	167 3488	5425	286	193 3271	4989	336	217 3085	4621
187	139 5653	5943	237	167 8903	5415	287	193 8251	4980	337	217 7700	4615
188	140 1585	5932	238	168 4309	5406	288	194 3224	4973	338	218 2308	4608
189	140 7504	5919	239	168 9705	5396	289	194 8188	4964	339	218 6910	4602
0.190	0.141 3412	5908	0.240	0.169 5092	5387	0.290	0.195 3145	4957	0.340	0.219 1505	4595
191	141 9309	5897	241	170 0470	5378	291	195 8094	4949	341	219 6093	4588
192	142 5194	5885	242	170 5838	5368	292	196 3035	4941	342	220 0675	4582
193	143 1068	5874	243	171 1197	5359	293	196 7968	4933	343	220 5250	4575
194	143 6931	5863	244	171 6547	5350	294	197 2894	4926	344	220 9818	4568
0.195	0.144 2782	5851	0.245	0.172 1887	5340	0.295	0.197 7811	4917	0.345	0.221 4380	4562
196	144 8622	5840	246	172 7218	5331	296	198 2721	4910	346	221 8935	4555
197	145 4450	5828	247	173 2540	5322	297	198 7624	4903	347	222 3483	4548
198	146 0268	5818	248	173 7853	5313	298	199 2518	4894	348	222 8025	4542
199	146 6074	5806	249	174 3156	5303	299	199 7406	4888	349	223 2561	4536
0.200	0.147 1869	5795	0.250	0.174 8451	5295	0.300	0.200 2285	4879	0.350	0.223 7090	4529

$m = \frac{k^2 (t'-t)^2}{(2 \cos f \sqrt{r r'})^3}$; $\operatorname{tg}(45^\circ + \omega) = \sqrt[4]{\frac{r'}{r}}$ $l = \frac{\sin \frac{f^2}{2} + \operatorname{tg} 2\omega^2}{\cos f}$; $h = \frac{m}{\frac{5}{6} + l + \xi}$;

ξ mit Arg. $x = \frac{m}{y^2} - l$ aus Taf. XX. $\log k = 8.235\,5814$; $\log \frac{5}{6} = 9.920\,8188$.

Taf. XIX (Schluss). **Zur Ermittelung von $\frac{\text{Sector}}{\text{Dreieck}}$ in der Ellipse und Hyperbel.**

h	$\log y^2$		h	$\log y^2$		h	$\log y^2$		h	$\log y^2$	
0.350	0.223 7090		0.400	0.245 5716		0.450	0.266 0397		0.500	0.285 2923	
351	224 1613	4523	401	245 9940	4224	451	266 4362	3965	501	285 6660	3737
352	224 6130	4517	402	246 4158	4218	452	266 8321	3959	502	286 0392	3732
353	225 0640	4510	403	246 8371	4213	453	267 2276	3955	503	286 4121	3729
354	225 5143	4503	404	247 2578	4207	454	267 6226	3950	504	286 7845	3724
0.355	0.225 9640	4497	0.405	0.247 6779	4201	0.455	0.268 0171	3945	0.505	0.287 1565	3720
356	226 4131	4491	406	248 0975	4196	456	268 4111	3940	506	287 5281	3716
357	226 8615	4484	407	248 5166	4191	457	268 8046	3935	507	287 8992	3711
358	227 3093	4478	408	248 9351	4185	458	269 1977	3931	508	288 2700	3708
359	227 7565	4472	409	249 3531	4180	459	269 5903	3926	509	288 6403	3703
0.360	0.228 2031	4466	0.410	0.249 7705	4174	0.460	0.269 9824	3921	0.510	0.289 0102	3699
361	228 6490	4459	411	250 1874	4169	461	270 3741	3917	511	289 3797	3695
362	229 0943	4453	412	250 6038	4164	462	270 7652	3911	512	289 7487	3690
363	229 5390	4447	413	251 0196	4158	463	271 1559	3907	513	290 1174	3687
364	229 9831	4441	414	251 4349	4153	464	271 5462	3903	514	290 4856	3682
0.365	0.230 4265	4434	0.415	0.251 8496	4147	0.465	0.271 9360	3898	0.515	0.290 8535	3679
366	230 8694	4429	416	252 2638	4142	466	272 3253	3893	516	291 2209	3674
367	231 3116	4422	417	252 6775	4137	467	272 7141	3888	517	291 5879	3670
368	231 7532	4416	418	253 0906	4131	468	273 1025	3884	518	291 9545	3666
369	232 1942	4410	419	253 5032	4126	469	273 4904	3879	519	292 3207	3662
0.370	0.232 6346	4404	0.420	0.253 9153	4121	0.470	0.273 8778	3874	0.520	0.292 6864	3657
371	233 0743	4397	421	254 3269	4116	471	274 2648	3870	521	293 0518	3654
372	233 5135	4392	422	254 7379	4110	472	274 6513	3865	522	293 4168	3650
373	233 9521	4386	423	255 1485	4106	473	275 0374	3861	523	293 7813	3645
374	234 3900	4379	424	255 5584	4099	474	275 4230	3856	524	294 1455	3642
0.375	0.234 8274	4374	0.425	0.255 9679	4095	0.475	0.275 8082	3852	0.525	0.294 5092	3637
376	235 2642	4368	426	256 3769	4090	476	276 1929	3847	526	294 8726	3634
377	235 7003	4361	427	256 7853	4084	477	276 5771	3842	527	295 2355	3629
378	236 1359	4356	428	257 1932	4079	478	276 9609	3838	528	295 5981	3626
379	236 5709	4350	429	257 6006	4074	479	277 3443	3834	529	295 9602	3621
0.380	0.237 0053	4344	0.430	0.258 0075	4069	0.480	0.277 7272	3829	0.530	0.296 3220	3618
381	237 4391	4338	431	258 4139	4064	481	278 1096	3824	531	296 6833	3613
382	237 8723	4332	432	258 8198	4059	482	278 4916	3820	532	297 0443	3610
383	238 3050	4327	433	259 2252	4054	483	278 8732	3816	533	297 4049	3606
384	238 7370	4320	434	259 6300	4048	484	279 2543	3811	534	297 7650	3601
0.385	0.239 1685	4315	0.435	0.260 0344	4044	0.485	0.279 6349	3806	0.535	0.298 1248	3598
386	239 5993	4308	436	260 4382	4038	486	280 0151	3802	536	298 4842	3594
387	240 0296	4303	437	260 8415	4033	487	280 3949	3798	537	298 8432	3590
388	240 4594	4298	438	261 2444	4029	488	280 7743	3794	538	299 2018	3586
389	240 8885	4291	439	261 6467	4023	489	281 1532	3789	539	299 5600	3582
0.390	0.241 3171	4286	0.440	0.262 0486	4019	0.490	0.281 5316	3784	0.540	0.299 9178	3578
391	241 7451	4280	441	262 4499	4013	491	281 9096	3780	541	300 2752	3574
392	242 1725	4274	442	262 8507	4008	492	282 2872	3776	542	300 6323	3571
393	242 5994	4269	443	263 2511	4004	493	282 6644	3772	543	300 9890	3567
394	243 0257	4263	444	263 6509	3998	494	283 0411	3767	544	301 3453	3563
0.395	0.243 4514	4257	0.445	0.264 0503	3994	0.495	0.283 4173	3762	0.545	0.301 7011	3558
396	243 8766	4252	446	264 4492	3989	496	283 7932	3759	546	302 0566	3555
397	244 3012	4246	447	264 8475	3983	497	284 1686	3754	547	302 4117	3551
398	244 7252	4240	448	265 2454	3979	498	284 5436	3750	548	302 7664	3547
399	245 1487	4235	449	265 6428	3974	499	284 9181	3745	549	303 1208	3544
0.400	0.245 5716	4229	0.450	0.266 0397	3969	0.500	0.285 2923	3742	0.550	0.303 4748	3540

$m = \frac{k^2 (t' - t)^2}{(2 \cos f \sqrt{r r'})^3}$; $\operatorname{tg}(45^\circ + \omega) = \sqrt[4]{\frac{r'}{r}}$; $l = \frac{\sin \frac{f^2}{2} + \operatorname{tg} 2 \omega^2}{\cos f}$; $h = \frac{m}{\frac{5}{6} + l + \xi}$;

ξ mit Arg. $x = \frac{m}{y^2} - l$ aus Taf. XX. $\log k = 8.235\,5814$; $\log \frac{5}{6} = 9.920\,8188$.

Taf. XX. Zur Bestimmung von $\frac{\text{Sector}}{\text{Dreieck}}$ in der Ellipse und Hyperbel.

x	ξ Ellipse		ξ Hyperbel		x	ξ Ellipse		ξ Hyperbel	
0.000	0.000 0000	1	0.000 0000	1	0.050	0.000 1471	61	0.000 1389	55
001	0001	1	0001	1	051	1532	61	1444	56
002	0002	3	0002	3	052	1593	63	1500	58
003	0005	4	0005	4	053	1656	64	1558	58
004	0009	5	0009	5	054	1720	65	1616	59
0.005	0.000 0014	7	0.000 0014	6	0.055	0.000 1785	67	0.000 1675	61
006	0021	7	0020	8	056	1852	68	1736	62
007	0028	9	0028	8	057	1920	69	1798	62
008	0037	10	0036	10	058	1989	71	1860	64
009	0047	11	0046	11	059	2060	71	1924	64
0.010	0.000 0058	12	0.000 0057	12	0.060	0.000 2131	73	0.000 1988	66
011	0070	13	0069	13	061	2204	74	2054	67
012	0083	14	0082	14	062	2278	76	2121	68
013	0097	16	0096	15	063	2354	77	2189	68
014	0113	17	0111	16	064	2431	78	2257	70
0.015	0.000 0130	18	0.000 0127	18	0.065	0.000 2509	79	0.000 2327	71
016	0148	19	0145	19	066	2588	81	2398	72
017	0167	20	0164	19	067	2669	82	2470	73
018	0187	22	0183	21	068	2751	83	2543	74
019	0209	22	0204	22	069	2834	84	2617	74
0.020	0.000 0231	24	0.000 0226	23	0.070	0.000 2918	86	0.000 2691	76
021	0255	25	0249	24	071	3004	87	2767	77
022	0280	26	0273	25	072	3091	89	2844	78
023	0306	28	0298	27	073	3180	89	2922	79
024	0334	28	0325	27	074	3269	91	3001	80
0.025	0.000 0362	30	0.000 0352	29	0.075	0.000 3360	93	0.000 3081	81
026	0392	31	0381	29	076	3453	93	3162	82
027	0423	32	0410	31	077	3546	95	3244	83
028	0455	34	0441	32	078	3641	97	3327	84
029	0489	34	0473	33	079	3738	97	3411	85
0.030	0.000 0523	36	0.000 0506	33	0.080	0.000 3835	99	0.000 3496	86
031	0559	37	0539	36	081	3934	100	3582	87
032	0596	38	0575	36	082	4034	102	3669	88
033	0634	40	0611	37	083	4136	103	3757	89
034	0674	40	0648	38	084	4239	104	3846	90
0.035	0.000 0714	42	0.000 0686	40	0.085	0.000 4343	105	0.000 3936	91
036	0756	43	0726	40	086	4448	107	4027	92
037	0799	45	0766	41	087	4555	108	4119	93
038	0844	45	0807	43	088	4663	110	4212	94
039	0889	47	0850	44	089	4773	111	4306	95
0.040	0.000 0936	48	0.000 0894	44	0.090	0.000 4884	112	0.000 4401	95
041	0984	49	0938	46	091	4996	113	4496	97
042	1033	51	0984	47	092	5109	115	4593	98
043	1084	51	1031	48	093	5224	117	4691	99
044	1135	53	1079	49	094	5341	117	4790	100
0.045	0.000 1188	54	0.000 1128	50	0.095	0.000 5458	119	0.000 4890	101
046	1242	56	1178	51	096	5577	120	4991	101
047	1298	56	1229	52	097	5697	122	5092	103
048	1354	58	1281	53	098	5819	123	5195	104
049	1412	59	1334	55	099	5942	124	5299	104
0.050	0.000 1471		0.000 1389		0.100	0.000 6066		0.000 5403	

Taf. XX (Forts.). **Zur Bestimmung von $\frac{\text{Sector}}{\text{Dreieck}}$ in der Ellipse und Hyperbel.**

x	ξ Ellipse	Diff.	ξ Hyperbel	Diff.
0.100	0.000 6066		0.000 5403	
101	6192	126	5509	106
102	6319	127	5616	107
103	6448	129	5723	107
104	6578	130	5832	109
0.105	0.000 6709	131	0.000 5941	109
106	6842	133	6052	111
107	6976	134	6163	111
108	7111	135	6275	112
109	7248	137	6389	114
0.110	0.000 7386	138	0.000 6503	114
111	7526	140	6618	115
112	7667	141	6734	116
113	7809	142	6851	117
114	7953	144	6969	118
0.115	0.000 8098	145	0.000 7088	119
116	8245	147	7208	120
117	8393	148	7329	121
118	8542	149	7451	122
119	8693	151	7574	123
0.120	0.000 8845	152	0.000 7698	124
121	8999	154	7822	124
122	9154	155	7948	126
123	9311	157	8074	126
124	9469	158	8202	128
0.125	0.000 9628	159	0.000 8330	128
126	9789	161	8459	129
127	0.000 9951	162	8590	131
128	0.001 0115	164	8721	131
129	0280	165	8853	132
0.130	0.001 0447	167	0.000 8986	133
131	0615	168	9120	134
132	0784	169	9255	135
133	0955	171	9390	135
134	1128	173	9527	137
0.135	0.001 1301	173	0.000 9665	138
136	1477	176	9803	138
137	1654	177	0.000 9943	140
138	1832	178	0.001 0083	140
139	2012	180	0224	141
0.140	0.001 2193	181	0.001 0366	142
141	2376	183	0509	143
142	2560	184	0653	144
143	2745	185	0798	145
144	2933	188	0944	146
0.145	0.001 3121	188	0.001 1091	147
146	3311	190	1238	147
147	3503	192	1387	149
148	3696	193	1536	149
149	3891	195	1686	150
0.150	0.001 4087	196	0.001 1838	152

x	ξ Ellipse	Diff.	ξ Hyperbel	Diff.
0.150	0.001 4087		0.001 1838	
151	4285	198	1990	152
152	4484	199	2143	153
153	4684	200	2296	153
154	4886	202	2451	155
0.155	0.001 5090	204	0.001 2607	156
156	5295	205	2763	156
157	5502	207	2921	158
158	5710	208	3079	158
159	5920	210	3238	159
0.160	0.001 6131	211	0.001 3398	160
161	6344	213	3559	161
162	6559	215	3721	162
163	6775	216	3883	162
164	6992	217	4047	164
0.165	0.001 7211	219	0.001 4211	164
166	7432	221	4377	166
167	7654	222	4543	166
168	7878	224	4710	167
169	8103	225	4878	168
0.170	0.001 8330	227	0.001 5047	169
171	8558	228	5216	169
172	8788	230	5387	171
173	9020	232	5558	171
174	9253	233	5730	172
0.175	0.001 9487	234	0.001 5903	173
176	9724	237	6077	174
177	0.001 9961	237	6252	175
178	0.002 0201	240	6428	176
179	0442	241	6604	176
0.180	0.002 0685	243	0.001 6782	178
181	0929	244	6960	178
182	1175	246	7139	179
183	1422	247	7319	180
184	1671	249	7500	181
0.185	0.002 1922	251	0.001 7681	181
186	2174	252	7864	183
187	2428	254	8047	183
188	2683	255	8231	184
189	2941	258	8416	185
0.190	0.002 3199	258	0.001 8602	186
191	3460	261	8789	187
192	3722	262	8976	187
193	3985	263	9165	189
194	4251	266	9354	189
0.195	0.002 4518	267	0.001 9544	190
196	4786	268	9735	191
197	5056	270	0.001 9926	191
198	5328	272	0.002 0119	193
199	5602	274	0312	193
0.200	0.002 5877	275	0.002 0507	195

Taf. XX (Schluss). **Zur Bestimmung von $\frac{\text{Sector}}{\text{Dreieck}}$ in der Ellipse und Hyperbel.**

x	ξ Ellipse		ξ Hyperbel		x	ξ Ellipse		ξ Hyperbel	
0.200	0.002 5877		0.002 0507		0.250	0.004 1835		0.003 1245	
201	6154	277	0702	195	251	2199	364	1480	235
202	6433	279	0897	195	252	2566	367	1716	236
203	6713	280	1094	197	253	2934	368	1952	236
204	6995	282	1292	198	254	3305	371	2189	237
0.205	0.002 7278	283	0.002 1490	198	0.255	0.004 3677	372	0.003 2427	238
206	7564	286	1689	199	256	4051	374	2666	239
207	7851	287	1889	200	257	4427	376	2905	239
208	8139	288	2090	201	258	4804	377	3146	241
209	8429	290	2291	201	259	5184	380	3387	241
0.210	0.002 8722	293	0.002 2494	203	0.260	0.004 5566	382	0.003 3628	241
211	9015	293	2697	203	261	5949	383	3871	243
212	9311	296	2901	204	262	6334	385	4114	243
213	9608	297	3106	205	263	6721	387	4358	244
214	0.002 9907	299	3311	205	264	7111	390	4603	245
0.215	0.003 0207	300	0.002 3518	207	0.265	0.004 7502	391	0.003 4848	245
216	0509	302	3725	207	266	7894	392	5094	246
217	0814	305	3932	207	267	8289	395	5341	247
218	1119	305	4142	210	268	8686	397	5589	248
219	1427	308	4352	210	269	9085	399	5838	249
0.220	0.003 1736	309	0.002 4562	210	0.270	0.004 9485	400	0.003 6087	249
221	2047	311	4774	212	271	0.004 9888	403	6337	250
222	2359	312	4986	212	272	0.005 0292	404	6587	250
223	2674	315	5199	213	273	0699	407	6839	252
224	2990	316	5412	213	274	1107	408	7091	252
0.225	0.003 3308	318	0.002 5627	215	0.275	0.005 1517	410	0.003 7344	253
226	3627	319	5842	215	276	1930	413	7598	254
227	3949	322	6058	216	277	2344	414	7852	254
228	4272	323	6275	217	278	2760	416	8107	255
229	4597	325	6493	218	279	3178	418	8363	256
0.230	0.003 4924	327	0.002 6711	218	0.280	0.005 3598	420	0.003 8620	257
231	5252	328	6931	220	281	4020	422	8877	257
232	5582	330	7151	220	282	4444	424	9135	258
233	5914	332	7371	220	283	4870	426	9394	259
234	6248	334	7593	222	284	5298	428	9654	260
0.235	0.003 6584	336	0.002 7816	223	0.285	0.005 5728	430	0.003 9914	260
236	6921	337	8039	223	286	6160	432	0.004 0175	261
237	7260	339	8263	224	287	6594	434	0437	262
238	7601	341	8487	224	288	7030	436	0700	263
239	7944	343	8713	226	289	7468	438	0963	263
0.240	0.003 8289	345	0.002 8939	226	0.290	0.005 7908	440	0.004 1227	264
241	8635	346	9166	227	291	8350	442	1491	264
242	8983	348	9394	228	292	8795	445	1757	266
243	9333	350	9623	229	293	9241	446	2023	266
244	0.003 9685	352	0.002 9852	229	294	0.005 9689	448	2290	267
0.245	0.004 0039	354	0.003 0083	231	0.295	0.006 0139	450	0.004 2557	267
246	0394	355	0314	231	296	0591	452	2826	269
247	0752	358	0545	231	297	1045	454	3095	269
248	1111	359	0778	233	298	1502	457	3364	269
249	1472	361	1011	233	299	1960	458	3635	271
0.250	0.004 1835	363	0.003 1245	234	0.300	0.006 2421	461	0.004 3906	271

Taf. XXI. Zur Ermittelung von $\frac{\text{Sector}}{\text{Dreieck}}$ in der Ellipse.

h	$\log a$	Diff.	h	$\log a$	Diff.
0.00	0.002 1824	5	0.50	0.001 9203	51
01	1819	14	51	9152	50
02	1805	22	52	9102	51
03	1783	28	53	9051	50
04	1755	34	54	9001	50
0.05	0.002 1721	38	0.55	0.001 8951	49
06	1683	42	56	8902	49
07	1641	45	57	8853	48
08	1596	48	58	8805	48
09	1548	51	59	8757	48
0.10	0.002 1497	53	0.60	0.001 8709	47
11	1444	54	61	8662	47
12	1390	55	62	8615	47
13	1335	57	63	8568	46
14	1278	58	64	8522	46
0.15	0.002 1220	59	0.65	0.001 8476	45
16	1161	59	66	8431	45
17	1102	60	67	8386	45
18	1042	61	68	8341	44
19	0981	60	69	8297	44
0.20	0.002 0921	60	0.70	0.001 8253	44
21	0861	61	71	8209	43
22	0800	61	72	8166	43
23	0739	61	73	8123	43
24	0678	61	74	8080	43
0.25	0.002 0617	60	0.75	0.001 8037	41
26	0557	60	76	7996	42
27	0497	60	77	7954	41
28	0437	60	78	7913	41
29	0377	60	79	7872	40
0.30	0.002 0317	59	0.80	0.001 7832	41
31	0258	59	81	7791	40
32	0199	59	82	7751	40
33	0140	58	83	7711	39
34	0082	58	84	7672	39
0.35	0.002 0024	58	0.85	0.001 7633	39
36	0.001 9966	57	86	7594	38
37	9909	57	87	7556	38
38	9852	56	88	7518	38
39	9796	56	89	7480	38
0.40	0.001 9740	55	0.90	0.001 7442	37
41	9685	55	91	7405	37
42	9630	55	92	7368	37
43	9575	54	93	7331	37
44	9521	54	94	7294	36
0.45	0.001 9467	53	0.95	0.001 7258	36
46	9414	53	96	7222	36
47	9361	53	97	7186	35
48	9308	53	98	7151	35
49	9255	52	99	7116	35
0.50	0.001 9203		1.00	0.001 7081	

x	$\log b$	Diff.
0.00	8.75696	254
01	75950	254
02	76204	255
03	76459	257
04	76716	258
0.05	8.76974	260
06	77234	261
07	77495	263
08	77758	266
09	78024	268
0.10	8.78292	270
11	78562	272
12	78834	274
13	79108	276
14	79384	278
0.15	8.79662	280
16	79942	282
17	80224	285
18	80509	287
19	80796	289
0.20	8.81085	291
21	81376	294
22	81670	296
23	81966	299
24	82265	301
0.25	8.82566	303
26	82869	306
27	83175	308
28	83483	311
29	83794	315
0.30	8.84109	

x	$\log b_1$	Diff.
0.30	8.757 612	6
31	618	5
32	623	4
33	627	3
34	630	3
0.35	8.757 633	2
36	635	1
37	636	0
38	636	0
39	636	0
0.40	8.757 636	0
41	636	0
42	636	1
43	635	0
44	635	1
0.45	8.757 634	0
46	634	1
47	633	1
48	632	2
49	630	1
0.50	8.757 629	

$$\log k = 8.235\,5814$$

$$\log \tfrac{5}{6} = 9.920\,8188$$

$$\log 2\sqrt{\tfrac{11}{9}} = 0.344\,6051$$

$$2\,\mathrm{tg}\,\omega = \sqrt[4]{\frac{r'}{r}} - \sqrt[4]{\frac{r}{r'}}$$

$$\mathrm{tg}\,B = \frac{\mathrm{tg}\,\omega}{\sin\frac{1}{2}f}$$

$$l = \left(\frac{\sin\frac{1}{2}f}{\cos B}\right)^2 \frac{1}{\cos f}$$

$$m = \frac{k^2\,(t'-t)^2}{\left(2\sqrt{rr'}\cos f\right)^3}$$

$$h = \frac{m}{\frac{5}{6} + l + \xi}$$

$$\mathrm{tg}\,2\psi = 2\sqrt{\tfrac{11}{9}}\sqrt{h}$$

$$y = 1 + a\sqrt{h}\,\mathrm{tg}\,\psi$$

$$x = \frac{m}{y^2} - l$$

$$\xi = bx^2 = \frac{b_1 x^2}{\left(1 - 2\sqrt{\frac{11}{9}}\,x\right)^{\frac{4}{5}}}$$

Taf. XXII. Zur Auflösung der Euler'schen Gleichung in der parabolischen Bewegung.

η	$\log \mu$		η	$\log \mu$		η	$\log \mu$		η	$\log \mu$	
0.000	0.000 0000	0	0.050	0.000 0453	18	0.100	0.000 1815	36	0.150	0.000 4099	55
001	0000	1	051	0471	19	101	1851	37	151	4154	55
002	0001	1	052	0490	19	102	1888	38	152	4209	56
003	0002	1	053	0509	19	103	1926	37	153	4265	57
004	0003	2	054	0528	20	104	1963	38	154	4322	56
0.005	0.000 0005	2	0.055	0.000 0548	20	0.105	0.000 2001	39	0.155	0.000 4378	57
006	0007	2	056	0568	20	106	2040	39	156	4435	58
007	0009	3	057	0588	21	107	2079	39	157	4493	58
008	0012	3	058	0609	22	108	2118	39	158	4551	58
009	0015	3	059	0631	21	109	2157	40	159	4609	58
0.010	0.000 0018	4	0.060	0.000 0652	22	0.110	0.000 2197	41	0.160	0.000 4667	59
011	0022	4	061	0674	22	111	2238	40	161	4726	60
012	0026	5	062	0696	23	112	2278	41	162	4786	60
013	0031	4	063	0719	23	113	2319	42	163	4846	60
014	0035	6	064	0742	23	114	2361	41	164	4906	60
0.015	0.000 0041	5	0.065	0.000 0765	24	0.115	0.000 2402	43	0.165	0.000 4966	61
016	0046	6	066	0789	24	116	2445	42	166	5027	61
017	0052	7	067	0813	25	117	2487	43	167	5088	62
018	0059	6	068	0838	25	118	2530	43	168	5150	62
019	0065	7	069	0863	25	119	2573	44	169	5212	62
0.020	0.000 0072	8	0.070	0.000 0888	26	0.120	0.000 2617	44	0.170	0.000 5274	63
021	0080	8	071	0914	25	121	2661	44	171	5337	63
022	0088	8	072	0939	27	122	2705	45	172	5400	64
023	0096	8	073	0966	27	123	2750	45	173	5464	64
024	0104	9	074	0993	27	124	2795	45	174	5528	64
0.025	0.000 0113	9	0.075	0.000 1020	27	0.125	0.000 2840	46	0.175	0.000 5592	65
026	0122	10	076	1047	28	126	2886	46	176	5657	65
027	0132	10	077	1075	28	127	2932	47	177	5722	65
028	0142	10	078	1103	28	128	2979	47	178	5787	66
029	0152	11	079	1131	29	129	3026	47	179	5853	66
0.030	0.000 0163	11	0.080	0.000 1160	30	0.130	0.000 3073	48	0.180	0.000 5919	67
031	0174	11	081	1190	29	131	3121	48	181	5986	67
032	0185	12	082	1219	30	132	3169	49	182	6053	67
033	0197	12	083	1249	30	133	3218	48	183	6120	68
034	0209	13	084	1279	31	134	3266	50	184	6188	68
0.035	0.000 0222	13	0.085	0.000 1310	31	0.135	0.000 3316	49	0.185	0.000 6256	69
036	0235	13	086	1341	32	136	3365	50	186	6325	69
037	0248	13	087	1373	31	137	3415	50	187	6394	69
038	0261	14	088	1404	33	138	3465	51	188	6463	69
039	0275	15	089	1437	32	139	3516	51	189	6532	71
0.040	0.000 0290	14	0.090	0.000 1469	33	0.140	0.000 3567	52	0.190	0.000 6603	70
041	0304	15	091	1502	33	141	3619	51	191	6673	71
042	0319	16	092	1535	34	142	3670	53	192	6744	71
043	0335	16	093	1569	34	143	3723	52	193	6815	72
044	0351	16	094	1603	34	144	3775	53	194	6887	72
0.045	0.000 0367	16	0.095	0.000 1637	35	0.145	0.000 3828	53	0.195	0.000 6959	72
046	0383	17	096	1672	35	146	3881	54	196	7031	73
047	0400	17	097	1707	36	147	3935	54	197	7104	73
048	0417	18	098	1743	36	148	3989	55	198	7177	73
049	0435	18	099	1779	36	149	4044	55	199	7250	74
0.050	0.000 0453		0.100	0.000 1815		0.150	0.000 4099		0.200	0.000 7324	

Arg. $\eta = \frac{2k(t'-t)}{(r+r')^{\frac{3}{2}}}$; $\log 2k = 8.536\,6114$; Sehne $s = \frac{2k(t'-t)}{(r+r')^{\frac{1}{2}}}\mu = (r+r')\eta\mu$;

$\eta\mu = \frac{s}{r+r'} = \sin\gamma$; $\frac{\text{Sector}}{\text{Dreieck}} = \frac{1+2\sec\gamma}{3}$.

Taf. XXII (Forts.). **Zur Auflösung der Euler'schen Gleichung in der parabolischen Bewegung.**

η	$\log \mu$		η	$\log \mu$		η	$\log \mu$		η	$\log \mu$	
0.200	0.000 7324	75	0.250	0.001 1522	95	0.300	0.001 6733	115	0.350	0.002 3010	137
201	7399	74	251	1617	94	301	6848	115	351	3147	137
202	7473	75	252	1711	95	302	6963	116	352	3284	138
203	7548	76	253	1806	95	303	7079	116	353	3422	138
204	7624	76	254	1901	96	304	7195	117	354	3560	139
0.205	0.000 7700	76	0.255	0.001 1997	96	0.305	0.001 7312	117	0.355	0.002 3699	139
206	7776	77	256	2093	97	306	7429	117	356	3838	139
207	7853	77	257	2190	97	307	7546	118	357	3977	140
208	7930	77	258	2287	97	308	7664	119	358	4117	141
209	8007	78	259	2384	98	309	7783	118	359	4258	141
0.210	0.000 8085	78	0.260	0.001 2482	98	0.310	0.001 7901	120	0.360	0.002 4399	141
211	8163	79	261	2580	99	311	8021	119	361	4540	142
212	8242	79	262	2679	99	312	8140	120	362	4682	142
213	8321	79	263	2778	99	313	8260	121	363	4824	143
214	8400	80	264	2877	100	314	8381	121	364	4967	143
0.215	0.000 8480	80	0.265	0.001 2977	100	0.315	0.001 8502	121	0.365	0.002 5110	144
216	8560	81	266	3077	101	316	8623	122	366	5254	144
217	8641	81	267	3178	101	317	8745	122	367	5398	145
218	8722	81	268	3279	102	318	8867	123	368	5543	145
219	8803	82	269	3381	102	319	8990	123	369	5688	146
0.220	0.000 8885	82	0.270	0.001 3483	102	0.320	0.001 9113	123	0.370	0.002 5834	146
221	8967	83	271	3585	103	321	9236	124	371	5980	146
222	9050	83	272	3688	103	322	9360	124	372	6126	147
223	9133	83	273	3791	103	323	9484	125	373	6273	148
224	9216	84	274	3894	104	324	9609	126	374	6421	147
0.225	0.000 9300	84	0.275	0.001 3998	105	0.325	0.001 9735	125	0.375	0.002 6568	149
226	9384	84	276	4103	104	326	9860	126	376	6717	149
227	9468	85	277	4207	106	327	0.001 9986	127	377	6866	149
228	9553	85	278	4313	105	328	0.002 0113	127	378	7015	150
229	9638	86	279	4418	106	329	0240	127	379	7165	150
0.230	0.000 9724	86	0.280	0.001 4524	107	0.330	0.002 0367	128	0.380	0.002 7315	151
231	9810	87	281	4631	107	331	0495	129	381	7466	151
232	9897	87	282	4738	107	332	0624	128	382	7617	152
233	0.000 9984	87	283	4845	108	333	0752	130	383	7769	152
234	0.001 0071	88	284	4953	108	334	0882	129	384	7921	152
0.235	0.001 0159	88	0.285	0.001 5061	108	0.335	0.002 1011	130	0.385	0.002 8073	153
236	0247	88	286	5169	109	336	1141	131	386	8226	154
237	0335	89	287	5278	110	337	1272	131	387	8380	154
238	0424	90	288	5388	109	338	1403	131	388	8534	155
239	0514	89	289	5497	111	339	1534	132	389	8689	155
0.240	0.001 0603	90	0.290	0.001 5608	110	0.340	0.002 1666	133	0.390	0.002 8844	155
241	0693	91	291	5718	111	341	1799	132	391	8999	156
242	0784	91	292	5829	112	342	1931	134	392	9155	156
243	0875	91	293	5941	112	343	2065	133	393	9311	157
244	0966	92	294	6053	112	344	2198	134	394	9468	158
0.245	0.001 1058	92	0.295	0.001 6165	113	0.345	0.002 2332	135	0.395	0.002 9626	158
246	1150	92	296	6278	113	346	2467	135	396	9784	158
247	1242	93	297	6391	114	347	2602	136	397	0.002 9942	159
248	1335	94	298	6505	114	348	2738	136	398	0.003 0101	159
249	1429	93	299	6619	114	349	2874	136	399	0260	160
0.250	0.001 1522		0.300	0.001 6733		0.350	0.002 3010		0.400	0.003 0420	

Arg. $\eta = \frac{2k(t'-t)}{(r+r')^{\frac{3}{2}}}$; $\log 2k = 8.536\,6114$; Sehne $s = \frac{2k(t'-t)}{(r+r')^{\frac{1}{2}}}\mu = (r+r')\eta\mu$;

$\eta\mu = \frac{s}{r+r'} = \sin\gamma$; $\frac{\text{Sector}}{\text{Dreieck}} = \frac{1+2\sec\gamma}{3}$.

Taf. XXII (Schluss). **Zur Auflösung der Euler'schen Gleichung in der parabolischen Bewegung.**

η	$\log \mu$		η	$\log \mu$		η	$\log \mu$		η	$\log \mu$	
0.400	0.003 0420		0.450	0.003 9050		0.500	0.004 9010		0.550	0.006 0441	
401	0580	160	451	9236	186	501	9224	214	551	0686	245
402	0741	161	452	9422	186	502	9438	214	552	0932	246
403	0903	162	453	9609	187	503	9653	215	553	1178	246
404	1064	161	454	9797	188	504	0.004 9868	215	554	1425	247
0.405	0.003 1227	163	0.455	0.003 9984	187	0.505	0.005 0084	216	0.555	0.006 1672	247
406	1389	162	456	0.004 0173	189	506	0301	217	556	1920	248
407	1553	164	457	0362	189	507	0518	217	557	2169	249
408	1716	163	458	0551	189	508	0736	218	558	2418	249
409	1881	165	459	0741	190	509	0954	218	559	2668	250
0.410	0.003 2045	164	0.460	0.004 0932	191	0.510	0.005 1173	219	0.560	0.006 2919	251
411	2211	166	461	1123	191	511	1393	220	561	3171	252
412	2376	165	462	1315	192	512	1613	220	562	3423	252
413	2543	167	463	1507	192	513	1834	221	563	3676	253
414	2709	166	464	1700	193	514	2056	222	564	3929	253
0.415	0.003 2877	168	0.465	0.004 1893	193	0.515	0.005 2278	222	0.565	0.006 4183	254
416	3044	167	466	2087	194	516	2500	222	566	4438	255
417	3213	169	467	2281	194	517	2723	223	567	4693	255
418	3381	168	468	2476	195	518	2947	224	568	4949	256
419	3551	170	469	2672	196	519	3172	225	569	5206	257
0.420	0.003 3720	169	0.470	0.004 2868	196	0.520	0.005 3397	225	0.570	0.006 5464	258
421	3891	171	471	3064	196	521	3622	225	571	5722	258
422	4061	170	472	3261	197	522	3849	227	572	5981	259
423	4233	172	473	3459	198	523	4076	227	573	6241	260
424	4404	171	474	3657	198	524	4303	227	574	6502	261
0.425	0.003 4577	173	0.475	0.004 3856	199	0.525	0.005 4531	228	0.575	0.006 6763	261
426	4749	172	476	4055	199	526	4760	229	576	7025	262
427	4923	174	477	4255	200	527	4989	229	577	7287	262
428	5096	173	478	4456	201	528	5219	230	578	7550	263
429	5271	175	479	4657	201	529	5450	231	579	7814	264
0.430	0.003 5445	174	0.480	0.004 4858	201	0.530	0.005 5681	231	0.580	0.006 8079	265
431	5621	176	481	5061	203	531	5913	232	581	8344	265
432	5797	176	482	5263	202	532	6146	233	582	8610	266
433	5973	176	483	5467	204	533	6379	233	583	8877	267
434	6150	177	484	5671	204	534	6613	234	584	9145	268
0.435	0.003 6327	177	0.485	0.004 5875	204	0.535	0.005 6847	234	0.585	0.006 9413	268
436	6505	178	486	6080	205	536	7082	235	586	9682	269
437	6683	178	487	6285	205	537	7318	236	587	0.006 9952	270
438	6862	179	488	6492	207	538	7554	236	588	0.007 0222	270
439	7042	180	489	6698	206	539	7791	237	589	0493	271
0.440	0.003 7222	180	0.490	0.004 6906	208	0.540	0.005 8029	238	0.590	0.007 0765	272
441	7402	180	491	7113	207	541	8267	238	591	1038	273
442	7583	181	492	7322	209	542	8506	239	592	1311	273
443	7765	182	493	7531	209	543	8746	240	593	1585	274
444	7947	182	494	7740	209	544	8986	240	594	1860	275
0.445	0.003 8129	182	0.495	0.004 7951	211	0.545	0.005 9227	241	0.595	0.007 2136	276
446	8313	184	496	8161	210	546	9469	242	596	2412	276
447	8496	183	497	8373	212	547	9711	242	597	2689	277
448	8680	184	498	8585	212	548	0.005 9954	243	598	2967	278
449	8865	185	499	8797	212	549	0.006 0197	243	599	3246	279
0.450	0.003 9050	185	0.500	0.004 9010	213	0.550	0.006 0441	244	0.600	0.007 3525	279

Arg. $\eta = \frac{2k(t'-t)}{(r+r')^{\frac{3}{2}}}$; $\log 2k = 8.536\,6114$; Sehne $s = \frac{2k(t'-t)}{(r+r')^{\frac{1}{2}}}\,\mu = (r+r')\,\eta\mu$;

$\eta\mu = \frac{s}{r+r'} = \sin\gamma$; $\frac{\text{Sector}}{\text{Dreieck}} = \frac{1+2\sec\gamma}{3}$.

Taf. XXIIa. Zur Ermittelung von $\frac{\text{Sector}}{\text{Dreieck}}$ in der Parabel.

η	log y	d	η	log y	d	η	log y	d	η	log y	d
0.000	0.000 0000	1	0.050	0.000 3625	147	0.100	0.001 4574	295	0.150	0.003 3070	449
001	0001	5	051	3772	150	101	4869	298	151	3519	452
002	0006	7	052	3922	152	102	5167	301	152	3971	456
003	0013	10	053	4074	156	103	5468	304	153	4427	459
004	0023	13	054	4230	158	104	5772	307	154	4886	462
0.005	0.000 0036	16	0.055	0.000 4388	161	0.105	0.001 6079	310	0.155	0.003 5348	465
006	0052	19	056	4549	165	106	6389	313	156	5813	468
007	0071	22	057	4714	167	107	6702	316	157	6281	472
008	0093	24	058	4881	170	108	7018	319	158	6753	475
009	0117	28	059	5051	173	109	7337	322	159	7228	478
0.010	0.000 0145	30	0.060	0.000 5224	176	0.110	0.001 7659	326	0.160	0.003 7706	481
011	0175	33	061	5400	179	111	7985	328	161	8187	484
012	0208	37	062	5579	182	112	8313	331	162	8671	488
013	0245	39	063	5761	185	113	8644	335	163	9159	491
014	0284	42	064	5946	188	114	8979	337	164	9650	494
0.015	0.000 0326	45	0.065	0.000 6134	190	0.115	0.001 9316	341	0.165	0.004 0144	497
016	0371	47	066	6324	194	116	9657	343	166	0641	500
017	0418	51	067	6518	196	117	0.002 0000	346	167	1141	504
018	0469	54	068	6714	200	118	0346	350	168	1645	507
019	0523	56	069	6914	203	119	0696	353	169	2152	510
0.020	0.000 0579	60	0.070	0.000 7117	205	0.120	0.002 1049	356	0.170	0.004 2662	514
021	0639	62	071	7322	209	121	1405	359	171	3176	516
022	0701	65	072	7531	211	122	1764	361	172	3692	520
023	0766	68	073	7742	215	123	2125	365	173	4212	524
024	0834	71	074	7957	217	124	2490	368	174	4736	526
0.025	0.000 0905	74	0.075	0.000 8174	221	0.125	0.002 2858	371	0.175	0.004 5262	530
026	0979	77	076	8395	223	126	3229	375	176	5792	533
027	1056	80	077	8618	226	127	3604	377	177	6325	537
028	1136	82	078	8844	229	128	3981	380	178	6862	539
029	1218	86	079	9073	232	129	4361	384	179	7401	543
0.030	0.000 1304	88	0.080	0.000 9305	235	0.130	0.002 4745	386	0.180	0.004 7944	546
031	1392	91	081	9540	238	131	5131	390	181	8490	550
032	1483	95	082	9778	241	132	5521	393	182	9040	553
033	1578	97	083	0.001 0019	244	133	5914	396	183	9593	556
034	1675	100	084	0263	247	134	6310	399	184	0.005 0149	559
0.035	0.000 1775	103	0.085	0.001 0510	250	0.135	0.002 6709	402	0.185	0.005 0708	563
036	1878	106	086	0760	253	136	7111	405	186	1271	566
037	1984	108	087	1013	256	137	7516	408	187	1837	570
038	2092	111	088	1269	259	138	7924	412	188	2407	573
039	2203	116	089	1528	262	139	8336	415	189	2980	576
0.040	0.000 2319	117	0.090	0.001 1790	265	0.140	0.002 8751	417	0.190	0.005 3556	579
041	2436	121	091	2055	267	141	9168	421	191	4135	583
042	2557	123	092	2322	271	142	9589	424	192	4718	586
043	2680	126	093	2593	274	143	0.003 0013	427	193	5304	590
044	2806	130	094	2867	277	144	0440	431	194	5894	592
0.045	0.000 2936	132	0.095	0.001 3144	280	0.145	0.003 0871	433	0.195	0.005 6486	597
046	3068	135	096	3424	283	146	1304	437	196	7083	600
047	3203	137	097	3707	286	147	1741	440	197	7683	603
048	3340	141	098	3993	289	148	2181	443	198	8286	606
049	3481	144	099	4282	292	149	2624	446	199	8892	610
0.050	0.000 3625		0.100	0.001 4574		0.150	0.003 3070		0.200	0.005 9502	

$$\eta = \frac{2k(t'-t)}{(r+r')^{\frac{3}{2}}}; \qquad \log 2k = 8.536\,6114.$$

Taf. XXIIa (Schluss). Zur Ermittelung von $\frac{\text{Sector}}{\text{Dreieck}}$ in der Parabel.

η	log y	d	η	log y	d	η	log y	d	η	log y	d
0.200	0.005 9502	613	0.250	0.009 4449	791	0.300	0.013 8721	988	0.350	0.019 3423	1209
201	0.006 0115	617	251	5240	794	301	9709	992	351	4632	1215
202	0732	620	252	6034	799	302	0.014 0701	996	352	5847	1219
203	1352	623	253	6833	802	303	1697	1000	353	7066	1224
204	1975	627	254	7635	806	304	2697	1004	354	8290	1229
0.205	0.006 2602	630	0.255	0.009 8441	809	0.305	0.014 3701	1009	0.355	0.019 9519	1234
206	3232	634	256	9250	814	306	4710	1012	356	0.020 0753	1239
207	3866	637	257	0.010 0064	817	307	5722	1017	357	1992	1243
208	4503	641	258	0881	821	308	6739	1021	358	3235	1249
209	5144	644	259	1702	825	309	7760	1026	359	4484	1253
0.210	0.006 5788	647	0.260	0.010 2527	828	0.310	0.014 8786	1030	0.360	0.020 5737	1258
211	6435	651	261	3355	833	311	9816	1034	361	6995	1263
212	7086	655	262	4188	836	312	0.015 0850	1038	362	8258	1268
213	7741	657	263	5024	840	313	1888	1042	363	9526	1273
214	8398	662	264	5864	844	314	2930	1047	364	0.021 0799	1277
0.215	0.006 9060	665	0.265	0.010 6708	847	0.315	0.015 3977	1051	0.365	0.021 2076	1283
216	9725	668	266	7555	852	316	5028	1056	366	3359	1288
217	0.007 0393	672	267	8407	855	317	6084	1060	367	4647	1293
218	1065	675	268	9262	859	318	7144	1064	368	5940	1298
219	1740	679	269	0.011 0121	863	319	8208	1069	369	7238	1302
0.220	0.007 2419	682	0.270	0.011 0984	867	0.320	0.015 9277	1073	0.370	0.021 8540	1308
221	3101	686	271	1851	871	321	0.016 0350	1077	371	9848	1313
222	3787	690	272	2722	875	322	1427	1082	372	0.022 1161	1318
223	4477	693	273	3597	879	323	2509	1086	373	2479	1323
224	5170	696	274	4476	882	324	3595	1091	374	3802	1328
0.225	0.007 5866	700	0.275	0.011 5358	887	0.325	0.016 4686	1095	0.375	0.022 5130	1334
226	6566	704	276	6245	890	326	5781	1099	376	6464	1338
227	7270	707	277	7135	895	327	6880	1104	377	7802	1344
228	7977	711	278	8030	898	328	7984	1108	378	9146	1348
229	8688	714	279	8928	902	329	9092	1113	379	0.023 0494	1354
0.230	0.007 9402	718	0.280	0.011 9830	906	0.330	0.017 0205	1117	0.380	0.023 1848	1359
231	0.008 0120	721	281	0.012 0736	911	331	1322	1122	381	3207	1365
232	0841	725	282	1647	914	332	2444	1127	382	4572	1369
233	1566	729	283	2561	918	333	3571	1131	383	5941	1375
234	2295	732	284	3479	922	334	4702	1135	384	7316	1380
0.235	0.008 3027	736	0.285	0.012 4401	926	0.335	0.017 5837	1140	0.385	0.023 8696	1386
236	3763	740	286	5327	931	336	6977	1145	386	0.024 0082	1390
237	4503	743	287	6258	934	337	8122	1149	387	1472	1396
238	5246	747	288	7192	938	338	9271	1154	388	2868	1401
239	5993	750	289	8130	943	339	0.018 0425	1158	389	4269	1407
0.240	0.008 6743	754	0.290	0.012 9073	946	0.340	0.018 1583	1163	0.390	0.024 5676	1412
241	7497	758	291	0.013 0019	951	341	2746	1167	391	7088	1418
242	8255	761	292	0970	954	342	3913	1173	392	8506	1422
243	9016	765	293	1924	959	343	5086	1176	393	9928	1429
244	9781	769	294	2883	963	344	6262	1182	394	0.025 1357	1433
0.245	0.009 0550	772	0.295	0.013 3846	966	0.345	0.018 7444	1186	0.395	0.025 2790	1439
246	1322	776	296	4812	972	346	8630	1191	396	4229	1445
247	2098	780	297	5784	975	347	9821	1196	397	5674	1450
248	2878	784	298	6759	979	348	0.019 1017	1200	398	7124	1456
249	3662	787	299	7738	983	349	2217	1206	399	8580	1461
0.250	0.009 4449		0.300	0.013 8721		0.350	0.019 3423		0.400	0.026 0041	

$$\eta = \frac{2k\,t' - t}{(r + r')^{\frac{3}{2}}}; \qquad \log 2k = 8.536\,6114.$$

Taf. XXIII. Zur Auflösung der Lambert'schen Gleichung bei parabelnahen Bahnen.

$\sin^2\frac{\varepsilon}{2}$	log Q Ellipse		log Q Hyperbel		$\sin^2\frac{\varepsilon}{2}$	log Q Ellipse		log Q Hyperbel	
0.000	0.000 0000		0.000 0000		0.050	0.006 6437		9.993 6079	
001	000 1303	1303	9.999 8698	1302	051	006 7793	1356	993 4824	1255
002	000 2608	1305	999 7397	1301	052	006 9150	1357	993 3571	1253
003	000 3913	1305	999 6096	1301	053	007 0508	1358	993 2319	1252
004	000 5220	1307	999 4797	1299	054	007 1867	1359	993 1067	1252
0.005	0.000 6527	1307	9.999 3499	1298	0.055	0.007 3228	1361	9.992 9816	1251
006	000 7836	1309	999 2201	1298	056	007 4589	1361	992 8567	1249
007	000 9145	1309	999 0904	1297	057	007 5952	1363	992 7319	1248
008	001 0455	1310	998 9609	1295	058	007 7316	1364	992 6071	1248
009	001 1767	1312	998 8315	1294	059	007 8680	1364	992 4824	1247
0.010	0.001 3079	1312	9.998 6022	1293	0.060	0.008 0046	1366	9.992 3578	1246
011	001 4393	1314	998 5730	1292	061	008 1413	1367	992 2333	1245
012	001 5708	1315	998 4438	1292	062	008 2781	1368	992 1089	1244
013	001 7023	1315	998 3147	1291	063	008 4150	1369	991 9846	1243
014	001 8340	1317	998 1858	1289	064	008 5521	1371	991 8603	1243
0.015	0.001 9657	1317	9.998 0569	1289	0.065	0.008 6892	1371	9.991 7362	1241
016	002 0976	1319	997 9281	1288	066	008 8264	1372	991 6122	1240
017	002 2296	1320	997 7995	1286	067	008 9638	1374	991 4882	1240
018	002 3617	1321	997 6710	1285	068	009 1013	1375	991 3643	1239
019	002 4938	1321	997 5425	1285	069	009 2389	1376	991 2406	1237
0.020	0.002 6261	1323	9.997 4141	1284	0.070	0.009 3766	1377	9.991 1169	1237
021	002 7585	1324	997 2859	1282	071	009 5144	1378	990 9933	1236
022	002 8910	1325	997 1577	1282	072	009 6524	1380	990 8698	1235
023	003 0236	1326	997 0297	1280	073	009 7904	1380	990 7463	1235
024	003 1563	1327	996 9017	1280	074	009 9286	1382	990 6230	1233
0.025	0.003 2891	1328	9.996 7738	1279	0.075	0.010 0669	1383	9.990 4998	1232
026	003 4220	1329	996 6460	1278	076	010 2053	1384	990 3766	1232
027	003 5550	1330	996 5184	1276	077	010 3438	1385	990 2535	1231
028	003 6882	1332	996 3908	1276	078	010 4824	1386	990 1306	1229
029	003 8214	1332	996 2633	1275	079	010 6211	1387	990 0077	1229
0.030	0.003 9547	1333	9.996 1359	1274	0.080	0.010 7600	1389	9.989 8849	1228
031	004 0881	1334	996 0086	1273	081	010 8990	1390	989 7622	1227
032	004 2217	1336	995 8814	1272	082	011 0381	1391	989 6396	1226
033	004 3553	1336	995 7543	1271	083	011 1773	1392	989 5170	1226
034	004 4890	1337	995 6273	1270	084	011 3166	1393	989 3945	1225
0.035	0.004 6229	1339	9.995 5003	1270	0.085	0.011 4560	1394	9.989 2722	1223
036	004 7569	1340	995 3735	1268	086	011 5956	1396	989 1499	1223
037	004 8910	1341	995 2468	1267	087	011 7352	1396	989 0278	1221
038	005 0252	1342	995 1202	1266	088	011 8750	1398	988 9057	1221
039	005 1594	1342	994 9936	1266	089	012 0149	1399	988 7837	1220
0.040	0.005 2938	1344	9.994 8671	1265	0.090	0.012 1549	1400	9.988 6617	1220
041	005 4283	1345	994 7408	1263	091	012 2951	1402	988 5399	1218
042	005 5630	1347	994 6146	1262	092	012 4353	1402	988 4182	1217
043	005 6977	1347	994 4884	1262	093	012 5757	1404	988 2965	1217
044	005 8325	1348	994 3623	1261	094	012 7162	1405	988 1749	1216
0.045	0.005 9674	1349	9.994 2363	1260	0.095	0.012 8568	1406	9.988 0534	1215
046	006 1024	1350	994 1105	1258	096	012 9975	1407	987 9320	1214
047	006 2376	1352	993 9847	1258	097	013 1384	1409	987 8107	1213
048	006 3729	1353	993 8590	1257	098	013 2793	1409	987 6895	1212
049	006 5083	1354	993 7334	1256	099	013 4204	1411	987 5683	1212
0.050	0.006 6437	1354	9.993 6079	1255	0.100	0.013 5616	1412	9.987 4473	1210

$\log 6k = 9.013\,7327 - 10$; $\quad 6k(t'-t) = (r+r'+s)^{\frac{3}{2}} Q_\varepsilon \mp (r+r'-s)^{\frac{3}{2}} Q_\delta$;

$\sin^2\frac{\varepsilon}{2} = \frac{r+r'+s}{4a}$; $\quad \sin^2\frac{\delta}{2} = \frac{r+r'-s}{4a}$.

Taf. XXIII (Schluss). Zur Auflösung der Lambert'schen Gleichung bei parabelnahen Bahnen.

$\sin\frac{\varepsilon}{2}^2$	log Q Ellipse		log Q Hyperbel		$\sin\frac{\varepsilon}{2}^2$	log Q Ellipse		log Q Hyperbel	
0.100	0.013 5616		9.987 4473		0.150	0.020 7798		9.981 5008	
101	013 7029	1413	987 3263	1210	151	020 9274	1476	981 3840	1168
102	013 8444	1415	987 2054	1209	152	021 0752	1478	981 2672	1168
103	013 9860	1416	987 0846	1208	153	021 2231	1479	981 1505	1167
104	014 1277	1417	986 9639	1207	154	021 3711	1480	981 0338	1167
0.105	0.014 2695	1418	9.986 8432	1207	0.155	0.021 5192	1481	9.980 9173	1165
106	014 4114	1419	986 7227	1205	156	021 6675	1483	980 8009	1164
107	014 5534	1420	986 6023	1204	157	021 8159	1484	980 6845	1164
108	014 6956	1422	986 4819	1204	158	021 9645	1486	980 5682	1163
109	014 8379	1423	986 3616	1203	159	022 1132	1487	980 4520	1162
0.110	0.014 9803	1424	9.986 2414	1202	0.160	0.022 2620	1488	9.980 3358	1162
111	015 1229	1426	986 1213	1201	161	022 4110	1490	980 2197	1161
112	015 2655	1426	986 0012	1201	162	022 5601	1491	980 1037	1160
113	015 4083	1428	985 8812	1200	163	022 7093	1492	979 9878	1159
114	015 5512	1429	985 7614	1198	164	022 8587	1494	979 8720	1158
0.115	0.015 6942	1430	9.985 6416	1198	0.165	0.023 0082	1495	9.979 7563	1157
116	015 8374	1432	985 5219	1197	166	023 1578	1496	979 6406	1157
117	015 9807	1433	985 4022	1197	167	023 3076	1498	979 5250	1156
118	016 1241	1434	985 2827	1195	168	023 4575	1499	979 4095	1155
119	016 2676	1435	985 1633	1194	169	023 6076	1501	979 2940	1155
0.120	0.016 4113	1437	9.985 0439	1194	0.170	0.023 7577	1501	9.979 1786	1154
121	016 5551	1438	984 9246	1193	171	023 9080	1503	979 0633	1153
122	016 6990	1439	984 8054	1192	172	024 0585	1505	978 9481	1152
123	016 8430	1440	984 6863	1191	173	024 2091	1506	978 8330	1151
124	016 9871	1441	984 5673	1190	174	024 3599	1508	978 7179	1151
0.125	0.017 1314	1443	9.984 4483	1190	0.175	0.024 5107	1508	9.978 6029	1150
126	017 2758	1444	984 3294	1189	176	024 6617	1510	978 4880	1149
127	017 4203	1445	984 2106	1188	177	024 8129	1512	978 3732	1148
128	017 5650	1447	984 0919	1187	178	024 9642	1513	978 2585	1147
129	017 7098	1448	983 9733	1186	179	025 1156	1514	978 1438	1147
0.130	0.017 8547	1449	9.983 8547	1186	0.180	0.025 2672	1516	9.978 0292	1146
131	017 9997	1450	983 7363	1184	181	025 4189	1517	977 9146	1146
132	018 1449	1452	983 6179	1184	182	025 5707	1518	977 8002	1144
133	018 2902	1453	983 4996	1183	183	025 7227	1520	977 6858	1144
134	018 4356	1454	983 3814	1182	184	025 8749	1522	977 5715	1143
0.135	0.018 5811	1455	9.983 2632	1182	0.185	0.026 0271	1522	9.977 4573	1142
136	018 7268	1457	983 1452	1180	186	026 1795	1524	977 3431	1142
137	018 8726	1458	983 0272	1180	187	026 3321	1526	977 2290	1141
138	019 0185	1459	982 9093	1179	188	026 4848	1527	977 1150	1140
139	019 1646	1461	982 7915	1178	189	026 6377	1529	977 0011	1139
0.140	0.019 3108	1462	9.982 6738	1177	0.190	0.026 7906	1529	9.976 8873	1138
141	019 4571	1463	982 5561	1177	191	026 9437	1531	976 7735	1138
142	019 6035	1464	982 4385	1176	192	027 0970	1533	976 6598	1137
143	019 7501	1466	982 3210	1175	193	027 2505	1535	976 5462	1136
144	019 8968	1467	982 2036	1174	194	027 4040	1535	976 4327	1135
0.145	0.020 0436	1468	9.982 0863	1173	0.195	0.027 5577	1537	9.976 3192	1135
146	020 1906	1470	981 9690	1173	196	027 7116	1539	976 2058	1134
147	020 3377	1471	981 8519	1171	197	027 8656	1540	976 0925	1133
148	020 4849	1472	981 7348	1171	198	028 0197	1541	975 9792	1133
149	020 6323	1474	981 6178	1170	199	028 1740	1543	975 8660	1132
0.150	0.020 7798	1475	9.981 5008	1170	0.200	0.028 3284	1544	9.975 7529	1131

$\log 6k = 9.013\,7327 - 10$; $\quad 6k(t'-t) = (r+r'+s)^{\frac{3}{2}} Q_\varepsilon \mp (r+r'-s)^{\frac{3}{2}} Q_\delta$;

$\sin\frac{\varepsilon}{2}^2 = \frac{r+r'+s}{4a}$; $\quad \sin\frac{\delta}{2}^2 = \frac{r+r'-s}{4a}$.

Taf. XXIV. Zur Auflösung der Lambert'schen Gleichung bei parabelnahen Bahnen für kleine Werthe der Sehne.

$\log\frac{s}{r+r'}$	$\log Q$	d	$\log Q_1$	$\log Q_2$	$\log\frac{s}{r+r'}$	$\log Q$	d	$\log Q_1$	$\log Q_2$
7.1	9.698 9700	0	8.734 695	7.655 51	8.50	9.698 9519	9	8.734 767	7.655 51
2	9700	1	695	51	51	9510	9	770	51
3	9699	0	695	51	52	9501	9	774	51
4	9699	1	695	51	53	9492	10	777	51
5	9698	1	695	51	54	9482	10	781	50
7.6	9.698 9697	1	8.734 695	7.655 51	8.55	9.698 9472	11	8.734 785	7.655 50
7	9696	3	696	51	56	9461	11	790	50
8	9693	4	697	51	57	9450	12	794	50
9	9689	7	699	51	58	9438	13	799	50
8.0	9682	10	702	51	59	9425	13	804	50
8.10	9.698 9672	1	8.734 706	7.655 51	8.60	9.698 9412	14	8.734 809	7.655 50
11	9671	2	706	51	61	9398	14	814	50
12	9669	1	707	51	62	9384	15	820	50
13	9668	2	707	51	63	9369	15	826	50
14	9666	2	708	51	64	9354	16	832	50
8.15	9.698 9664	2	8.734 708	7.655 51	8.65	9.698 9338	17	8.734 839	7.655 50
16	9662	2	709	51	66	9321	18	846	50
17	9660	2	710	51	67	9303	19	853	50
18	9658	2	711	51	68	9284	20	860	50
19	9656	2	712	51	69	9264	20	868	50
8.20	9.698 9654	2	8.734 713	7.655 51	8.70	9.698 9244	21	8.734 876	7.655 49
21	9652	2	713	51	71	9223	23	885	49
22	9650	2	714	51	72	9200	24	894	49
23	9648	3	715	51	73	9176	24	903	49
24	9645	2	716	51	74	9152	25	913	49
8.25	9.698 9643	3	8.734 717	7.655 51	8.75	9.698 9127	27	8.734 923	7.655 49
26	9640	3	718	51	76	9100	28	934	49
27	9637	3	719	51	77	9072	30	945	49
28	9634	3	721	51	78	9042	31	957	49
29	9631	3	722	51	79	9011	32	970	49
8.30	9.698 9628	3	8.734 723	7.655 51	8.80	9.698 8979	34	8.734 983	7.655 48
31	9625	4	724	51	81	8945	36	996	48
32	9621	4	726	51	82	8909	37	8.735 010	48
33	9617	4	727	51	83	8872	39	025	48
34	9613	4	729	51	84	8833	41	041	48
8.35	9.698 9609	4	8.734 730	7.655 51	8.85	9.698 8792	43	8.735 057	7.655 48
36	9605	4	732	51	86	8749	45	074	48
37	9601	5	734	51	87	8704	47	092	47
38	9596	5	736	51	88	8657	49	111	47
39	9591	5	738	51	89	8608	52	131	47
8.40	9.698 9586	5	8.734 740	7.655 51	8.90	9.698 8556	54	8.735 151	7.655 47
41	9581	6	742	51	91	8502	56	173	47
42	9575	6	744	51	92	8446	59	195	46
43	9569	6	746	51	93	8387	62	219	46
44	9563	6	749	51	94	8325	65	244	46
8.45	9.698 9557	7	8.734 752	7.655 51	8.95	9.698 8260	68	8.735 269	7.655 46
46	9550	7	755	51	96	8192	71	297	45
47	9543	8	757	51	97	8121	75	325	45
48	9535	8	760	51	98	8046	78	355	45
49	9527	8	763	51	99	7968	82	386	44
8.50	9.698 9519		8.734 767	7.655 51	9.00	9.698 7886		8.735 418	7.655 44

$$\log k(t'-t) = \log\left[s\sqrt{r+r'}\,Q\right] + \frac{r+r'}{a}\,Q_1 R_1 + \left(\frac{s}{a}\right)^2 Q_2 R_2 .$$

Taf. XXIV (Schluss).
Lambert'sche Gleichung.

$\log \frac{s}{r+r'}$	$\log Q$	d	$\log Q_1$	$\log Q_2$
9.00	9.698 7886	85	8.735 418	7.655 44
01	7801	90	453	44
02	7711	94	488	43
03	7617	98	526	43
04	7519	103	565	43
9.05	9.698 7416	108	8.735 606	7.655 42
06	7308	114	649	42
07	7194	118	694	41
08	7076	124	741	41
09	6952	131	790	40
9.10	9.698 6821	135	8.735 842	7.655 40
11	6686	142	896	39
12	6544	149	953	39
13	6395	157	8.736 012	38
14	6238	164	074	37
9.15	9.698 6074	172	8.736 140	7.655 37
16	5902	180	208	36
17	5722	188	279	35
18	5534	197	354	35
19	5337	207	432	34
9.200	9.698 5130	21	8.736 514	7.655 33
201	5109	21	522	33
202	5088	21	531	33
203	5067	22	539	33
204	5045	21	548	33
9.205	9.698 5024	22	8.736 556	7.655 33
206	5002	22	565	33
207	4980	22	574	32
208	4958	22	582	32
209	4936	22	591	32
9.210	9.698 4914	22	8.736 600	7.655 32
211	4892	23	609	32
212	4869	22	618	32
213	4847	23	626	32
214	4824	22	635	32
9.215	9.698 4802	23	8.736 644	7.655 32
216	4779	23	653	32
217	4756	23	662	32
218	4733	23	671	31
219	4710	23	681	31
9.220	9.698 4687	23	8.736 690	7.655 31
221	4664	24	699	31
222	4640	23	708	31
223	4617	24	718	31
224	4593	24	727	31
9.225	9.698 4569	24	8.736 736	7.655 31
226	4545	24	746	31
227	4521	24	755	31
228	4497	24	765	30
229	4473	24	774	30
9.230	9.698 4449		8.736 784	7.655 30

Taf. XXIVa.
Lambert'sche Gleichung.

$\frac{r+r'}{a}$	$\log R_1$	d	$\log R_2$	d
0.00	0.000 000	543	0.000 00	199
01	000 543	545	001 99	200
02	001 088	546	003 99	201
03	001 634	547	006 00	201
04	002 181	548	008 01	201
0.05	0.002 729	549	0.010 02	202
06	003 278	550	012 04	202
07	003 828	552	014 06	203
08	004 380	553	016 09	204
09	004 933	554	018 13	204
0.10	0.005 487	555	0.020 17	204
11	006 042	556	022 21	205
12	006 598	557	024 26	206
13	007 155	559	026 32	206
14	007 714	560	028 38	207
0.15	0.008 274	561	0.030 45	207
16	008 835	562	032 52	208
17	009 397	563	034 60	209
18	009 960	565	036 69	209
19	010 525	566	038 78	209
0.20	0.011 091	567	0.040 87	210
21	011 658	568	042 97	211
22	012 226	570	045 08	211
23	012 796	571	047 19	212
24	013 367	572	049 31	213
0.25	0.013 939	573	0.051 44	213
26	014 512	575	053 57	214
27	015 087	576	055 71	214
28	015 663	577	057 85	215
29	016 240	579	060 00	215
0.30	0.016 819	580	0.062 15	216
31	017 399	581	064 31	216
32	017 980	583	066 47	217
33	018 563	584	068 64	218
34	019 147	585	070 82	219
0.35	0.019 732	586	0.073 01	219
36	020 318	588	075 20	220
37	020 906	590	077 40	220
38	021 496	590	079 60	221
39	022 086	592	081 81	221
0.40	0.022 678	593	0.084 02	222
41	023 271	594	086 24	223
42	023 865	596	088 47	224
43	024 461	598	090 71	224
44	025 059	599	092 95	225
0.45	0.025 658	601	0.095 20	225
46	026 259	602	097 45	226
47	026 861	603	099 71	227
48	027 464	604	101 98	227
49	028 068	605	104 25	229
0.50	0.028 673		0.106 54	

$$\log k(t'-t) = \log\left[s\sqrt{r+r'}\,Q\right] + \frac{r+r'}{a}\,Q_1 R_1 + \left(\frac{s}{a}\right)^2 Q_2 R_2 .$$

Taf. XXV.

Zur Entscheidung über die Möglichkeit einer Bahn aus drei Beobachtungen.

q	$\log m'$	$\log m''$	$m \sin z^4 = \sin(z - q)$				$m \sin z^4 = \sin(z + q)$			
			m'' I	m' II	m'' III	m' IV	m' I	m'' II	m' III	m'' IV
1°	4.2976	9.9999	1° 0′	1° 20′	89° 40′	177° 37′	2° 23′	90° 20′	178° 40′	179° 0′
2	3.3950	9.9996	2 0	2 40	89 20	175 14	4 46	90 40	177 20	178 0
3	2.8675	9.9992	3 0	4 0	89 0	172 52	7 8	91 0	176 0	177 0
4	2.4938	9.9986	4 0	5 20	88 40	170 28	9 32	91 20	174 40	176 0
5	2.2044	9.9978	5 0	6 41	88 19	168 5	11 55	91 41	173 19	175 0
6	1.9686	9.9968	6 0	8 1	87 59	165 41	14 19	92 1	171 59	174 0
7	1.7698	9.9957	7 1	9 22	87 38	163 18	16 42	92 22	170 38	172 59
8	1.5981	9.9943	8 1	10 42	87 18	160 53	19 7	92 42	169 18	171 59
9	1.4473	9.9928	9 2	12 3	86 57	158 28	21 32	93 3	167 57	170 58
10	1.3130	9.9911	10 3	13 25	86 35	156 3	23 57	93 25	166 35	169 57
11	1.1922	9.9892	11 5	14 46	86 14	153 37	26 23	93 46	165 14	168 55
12	1.0824	9.9871	12 6	16 8	85 52	151 10	28 50	94 8	163 52	167 54
13	0.9821	9.9848	13 9	17 31	85 29	148 43	31 17	94 31	162 29	166 51
14	0.8898	9.9823	14 12	18 53	85 7	146 14	33 46	94 53	161 7	165 48
15	0.8045	9.9796	15 16	20 17	84 43	143 45	36 15	95 17	159 43	164 44
16	0.7254	9.9767	16 20	21 40	84 20	141 14	38 46	95 40	158 20	163 40
17	0.6518	9.9736	17 26	23 5	83 55	138 42	41 18	96 5	156 55	162 34
18	0.5830	9.9702	18 33	24 30	83 30	136 9	43 51	96 30	155 30	161 27
19	0.5185	9.9667	19 41	25 56	83 4	133 34	46 26	96 56	154 4	160 19
20	0.4581	9.9629	20 51	27 23	82 37	130 58	49 2	97 23	152 37	159 9
21	0.4013	9.9588	22 2	28 50	82 10	128 19	51 41	97 50	151 10	157 58
22	0.3479	9.9545	23 15	30 19	81 41	125 38	54 22	98 19	149 41	156 45
23	0.2976	9.9499	24 31	31 49	81 11	122 55	57 5	98 49	148 11	155 29
24	0.2501	9.9451	25 49	33 20	80 40	120 9	59 51	99 20	146 40	154 11
25	0.2053	9.9400	27 10	34 53	80 7	117 20	62 40	99 53	145 7	152 50
26	0.1631	9.9345	28 35	36 28	79 32	114 27	65 33	100 28	143 32	151 25
27	0.1232	9.9287	30 4	38 5	78 55	111 30	68 30	101 5	141 55	149 56
28	0.0857	9.9226	31 38	39 45	78 15	108 27	71 33	101 45	140 15	148 22
29	0.0503	9.9161	33 18	41 27	77 33	105 19	74 41	102 27	138 33	146 42
30	0.0170	9.9092	35 5	43 13	76 47	102 3	77 58	103 13	136 46	144 55
31	9.9857	9.9019	37 1	45 4	75 56	98 37	81 23	104 4	134 56	142 59
32	9.9565	9.8940	39 9	47 1	74 59	95 0	85 0	105 1	132 59	140 51
33	9.9292	9.8856	41 33	49 6	73 54	91 6	88 54	106 6	130 54	138 27
34	9.9040	9.8765	44 21	51 22	72 38	86 49	93 11	107 22	128 38	135 39
35	9.8808	9.8665	47 47	53 58	71 2	81 53	98 7	108 58	126 2	132 13
36	9.8600	9.8555	52 31	57 13	68 47	75 40	104 20	111 13	122 47	127 29
q'	9.8443	9.8443	63 26	63 26	63 26	63 26	116 34	116 34	116 34	116 34

m und q positiv.

Eine Bahn, welche drei vollständigen Beobachtungen genügt, ist nur möglich, wenn in der Gleichung $m \sin z^4 = \sin(z \mp q)$ (wo das obere Zeichen eintritt, wenn zur Zeit der mittleren Beobachtung der Planet oder Komet weiter von der Sonne entfernt ist als die Erde und das untere, wenn das umgekehrte der Fall ist) $\sin q < \frac{3}{5}$ (also $q = q' < 36^\circ 52'.2$) ist und m zwischen den Gränzen m' und m'' liegt. Von den vier reellen Wurzeln, welche die Gleichung dann besitzt, sind drei positiv, eine negativ, von denen die letztere sofort ausscheidet, da die Beziehung $\frac{\sin z}{R} = \frac{\sin(\delta - z)}{\varrho} = \frac{\sin \delta}{r}$ erheischt $0^\circ < z < 180^\circ$. Von den drei positiven Wurzeln entspricht eine der Erdbahn, nämlich jene, für welche $z = \delta$ ist, und welche ebenfalls sofort ausgeschieden werden kann. — Obige Tabelle giebt die Gränzen der drei Wurzeln; dieselben liegen zwischen I und II, zwischen II und III und zwischen III und IV. Da $z < \delta$ sein muss, so hat man folgende Kriterien:

1. Liegt δ zwischen I und II, so ist keine Bahn möglich, welche die drei Beobachtungen darstellt.
2. Liegt δ zwischen II und III, so ist eine Bahn möglich; ihr entspricht das zwischen I und II liegende z.
3. Liegt δ zwischen III und IV, so sind zwei Bahnen möglich, denen die zwischen I und II und zwischen II und III liegenden z entsprechen; welche die richtige ist, können nur weitere Beobachtungen entscheiden.

Taf. XXVI.

Tafel für $f = 3\left(1 - \frac{5}{2}q + \frac{5\cdot 7}{2\cdot 3}q^2 - \frac{5\cdot 7\cdot 9}{2\cdot 3\cdot 4}q^3 + \frac{5\cdot 7\cdot 9\cdot 11}{2\cdot 3\cdot 4\cdot 5}q^4 - \cdots\right)$

q	log f	Δ	q	log f	Δ	q	log f	Δ
— 0.0300	0.51 0798		— 0.0250	0.50 5026		— 0.0200	0.49 9320	
0299	0682	116	0249	4911	115	0199	9206	114
0298	0566	116	0248	4797	114	0198	9093	113
0297	0450	116	0247	4682	115	0197	8980	113
0296	0334	116	0246	4567	115	0196	8866	114
— 0.0295	0.51 0218	116	— 0.0245	0.50 4453	114	— 0.0195	0.49 8753	113
0294	0.51 0102	116	0244	4338	115	0194	8639	114
0293	0.50 9986	116	0243	4223	115	0193	8526	113
0292	9870	116	0242	4109	114	0192	8413	113
0291	9754	116	0241	3994	115	0191	8300	113
— 0.0290	0.50 9638	116	— 0.0240	0.50 3880	114	— 0.0190	0.49 8186	114
0289	9523	115	0239	3765	115	0189	8073	113
0288	9407	116	0238	3651	114	0188	7960	113
0287	9291	116	0237	3536	115	0187	7847	113
0286	9175	116	0236	3422	114	0186	7734	113
— 0.0285	0.50 9060	115	— 0.0235	0.50 3308	114	— 0.0185	0.49 7621	113
0284	8944	116	0234	3193	115	0184	7507	114
0283	8828	116	0233	3079	114	0183	7394	113
0282	8713	115	0232	2965	114	0182	7281	113
0281	8597	116	0231	2850	115	0181	7168	113
— 0.0280	0.50 8481	116	— 0.0230	0.50 2736	114	— 0.0180	0.49 7055	113
0279	8366	115	0229	2622	114	0179	6942	113
0278	8250	116	0228	2507	115	0178	6829	113
0277	8135	115	0227	2393	114	0177	6717	112
0276	8019	116	0226	2279	114	0176	6604	113
— 0.0275	0.50 7904	115	— 0.0225	0.50 2165	114	— 0.0175	0.49 6491	113
0274	7788	116	0224	2051	114	0174	6378	113
0273	7673	115	0223	1937	114	0173	6265	113
0272	7558	115	0222	1823	114	0172	6152	113
0271	7442	116	0221	1709	114	0171	6040	112
— 0.0270	0.50 7327	115	— 0.0220	0.50 1595	114	— 0.0170	0.49 5927	113
0269	7212	115	0219	1481	114	0169	5814	113
0268	7096	116	0218	1367	114	0168	5702	112
0267	6981	115	0217	1253	114	0167	5589	113
0266	6866	115	0216	1139	114	0166	5476	113
— 0.0265	0.50 6751	115	— 0.0215	0.50 1025	114	— 0.0165	0.49 5364	112
0264	6636	115	0214	0911	114	0164	5251	113
0263	6521	115	0213	0797	114	0163	5138	113
0262	6405	116	0212	0684	113	0162	5026	112
0261	6290	115	0211	0570	114	0161	4913	113
— 0.0260	0.50 6175	115	— 0.0210	0.50 0456	114	— 0.0160	0.49 4801	112
0259	6060	115	0209	0342	114	0159	4689	112
0258	5945	115	0208	0229	113	0158	4576	113
0257	5830	115	0207	0115	114	0157	4464	112
0256	5715	115	0206	0.50 0001	114	0156	4351	113
— 0.0255	0.50 5600	115	— 0.0205	0.49 9888	113	— 0.0155	0.49 4239	112
0254	5486	114	0204	9774	114	0154	4127	112
0253	5371	115	0203	9660	114	0153	4014	113
0252	5256	115	0202	9547	113	0152	3902	112
0251	5141	115	0201	9433	114	0151	3790	112
— 0.0250	0.50 5026	115	— 0.0200	0.49 9320	113	— 0.0150	0.49 3678	112

P. P.

	116	115	114	113	112
1	11.6	11.5	11.4	11.3	11.2
2	23.2	23.0	22.8	22.6	22.4
3	34.8	34.5	34.2	33.9	33.6
4	46.4	46.0	45.6	45.2	44.8
5	58.0	57.5	57.0	56.5	56.0
6	69.6	69.0	68.4	67.8	67.2
7	81.2	80.5	79.8	79.1	78.4
8	92.8	92.0	91.2	90.4	89.6
9	104.4	103.5	102.6	101.7	100.8

Taf. XXVI (Forts.).

Tafel für $f = 3\left(1 - \frac{5}{2}\,q + \frac{5\cdot 7}{2\cdot 3}\,q^2 - \frac{5\cdot 7\cdot 9}{2\cdot 3\cdot 4}\,q^3 + \frac{5\cdot 7\cdot 9\cdot 11}{2\cdot 3\cdot 4\cdot 5}\,q^4 - \cdots\right)$.

q	$\log f$		q	$\log f$		q	$\log f$	
— 0.0150	0.49 3678	113	— 0.0100	0.48 8098	111	— 0.0050	0.48 2580	110
0149	3565	112	0099	7987	111	0049	2470	110
0148	3453	112	0098	7876	111	0048	2360	110
0147	3341	112	0097	7765	111	0047	2250	109
0146	3229	112	0096	7654	111	0046	2141	110
— 0.0145	0.49 3117	112	— 0.0095	0.48 7543	111	— 0.0045	0.48 2031	110
0144	3005	112	0094	7432	110	0044	1921	109
0143	2893	112	0093	7322	111	0043	1812	110
0142	2781	112	0092	7211	111	0042	1702	109
0141	2669	112	0091	7100	111	0041	1593	110
— 0.0140	0.49 2557	112	— 0.0090	0.48 6989	110	— 0.0040	0.48 1483	109
0139	2445	112	0089	6879	111	0039	1374	110
0138	2333	112	0088	6768	111	0038	1264	109
0137	2221	112	0087	6657	110	0037	1155	110
0136	2109	112	0086	6547	111	0036	1045	109
— 0.0135	0.49 1997	112	— 0.0085	0.48 6436	111	— 0.0035	0.48 0936	110
0134	1885	111	0084	6325	110	0034	0826	109
0133	1774	112	0083	6215	111	0033	0717	109
0132	1662	112	0082	6104	110	0032	0608	110
0131	1550	112	0081	5994	111	0031	0498	109
— 0.0130	0.49 1438	111	— 0.0080	0.48 5883	110	— 0.0030	0.48 0389	109
0129	1327	112	0079	5773	111	0029	0280	109
0128	1215	112	0078	5662	110	0028	0171	110
0127	1103	111	0077	5552	110	0027	0.48 0061	109
0126	0992	112	0076	5442	111	0026	0.47 9952	109
— 0.0125	0.49 0880	112	— 0.0075	0.48 5331	110	— 0.0025	0.47 9843	109
0124	0768	111	0074	5221	111	0024	9734	109
0123	0657	112	0073	5110	110	0023	9625	109
0122	0545	111	0072	5000	110	0022	9516	109
0121	0434	112	0071	4890	110	0021	9407	110
— 0.0120	0.49 0322	111	— 0.0070	0.48 4780	111	— 0.0020	0.47 9297	109
0119	0211	112	0069	4669	110	0019	9188	109
0118	0.49 0099	111	0068	4559	110	0018	9079	109
0117	0.48 9988	111	0067	4449	110	0017	8970	109
0116	9877	112	0066	4339	110	0016	8861	108
— 0.0115	0.48 9765	111	— 0.0065	0.48 4229	110	— 0.0015	0.47 8753	109
0114	9654	111	0064	4119	111	0014	8644	109
0113	9543	112	0063	4008	110	0013	8535	109
0112	9431	111	0062	3898	110	0012	8426	109
0111	9320	111	0061	3788	110	0011	8317	109
— 0.0110	0.48 9209	111	— 0.0060	0.48 3678	110	— 0.0010	0.47 8208	109
0109	9098	112	0059	3568	110	0009	8099	108
0108	8986	111	0058	3458	110	0008	7991	109
0107	8875	111	0057	3348	109	0007	7882	109
0106	8764	111	0056	3239	110	0006	7773	109
— 0.0105	0.48 8653	111	— 0.0055	0.48 3129	110	— 0.0005	0.47 7664	108
0104	8542	111	0054	3019	110	0004	7556	109
0103	8431	111	0053	2909	110	0003	7447	109
0102	8320	111	0052	2799	110	0002	7338	108
0101	8209	111	0051	2689	109	0001	7230	109
— 0.0100	0.48 8098		— 0.0050	0.48 2580		0.0000	0.47 7121	

P. P.

	113	112	111	110	109	108
1	11.3	11.2	11.1	11.0	10.9	10.8
2	22.6	22.4	22.2	22.0	21.8	21.6
3	33.9	33.6	33.3	33.0	32.7	32.4
4	45.2	44.8	44.4	44.0	43.6	43.2
5	56.5	56.0	55.5	55.0	54.5	54.0
6	67.8	67.2	66.6	66.0	65.4	64.8
7	79.1	78.4	77.7	77.0	76.3	75.6
8	90.4	89.6	88.8	88.0	87.2	86.4
9	101.7	100.8	99.9	99.0	98.1	97.2

Taf. XXVI (Forts.).

Tafel für $f = 3\left(1 - \frac{5}{2}q + \frac{5\cdot7}{2\cdot3}q^2 - \frac{5\cdot7\cdot9}{2\cdot3\cdot4}q^3 + \frac{5\cdot7\cdot9\cdot11}{2\cdot3\cdot4\cdot5}q^4 - \dots\right)$.

q	$\log f$		q	$\log f$		q	$\log f$	
0.0000	0.47 7121		+ 0.0050	0.47 1722		+ 0.0100	0.46 6380	
+ 0.0001	7013	108	0051	1614	108	0101	6274	106
0002	6904	109	0052	1507	107	0102	6167	107
0003	6796	108	0053	1400	107	0103	6061	106
0004	6687	109	0054	1292	108	0104	5955	106
+ 0.0005	0.47 6579	108	+ 0.0055	0.47 1185	107	+ 0.0105	0.46 5849	106
0006	6470	109	0056	1078	107	0106	5743	106
0007	6362	108	0057	0970	108	0107	5637	106
0008	6253	109	0058	0863	107	0108	5530	107
0009	6145	108	0059	0756	107	0109	5424	106
+ 0.0010	0.47 6037	108	+ 0.0060	0.47 0649	107	+ 0.0110	0.46 5318	106
0011	5928	109	0061	0542	107	0111	5212	106
0012	5820	108	0062	0435	107	0112	5106	106
0013	5712	108	0063	0327	108	0113	5000	106
0014	5604	108	0064	0220	107	0114	4894	106
+ 0.0015	0.47 5495	109	+ 0.0065	0.47 0113	107	+ 0.0115	0.46 4788	106
0016	5387	108	0066	0.47 0006	107	0116	4682	106
0017	5279	108	0067	0.46 9899	107	0117	4577	105
0018	5171	108	0068	9792	107	0118	4471	106
0019	5063	108	0069	9685	107	0119	4365	106
+ 0.0020	0.47 4954	109	+ 0.0070	0.46 9578	107	+ 0.0120	0.46 4259	106
0021	4846	108	0071	9471	107	0121	4153	106
0022	4738	108	0072	9364	107	0122	4047	106
0023	4630	108	0073	9257	107	0123	3942	105
0024	4522	108	0074	9151	106	0124	3836	106
+ 0.0025	0.47 4414	108	+ 0.0075	0.46 9044	107	+ 0.0125	0.46 3730	106
0026	4306	108	0076	8937	107	0126	3625	105
0027	4198	108	0077	8830	107	0127	3519	106
0028	4090	108	0078	8723	107	0128	3413	106
0029	3982	108	0079	8617	106	0129	3308	105
+ 0.0030	0.47 3875	107	+ 0.0080	0.46 8510	107	+ 0.0130	0.46 3202	106
0031	3767	108	0081	8403	107	0131	3096	106
0032	3659	108	0082	8296	107	0132	2991	105
0033	3551	108	0083	8190	106	0133	2885	106
0034	3443	108	0084	8083	107	0134	2780	105
+ 0.0035	0.47 3336	107	+ 0.0085	0.46 7976	107	+ 0.0135	0.46 2674	106
0036	3228	108	0086	7870	106	0136	2569	105
0037	3120	108	0087	7763	107	0137	2463	106
0038	3012	108	0088	7657	106	0138	2358	105
0039	2905	107	0089	7550	107	0139	2252	106
+ 0.0040	0.47 2797	108	+ 0.0090	0.46 7444	106	+ 0.0140	0.46 2147	105
0041	2689	108	0091	7337	107	0141	2042	105
0042	2582	107	0092	7231	106	0142	1936	106
0043	2474	108	0093	7124	107	0143	1831	105
0044	2367	107	0094	7018	106	0144	1726	105
+ 0.0045	0.47 2259	108	+ 0.0095	0.46 6912	106	+ 0.0145	0.46 1621	105
0046	2152	107	0096	6805	107	0146	1515	106
0047	2044	108	0097	6699	106	0147	1410	105
0048	1937	107	0098	6592	107	0148	1305	105
0049	1829	108	0099	6486	106	0149	1200	105
+ 0.0050	0.47 1722	107	+ 0.0100	0.46 6380	106	+ 0.0150	0.46 1094	106

P. P.

	109	108	107	106	105
1	10.9	10.8	10.7	10.6	10.5
2	21.8	21.6	21.4	21.2	21.0
3	32.7	32.4	32.1	31.8	31.5
4	43.6	43.2	42.8	42.4	42.0
5	54.5	54.0	53.5	53.0	52.5
6	65.4	64.8	64.2	63.6	63.0
7	76.3	75.6	74.9	74.2	73.5
8	87.2	86.4	85.6	84.8	84.0
9	98.1	97.2	96.3	95.4	94.5

Taf. XXVI (Schluss).

Tafel für $f = 3\left(1 - \frac{5}{2}q + \frac{5\cdot 7}{2\cdot 3}q^2 - \frac{5\cdot 7\cdot 9}{2\cdot 3\cdot 4}q^3 + \frac{5\cdot 7\cdot 9\cdot 11}{2\cdot 3\cdot 4\cdot 5}q^4 - \cdots\right)$

q	$\log f$		q	$\log f$		q	$\log f$	
+ 0.0150	0.46 1094	105	+ 0.0200	0.45 5864	104	+ 0.0250	0.45 0688	102
0151	0989	105	0201	5760	104	0251	0586	103
0152	0884	105	0202	5656	104	0252	0483	103
0153	0779	105	0203	5552	104	0253	0380	103
0154	0674	105	0204	5448	104	0254	0277	103
+ 0.0155	0.46 0569	105	+ 0.0205	0.45 5344	104	+ 0.0255	0.45 0174	103
0156	0464	105	0206	5240	103	0256	0.45 0071	103
0157	0359	105	0207	5137	104	0257	0.44 9968	103
0158	0254	105	0208	5033	104	0258	9865	103
0159	0149	105	0209	4929	104	0259	9762	102
+ 0.0160	0.46 0044	105	+ 0.0210	0.45 4825	104	+ 0.0260	0.44 9660	103
0161	0.45 9939	105	0211	4721	104	0261	9557	103
0162	9834	105	0212	4617	104	0262	9454	103
0163	9729	104	0213	4513	103	0263	9351	102
0164	9625	105	0214	4410	104	0264	9249	103
+ 0.0165	0.45 9520	105	+ 0.0215	0.45 4306	104	+ 0.0265	0.44 9146	103
0166	9415	105	0216	4202	103	0266	9043	102
0167	9310	105	0217	4099	104	0267	8941	103
0168	9205	104	0218	3995	104	0268	8838	102
0169	9101	105	0219	3891	103	0269	8736	103
+ 0.0170	0.45 8996	105	+ 0.0220	0.45 3788	104	+ 0.0270	0.44 8633	102
0171	8891	105	0221	3684	104	0271	8531	103
0172	8786	104	0222	3580	103	0272	8428	103
0173	8682	105	0223	3477	104	0273	8325	102
0174	8577	104	0224	3373	103	0274	8223	102
+ 0.0175	0.45 8473	105	+ 0.0225	0.45 3270	104	+ 0.0275	0.44 8121	103
0176	8368	105	0226	3166	103	0276	8018	102
0177	8263	104	0227	3063	104	0277	7916	103
0178	8159	105	0228	2959	103	0278	7813	102
0179	8054	104	0229	2856	104	0279	7711	102
+ 0.0180	0.45 7950	105	+ 0.0230	0.45 2752	103	+ 0.0280	0.44 7609	103
0181	7845	104	0231	2649	103	0281	7506	102
0182	7741	105	0232	2546	104	0282	7404	102
0183	7636	104	0233	2442	103	0283	7302	103
0184	7532	104	0234	2339	103	0284	7199	102
+ 0.0185	0.45 7428	105	+ 0.0235	0.45 2236	104	+ 0.0285	0.44 7097	102
0186	7323	104	0236	2132	103	0286	6995	102
0187	7219	104	0237	2029	103	0287	6893	103
0188	7115	105	0238	1926	103	0288	6790	102
0189	7010	104	0239	1823	104	0289	6688	102
+ 0.0190	0.45 6906	104	+ 0.0240	0.45 1719	103	+ 0.0290	0.44 6586	102
0191	6802	104	0241	1616	103	0291	6484	102
0192	6698	105	0242	1513	103	0292	6382	102
0193	6593	104	0243	1410	103	0293	6280	102
0194	6489	104	0244	1307	103	0294	6178	102
+ 0.0195	0.45 6385	104	+ 0.0245	0.45 1204	103	+ 0.0295	0.44 6076	102
0196	6281	104	0246	1101	103	0296	5974	102
0197	6177	104	0247	0998	104	0297	5872	102
0198	6073	105	0248	0894	103	0298	5770	102
0199	5968	104	0249	0791	103	0299	5668	102
+ 0.0200	0.45 5864		+ 0.0250	0.45 0688		+ 0.0300	0.44 5566	

P. P.

	105	104	103	102
1	10.5	10.4	10.3	10.2
2	21.0	20.8	20.6	20.4
3	31.5	31.2	30.9	30.6
4	42.0	41.6	41.2	40.8
5	52.5	52.0	51.5	51.0
6	63.0	62.4	61.8	61.2
7	73.5	72.8	72.1	71.4
8	84.0	83.2	82.4	81.6
9	94.5	93.6	92.7	91.8

Taf. XXVII.

Zur Berechnung von $\frac{\cos\delta\, d\alpha}{d\frac{1}{a}}$ und $\frac{d\delta}{d\frac{1}{a}}$ in der parabelnahen Ellipse.

$2A$	ϑ		$\log\xi$		$\log\eta$	
0.00	0.0000		0.00000		9.30103	
01	0050	50	00044	44	30010	93
02	0101	51	00087	43	29916	94
03	0152	51	00131	44	29822	94
04	0203	51	00175	44	29727	95
		52		45		95
0.05	0.0255		0.00220		9.29632	
06	0307	52	00264	44	29537	95
07	0360	53	00309	45	29441	96
08	0413	53	00354	45	29345	96
09	0467	54	00399	45	29248	97
		54		46		98
0.10	0.0521		0.00445		9.29150	
11	0575	54	00490	45	29053	97
12	0630	55	00536	46	28955	98
13	0686	56	00582	46	28856	99
14	0741	55	00629	47	28757	99
		57		46		100
0.15	0.0798		0.00675		9.28657	
16	0854	56	00722	47	28557	100
17	0912	58	00769	47	28457	100
18	0969	57	00816	47	28356	101
19	1028	59	00864	48	28254	102
		58		48		102
0.20	0.1086		0.00912		9.28152	
21	1146	60	00960	48	28049	103
22	1205	59	01008	48	27946	103
23	1266	61	01056	48	27843	103
24	1326	60	01105	49	27739	104
		62		49		105
0.25	0.1388		0.01154		9.27634	
26	1450	62	01203	49	27529	105
27	1512	62	01253	50	27424	105
28	1575	63	01302	49	27318	106
29	1638	63	01352	50	27211	107
		64		50		107
0.30	0.1702		0.01402		9.27104	

$2A$	ϑ		$\log\xi$		$\log\eta$	
0.30	0.1702		0.01402		9.27104	
31	1767	65	01453	51	26996	108
32	1832	65	01504	51	26888	108
33	1898	66	01555	51	26779	109
34	1964	66	01606	51	26670	109
		67		51		110
0.35	0.2031		0.01657		9.26560	
36	2099	68	01709	52	26449	111
37	2167	68	01761	52	26338	111
38	2236	69	01814	53	26227	111
39	2305	69	01866	52	26114	113
		70		53		112
0.40	0.2375		0.01919		9.26002	
41	2446	71	01972	53	25888	114
42	2517	71	02026	54	25774	114
43	2589	72	02079	53	25660	114
44	2662	73	02134	55	25545	115
		74		54		116
0.45	0.2736		0.02188		9.25429	
46	2810	74	02242	54	25313	116
47	2884	74	02297	55	25196	117
48	2960	76	02353	56	25078	118
49	3036	76	02408	55	24960	118
		77		56		119
0.50	0.3113		0.02464		9.24841	
51	3190	77	02520	56	24722	119
52	3269	79	02576	56	24602	120
53	3348	79	02633	57	24481	121
54	3428	80	02690	57	24360	121
		81		58		122
0.55	0.3509		0.02748		9.24238	
56	3590	81	02805	57	24115	123
57	3672	82	02863	58	23991	124
58	3755	83	02922	59	23867	124
59	3839	84	02980	58	23743	124
		85		59		126
0.60	0.3924		0.03039		9.23617	

A Gaussisches Argument, wie in Taf. XVII.

$$\vartheta = \frac{1-e}{1+e}\,\mathrm{tg}^2\tfrac{1}{2}v$$

$$C = \frac{8}{175}A^2 + \frac{8}{525}A^3 + \cdots$$

$$\left.\begin{aligned}\xi &= \frac{1-\frac{3}{5}A}{1-\frac{4}{5}A+C}\\ \eta &= \frac{1}{\xi}\left(\frac{1}{5}-\frac{C}{A}\right)\end{aligned}\right\}$$ $\log\xi$ und $\log\eta$ mit Argument A oder ϑ in der vorstehenden Tafel.

Zu berechnen ist $m = \frac{2\,\mathrm{tg}^2\frac{1}{2}v}{1+e}\cdot\frac{1}{\xi}$, $\quad n = \frac{2\,\mathrm{tg}^4\frac{1}{2}v}{1+e}\cdot\eta$, $\quad$ und damit h und H:

$$h\sin(H-\tfrac{1}{2}v) = -\,\mathrm{tg}\tfrac{1}{2}v\cdot(1+m)$$

$$h\cos(H-\tfrac{1}{2}v) = \quad 1+n\,.$$

Taf. XXVIII.

Zur Berechnung von $\dfrac{\cos\delta\, d\alpha}{d\frac{1}{a}}$ und $\dfrac{d\delta}{d\frac{1}{a}}$ in der parabelnahen Hyperbel.

2 *A*	— ϑ		log ζ		log η	
0.00	0.0000		0.00000		9.30103	
01	0050	50	00043	43	30196	93
02	0099	49	00086	43	30288	92
03	0148	49	00129	43	30380	92
04	0197	49	00172	43	30472	92
		48		43		91
0.05	0.0245		0.00215		9.30563	
06	0293	48	00257	42	306[illegible]	91
07	0340	47	00299	42	30744	90
08	0388	48	00341	42	30834	90
09	0434	46	00383	42	30924	90
		47		41		89
0.10	0.0481		0.00424		9.31013	
11	0527	46	00466	42	31102	89
12	0572	45	00507	41	31190	88
13	0618	46	00548	41	31278	88
14	0663	45	00589	41	31365	87
		44		40		88
0.15	0.0707		0.00629		9.31453	
16	0752	45	00670	41	31539	86
17	0796	44	00710	40	31626	87
18	0839	43	00750	40	31712	86
19	0883	44	00790	40	31798	86
		43		40		85
0.20	0.0926		0.00830		9.31883	
21	0968	42	00869	39	31968	85
22	1011	43	00908	39	32052	84
23	1053	42	00948	40	32136	84
24	1094	41	00987	39	32220	84
		42		38		84
0.25	0.1136		0.01025		9.32304	
26	1177	41	01064	39	32387	83
27	1218	41	01103	39	32470	83
28	1258	40	01141	38	32552	82
29	1298	40	01179	38	32634	82
		40		38		82
0.30	0.1338		0.01217		9.32716	

2 *A*	— ϑ		log ζ		log η	
0.30	0.1338		0.01217		9.32716	
31	1378	40	01255	38	32797	81
32	1417	39	01293	38	32878	81
33	1456	39	01330	37	32959	81
34	1495	39	01367	37	33039	80
		38		38		80
0.35	0.1533		0.01405		9.33119	
36	1572	39	01442	37	33199	80
37	1609	37	01479	37	33278	79
38	1647	38	01515	36	33357	79
39	1684	37	01552	37	33436	79
		38		36		78
0.40	0.1722		0.01588		9.33514	
41	1758	36	01624	36	33592	78
42	1795	37	01660	36	33670	78
43	1831	36	01696	36	33748	78
44	1867	36	01732	36	33825	77
		36		36		76
0.45	0.1903		0.01768		9.33901	
46	1939	36	01803	35	33978	77
47	1974	35	01839	36	34054	76
48	2009	35	01874	35	34130	76
49	2044	35	01909	35	34205	75
		35		35		76
0.50	0.2079		0.01944		9.34281	
51	2113	34	01978	34	34356	75
52	2147	34	02013	35	34430	74
53	2181	34	02048	35	34504	74
54	2215	34	02082	34	34578	74
		33		34		74
0.55	0.2248		0.02116		9.34652	
56	2281	33	02150	34	34726	74
57	2314	33	02184	34	34799	73
58	2347	33	02218	34	34872	73
59	2380	33	02251	33	34944	72
		32		34		72
0.60	0.2412		0.02285		9.35016	

A Gaussisches Argument, wie in Taf. XVIII.

$$-\vartheta = \frac{e-1}{e+1}\,\mathrm{tg}^2\,\tfrac{1}{2}v$$

$$C = \frac{8}{175}A^2 - \frac{8}{525}A^3 + \cdots$$

$$\zeta = \frac{1+\frac{4}{5}A + C}{1+\frac{3}{5}A}$$

$$\eta = \zeta\left(\frac{1}{5}+\frac{C}{A}\right)$$

log ζ und log η mit Argument *A* oder — ϑ in der vorstehenden Tafel.

Zu berechnen ist $m = \dfrac{2\,\mathrm{tg}^2\,\frac{1}{2}v}{e+1}\cdot\zeta$, $\quad n = \dfrac{2\,\mathrm{tg}^4\,\frac{1}{2}v}{e+1}\cdot\eta$, $\quad$ und damit *h* und *H*:

$$h\sin(H-\tfrac{1}{2}v) = -\,\mathrm{tg}\,\tfrac{1}{2}v\cdot(1+m)$$

$$h\cos(H-\tfrac{1}{2}v) = 1+n.$$

Taf. XXIX.

Zur Berechnung von $\frac{\cos\delta\, d\alpha}{de}$ und $\frac{d\delta}{de}$ oder von $\frac{\cos\delta\, d\alpha}{dq}$ und $\frac{d\delta}{dq}$ in der Parabel.

± v	± H	Δ	log h_1	± J	Δ	log j	± v	± H	Δ	log h_1	± J	Δ	log j
0° 0'	− 0° 0'.00		0.00000	− 0° 0'.00		0.00000	10° 0'	− 0° 2'.28		9.99506	− 4° 51'.06		0.00645
10	0.00	0	00000	5.00	5.00	00000	10	2.40	12	99490	55.62	4.56	00666
20	0.00	0	9.99999	10.00	5.00	00001	20	2.52	12	99473	− 5 0.16	4.54	00688
30	0.00	0	99999	15.00	5.00	00002	30	2.64	12	99456	4.68	4.52	00709
40	0.00	0	99998	20.00	5.00	00003	40	2.77	13	99439	9.19	4.51	00731
50	0.00	0	99997	24.99	4.99	00005	50	2.90	13	99421	13.68	4.49	00754
1 0	0.00	0	9.99995	29.99	5.00	0.00007	11 0	3.03	13	9.99403	18.16	4.48	0.00777
10	0.00	0	99993	34.99	5.00	00009	10	3.17	14	99385	22.63	4.47	00800
20	0.01	1	99991	39.98	4.99	00012	20	3.32	15	99367	27.07	4.44	00823
30	0.01	0	99989	44.97	4.99	00015	30	3.47	15	99348	31.51	4.44	00846
40	0.01	0	99986	49.96	4.99	00018	40	3.62	15	99329	35.92	4.41	00870
50	0.01	0	99983	54.94	4.98	00022	50	3.78	16	99310	40.32	4.40	00894
2 0	0.02	1	9.99980	59.93	4.99	0.00026	12 0	3.94	16	9.99291	44.71	4.39	0.00919
10	0.02	0	99977	1 4.91	4.98	00031	10	4.10	16	99271	49.08	4.37	00944
20	0.03	1	99973	9.88	4.97	00036	20	4.28	18	99251	53.43	4.35	00969
30	0.04	1	99969	14.86	4.98	00041	30	4.45	17	99231	57.76	4.33	00994
40	0.04	0	99965	19.83	4.97	00047	40	4.63	18	99210	− 6 2.08	4.32	01020
50	0.05	1	99960	24.79	4.96	00053	50	4.82	19	99190	6.38	4.30	01046
3 0	0.06	1	9.99955	29.75	4.96	0.00059	13 0	5.01	19	9.99168	10.66	4.28	0.01072
10	0.07	1	99950	34.71	4.96	00066	10	5.20	19	99147	14.93	4.27	01098
20	0.08	1	99945	39.66	4.95	00073	20	5.40	20	99126	19.18	4.25	01125
30	0.10	2	99939	44.61	4.95	00081	30	5.60	20	99104	23.41	4.23	01152
40	0.11	1	99933	49.55	4.94	00089	40	5.81	21	99082	27.62	4.21	01180
50	0.13	2	99927	54.49	4.94	00097	50	6.03	22	99060	31.81	4.19	01207
4 0	0.15	2	9.99921	59.42	4.93	0.00105	14 0	6.25	22	9.99037	35.99	4.18	0.01235
10	0.17	2	99914	− 2 4.34	4.92	00114	10	6.47	22	99014	40.15	4.16	01263
20	0.19	2	99907	9.26	4.92	00124	20	6.70	23	98991	44.28	4.13	01292
30	0.21	2	99900	14.17	4.91	00133	30	6.94	24	98968	48.40	4.12	01320
40	0.23	2	99892	19.08	4.91	00143	40	7.18	24	98944	52.50	4.10	01349
50	0.26	3	99884	23.97	4.89	00154	50	7.43	25	98920	56.59	4.09	01378
5 0	0 0.29	3	9.99876	28.86	4.89	0.00164	15 0	− 0 7.68	25	9.98896	− 7 0.65	4.06	0.01408
10	0.32	3	99868	33.75	4.89	00175	10	7.94	26	98872	4.69	4.04	01438
20	0.35	3	99859	38.62	4.87	00187	20	8.20	26	98847	8.72	4.03	01468
30	0.38	3	99850	43.49	4.87	00199	30	8.47	27	98822	12.72	4.00	01498
40	0.42	4	99841	48.35	4.86	00211	40	8.75	28	98797	16.70	3.98	01528
50	0.45	3	99831	53.20	4.85	00223	50	9.03	28	98772	20.67	3.97	01559
6 0	0.49	4	9.99822	58.04	4.84	0.00236	16 0	9.32	29	9.98746	24.61	3.94	0.01590
10	0.54	5	99812	− 3 2.88	4.84	00249	10	9.61	29	98720	28.54	3.93	01621
20	0.58	4	99801	7.70	4.82	00263	20	9.91	30	98694	32.44	3.90	01653
30	0.63	5	99791	12.51	4.81	00277	30	10.21	30	98667	36.32	3.88	01685
40	0.68	5	99780	17.32	4.81	00291	40	10.53	32	98641	40.18	3.86	01717
50	0.73	5	99769	22.11	4.79	00305	50	10.84	31	98614	44.03	3.85	01749
7 0	0.78	5	9.99757	26.90	4.79	0.00320	17 0	11.17	33	9.98587	47.85	3.82	0.01781
10	0.84	6	99746	31.67	4.77	00335	10	11.50	33	98559	51.64	3.79	01814
20	0.90	6	99734	36.44	4.77	00351	20	11.84	34	98532	55.42	3.78	01847
30	0.96	6	99722	41.19	4.75	00367	30	12.18	34	98504	59.18	3.76	01880
40	1.03	7	99709	45.94	4.75	00383	40	12.53	35	98475	− 8 2.92	3.74	01913
50	1.10	7	99696	50.67	4.73	00400	50	12.89	36	98447	6.63	3.71	01947
8 0	1.17	7	9.99683	55.39	4.72	0.00417	18 0	13.25	36	9.98418	10.32	3.69	0.01980
10	1.24	7	99670	− 4 0.10	4.71	00434	10	13.62	37	98389	13.99	3.67	02014
20	1.32	8	99657	4.79	4.69	00451	20	13.99	37	98360	17.64	3.65	02049
30	1.40	8	99643	9.48	4.69	00469	30	14.38	39	98331	21.27	3.63	02083
40	1.49	9	99629	14.15	4.67	00488	40	14.77	39	98301	24.87	3.60	02118
50	1.57	8	99614	18.81	4.66	00506	50	15.17	40	98271	28.46	3.59	02153
9 0	1.66	9	9.99600	23.46	4.65	0.00525	19 0	15.57	40	9.98241	32.02	3.56	0.02188
10	1.76	10	99585	28.09	4.63	00544	10	15.98	41	98211	35.55	3.53	02223
20	1.86	10	99570	32.71	4.62	00564	20	16.40	42	98180	39.07	3.52	02258
30	1.96	10	99554	37.32	4.61	00584	30	16.82	42	98149	42.56	3.49	02294
40	2.06	10	99539	41.92	4.60	00604	40	17.26	44	98118	46.03	3.47	02330
50	2.17	11	99523	46.50	4.58	00624	50	17.70	44	98087	49.48	3.45	02366
10 0	− 0 2.28	11	9.99506	− 4 51.06	4.56	0.00645	20 0	− 0 18.14	44	9.98055	− 8 52.90	3.42	0.02402

Taf. XXIX (Forts.).

Zur Berechnung von $\frac{\cos\delta\, d\alpha}{de}$ und $\frac{d\delta}{de}$ oder von $\frac{\cos\delta\, d\alpha}{dq}$ und $\frac{d\delta}{dq}$ in der Parabel.

± v	± H		log h_1	± J		log j	± v	± H		log h_1	± J		log j
20° 0′	— 0° 18.′14		9.98055	— 8° 52.′90		0.02402	30° 0′	— 1° 0.′46		9.95740	— 11° 33.′90		0.04846
10	18.60	46	98023	56.30	3.40	02439	10	1.46	1.00	95695	35.82	1.92	04889
20	19.06	46	97991	59.68	3.38	02475	20	2.46	1.00	95649	37.71	1.89	04933
30	19.53	47	97959	— 9 3.04	3.36	02512	30	3.48	1.02	95604	39.57	1.86	04977
40	20.01	48	97926	6.37	3.33	02549	40	4.51	1.03	95558	41.41	1.84	05021
50	20.49	48	97893	9.68	3.31	02586	50	5.54	1.03	95513	43.22	1.81	05065
21 0	20.99	50	9.97860	12.96	3.28	0.02624	31 0	6.59	1.05	9.95467	45.01	1.79	0.05109
10	21.49	50	97827	16.22	3.26	02661	10	7.65	1.06	95420	46.77	1.76	05153
20	21.99	50	97793	19.46	3.24	02699	20	8.72	1.07	95374	48.51	1.74	05197
30	22.51	52	97759	22.68	3.22	02737	30	9.80	1.08	95327	50.22	1.71	05242
40	23.03	52	97725	25.87	3.19	02775	40	10.89	1.09	95281	51.91	1.69	05286
50	23.56	53	97691	29.03	3.16	02813	50	11.99	1.10	95234	53.56	1.65	05330
22 0	24.10	54	9.97657	32.18	3.15	0.02852	32 0	13.10	1.11	9.95187	55.20	1.64	0.05374
10	24.65	55	97622	35.30	3.12	02890	10	14.23	1.13	95139	56.81	1.61	05419
20	25.21	56	97587	38.39	3.09	02929	20	15.36	1.13	95092	58.39	1.58	05463
30	25.77	56	97552	41.46	3.07	02968	30	16.51	1.15	95044	59.95	1.56	05507
40	26.35	58	97516	44.51	3.05	03007	40	17.66	1.15	94996	— 12 1.48	1.53	05552
50	26.93	58	97481	47.53	3.02	03046	50	18.83	1.17	94948	2.99	1.51	05596
23 0	27.52	59	9.97445	50.53	3.00	0.03085	33 0	20.01	1.18	9.94900	4.47	1.48	0.05641
10	28.11	59	97409	53.50	2.97	03125	10	21.19	1.18	94852	5.92	1.45	05685
20	28.72	61	97372	56.45	2.95	03164	20	22.39	1.20	94803	7.35	1.43	05730
30	29.33	61	97336	59.38	2.93	03204	30	23.61	1.22	94755	8.76	1.41	05774
40	29.96	63	97299	— 10 2.28	2.90	03244	40	24.83	1.22	94706	10.13	1.37	05819
50	30.59	63	97262	5.15	2.87	03284	50	26.06	1.23	94657	11.49	1.36	05864
24 0	31.23	64	9.97225	8.00	2.85	0.03324	34 0	27.31	1.25	9.94607	12.82	1.33	0.05908
10	31.88	65	97187	10.83	2.83	03365	10	28.56	1.25	94558	14.12	1.30	05953
20	32.53	65	97150	13.63	2.80	03405	20	29.83	1.27	94508	15.40	1.28	05997
30	33.20	67	97112	16.41	2.78	03446	30	31.11	1.28	94459	16.65	1.25	06042
40	33.88	68	97074	19.16	2.75	03487	40	32.40	1.29	94409	17.88	1.23	06087
50	34.56	68	97035	21.89	2.73	03527	50	33.70	1.30	94359	19.08	1.20	06131
25 0	— 0 35.25	69	9.96997	24.59	2.70	0.03568	35 0	35.01	1.31	9.94308	20.25	1.17	0.06176
10	35.96	71	96958	27.27	2.68	03610	10	36.34	1.33	94258	21.40	1.15	06221
20	36.67	71	96919	29.92	2.65	03651	20	37.67	1.33	94207	22.53	1.13	06265
30	37.39	72	96879	32.55	2.63	03692	30	39.02	1.35	94157	23.63	1.10	06310
40	38.12	73	96840	35.15	2.60	03734	40	40.38	1.36	94106	24.71	1.08	06355
50	38.86	74	96800	37.72	2.57	03775	50	41.75	1.37	94055	25.76	1.05	06399
26 0	39.60	74	9.96760	40.28	2.56	0.03817	36 0	43.13	1.38	9.94004	26.78	1.02	0.06444
10	40.36	76	96720	42.80	2.52	03859	10	44.52	1.39	93952	27.78	1.00	06489
20	41.13	77	96680	45.30	2.50	03901	20	45.93	1.41	93901	28.76	98	06533
30	41.90	77	96639	47.78	2.48	03943	30	47.35	1.42	93849	29.71	95	06578
40	42.69	79	96599	50.23	2.45	03985	40	48.78	1.43	93797	30.63	92	06623
50	43.49	80	96558	52.66	2.43	04027	50	50.22	1.44	93745	31.53	90	06667
27 0	44.29	80	9.96516	55.06	2.40	0.04069	37 0	51.67	1.45	9.93693	32.41	88	0.06712
10	45.10	81	96475	57.43	2.37	04112	10	53.13	1.46	93641	33.26	85	06756
20	45.93	83	96433	59.78	2.35	04154	20	54.61	1.48	93589	34.09	83	06801
30	46.76	83	96392	— 11 2.10	2.32	04197	30	56.09	1.48	93536	34.89	80	06845
40	47.61	85	96350	4.40	2.30	04240	40	57.59	1.50	93484	35.66	77	06890
50	48.46	85	96307	6.68	2.28	04282	50	59.10	1.51	93431	36.41	75	06934
28 0	49.32	86	9.96265	8.92	2.24	0.04325	38 0	— 2 0.62	1.52	9.93378	37.14	73	0.06979
10	50.20	88	96222	11.15	2.23	04368	10	2.16	1.54	93325	37.84	70	07023
20	51.08	88	96179	13.34	2.19	04411	20	3.70	1.54	93271	38.52	68	07068
30	51.97	89	96136	15.51	2.17	04454	30	5.26	1.56	93218	39.17	65	07112
40	52.87	90	96093	17.66	2.15	04497	40	6.83	1.57	93165	39.80	63	07156
50	53.79	92	96050	19.78	2.12	04541	50	8.41	1.58	93111	40.40	60	07201
29 0	54.71	92	9.96006	21.87	2.09	0.04584	39 0	10.00	1.59	9.93057	40.98	58	0.07245
10	55.64	93	95962	23.94	2.07	04627	10	11.61	1.61	93003	41.54	56	07289
20	56.59	95	95918	25.99	2.05	04671	20	13.22	1.61	92949	42.07	53	07333
30	57.54	95	95874	28.00	2.01	04714	30	14.85	1.63	92895	42.57	50	07378
40	58.50	96	95829	30.00	2.00	04758	40	16.49	1.64	92841	43.05	48	07422
50	59.48	98	95785	31.96	1.96	04802	50	18.15	1.66	92786	43.51	46	07466
30 0	— 1 0.46	98	9.95740	— 11 33.90	1.94	0.04846	40 0	— 2 19.81	1.66	9.92732	— 12 43.94	43	0.07510

Taf. XXIX (Forts.).

Zur Berechnung von $\frac{\cos\delta\, d\alpha}{de}$ und $\frac{d\delta}{de}$ oder von $\frac{\cos\delta\, d\alpha}{dq}$ und $\frac{d\delta}{\delta q}$ in der Parabel.

$\pm v$	$\pm H$	$\log h_1$	$\pm J$	$\log j$
40° 0′	−2°19′.81	9.92732	−12°43′.94	0.07510
10	21.49 1.68	92677	44.35 41	07554
20	23.18 1.69	92622	44.74 39	07598
30	24.88 1.70	92568	45.10 36	07642
40	26.59 1.71	92512	45.43 33	07686
50	28.31 1.72	92457	45.75 32	07729
41 0	30.05 1.74	9.92402	46.03 28	0.07773
10	31.79 1.74	92347	46.30 27	07817
20	33.56 1.77	92291	46.54 24	07860
30	35.33 1.77	92236	46.76 22	07904
40	37.11 1.78	92180	46.95 19	07948
50	38.91 1.80	92124	47.12 17	07991
42 0	40.71 1.80	9.92068	47.26 14	0.08034
10	42.53 1.82	92012	47.38 12	08078
20	44.36 1.83	91956	47.48 10	08121
30	46.21 1.85	91900	47.55 7	08164
40	48.06 1.85	91843	47.60 5	08208
50	49.93 1.87	91787	47.63 3	08251
43 0	51.81 1.88	9.91730	47.64 1	0.08294
10	53.70 1.89	91674	47.62 2	08337
20	55.60 1.90	91617	47.57 5	08380
30	57.51 1.91	91560	47.51 6	08422
40	59.44 1.93	91503	47.42 9	08465
50	−3 1.38 1.94	91446	47.30 12	08508
44 0	3.33 1.95	9.91389	47.17 13	0.08550
10	5.29 1.96	91332	47.01 16	08593
20	7.26 1.97	91275	46.82 19	08635
30	9.25 1.99	91217	46.62 20	08678
40	11.25 2.00	91160	46.39 23	08720
50	13.25 2.00	91102	46.14 25	08762
45 0	15.27 2.02	9.91045	−12 45.86 28	0.08805
10	17.31 2.04	90987	45.57 29	08847
20	19.35 2.04	90929	45.25 32	08889
30	21.40 2.05	90872	44.90 35	08931
40	23.47 2.07	90814	44.54 36	08972
50	25.55 2.08	90756	44.15 39	09014
46 0	27.64 2.09	9.90698	43.74 41	0.09056
10	29.74 2.10	90639	43.30 44	09097
20	31.85 2.11	90581	42.85 45	09139
30	33.98 2.13	90523	42.37 48	09180
40	36.11 2.13	90465	41.87 50	09221
50	38.26 2.15	90406	41.35 52	09263
47 0	40.42 2.16	9.90348	40.80 55	0.09304
10	42.59 2.17	90289	40.23 57	09345
20	44.77 2.18	90231	39.64 59	09386
30	46.96 2.19	90172	39.03 61	09426
40	49.17 2.21	90113	38.40 63	09467
50	51.38 2.21	90054	37.74 66	09508
48 0	53.61 2.23	9.89996	37.06 68	0.09548
10	55.84 2.23	89937	36.36 70	09589
20	58.09 2.25	89878	35.64 72	09629
30	−4 0.35 2.26	89819	34.90 74	09669
40	2.62 2.27	89760	34.13 77	09709
50	4.90 2.28	89701	33.34 79	09749
49 0	7.19 2.29	9.89642	32.53 81	0.09789
10	9.49 2.30	89583	31.70 83	09829
20	11.81 2.32	89523	30.85 85	09869
30	14.13 2.32	89464	29.97 88	09908
40	16.46 2.33	89405	29.08 89	09948
50	18.81 2.35	89346	28.16 92	09987
50 0	−4 21.16 2.35	9.89286	−12 27.22 94	0.10026

$\pm v$	$\pm H$	$\log h_1$	$\pm J$	$\log j$
50° 0′	−4°21′.16	9.89286	−12°27′.22	0.10026
10	23.53 2.37	89227	26.26 96	10066
20	25.91 2.38	89168	25.28 98	10105
30	28.29 2.38	89108	24.28 1.00	10144
40	30.69 2.40	89049	23.26 1.02	10182
50	33.10 2.41	88989	22.21 1.05	10221
51 0	35.52 2.42	9.88930	21.15 1.06	0.10260
10	37.94 2.42	88870	20.06 1.09	10298
20	40.38 2.44	88811	18.95 1.11	10336
30	42.83 2.45	88751	17.82 1.13	10375
40	45.29 2.46	88692	16.67 1.15	10413
50	47.75 2.46	88632	15.50 1.17	10451
52 0	50.23 2.48	9.88572	14.31 1.19	0.10489
10	52.72 2.49	88513	13.10 1.21	10526
20	55.21 2.49	88453	11.86 1.24	10564
30	57.72 2.51	88393	10.61 1.25	10602
40	−5 0.24 2.52	88334	9.34 1.27	10639
50	2.76 2.52	88274	8.04 1.30	10676
53 0	5.29 2.53	9.88214	6.73 1.31	0.10713
10	7.84 2.55	88155	5.39 1.34	10750
20	10.39 2.55	88095	4.03 1.36	10787
30	12.95 2.56	88035	2.66 1.37	10824
40	15.52 2.57	87976	1.26 1.40	10861
50	18.10 2.58	87916	−11 59.84 1.42	10897
54 0	20.69 2.59	9.87856	58.41 1.43	0.10933
10	23.29 2.60	87797	56.95 1.46	10970
20	25.89 2.60	87737	55.47 1.48	11006
30	28.51 2.62	87677	53.97 1.50	11042
40	31.13 2.62	87618	52.46 1.51	11078
50	33.76 2.63	87558	50.92 1.54	11113
55 0	36.40 2.64	9.87498	49.36 1.56	0.11149
10	39.05 2.65	87439	47.78 1.58	11184
20	41.71 2.66	87379	46.19 1.59	11220
30	44.37 2.66	87319	44.57 1.62	11255
40	47.04 2.67	87260	42.93 1.64	11290
50	49.72 2.68	87200	41.28 1.65	11325
56 0	52.41 2.69	9.87141	39.60 1.68	0.11360
10	55.10 2.69	87081	37.90 1.70	11394
20	57.81 2.71	87022	36.19 1.71	11429
30	−6 0.52 2.71	86962	34.45 1.74	11463
40	3.23 2.71	86903	32.70 1.75	11497
50	5.96 2.73	86843	30.93 1.77	11531
57 0	8.69 2.73	9.86784	29.13 1.80	0.11565
10	11.43 2.74	86725	27.32 1.81	11599
20	14.17 2.74	86665	25.49 1.83	11633
30	16.92 2.75	86606	23.64 1.85	11666
40	19.68 2.76	86547	21.77 1.87	11700
50	22.45 2.77	86488	19.88 1.89	11733
58 0	25.22 2.77	9.86428	17.97 1.91	0.11766
10	28.00 2.78	86369	16.05 1.92	11799
20	30.78 2.78	86310	14.10 1.95	11832
30	33.57 2.79	86251	12.13 1.97	11865
40	36.37 2.80	86192	10.15 1.98	11897
50	39.17 2.80	86133	8.15 2.00	11929
59 0	41.97 2.80	9.86074	6.13 2.02	0.11962
10	44.79 2.82	86015	4.09 2.04	11994
20	47.60 2.81	85957	2.03 2.06	12026
30	50.43 2.83	85898	−10 59.95 2.08	12057
40	53.26 2.83	85839	57.85 2.10	12089
50	56.09 2.83	85780	55.74 2.11	12121
60 0	−6 58.93 2.84	9.85722	−10 53.60 2.14	0.12152

Taf. XXIX (Forts.).

Zur Berechnung von $\frac{\cos\delta d\alpha}{de}$ und $\frac{d\delta}{de}$ oder von $\frac{\cos\delta d\alpha}{dq}$ und $\frac{d\delta}{dq}$ in der Parabel.

± v	± H	Diff.	log h_1	± J	Diff.	log j
60° 0′	— 6° 58′.93		9.85722	— 10° 53′.60		0.12152
10	— 7 1.77	2.84	85663	51.45	2.15	12183
20	4.62	2.85	85605	49.28	2.17	12214
30	7.47	2.85	85546	47.09	2.19	12245
40	10.33	2.86	85488	44.88	2.21	12276
50	13.19	2.86	85429	42.66	2.22	12306
61 0	16.05	2.86	9.85371	40.42	2.24	0.12337
10	18.92	2.87	85313	38.15	2.27	12367
20	21.79	2.87	85255	35.87	2.28	12397
30	24.67	2.88	85197	33.57	2.30	12427
40	27.55	2.88	85139	31.26	2.31	12457
50	30.43	2.88	85081	28.92	2.34	12487
62 0	33.32	2.89	9.85023	26.57	2.35	0.12516
10	36.21	2.89	84965	24.20	2.37	12545
20	39.10	2.89	84907	21.81	2.39	12575
30	42.00	2.90	84850	19.40	2.41	12604
40	44.89	2.89	84792	16.98	2.42	12633
50	47.79	2.90	84734	14.54	2.44	12661
63 0	50.70	2.91	9.84677	12.07	2.47	0.12690
10	53.60	2.90	84620	9.60	2.47	12718
20	56.51	2.91	84562	7.10	2.50	12746
30	59.42	2.91	84505	4.59	2.51	12775
40	— 8 2.33	2.91	84448	2.06	2.53	12802
50	5.24	2.91	84391	— 9 59.51	2.55	12830
64 0	8.15	2.91	9.84334	56.94	2.57	0.12858
10	11.06	2.91	84277	54.36	2.58	12885
20	13.98	2.92	84220	51.76	2.60	12913
30	16.89	2.91	84163	49.14	2.62	12940
40	19.81	2.92	84107	46.50	2.64	12967
50	22.73	2.92	84050	43.85	2.65	12994
65 0	25.65	2.92	9.83994	41.18	2.67	0.13020
10	28.56	2.91	83937	38.49	2.69	13047
20	31.48	2.92	83881	35.78	2.71	13073
30	34.40	2.92	83825	33.06	2.72	13099
40	37.32	2.92	83769	30.32	2.74	13125
50	40.23	2.91	83712	27.56	2.76	13151
66 0	43.15	2.92	9.83656	24.79	2.77	0.13177
10	46.07	2.92	83601	22.00	2.79	13202
20	48.98	2.91	83545	19.19	2.81	13228
30	51.90	2.92	83489	16.36	2.83	13253
40	54.81	2.91	83434	13.52	2.84	13278
50	57.72	2.91	83378	10.66	2.86	13303
67 0	— 9 0.63	2.91	9.83323	7.78	2.88	0.13327
10	3.53	2.90	83267	4.89	2.89	13352
20	6.44	2.91	83212	1.98	2.91	13376
30	9.34	2.90	83157	— 8 59.05	2.93	13400
40	12.24	2.90	83102	56.11	2.94	13424
50	15.14	2.90	83047	53.15	2.96	13448
68 0	18.04	2.90	9.82992	50.17	2.98	0.13472
10	20.93	2.89	82937	47.18	2.99	13495
20	23.82	2.89	82883	44.17	3.01	13519
30	26.70	2.88	82828	41.14	3.03	13542
40	29.58	2.88	82774	38.10	3.04	13565
50	32.46	2.88	82720	35.03	3.07	13588
69 0	35.34	2.88	9.82665	31.96	3.07	0.13610
10	38.21	2.87	82611	28.86	3.10	13633
20	41.08	2.87	82557	25.75	3.11	13655
30	43.94	2.86	82503	22.63	3.12	13677
40	46.80	2.86	82449	19.49	3.14	13699
50	49.65	2.85	82396	16.33	3.16	13721
70 0	— 9 52.50	2.85	9.82342	— 8 13.15	3.18	0.13743

± v	± H	Diff.	log h_1	± J	Diff.	log j
70° 0′	— 9° 52′.50		9.82342	— 8° 13′.15		0.13743
10	55.34	2.84	82289	9.96	3.19	13764
20	58.18	2.84	82235	6.75	3.21	13786
30	— 10 1.01	2.83	82182	3.53	3.22	13807
40	3.84	2.83	82129	0.29	3.24	13828
50	6.66	2.82	82076	— 7 57.03	3.26	13848
71 0	9.47	2.81	9.82023	53.76	3.27	0.13869
10	12.28	2.81	81970	50.47	3.29	13890
20	15.08	2.80	81917	47.16	3.31	13910
30	17.88	2.80	81864	43.84	3.32	13930
40	20.67	2.79	81812	40.50	3.34	13950
50	23.45	2.78	81759	37.15	3.35	13970
72 0	26.22	2.77	9.81707	33.78	3.37	0.13989
10	28.99	2.77	81655	30.39	3.39	14009
20	31.74	2.75	81602	26.99	3.40	14028
30	34.50	2.76	81550	23.58	3.41	14047
40	37.24	2.74	81498	20.14	3.44	14066
50	39.97	2.73	81447	16.69	3.45	14084
73 0	42.70	2.73	9.81395	13.23	3.46	0.14103
10	45.42	2.72	81343	9.75	3.48	14121
20	48.13	2.71	81292	6.25	3.50	14140
30	50.83	2.70	81240	2.74	3.51	14158
40	53.52	2.69	81189	— 6 59.21	3.53	14175
50	56.20	2.68	81138	55.67	3.54	14193
74 0	58.87	2.67	9.81087	52.11	3.56	0.14211
10	— 11 1.53	2.66	81036	48.53	3.58	14228
20	4.19	2.66	80985	44.94	3.59	14245
30	6.83	2.64	80934	41.33	3.61	14262
40	9.46	2.63	80883	37.71	3.62	14279
50	12.08	2.62	80833	34.07	3.64	14295
75 0	14.69	2.61	9.80782	30.42	3.65	0.14312
10	17.29	2.60	80732	26.75	3.67	14328
20	19.88	2.59	80682	23.07	3.68	14344
30	22.46	2.58	80631	19.37	3.70	14360
40	25.02	2.56	80581	15.65	3.72	14376
50	27.58	2.56	80531	11.92	3.73	14391
76 0	30.12	2.54	9.80482	8.18	3.74	0.14407
10	32.65	2.53	80432	4.41	3.77	14422
20	35.17	2.52	80382	0.64	3.77	14437
30	37.67	2.50	80333	— 5 56.85	3.79	14452
40	40.16	2.49	80283	53.04	3.81	14466
50	42.64	2.48	80234	49.21	3.83	14481
77 0	45.11	2.47	9.80185	45.38	3.83	0.14495
10	47.56	2.45	80135	41.52	3.86	14509
20	50.00	2.44	80086	37.65	3.87	14523
30	52.43	2.43	80037	33.77	3.88	14537
40	54.84	2.41	79988	29.87	3.90	14550
50	57.24	2.40	79940	25.95	3.92	14564
78 0	59.62	2.38	9.79891	22.03	3.92	0.14577
10	— 12 1.99	2.37	79842	18.08	3.95	14590
20	4.35	2.36	79794	14.12	3.96	14603
30	6.69	2.34	79746	10.14	3.98	14616
40	9.01	2.32	79697	6.15	3.99	14628
50	11.32	2.31	79649	2.15	4.00	14640
79 0	13.62	2.30	9.79601	— 4 58.13	4.02	0.14653
10	15.90	2.28	79553	54.09	4.04	14665
20	18.16	2.26	79505	50.04	4.05	14676
30	20.41	2.25	79457	45.98	4.06	14688
40	22.64	2.23	79409	41.89	4.09	14699
50	24.86	2.22	79362	37.80	4.09	14711
80 0	— 12 27.06	2.20	9.79314	— 4 33.69	4.11	0.14722

Taf. XXIX (Forts.).

Zur Berechnung von $\frac{\cos\delta\, d\alpha}{de}$ und $\frac{d\delta}{de}$ oder von $\frac{\cos\delta\, d\alpha}{dq}$ und $\frac{d\delta}{dq}$ in der Parabel.

±v	±H	Diff.	log h₁	±J	Diff.	log j
80° 0′	— 12° 27′.06	2.18	9.79314	— 4° 33′.69	4.13	0.14722
10	29.24	2.16	79267	29.56	4.14	14732
20	31.40	2.15	79219	25.42	4.16	14743
30	33.55	2.13	79172	21.26	4.17	14754
40	35.68	2.11	79125	17.09	4.18	14764
50	37.79	2.10	79077	12.91	4.20	14774
81 0	39.89	2.08	9.79030	8.71	4.22	0.14784
10	41.97	2.06	78983	4.49	4.23	14794
20	44.03	2.04	78936	0.26	4.24	14804
30	46.07	2.02	78889	— 3 56.02	4.26	14813
40	48.09	2.01	78843	51.76	4.28	14822
50	50.10	1.99	78796	47.48	4.29	14831
82 0	52.09	1.96	9.78749	43.19	4.30	0.14840
10	54.05	1.95	78703	38.89	4.32	14849
20	56.00	1.93	78656	34.57	4.34	14857
30	57.93	1.91	78610	30.23	4.35	14866
40	59.84	1.89	78563	25.88	4.36	14874
50	— 13 1.73	1.88	78517	21.52	4.38	14882
83 0	3.61	1.85	9.78471	17.14	4.39	0.14890
10	5.46	1.83	78425	12.75	4.41	14897
20	7.29	1.81	78379	8.34	4.42	14905
30	9.10	1.79	78333	3.92	4.44	14912
40	10.89	1.77	78287	— 2 59.48	4.45	14919
50	12.66	1.75	78241	55.03	4.47	14926
84 0	14.41	1.72	9.78195	50.56	4.48	0.14933
10	16.13	1.71	78149	46.08	4.50	14939
20	17.84	1.69	78104	41.58	4.51	14945
30	19.53	1.66	78058	37.07	4.53	14952
40	21.19	1.64	78012	32.54	4.54	14957
50	22.83	1.63	77967	28.00	4.55	14963
85 0	24.46	1.59	9.77921	23.45	4.57	0.14969
10	26.05	1.58	77876	18.88	4.59	14974
20	27.63	1.56	77831	14.29	4.60	14980
30	29.19	1.53	77785	9.69	4.61	14985
40	30.72	1.51	77740	5.08	4.63	14989
50	32.23	1.48	77695	0.45	4.64	14994
86 0	33.71	1.47	9.77649	— 1 55.81	4.66	0.14999
10	35.18	1.44	77604	51.15	4.67	15003
20	36.62	1.41	77559	46.48	4.69	15007
30	38.03	1.40	77514	41.79	4.70	15011
40	39.43	1.37	77469	37.09	4.72	15015
50	40.80	1.35	77424	32.37	4.73	15018
87 0	42.15	1.32	9.77379	27.64	4.74	0.15022
10	43.47	1.30	77334	22.90	4.76	15025
20	44.77	1.27	77289	18.14	4.78	15028
30	46.04	1.25	77244	13.36	4.79	15031
40	47.29	1.23	77199	8.57	4.80	15033
50	48.52	1.20	77155	3.77	4.82	15036
88 0	49.72	1.18	9.77110	— 0 58.95	4.83	0.15038
10	50.90	1.15	77065	54.12	4.85	15040
20	52.05	1.13	77020	49.27	4.86	15042
30	53.18	1.10	76976	44.41	4.88	15044
40	54.28	1.08	76931	39.53	4.89	15046
50	55.36	1.05	76886	34.64	4.90	15047
89 0	56.41	1.03	9.76842	29.74	4.92	0.15048
10	57.44	1.00	76797	24.82	4.94	15049
20	58.44	97	76752	19.88	4.95	15050
30	59.41	95	76708	14.93	4.96	15051
40	— 14 0.36	92	76663	9.97	4.98	15051
50	1.28	89	76619	4.99	4.99	15051
90 0	— 14 2.17		9.76574	0 0.00		0.15051

±v	±H	Diff.	log h₁	±J	Diff.	log j
90° 0′	— 14° 2′.17	87	9.76574	0° 0′.00	5.01	0.15051
10	3.04	85	76529	+ 0 5.01	5.02	15051
20	3.89	81	76485	10.03	5.04	15051
30	4.70	79	76440	15.07	5.05	15051
40	5.49	76	76396	20.12	5.06	15050
50	6.25	74	76351	25.18	5.08	15049
91 0	6.99	71	9.76306	30.26	5.10	0.15048
10	7.70	68	76262	35.36	5.11	15047
20	8.38	65	76217	40.47	5.12	15046
30	9.03	63	76173	45.59	5.14	15044
40	9.66	59	76128	50.73	5.15	15042
50	10.25	57	76083	55.88	5.17	15040
92 0	10.82	54	9.76039	+ 1 1.05	5.18	0.15038
10	11.36	52	75994	6.23	5.20	15036
20	11.88	48	75950	11.43	5.21	15033
30	12.36	46	75905	16.64	5.22	15031
40	12.82	43	75860	21.86	5.24	15028
50	13.25	40	75815	27.10	5.26	15025
93 0	13.65	37	9.75771	32.36	5.27	0.15022
10	14.02	34	75726	37.63	5.28	15018
20	14.36	32	75681	42.91	5.30	15015
30	14.68	28	75636	48.21	5.31	15011
40	14.96	26	75591	53.52	5.33	15007
50	15.22	22	75546	58.85	5.34	15003
94 0	15.44	20	9.75502	+ 2 4.19	5.36	0.14999
10	15.64	17	75457	9.55	5.37	14994
20	15.81	14	75412	14.92	5.39	14989
30	15.95	11	75367	20.31	5.40	14985
40	16.06	7	75321	25.71	5.41	14980
50	16.13	5	75276	31.12	5.43	14974
95 0	— 14 16.18	2	9.75231	36.55	5.45	0.14969
10	16.20	1	75186	42.00	5.46	14963
20	16.19	4	75141	47.46	5.47	14957
30	16.15	7	75095	52.93	5.49	14952
40	16.08	11	75050	58.42	5.50	14945
50	15.97	13	75005	+ 3 3.92	5.52	14939
96 0	15.84	16	9.74959	9.44	5.53	0.14933
10	15.68	20	74914	14.97	5.55	14926
20	15.48	22	74868	20.52	5.56	14919
30	15.26	26	74822	26.08	5.58	14912
40	15.00	29	74777	31.66	5.59	14905
50	14.71	31	74731	37.25	5.61	14897
97 0	14.40	36	9.74685	42.86	5.62	0.14890
10	14.04	38	74639	48.48	5.64	14882
20	13.66	41	74593	54.12	5.65	14874
30	13.25	44	74547	59.77	5.66	14866
40	12.81	48	74501	+ 4 5.43	5.68	14857
50	12.33	50	74455	11.11	5.70	14849
98 0	11.83	54	9.74408	16.81	5.71	0.14840
10	11.29	57	74362	22.52	5.72	14831
20	10.72	60	74316	28.24	5.74	14822
30	10.12	64	74269	33.98	5.76	14813
40	9.48	67	74222	39.74	5.77	14804
50	8.81	69	74176	45.51	5.78	14794
99 0	8.12	74	9.74129	51.29	5.80	0.14784
10	7.38	76	74082	57.09	5.82	14774
20	6.62	79	74035	+ 5 2.91	5.83	14764
30	5.83	83	73988	8.74	5.84	14754
40	5.00	86	73941	14.58	5.86	14743
50	4.14	90	73894	20.44	5.87	14732
100 0	— 14 3.24		9.73846	+ 5 26.31		0.14722

Taf. XXIX (Forts.).

Zur Berechnung von $\frac{\cos\delta\, d\alpha}{de}$ und $\frac{d\delta}{de}$ oder von $\frac{\cos\delta\, d\alpha}{dq}$ und $\frac{d\delta}{dq}$ in der Parabel.

±v	±H		log h₁	±J		log j
100° 0'	− 14° 3'.24	92	9.73846	+ 5°26'.31	5.89	0.14722
10	2.32	96	73799	32.20	5.91	14711
20	1.36	1.00	73751	38.11	5.91	14699
30	0.36	1.02	73703	44.02	5.94	14688
40	− 13 59.34	1.06	73656	49.96	5.95	14676
50	58.28	1.09	73608	55.91	5.96	14665
101 0	57.19	1.13	9.73560	+ 6 1.87	5.98	0.14653
10	56.06	1.15	73512	7.85	6.00	14640
20	54.91	1.19	73463	13.85	6.01	14628
30	53.72	1.23	73415	19.86	6.02	14616
40	52.49	1.26	73367	25.88	6.04	14603
50	51.23	1.29	73318	31.92	6.05	14590
102 0	49.94	1.32	9.73269	37.97	6.08	0.14577
10	48.62	1.36	73221	44.05	6.08	14564
20	47.26	1.40	73172	50.13	6.10	14550
30	45.86	1.42	73122	56.23	6.12	14537
40	44.44	1.46	73073	+ 7 2.35	6.13	14523
50	42.98	1.50	73024	8.48	6.14	14509
103 0	41.48	1.53	9.72974	14.62	6.17	0.14495
10	39.95	1.56	72925	20.79	6.17	14481
20	38.39	1.60	72875	26.96	6.19	14466
30	36.79	1.63	72825	33.15	6.21	14452
40	35.16	1.67	72775	39.36	6.23	14437
50	33.49	1.70	72725	45.59	6.23	14422
104 0	31.79	1.73	9.72675	51.82	6.26	0.14407
10	30.06	1.77	72624	58.08	6.27	14391
20	28.29	1.80	72574	+ 8 4.35	6.28	14376
30	26.49	1.84	72523	10.63	6.30	14360
40	24.65	1.88	72472	16.93	6.32	14344
50	22.77	1.90	72421	23.25	6.33	14328
105 0	20.87	1.95	9.72370	29.58	6.35	0.14312
10	18.92	1.98	72319	35.93	6.36	14295
20	16.94	2.01	72267	42.29	6.38	14279
30	14.93	2.05	72215	48.67	6.39	14262
40	12.88	2.08	72164	55.06	6.41	14245
50	10.80	2.12	72112	+ 9 1.47	6.42	14228
106 0	8.68	2.15	9.72059	7.89	6.44	0.14211
10	6.53	2.19	72007	14.33	6.46	14193
20	4.34	2.22	71955	20.79	6.47	14175
30	2.12	2.26	71902	27.26	6.49	14158
40	− 12 59.86	2.30	71849	33.75	6.50	14140
50	57.56	2.33	71796	40.25	6.52	14121
107 0	55.23	2.36	9.71743	46.77	6.54	0.14103
10	52.87	2.41	71690	53.31	6.55	14084
20	50.46	2.43	71636	59.86	6.56	14066
30	48.03	2.48	71583	+ 10 6.42	6.59	14047
40	45.55	2.51	71529	13.01	6.60	14028
50	43.04	2.54	71475	19.61	6.61	14009
108 0	40.50	2.58	9.71420	26.22	6.63	0.13989
10	37.92	2.62	71366	32.85	6.65	13970
20	35.30	2.65	71311	39.50	6.66	13950
30	32.65	2.69	71257	46.16	6.68	13930
40	29.96	2.72	71202	52.84	6.69	13910
50	27.24	2.76	71146	59.53	6.71	13890
109 0	24.48	2.80	9.71091	+ 11 6.24	6.73	0.13869
10	21.68	2.83	71036	12.97	6.74	13848
20	18.85	2.87	70980	19.71	6.76	13828
30	15.98	2.91	70924	26.47	6.78	13807
40	13.07	2.94	70868	33.25	6.79	13786
50	10.13	2.98	70811	40.04	6.81	13764
110 0	− 12 7.15		9.70755	+ 11 46.85		0.13743

±v	±H		log h₁	±J		log j
110° 0'	− 12° 7'.15	3.01	9.70755	+ 11°46'.85	6.82	0.13743
10	4.14	3.06	70698	53.67	6.84	13721
20	1.08	3.08	70641	+ 12 0.51	6.86	13699
30	− 11 58.00	3.13	70584	7.37	6.88	13677
40	54.87	3.16	70526	14.25	6.89	13655
50	51.71	3.20	70469	21.14	6.90	13633
111 0	48.51	3.23	9.70411	28.04	6.93	0.13610
10	45.28	3.28	70353	34.97	6.93	13588
20	42.00	3.31	70295	41.90	6.96	13565
30	38.69	3.34	70236	48.86	6.97	13542
40	35.35	3.39	70178	55.83	6.99	13519
50	31.96	3.42	70119	+ 13 2.82	7.01	13495
112 0	28.54	3.46	9.70060	9.83	7.02	0.13472
10	25.08	3.49	70000	16.85	7.04	13448
20	21.59	3.53	69941	23.89	7.06	13424
30	18.06	3.57	69881	30.95	7.07	13400
40	14.49	3.61	69821	38.02	7.09	13376
50	10.88	3.64	69761	45.11	7.11	13352
113 0	7.24	3.69	9.69700	52.22	7.12	0.13327
10	3.55	3.72	69640	59.34	7.14	13303
20	− 10 59.83	3.75	69579	+ 14 6.48	7.16	13278
30	56.08	3.80	69518	13.64	7.17	13253
40	52.28	3.83	69456	20.81	7.19	13228
50	48.45	3.87	69395	28.00	7.21	13202
114 0	44.58	3.91	9.69333	35.21	7.23	0.13177
10	40.67	3.94	69271	42.44	7.24	13151
20	36.73	3.99	69208	49.68	7.26	13125
30	32.74	4.02	69146	56.94	7.28	13099
40	28.72	4.06	69083	+ 15 4.22	7.29	13073
50	24.66	4.10	69020	11.51	7.31	13047
115 0	20.56	4.13	9.68956	18.82	7.33	0.13020
10	16.43	4.18	68893	26.15	7.35	12994
20	12.25	4.21	68829	33.50	7.36	12967
30	8.04	4.25	68765	40.86	7.38	12940
40	3.79	4.29	68701	48.24	7.40	12913
50	− 9 59.50	4.33	68636	55.64	7.42	12885
116 0	55.17	4.36	9.68571	+ 16 3.06	7.43	0.12858
10	50.81	4.41	68506	10.49	7.45	12830
20	46.40	4.44	68441	17.94	7.47	12802
30	41.96	4.48	68375	25.41	7.49	12775
40	37.48	4.52	68309	32.90	7.50	12746
50	32.96	4.56	68243	40.40	7.53	12718
117 0	28.40	4.60	9.68177	47.93	7.53	0.12690
10	23.80	4.63	68110	55.46	7.56	12661
20	19.17	4.68	68043	+ 17 3.02	7.58	12633
30	14.49	4.71	67976	10.60	7.59	12604
40	9.78	4.76	67908	18.19	7.61	12575
50	5.02	4.79	67841	25.80	7.63	12545
118 0	0.23	4.83	9.67773	33.43	7.65	0.12516
10	− 8 55.40	4.87	67704	41.08	7.66	12487
20	50.53	4.91	67636	48.74	7.69	12457
30	45.62	4.95	67567	56.43	7.70	12427
40	40.67	4.99	67498	+ 18 4.13	7.72	12397
50	35.68	5.03	67429	11.85	7.73	12367
119 0	30.65	5.07	9.67359	19.58	7.76	0.12337
10	25.58	5.10	67289	27.34	7.78	12306
20	20.48	5.15	67219	35.12	7.79	12276
30	15.33	5.19	67148	42.91	7.81	12245
40	10.14	5.22	67078	50.72	7.83	12214
50	4.92	5.27	67007	58.55	7.85	12183
120 0	− 7 59.65		9.66935	+ 19 6.40		0.12152

Taf. XXIX (Forts.).

Zur Berechnung von $\frac{\cos\delta\, d\alpha}{de}$ und $\frac{d\delta}{de}$ oder von $\frac{\cos\delta\, d\alpha}{dq}$ und $\frac{d\delta}{dq}$ in der Parabel.

± v	± H		$\log h_1$	± J		$\log j$
120° 0′	− 7° 59.65		9.66935	+ 19° 6.40		0.12152
10	54.34	5.31	66864	14.26	7.86	12121
20	48.99	5.35	66792	22.15	7.89	12089
30	43.61	5.38	66720	30.05	7.90	12057
40	38.18	5.43	66647	37.97	7.92	12026
50	32.71	5.47	66574	45.91	7.94	11994
121 0	27.21	5.50	9.66501	53.87	7.96	0.11962
10	21.66	5.55	66428	+ 20 1.85	7.98	11929
20	16.07	5.59	66354	9.85	8.00	11897
30	10.44	5.63	66280	17.87	8.02	11865
40	4.77	5.67	66206	25.90	8.03	11832
50	− 6 59.07	5.70	66132	33.95	8.05	11799
122 0	53.32	5.75	9.66057	42.03	8.08	0.11766
10	47.52	5.80	65982	50.12	8.09	11733
20	41.69	5.83	65906	58.23	8.11	11700
30	35.82	5.87	65830	+ 21 6.36	8.13	11666
40	29.91	5.91	65754	14.51	8.15	11633
50	23.95	5.96	65678	22.68	8.17	11599
123 0	17.96	5.99	9.65601	30.87	8.19	0.11565
10	11.92	6.04	65524	39.07	8.20	11531
20	5.84	6.08	65447	47.30	8.23	11497
30	− 5 59.72	6.12	65370	55.55	8.25	11463
40	53.56	6.16	65292	+ 22 3.81	8.26	11429
50	47.36	6.20	65213	12.10	8.29	11394
124 0	41.11	6.25	9.65135	20.40	8.30	0.11360
10	34.82	6.29	65056	28.72	8.32	11325
20	28.50	6.32	64977	37.07	8.35	11290
30	22.13	6.37	64898	45.43	8.36	11255
40	15.71	6.42	64818	53.81	8.38	11220
50	9.26	6.45	64738	+ 23 2.22	8.41	11184
125 0	2.76	6.50	9.64657	10.64	8.42	0.11149
10	− 4 56.22	6.54	64577	19.08	8.44	11113
20	49.64	6.58	64496	27.54	8.46	11078
30	43.02	6.62	64414	36.03	8.49	11042
40	36.35	6.67	64333	44.53	8.50	11006
50	29.64	6.71	64251	53.05	8.52	10970
126 0	22.89	6.75	9.64169	+ 24 1.59	8.54	0.10933
10	16.10	6.79	64086	10.16	8.57	10897
20	9.26	6.84	64003	18.74	8.58	10861
30	2.38	6.88	63920	27.34	8.60	10824
40	− 3 55.46	6.92	63836	35.97	8.63	10787
50	48.49	6.97	63752	44.61	8.64	10750
127 0	41.48	7.01	9.63668	53.27	8.66	0.10713
10	34.43	7.05	63583	+ 25 1.96	8.69	10676
20	27.33	7.10	63498	10.66	8.70	10639
30	20.19	7.14	63413	19.39	8.73	10602
40	13.01	7.18	63328	28.14	8.75	10564
50	5.78	7.23	63242	36.90	8.76	10526
128 0	− 2 58.51	7.27	9.63156	45.69	8.79	0.10489
10	51.19	7.32	63069	54.50	8.81	10451
20	43.83	7.36	62982	+ 26 3.33	8.83	10413
30	36.43	7.40	62895	12.18	8.85	10375
40	28.98	7.45	62807	21.05	8.87	10336
50	21.48	7.50	62720	29.94	8.89	10298
129 0	13.95	7.53	9.62631	38.85	8.91	0.10260
10	6.36	7.59	62543	47.79	8.94	10221
20	− 1 58.74	7.62	62454	56.74	8.95	10182
30	51.06	7.68	62365	+ 27 5.72	8.98	10144
40	43.34	7.72	62275	14.72	9.00	10105
50	35.58	7.76	62185	23.74	9.02	10066
130 0	− 1 27.77	7.81	9.62095	+ 27 32.78	9.04	0.10026

± v	± H		$\log h_1$	± J		$\log j$
130° 0′	− 1° 27.77		9.62095	+ 27° 32.78		0.10026
10	19.92	7.85	62004	41.84	9.06	09987
20	12.02	7.90	61913	50.92	9.08	09948
30	4.08	7.94	61822	+ 28 0.03	9.11	09908
40	− 0 56.08	8.00	61730	9.15	9.12	09869
50	48.05	8.03	61638	18.30	9.15	09829
131 0	39.96	8.09	9.61546	27.47	9.17	0.09789
10	31.83	8.13	61454	36.66	9.19	09749
20	23.66	8.17	61361	45.87	9.21	09709
30	15.43	8.23	61267	55.10	9.23	09669
40	− 0 7.16	8.27	61173	+ 29 4.36	9.26	09629
50	+ 0 1.15	8.31	61079	13.64	9.28	09589
132 0	9.52	8.37	9.60985	22.94	9.30	0.09548
10	17.93	8.41	60890	32.26	9.32	09508
20	26.38	8.45	60795	41.60	9.34	09467
30	34.89	8.51	60700	50.97	9.37	09426
40	43.44	8.55	60604	+ 30 0.36	9.39	09386
50	52.04	8.60	60508	9.77	9.41	09345
133 0	+ 1 0.69	8.65	9.60411	19.20	9.43	0.09304
10	9.39	8.70	60315	28.65	9.45	09263
20	18.13	8.74	60217	38.13	9.48	09221
30	26.92	8.79	60120	47.63	9.50	09180
40	35.77	8.85	60022	57.15	9.52	09139
50	44.66	8.89	59924	+ 31 6.70	9.55	09097
134 0	53.60	8.94	9.59825	16.26	9.56	0.09056
10	+ 2 2.58	8.98	59726	25.85	9.59	09014
20	11.62	9.04	59627	35.46	9.61	08972
30	20.71	9.09	59527	45.10	9.64	08931
40	29.84	9.13	59427	54.75	9.65	08889
50	39.03	9.19	59327	+ 32 4.43	9.68	08847
135 0	48.26	9.23	9.59226	14.14	9.71	0.08805
10	57.55	9.29	59125	23.86	9.72	08762
20	+ 3 6.89	9.34	59024	33.61	9.75	08720
30	16.27	9.38	58922	43.38	9.77	08678
40	25.71	9.44	58820	53.18	9.80	08635
50	35.20	9.49	58717	+ 33 2.99	9.81	08593
136 0	44.74	9.54	9.58615	12.83	9.84	0.08550
10	54.33	9.59	58511	22.70	9.87	08508
20	+ 4 3.97	9.64	58408	32.58	9.88	08465
30	13.66	9.69	58304	42.49	9.91	08422
40	23.41	9.75	58200	52.43	9.94	08380
50	33.20	9.79	58095	+ 34 2.38	9.95	08337
137 0	43.05	9.85	9.57990	12.36	9.98	0.08294
10	52.95	9.90	57885	22.37	10.01	08251
20	+ 5 2.91	9.96	57779	32.40	10.03	08208
30	12.91	10.00	57673	42.45	10.05	08164
40	22.97	10.06	57567	52.52	10.07	08121
50	33.09	10.12	57460	+ 35 2.62	10.10	08078
138 0	43.25	10.16	9.57353	12.74	10.12	0.08034
10	53.47	10.22	57245	22.88	10.14	07991
20	+ 6 3.75	10.28	57138	33.05	10.17	07948
30	14.07	10.32	57029	43.24	10.19	07904
40	24.45	10.38	56921	53.46	10.22	07860
50	34.89	10.44	56812	+ 36 3.70	10.24	07817
139 0	45.38	10.49	9.56703	13.97	10.27	0.07773
10	55.93	10.55	56593	24.25	10.28	07729
20	+ 7 6.53	10.60	56483	34.57	10.32	07686
30	17.18	10.65	56373	44.90	10.33	07642
40	27.89	10.71	56262	55.26	10.36	07598
50	38.66	10.77	56151	+ 37 5.65	10.39	07554
140 0	+ 7 49.49	10.83	9.56040	+ 37 16.06	10.41	0.07510

Taf. XXIX (Forts.).

Zur Berechnung von $\frac{\cos\delta\, d\alpha}{d e}$ und $\frac{d\delta}{d e}$ oder von $\frac{\cos\delta\, d\alpha}{d q}$ und $\frac{d\delta}{d q}$ in der Parabel.

± v	± H		log h_1	± J		log j
140° 0'	+ 7° 49'.49	10.88	9.56040	+ 37° 16'.06	10.43	0.07510
10	+ 8 0.37	10.93	55928	26.49	10.46	07466
20	11.30	11.00	55816	36.95	10.48	07422
30	22.30	11.05	55704	47.43	10.50	07378
40	33.35	11.11	55591	57.93	10.53	07333
50	44.46	11.17	55478	+ 38 8.46	10.56	07289
141 0	55.63	11.22	9.55364	19.02	10.58	0.07245
10	+ 9 6.85	11.28	55251	29.60	10.60	07201
20	18.13	11.34	55136	40.20	10.63	07156
30	29.47	11.40	55022	50.83	10.65	07112
40	40.87	11.46	54907	+ 39 1.48	10.68	07068
50	52.33	11.52	54792	12.16	10.70	07023
142 0	+ 10 3.85	11.57	9.54676	22.86	10.73	0.06979
10	15.42	11.64	54560	33.59	10.75	06934
20	27.06	11.70	54444	44.34	10.77	06890
30	38.76	11.76	54328	55.11	10.80	06845
40	50.52	11.81	54211	+ 40 5.91	10.83	06801
50	+ 11 2.33	11.88	54093	16.74	10.85	06756
143 0	14.21	11.94	9.53976	27.59	10.88	0.06712
10	26.15	12.00	53858	38.47	10.90	06667
20	38.15	12.07	53739	49.37	10.92	06623
30	50.22	12.12	53621	+ 41 0.29	10.95	06578
40	+ 12 2.34	12.19	53502	11.24	10.98	06533
50	14.53	12.25	53383	22.22	11.00	06489
144 0	26.78	12.32	9.53263	33.22	11.02	0.06444
10	39.10	12.38	53143	44.24	11.05	06399
20	51.48	12.44	53023	55.29	11.08	06355
30	+ 13 3.92	12.50	52902	+ 42 6.37	11.10	06310
40	16.42	12.57	52781	17.47	11.13	06265
50	28.99	12.63	52660	28.60	11.15	06221
145 0	41.62	12.70	9.52538	39.75	11.17	0.06176
10	54.32	12.77	52416	50.92	11.20	06131
20	+ 14 7.09	12.83	52294	+ 43 2.12	11.23	06087
30	19.92	12.89	52171	13.35	11.25	06042
40	32.81	12.96	52048	24.60	11.28	05997
50	45.77	13.03	51925	35.88	11.30	05953
146 0	58.80	13.10	9.51802	47.18	11.33	0.05908
10	+ 15 11.90	13.16	51678	58.51	11.36	05864
20	25.06	13.23	51554	+ 44 9.87	11.37	05819
30	38.29	13.30	51429	21.24	11.41	05774
40	51.59	13.37	51304	32.65	11.43	05730
50	+ 16 4.96	13.44	51179	44.08	11.45	05685
147 0	18.40	13.50	9.51054	55.53	11.48	0.05641
10	31.90	13.58	50928	+ 45 7.01	11.51	05596
20	45.48	13.64	50802	18.52	11.53	05552
30	59.12	13.71	50676	30.05	11.56	05507
40	+ 17 12.83	13.79	50549	41.61	11.58	05463
50	26.62	13.86	50422	53.19	11.61	05419
148 0	40.48	13.92	9.50295	+ 46 4.80	11.64	0.05374
10	54.40	14.00	50168	16.44	11.65	05330
20	+ 18 8.40	14.07	50040	28.09	11.69	05286
30	22.47	14.15	49912	39.78	11.71	05242
40	36.62	14.22	49784	51.49	11.74	05197
50	50.84	14.29	49655	+ 47 3.23	11.76	05153
149 0	+ 19 5.13	14.36	9.49526	14.99	11.79	0.05109
10	19.49	14.44	49397	26.78	11.81	05065
20	33.93	14.51	49268	38.59	11.84	05021
30	48.44	14.59	49138	50.43	11.86	04977
40	+ 20 3.03	14.66	49008	+ 48 2.29	11.89	04933
50	17.69	14.74	48878	14.18	11.92	04889
150 0	+ 20 32.43		9.48747	+ 48 26.10		0.04846

± v	± H		log h_1	± J		log j
150° 0'	+ 20° 32'.43	14.81	9.48747	+ 48° 26'.10	11.94	0.04846
10	47.24	14.89	48617	38.04	11.96	04802
20	+ 21 2.13	14.97	48486	50.00	12.00	04758
30	17.10	15.05	48354	+ 49 2.00	12.01	04714
40	32.15	15.12	48223	14.01	12.05	04671
50	47.27	15.20	48091	26.06	12.07	04627
151 0	+ 22 2.47	15.28	9.47959	38.13	12.09	0.04584
10	17.75	15.36	47827	50.22	12.12	04541
20	33.11	15.44	47695	+ 50 2.34	12.15	04497
30	48.55	15.52	47562	14.49	12.17	04454
40	+ 23 4.07	15.60	47429	26.66	12.19	04411
50	19.67	15.68	47296	38.85	12.23	04368
152 0	35.35	15.76	9.47163	51.08	12.24	0.04325
10	51.11	15.84	47030	+ 51 3.32	12.28	04282
20	+ 24 6.95	15.93	46896	15.60	12.30	04240
30	22.88	16.00	46762	27.90	12.32	04197
40	38.88	16.09	46628	40.22	12.35	04154
50	54.97	16.18	46494	52.57	12.37	04112
153 0	+ 25 11.15	16.26	9.46360	+ 52 4.94	12.40	0.04069
10	27.41	16.34	46225	17.34	12.43	04027
20	43.75	16.43	46090	29.77	12.45	03985
30	+ 26 0.18	16.51	45955	42.22	12.48	03943
40	16.69	16.60	45820	54.70	12.50	03901
50	33.29	16.68	45685	+ 53 7.20	12.52	03859
154 0	49.97	16.77	9.45550	19.72	12.56	0.03817
10	+ 27 6.74	16.86	45414	32.28	12.57	03775
20	23.60	16.95	45279	44.85	12.60	03734
30	40.55	17.03	45143	57.45	12.63	03692
40	57.58	17.12	45007	+ 54 10.08	12.65	03651
50	+ 28 14.70	17.21	44871	22.73	12.68	03610
155 0	31.91	17.31	9.44735	35.41	12.70	0.03568
10	49.22	17.39	44599	48.11	12.73	03527
20	+ 29 6.61	17.48	44462	+ 55 0.84	12.75	03487
30	24.09	17.57	44326	13.59	12.78	03446
40	41.66	17.66	44189	26.37	12.80	03405
50	59.32	17.76	44053	39.17	12.83	03365
156 0	+ 30 17.08	17.85	9.43916	52.00	12.85	0.03324
10	34.93	17.94	43780	+ 56 4.85	12.87	03284
20	52.87	18.03	43643	17.72	12.90	03244
30	+ 31 10.90	18.13	43506	30.62	12.93	03204
40	29.03	18.22	43369	43.55	12.95	03164
50	47.25	18.31	43232	56.50	12.97	03125
157 0	+ 32 5.56	18.41	9.43095	+ 57 9.47	13.00	0.03085
10	23.97	18.51	42958	22.47	13.02	03046
20	42.48	18.60	42822	35.49	13.05	03007
30	+ 33 1.08	18.70	42685	48.54	13.07	02968
40	19.78	18.79	42548	+ 58 1.61	13.09	02929
50	38.57	18.90	42411	14.70	13.12	02890
158 0	57.47	18.99	9.42274	27.82	13.15	0.02852
10	+ 34 16.46	19.08	42137	40.97	13.16	02813
20	35.54	19.19	42000	54.13	13.19	02775
30	54.73	19.29	41864	+ 59 7.32	13.22	02737
40	+ 35 14.02	19.38	41727	20.54	13.24	02699
50	33.40	19.48	41591	33.78	13.26	02661
159 0	52.88	19.59	9.41454	47.04	13.28	0.02624
10	+ 36 12.47	19.69	41318	+ 60 0.32	13.31	02586
20	32.16	19.78	41182	13.63	13.33	02549
30	51.94	19.89	41045	26.96	13.36	02512
40	+ 37 11.83	19.99	40909	40.32	13.38	02475
50	31.82	20.09	40774	53.70	13.40	02439
160 0	+ 37 51.91		9.40638	+ 61 7.10		0.02402

Taf. XXIX (Schluss).

Zur Berechnung von $\frac{\cos\delta\, d\alpha}{de}$ und $\frac{d\delta}{de}$ oder von $\frac{\cos\delta\, d\alpha}{dq}$ und $\frac{d\delta}{dq}$ in der Parabel.

$\pm v$	$\pm H$	Diff.	$\log h_1$	$\pm J$	Diff.	$\log j$
160° 0'	+37° 51'.91	20.20	9.40638	+61° 7'.10	13.42	0.02402
10	+38 12.11	20.29	40502	20.52	13.45	02366
20	32.40	20.41	40367	33.97	13.47	02330
30	52.81	20.50	40232	47.44	13.49	02294
40	+39 13.31	20.61	40097	+62 0.93	13.52	02258
50	33.92	20.71	39962	14.45	13.53	02223
161 0	54.63	20.82	9.39827	27.98	13.56	0.02188
10	+40 15.45	20.92	39693	41.54	13.59	02153
20	36.37	21.03	39559	55.13	13.60	02118
30	57.40	21.14	39425	+63 8.73	13.63	02083
40	+41 18.54	21.24	39292	22.36	13.65	02049
50	39.78	21.35	39159	36.01	13.67	02014
162 0	+42 1.13	21.45	9.39026	49.68	13.69	0.01980
10	22.58	21.56	38893	+64 3.37	13.71	01947
20	44.14	21.67	38761	17.08	13.74	01913
30	+43 5.81	21.77	38629	30.82	13.76	01880
40	27.58	21.89	38497	44.58	13.78	01847
50	49.47	21.99	38366	58.36	13.79	01814
163 0	+44 11.46	22.10	9.38235	+65 12.15	13.82	0.01781
10	33.56	22.21	38105	25.97	13.85	01749
20	55.77	22.31	37975	39.82	13.86	01717
30	+45 18.08	22.43	37845	53.68	13.88	01685
40	40.51	22.53	37716	+66 7.56	13.90	01653
50	+46 3.04	22.64	37587	21.46	13.93	01621
164 0	25.68	22.76	9.37459	35.39	13.94	0.01590
10	48.44	22.86	37331	49.33	13.97	01559
20	+47 11.30	22.97	37204	+67 3.30	13.98	01528
30	34.27	23.08	37077	17.28	14.00	01498
40	57.35	23.19	36951	31.28	14.03	01468
50	+48 20.54	23.30	36826	45.31	14.04	01438
165 0	43.84	23.41	9.36701	59.35	14.06	0.01408
10	+49 7.25	23.52	36576	+68 13.41	14.09	01378
20	30.77	23.62	36453	27.50	14.10	01349
30	54.39	23.74	36329	41.60	14.12	01320
40	+50 18.13	23.85	36207	55.72	14.13	01292
50	41.98	23.95	36085	+69 9.85	14.16	01263
166 0	+51 5.93	24.07	9.35964	24.01	14.18	0.01235
10	30.00	24.18	35843	38.19	14.19	01207
20	54.18	24.28	35724	52.38	14.21	01180
30	+52 18.46	24.39	35604	+70 6.59	14.23	01152
40	42.85	24.51	35486	20.82	14.25	01125
50	+53 7.36	24.61	35369	35.07	14.27	01098
167 0	31.97	24.72	9.35252	49.34	14.28	0.01072
10	56.69	24.82	35136	+71 3.62	14.30	01046
20	+54 21.51	24.94	35021	17.92	14.32	01020
30	46.45	25.04	34907	32.24	14.33	00994
40	+55 11.49	25.15	34793	46.57	14.35	00969
50	36.64	25.25	34681	+72 0.92	14.37	00944
168 0	+56 1.89	25.37	9.34569	15.29	14.39	0.00919
10	27.26	25.47	34458	29.68	14.40	00894
20	52.73	25.57	34349	44.08	14.41	00870
30	+57 18.30	25.68	34240	58.49	14.44	00846
40	43.98	25.78	34132	+73 12.93	14.44	00823
50	+58 9.76	25.89	34025	27.37	14.47	00800
169 0	35.65	25.99	9.33919	41.84	14.48	0.00777
10	+59 1.64	26.09	33815	56.32	14.49	00754
20	27.73	26.20	33711	+74 10.81	14.51	00731
30	53.93	26.30	33608	25.32	14.52	00709
40	+60 20.23	26.39	33507	39.84	14.54	00688
50	46.62	26.50	33406	54.38	14.56	00666
170 0	+61 13.12		9.33307	+75 8.94		0.00645

$\pm v$	$\pm H$	Diff.	$\log h_1$	$\pm J$	Diff.	$\log j$
170° 0'	+61° 13'.12	26.60	9.33307	+75° 8'.94	14.56	0.00645
10	39.72	26.70	33209	23.50	14.58	00624
20	+62 6.42	26.79	33112	38.08	14.60	00604
30	33.21	26.89	33016	52.68	14.61	00584
40	+63 0.10	26.99	32922	+76 7.29	14.62	00564
50	27.09	27.08	32828	21.91	14.63	00544
171 0	54.17	27.18	9.32736	36.54	14.65	0.00525
10	+64 21.35	27.27	32645	51.19	14.66	00506
20	48.62	27.36	32556	+77 5.85	14.67	00488
30	+65 15.98	27.46	32468	20.52	14.69	00469
40	43.44	27.54	32381	35.21	14.69	00451
50	+66 10.98	27.63	32296	49.90	14.71	00434
172 0	38.61	27.72	9.32211	+78 4.61	14.72	0.00417
10	+67 6.33	27.81	32129	19.33	14.73	00400
20	34.14	27.89	32047	34.06	14.75	00383
30	+68 2.03	27.98	31968	48.81	14.75	00367
40	30.01	28.06	31889	+79 3.56	14.77	00351
50	58.07	28.14	31812	18.33	14.77	00335
173 0	+69 26.21	28.23	9.31737	33.10	14.79	0.00320
10	54.44	28.30	31663	47.89	14.79	00305
20	+70 22.74	28.38	31590	+80 2.68	14.81	00291
30	51.12	28.45	31519	17.49	14.81	00277
40	+71 19.57	28.53	31450	32.30	14.82	00263
50	48.10	28.60	31382	47.12	14.84	00249
174 0	+72 16.70	28.68	9.31316	+81 1.96	14.84	0.00236
10	45.38	28.74	31251	16.80	14.85	00223
20	+73 14.12	28.81	31188	31.65	14.86	00211
30	42.93	28.88	31127	46.51	14.87	00199
40	+74 11.81	28.95	31067	+82 1.38	14.87	00187
50	40.76	29.00	31009	16.25	14.89	00175
175 0	+75 9.76	29.07	9.30953	31.14	14.89	0.00164
10	38.83	29.13	30898	46.03	14.89	00154
20	+76 7.96	29.19	30845	+83 0.92	14.91	00143
30	37.15	29.24	30794	15.83	14.91	00133
40	+77 6.39	29.30	30745	30.74	14.92	00124
50	35.69	29.35	30697	45.66	14.92	00114
176 0	+78 5.04	29.40	9.30651	+84 0.58	14.93	0.00105
10	34.44	29.45	30607	15.51	14.94	00097
20	+79 3.89	29.50	30565	30.45	14.94	00089
30	33.39	29.54	30524	45.39	14.95	00081
40	+80 2.93	29.59	30485	+85 0.34	14.95	00073
50	32.52	29.62	30448	15.29	14.96	00066
177 0	+81 2.14	29.66	9.30413	30.25	14.96	0.00059
10	31.80	29.71	30380	45.21	14.96	00053
20	+82 1.51	29.73	30348	+86 0.17	14.97	00047
30	31.24	29.77	30319	15.14	14.98	00041
40	+83 1.01	29.80	30291	30.12	14.97	00036
50	30.81	29.83	30265	45.09	14.98	00031
178 0	+84 0.64	29.85	9.30241	+87 0.07	14.99	0.00026
10	30.49	29.88	30219	15.06	14.98	00022
20	+85 0.37	29.90	30199	30.04	14.99	00018
30	30.27	29.92	30181	45.03	14.99	00015
40	+86 0.19	29.94	30165	+88 0.02	14.99	00012
50	30.13	29.95	30150	15.01	15.00	00009
179 0	+87 0.08	29.97	9.30138	30.01	15.00	0.00007
10	30.05	29.97	30127	45.01	14.99	00005
20	+88 0.02	29.99	30118	+89 0.00	15.00	00003
30	30.01	29.99	30112	15.00	15.00	00002
40	+89 0.00	30.00	30107	30.00	15.00	00001
50	30.00	30.00	30104	45.00	15.00	00000
180 0	+90 0.00		9.30103	+90 0.00		0.00000

Taf. XXX.

Zur Berechnung der Präcession in Länge, Breite, Rectascension und Declination.

Trop. Jahr	p	$\log \pi$	Π	m''	n''	m^s	$\log n^s$	$\log n''$	ε
1600	50″.1897	9.67500	171° 12′.84	46″.0013	20″.0724	3^s.06675	0.126508	1.302599	23° 29′ 28″.69
1610	1919	67493	171 18.31	0041	0715	06694	126489	302580	29 24.01
1620	1941	67487	171 23.78	0069	0707	06713	126471	302562	29 19.34
1630	1964	67480	171 29.25	0097	0698	06731	126453	302544	29 14.66
1640	1986	67474	171 34.72	0125	0690	06750	126435	302526	29 9.99
1650	50.2008	9.67467	171 40.20	46.0153	20.0681	3.06769	0.126416	1.302507	23 29 5.31
1660	2030	67461	171 45.67	0180	0673	06787	126398	302489	29 0.63
1670	2052	67454	171 51.15	0208	0664	06805	126379	302470	28 55.95
1680	2075	67448	171 56.62	0236	0656	06824	126361	302452	28 51.27
1690	2097	67441	172 2.10	0264	0647	06843	126342	302433	28 46.59
1700	50.2119	9.67435	172 7.57	46.0292	20.0639	3.06861	0.126324	1.302415	23 28 41.91
1710	2141	67428	172 13.05	0320	0630	06880	126305	302396	28 37.23
1720	2163	67422	172 18.52	0348	0622	06899	126287	302378	28 32.55
1730	2186	67415	172 24.00	0376	0613	06917	126268	302359	28 27.87
1740	2208	67409	172 29.47	0404	0605	06936	126250	302341	28 23.19
1750	50.2230	9.67403	172 34.94	46.0432	20.0596	3.06955	0.126232	1.302323	23 28 18.51
1760	2252	67396	172 40.42	0459	0588	06973	126213	302304	28 13.83
1770	2275	67390	172 45.89	0487	0579	06991	126195	302286	28 9.15
1780	2297	67383	172 51.37	0515	0571	07010	126177	302268	28 4.47
1790	2319	67377	172 56.84	0543	0562	07029	126158	302249	27 59.79
1800	50.2341	9.67371	173 2.31	46.0571	20.0554	3.07048	0.126140	1.302231	23 27 55.10
1810	2363	67364	173 7.79	0599	0545	07066	126121	302212	27 50.42
1820	2385	67358	173 13.26	0627	0537	07085	126103	302194	27 45.73
1830	2408	67352	173 18.74	0655	0528	07103	126084	302175	27 41.05
1840	2430	67346	173 24.21	0683	0520	07122	126066	302157	27 36.36
1850	50.2453	9.67340	173 29.68	46.0711	20.0511	3.07141	0.126048	1.302139	23 27 31.68
1860	2475	67333	173 35.16	0738	0503	07159	126029	302120	27 26.99
1870	2497	67327	173 40.63	0766	0494	07177	126011	302102	27 22.31
1880	2519	67321	173 46.11	0794	0486	07196	125993	302084	27 17.62
1890	2541	67315	173 51.58	0822	0477	07215	125974	302065	27 12.94
1900	50.2564	9.67309	173 57.06	46.0850	20.0468	3.07234	0.125955	1.302046	23 27 8.26
1910	2586	67302	174 2.53	0878	0460	07252	125937	302028	27 3.58
1920	2608	67296	174 8.01	0906	0451	07271	125919	302010	26 58.89
1930	2631	67290	174 13.49	0934	0443	07289	125900	301991	26 54.21
1940	2653	67284	174 18.97	0962	0434	07308	125881	301972	26 49.52
1950	50.2675	9.67278	174 24.45	46.0990	20.0426	3.07327	0.125863	1.301954	23 26 44.84
1960	2697	67272	174 29.93	1018	0417	07345	125844	301935	26 40.15
1970	2719	67266	174 35.41	1046	0409	07364	125826	301917	26 35.47
1980	2742	67260	174 40.89	1074	0400	07383	125807	301898	26 30.78
1990	2764	67254	174 46.37	1101	0392	07401	125789	301880	26 26.10
2000	50.2786	9.67248	174 51.85	46.1129	20.0383	3.07420	0.125771	1.301862	23 26 21.41
2010	2808	67241	174 57.32	1157	0375	07438	125752	301843	26 16.73
2020	2830	67235	175 2.80	1185	0366	07457	125734	301825	26 12.04
2030	2853	67229	175 8.28	1213	0358	07475	125715	301806	26 7.36
2040	2875	67223	175 13.76	1241	0349	07494	125697	301788	26 2.67
2050	50.2897	9.67217	175 19.24	46.1269	20.0341	3.07513	0.125679	1.301770	23 25 57.98
2060	2919	67211	175 24.71	1297	0332	07531	125660	301751	25 53.30
2070	2941	67205	175 30.19	1325	0324	07550	125642	301733	25 48.62
2080	2964	67199	175 35.67	1353	0315	07569	125623	301714	25 43.93
2090	2986	67193	175 41.15	1381	0307	07587	125605	301696	25 39.25
2100	50.3008	9.67187	175 46.63	46.1408	20.0298	3.07605	0.125586	1.301677	23 25 34.56

Taf. XXXIa.

Zur Berechnung der Bessel'schen Reductionsgrössen: Dies reductus *k* für Berlin.

Jahr	1600	1700	1800	1900	Jahr	1600	1700	1800	1900
	d	d	d	d		d	d	d	d
00	+ 0.3117	+ 0.0903	— 0.1305	— 0.3507	50	+ 0.2008	— 0.0203	— 0.2407	— 0.4606
01	+ 0.0695	— 0.1519	— 0.3727	— 0.5929	51	— 0.0414	— 0.2625	— 0.4829	— 0.7028
02	— 0.1728	— 0.3941	— 0.6149	— 0.8351	52	+ 0.7164	+ 0.4953	+ 0.2749	+ 0.0550
03	— 0.4150	— 0.6363	— 0.8571	— 1.0773	53	+ 0.4742	+ 0.2531	+ 0.0327	— 0.1872
04	+ 0.3428	+ 0.1214	— 0.0994	— 0.3195	54	+ 0.2320	+ 0.0109	— 0.2095	— 0.4294
05	+ 0.1006	— 0.1208	0.3416	— 0.5617	55	— 0.0102	— 0.2313	— 0.4517	— 0.6716
06	— 0.1417	— 0.3630	— 0.5838	— 0.8039	56	+ 0.7476	+ 0.5265	+ 0.3061	+ 0.0862
07	— 0.3839	— 0.6052	— 0.8260	— 1.0461	57	+ 0.5054	+ 0.2843	+ 0.0639	— 0.1559
08	+ 0.3739	+ 0.1526	— 0.0682	— 0.2883	58	+ 0.2631	+ 0.0421	— 0.1783	— 0.3981
09	+ 0.1317	— 0.0896	— 0.3104	— 0.5305	59	+ 0.0209	— 0.2001	— 0.4205	— 0.6403
10	— 0.1106	— 0.3319	— 0.5526	— 0.7727	60	+ 0.7787	+ 0.5577	+ 0.3373	+ 0.1175
11	— 0.3528	— 0.5741	— 0.7948	— 1.0149	61	+ 0.5365	+ 0.3155	+ 0.0951	— 0.1247
12	+ 0.4050	+ 0.1837	— 0.0370	— 0.2571	62	+ 0.2943	+ 0.0733	— 0.1471	— 0.3669
13	+ 0.1628	— 0.0585	— 0.2792	— 0.4993	63	+ 0.0521	— 0.1689	— 0.3893	— 0.6091
14	— 0.0794	— 0.3008	— 0.5215	— 0.7415	64	+ 0.8099	+ 0.5889	+ 0.3685	+ 0.1487
15	— 0.3216	— 0.5430	— 0.7637	— 0.9837	65	+ 0.5677	+ 0.3467	+ 0.1263	— 0.0935
16	+ 0.4362	+ 0.2148	— 0.0059	— 0.2259	66	+ 0.3254	+ 0.1044	— 0.1159	— 0.3357
17	+ 0.1940	— 0.0274	— 0.2481	— 0.4680	67	+ 0.0832	— 0.1378	— 0.3581	— 0.5779
18	— 0.0483	— 0.2696	— 0.4903	— 0.7102	68	+ 0.8410	+ 0.6200	+ 0.3997	+ 0.1799
19	0.2905	— 0.5118	— 0.7325	— 0.9524	69	+ 0.5988	+ 0.3778	+ 0.1575	— 0.0623
20	+ 0.4673	+ 0.2460	+ 0.0253	— 0.1946	70	+ 0.3566	+ 0.1356	— 0.0847	— 0.3045
21	+ 0.2251	+ 0.0038	— 0.2169	— 0.4368	71	+ 0.1144	— 0.1066	— 0.3269	— 0.5467
22	— 0.0172	— 0.2385	— 0.4591	— 0.6790	72	+ 0.8722	+ 0.6512	+ 0.4309	+ 0.2112
23	— 0.2594	— 0.4807	— 0.7013	— 0.9212	73	+ 0.6300	+ 0.4090	+ 0.1887	— 0.0310
24	+ 0.4984	+ 0.2771	+ 0.0565	— 0.1634	74	+ 0.3877	+ 0.1668	— 0.0535	— 0.2732
25	+ 0.2562	+ 0.0349	— 0.1857	— 0.4056	75	+ 0.1455	— 0.0754	— 0.2957	— 0.5154
26	+ 0.0139	— 0.2073	— 0.4279	— 0.6478	76	+ 0.9033	+ 0.6824	+ 0.4621	+ 0.2424
27	0.2283	— 0.4495	— 0.6701	— 0.8900	77	+ 0.6611	+ 0.4402	+ 0.2199	+ 0.0002
28	+ 0.5295	+ 0.3083	+ 0.0877	— 0.1322	78	+ 0.4189	+ 0.1980	— 0.0223	— 0.2420
29	+ 0.2873	+ 0.0661	— 0.1545	— 0.3744	79	+ 0.1767	— 0.0442	— 0.2645	— 0.4842
30	+ 0.0451	— 0.1761	— 0.3967	— 0.6166	80	+ 0.9345	+ 0.7136	+ 0.4933	+ 0.2736
31	0.1971	— 0.4183	— 0.6389	— 0.8588	81	+ 0.6923	+ 0.4714	+ 0.2511	+ 0.0314
32	+ 0.5607	+ 0.3395	+ 0.1189	— 0.1010	82	+ 0.4500	+ 0.2291	+ 0.0089	— 0.2108
33	+ 0.3185	+ 0.0973	0.1233	— 0.3432	83	+ 0.2078	— 0.0131	— 0.2333	— 0.4530
34	+ 0.0762	— 0.1450	0.3655	— 0.5854	84	+ 0.9656	+ 0.7447	+ 0.5245	+ 0.3048
35	— 0.1660	— 0.3872	— 0.6077	— 0.8276	85	+ 0.7234	+ 0.5025	+ 0.2823	+ 0.0626
36	+ 0.5918	+ 0.3706	+ 0.1501	— 0.0698	86	+ 0.4812	+ 0.2603	+ 0.0401	— 0.1796
37	+ 0.3496	+ 0.1284	— 0.0921	— 0.3120	87	+ 0.2390	+ 0.0181	— 0.2021	— 0.4218
38	+ 0.1074	— 0.1138	— 0.3343	— 0.5542	88	+ 0.9968	+ 0.7759	+ 0.5557	+ 0.3360
39	— 0.1348	0.3560	— 0.5765	— 0.7964	89	+ 0.7546	+ 0.5337	+ 0.3135	+ 0.0938
40	+ 0.6230	+ 0.4018	+ 0.1813	— 0.0386	90	+ 0.5123	+ 0.2915	+ 0.0713	— 0.1484
41	+ 0.3808	+ 0.1596	— 0.0609	— 0.2808	91	+ 0.2701	+ 0.0493	— 0.1709	— 0.3906
42	+ 0.1385	— 0.0826	— 0.3031	— 0.5230	92	+ 1.0279	+ 0.8071	+ 0.5869	+ 0.3673
43	— 0.1037	— 0.3248	— 0.5453	— 0.7652	93	+ 0.7857	+ 0.5649	+ 0.3447	+ 0.1251
44	+ 0.6541	+ 0.4330	+ 0.2125	— 0.0074	94	+ 0.5435	+ 0.3227	+ 0.1025	— 0.1171
45	+ 0.4119	+ 0.1908	— 0.0297	— 0.2496	95	+ 0.3013	+ 0.0805	— 0.1397	— 0.3593
46	+ 0.1697	— 0.0515	— 0.2719	— 0.4918	96	+ 1.0591	+ 0.8383	+ 0.6181	+ 0.3985
47	— 0.0725	— 0.2937	— 0.5141	— 0.7340	97	+ 0.8169	+ 0.5961	+ 0.3759	+ 0.1563
48	+ 0.6853	+ 0.4641	+ 0.2437	+ 0.0238	98	+ 0.5747	+ 0.3539	+ 0.1337	— 0.0859
49	+ 0.4431	+ 0.2219	+ 0.0015	— 0.2184	99	+ 0.3325	+ 0.1117	— 0.1085	— 0.3281
50	+ 0.2008	— 0.0203	— 0.2407	0.4606	100	+ 0.0903	— 0.1305	— 0.3507	+ 0.4297

Taf. XXXI b. Zur Berechnung der Bessel'schen Reductionsgrössen: Sonnenglieder.

Datum Schalt-Jahr	Datum Gem. Jahr	$f_\odot$	Diff.	Aend. 100ª	$g \cos G_\odot$	Diff.	Aend. 100ª	$g \sin G_\odot$	Diff.	Aend. 100ª	H	Diff.	Aend. 100ª	$\log h$	Diff.	Aend. 100ª	i	Diff.	Aend. 100ª
Jan. 1	0	+0".403		−5	+0".175		−2	+0".528		+0	350° 50'.7		+3'.2	1.31009		+0	−1".409		+8
2	1	0.570	167	5	0.248	73	2	521	7	0	349 54.3	56.4	3.2	30987	22	0	1.552	143	9
3	2	0.737	167	5	0.320	72	2	513	8	0	348 57.9	56.4	3.2	30963	24	1	1.694	142	9
4	3	0.903	166	5	0.392	72	2	504	9	0	348 1.4	56.5	3.2	30937	26	1	1.835	141	9
5	4	1.068	165	5	0.464	72	2	495	9	0	347 4.8	56.6	3.2	30909	28	1	1.976	141	9
6	5	1.233	165	5	0.536	72	2	485	10	0	346 8.1	56.7	3.2	30879	30	1	2.116	140	9
7	6	1.397	164	5	0.607	71	2	475	10	0	345 11.3	56.8	3.2	30847	32	2	2.256	140	9
8	7	1.560	163	5	0.678	71	2	464	11	0	344 14.4	56.9	3.2	30813	34	2	2.395	139	9
9	8	1.723	163	4	0.748	70	2	453	11	0	343 17.5	56.9	3.2	30777	36	2	2.533	138	9
10	9	1.885	162	4	0.818	70	2	441	12		342 20.5	57.0	3.2	30739	38	2	2.670	137	9
11	10	+2.046	161	−4	+0.888	70	−2	+0.429	12	+0	341 23.4	57.1	+3.2	1.30700	39	+3	−2.807	137	+9
12	11	2.206	160	4	0.957	69	3	416	13	0	340 26.2	57.2	3.2	30659	41	3	2.943	136	9
13	12	2.364	158	4	1.026	69	3	402	14	0	339 28.8	57.4	3.2	30616	43	3	3.077	134	9
14	13	2.521	157	4	1.095	69	3	388	14	1	338 31.3	57.5	3.2	30571	45	3	3.210	133	9
15	14	2.678	157	3	1.163	68	2	373	15	1	337 33.8	57.5	3.2	30525	46	4	3.343	133	9
16	15	2.834	156	3	1.231	68	2	358	15	1	336 36.2	57.6	3.2	30477	48	4	3.475	132	9
17	16	2.988	154	3	1.298	67	2	343	15	1	335 38.4	57.8	3.1	30428	49	4	3.605	130	9
18	17	3.141	153	3	1.365	67	2	327	16	1	334 40.5	57.9	3.1	30377	51	4	3.734	129	9
19	18	3.293	152	3	1.431	66	2	311	16	1	333 42.5	58.0	3.1	30325	52	4	3.862	128	9
20	19	3.444	151	3	1.497	66	2	294	17	1	332 44.3	58.2	3.1	30271	54	4	3.989	127	9
21	20	+3.593	149	−2	+1.562	65	−2	+0.277	17	+1	331 46.0	58.3	+3.1	1.30216	55	+5	−4.114	125	+9
22	21	3.741	148	2	1.626	64	2	260	17	1	330 47.6	58.4	3.1	30160	56	5	4.238	124	9
23	22	3.888	147	2	1.690	64	2	242	18	1	329 49.0	58.6	3.1	30103	57	5	4.361	123	9
24	23	4.033	145	2	1.753	63	2	224	18	1	328 50.3	58.7	3.1	30045	58	5	4.483	122	9
25	24	4.177	144	2	1.816	63	2	205	19	1	327 51.4	58.9	3.1	29985	60	5	4.603	120	9
26	25	4.320	143	2	1.878	62	2	187	18	1	326 52.4	59.0	3.1	29924	61	5	4.722	119	8
27	26	4.461	141	1	1.939	61	2	168	19	1	325 53.2	59.2	3.0	29863	61	5	4.839	117	8
28	27	4.601	140	1	2.000	61	2	149	19	1	324 53.9	59.3	3.0	29801	62	5	4.954	115	8
29	28	4.739	138	1	2.060	60	2	130	19	1	323 54.5	59.4	3.0	29738	63	5	5.068	114	8
30	29	4.876	137	1	2.120	60	2	110	20	1	322 54.9	59.6	3.0	29674	64	6	5.180	112	8
31	30	+5.011	135	−1	+2.179	59	−2	+0.091	19	+1	321 55.1	59.8	+3.0	1.29610	64	+6	−5.291	111	+8
Febr. 1	31	5.145	134	1	2.237	58	2	072	19	1	320 55.1	60.0	2.9	29545	65	6	5.400	109	8
2	1	5.278	133	−1	2.295	58	2	052	20	1	319 55.0	60.1	2.9	29480	65	6	5.507	107	8
3	2	5.409	131	0	2.352	57	2	033	19	1	318 54.7	60.3	2.9	29415	65	6	5.612	105	8
4	3	5.539	130	0	2.408	56	2	+0.013	20	1	317 54.3	60.4	2.9	29349	66	6	5.716	104	8
5	4	5.667	128	0	2.464	56	2	−0.007	20	1	316 53.7	60.6	2.9	29283	66	6	5.818	102	8
6	5	5.793	126	0	2.519	55	2	026	19	1	315 52.9	60.8	2.8	29216	67	6	5.918	100	8
7	6	5.918	125	+1	2.573	54	2	046	20	1	314 51.9	61.0	2.8	29150	66	6	6.016	98	8
8	7	6.041	123	1	2.627	54	2	065	19	1	313 50.8	61.1	2.8	29084	66	6	6.112	96	7
9	8	6.163	122	1	2.680	53	2	085	20	1	312 49.5	61.3	2.8	29018	66	6	6.206	94	7
10	9	+6.284	121	+1	+2.732	52	−2	−0.104	19	+1	311 48.1	61.4	+2.7	1.28952	66	+6	−6.299	93	+7
11	10	6.403	119	1	2.784	52	2	123	19	1	310 46.5	61.6	2.7	28886	66	6	6.390	91	7
12	11	6.521	118	1	2.835	51	2	142	19	1	309 44.7	61.8	2.7	28821	65	6	6.478	88	7
13	12	6.637	116	1	2.885	50	2	161	19	1	308 42.8	61.9	2.7	28756	65	6	6.564	86	7
14	13	6.752	115	1	2.935	50	2	179	18	1	307 40.7	62.1	2.6	28692	64	6	6.648	84	7
15	14	6.865	113	2	2.984	49	2	197	18	1	306 38.5	62.2	2.6	28628	64	6	6.730	82	7
16	15	6.977	112	2	3.033	49	2	215	18	1	305 36.1	62.4	2.6	28565	63	6	6.810	80	7
17	16	7.088	111	2	3.081	48	2	233	18	1	304 33.6	62.5	2.5	28503	62	6	6.888	78	7
18	17	7.197	109	2	3.129	48	2	251	18	1	303 30.9	62.7	2.5	28442	61	6	6.963	75	7
19	18	7.305	108	2	3.176	47	2	268	17	1	302 28.1	62.8	2.5	28382	60	6	7.036	73	7
20	19	+7.412	107	+3	+3.223	47	−2	−0.285	17	+1	301 25.1	63.0	+2.4	1.28323	59	+6	−7.107	71	+6
21	20	7.518	106	3	3.269	46	2	302	17	1	300 21.9	63.2	2.4	28265	58	6	7.176	69	6
22	21	7.622	104	3	3.314	45	2	318	16	1	299 18.6	63.3	2.3	28208	57	6	7.243	67	6
23	22	7.725	103	3	3.359	45	2	334	16	+1	298 15.2	63.4	2.3	28152	56	7	7.308	65	6
24	23	7.827	102	3	3.403	44	2	349	15	0	297 11.6	63.6	2.3	28098	54	7	7.370	62	6
25	24	7.928	101	3	3.447	44	2	364	15	0	296 7.9	63.7	2.2	28045	53	7	7.430	60	6
26	25	8.028	100	3	3.491	44	2	378	14	0	295 4.2	63.7	2.2	27994	51	7	7.487	57	6
27	26	8.127	99	3	3.534	43	2	392	14	0	294 0.3	63.9	2.1	27944	50	7	7.542	55	6
28	27	8.224	97	4	3.577	43	2	405	13	0	292 56.3	64.0	2.1	27896	48	7	7.595	53	6
29	28	8.320	96	4	3.619	42	2	418	13	0	291 52.1	64.2	2.0	27850	46	7	7.645	50	6
März	1	+8.416	96	+4	+3.660	41	−2	−0.431	13	0	290 47.9	64.2	+2.0	1.27805	45	+7	−7.693	48	+6
	2	8.511	95	4	3.701	41	2	443	12	0	289 43.6	64.3	1.9	27762	43	7	7.739	46	5

Taf. XXXIb (Forts.). Zur Berechnung der Bessel'schen Reductionsgrössen: Sonnenglieder.

Datum	$f_\odot$	Δ	Aend. 100^a	$g \cos G_\odot$	Δ	Aend. 100^a	$g \sin G_\odot$	Δ	Aend. 100^a	H	Δ	Aend. 100^a	$\log h$	Δ	Aend. 100^a	i	Δ	Aend. 100^a
März 2	+ 8".511	94	+ 4	+ 3".701	41	− 2	− 0".443	11	0	289° 43'.6	64.5	+ 1'.9	1.27762	41	+ 7	− 7".739	43	+ 5
3	8.605	93	4	3.742	41	2	454	11	0	288 39.1	64.5	1.9	27721	39	7	7.782	41	5
4	8.698	92	4	3.783	40	2	465	10	0	287 34.6	64.6	1.9	27682	36	7	7.823	38	5
5	8.790	92	4	3.823	40	2	475	10	0	286 30.0	64.7	1.8	27646	34	7	7.861	36	5
6	8.882	91	5	3.863	40	2	485	9	0	285 25.3	64.7	1.8	27612	33	7	7.897	34	5
7	8.973	90	5	3.903	39	2	494	8	0	284 20.6	64.8	1.7	27579	30	7	7.931	31	5
8	9.063	90	5	3.942	39	2	502	8	0	283 15.8	64.8	1.7	27549	28	7	7.962	29	5
9	9.153	89	5	3.981	39	2	510	7	0	282 11.0	64.9	1.6	27521	26	7	7.991	26	5
10	9.242	88	5	4.020	39	2	517	7	0	281 6.1	64.9	1.6	27495	23	7	8.017	24	5
11	9.330	88	5	4.059	38	2	524	6	0	280 1.2	64.9	1.5	27472	21	7	8.041	22	5
12	+ 9.418	88	+ 5	+ 4.097	38	− 2	− 0.530	5	0	278 56.3	65.0	+ 1.5	1.27451	19	+ 7	− 8.063	19	+ 5
13	9.506	87	5	4.135	38	2	535	5	0	277 51.3	64.9	1.4	27432	17	7	8.082	17	5
14	9.593	87	5	4.173	38	2	540	4	0	276 46.4	65.0	1.4	27415	14	7	8.099	14	5
15	9.680	87	5	4.211	38	2	544	3	0	275 41.4	65.0	1.3	27401	12	7	8.113	12	5
16	9.767	86	5	4.249	37	2	547	3	0	274 36.4	65.0	1.3	27389	9	7	8.125	9	5
17	9.853	87	5	4.286	38	2	550	2	0	273 31.4	65.0	1.2	27380	7	6	8.134	7	4
18	9.940	86	5	4.324	37	2	552	1	0	272 26.4	65.0	1.1	27373	4	6	8.141	4	4
19	10.026	86	5	4.361	37	2	553	1	0	271 21.4	64.9	1.1	27369	2	6	8.145	2	4
20	10.112	86	5	4.398	38	2	554	0	0	270 16.5	64.9	1.0	27367	0	6	8.147	−1	4
21	10.198	86	6	4.436	37	2	554	1	0	269 11.6	64.8	1.0	27367	3	6	8.146	3	4
22	+ 10.284	86	+ 6	+ 4.473	38	− 2	− 0.553	1	0	268 6.8	64.8	+ 0.9	1.27370	5	+ 6	− 8.143	6	+ 4
23	10.370	86	6	4.511	37	2	552	2	0	267 2.0	64.8	0.9	27375	8	6	8.137	8	4
24	10.456	87	6	4.548	38	2	550	3	0	265 57.2	64.7	0.8	27383	11	6	8.129	10	4
25	10.543	86	6	4.586	38	2	547	3	0	264 52.5	64.6	0.7	27394	13	6	8.119	13	4
26	10.629	87	6	4.624	38	2	544	4	0	263 47.9	64.6	0.7	27407	15	6	8.106	15	4
27	10.716	87	6	4.662	38	2	540	5	0	262 43.3	64.5	0.6	27422	17	6	8.091	17	4
28	10.803	88	6	4.700	38	2	535	5	0	261 38.8	64.3	0.6	27439	20	6	8.074	20	4
29	10.891	88	6	4.738	38	2	530	6	0	260 34.5	64.2	0.5	27459	22	6	8.054	22	4
30	10.979	89	6	4.776	39	2	524	6	0	259 30.3	64.2	0.4	27481	24	6	8.032	25	4
31	11.068	89	6	4.815	39	2	518	7	0	258 26.1	64.1	0.4	27505	26	6	8.007	27	4
April 1	+ 11.157	89	+ 6	+ 4.854	39	− 2	− 0.511	8	0	257 22.0	63.9	+ 0.3	1.27531	29	+ 6	− 7.980	29	+ 4
2	11.246	90	7	4.893	39	2	503	8	0	256 18.1	63.8	0.3	27560	31	5	7.951	32	4
3	11.336	91	7	4.932	39	2	495	9	0	255 14.3	63.7	0.2	27591	32	5	7.919	34	4
4	11.427	91	7	4.971	40	2	486	9	0	254 10.6	63.5	0.2	27623	35	5	7.885	36	4
5	11.518	92	7	5.011	40	2	477	10	0	253 7.1	63.4	+ 0.1	27658	37	5	7.849	39	4
6	11.610	93	7	5.051	40	2	467	10	0	252 3.7	63.2	0.0	27695	39	5	7.810	41	4
7	11.703	93	7	5.091	41	2	457	11	0	251 0.5	63.1	0.0	27734	41	5	7.769	43	4
8	11.796	94	7	5.132	41	2	446	12	0	249 57.4	63.0	− 0.1	27775	42	5	7.726	46	4
9	11.890	95	7	5.173	41	2	434	12	0	248 54.4	62.8	0.2	27817	44	5	7.680	48	4
10	11.985	95	7	5.214	42	2	422	13	0	247 51.6	62.6	0.2	27861	46	5	7.632	50	4
11	+ 12.080	97	+ 7	+ 5.256	42	− 2	− 0.409	13	0	246 49.0	62.5	− 0.3	1.27907	47	+ 5	− 7.582	52	+ 4
12	12.177	98	7	5.298	42	2	396	13	0	245 46.5	62.3	0.3	27954	49	5	7.530	54	4
13	12.275	99	8	5.340	43	2	383	14	0	244 44.2	62.1	0.4	28003	50	5	7.476	57	4
14	12.374	100	8	5.383	43	2	369	14	0	243 42.1	61.9	0.4	28053	51	5	7.419	59	4
15	12.474	101	8	5.426	44	2	355	15	0	242 40.2	61.7	0.5	28104	53	5	7.360	60	4
16	12.575	102	8	5.470	44	2	340	15	0	241 38.5	61.5	0.5	28157	54	5	7.300	62	4
17	12.677	103	8	5.514	45	2	325	16	0	240 37.0	61.4	0.6	28211	55	5	7.238	65	4
18	12.780	104	8	5.559	45	2	309	16	0	239 35.6	61.2	0.6	28266	56	5	7.173	67	5
19	12.884	105	8	5.604	46	2	293	16	0	238 34.4	60.9	0.7	28322	58	5	7.106	68	5
20	12.989	106	8	5.650	47	2	277	16	0	237 33.5	60.8	0.7	28380	58	5	7.038	71	5
21	+ 13.095	108	+ 9	+ 5.697	47	− 2	− 0.261	17	0	236 32.7	60.6	− 0.8	1.28438	59	+ 5	− 6.967	73	+ 5
22	13.203	109	9	5.744	48	2	244	17	0	235 32.1	60.4	0.8	28497	60	5	6.894	75	5
23	13.312	110	9	5.792	48	2	227	17	0	234 31.7	60.2	0.9	28557	61	5	6.819	77	5
24	13.422	111	9	5.840	48	2	210	17	0	233 31.5	60.0	1.0	28618	61	5	6.742	79	5
25	13.533	112	9	5.888	49	2	193	18	0	232 31.5	59.8	1.0	28679	62	5	6.663	80	5
26	13.645	113	9	5.937	49	2	175	18	0	231 31.7	59.6	1.1	28741	62	5	6.583	82	5
27	13.758	115	9	5.986	50	2	157	18	0	230 32.1	59.4	1.1	28803	63	5	6.501	84	5
28	13.873	116	9	6.036	51	2	139	18	0	229 32.7	59.2	1.2	28866	63	5	6.417	86	5
29	13.989	118	10	6.087	51	2	121	18	0	228 33.5	59.0	1.2	28929	63	5	6.331	88	5
30	14.107	119	10	6.138	52	2	103	18	0	227 34.5	58.8	1.2	28992	63	5	6.243	90	5
Mai 1	+ 14.226	120	+ 10	+ 6.190	52	− 2	− 0.085	18	0	226 35.7	58.6	− 1.3	1.29055	63	+ 5	− 6.153	91	+ 5
2	14.346		10	6.242		2	067		0	225 37.1		1.3	29118		5	6.062		6

Taf. XXXIb (Forts.). **Zur Berechnung der Bessel'schen Reductionsgrössen: Sonnenglieder.**

Datum	$f_\odot$		Aend. 100ª	$(g \cos G)_\odot$		Aend. 100ª	$(g \sin G)_\odot$		Aend. 100ª	H		Aend. 100ª	log h		Aend. 100ª	i		Aend. 100ª
Mai 2	+ 14″.346	121	+ 10	+ 6″.242	53	− 2	− 0″.067	18	0	225° 37′.1	58.4	− 1′.3	1.29118	64	+ 5	− 6″.062	93	+ 6
3	14.467	123	10	6.295	53	2	049	19	0	224 38.7	58.1	1.4	29182	63	5	5.969	94	6
4	14.590	124	10	6.348	54	2	030	18	0	223 40.6	57.9	1.4	29245	63	5	5.875	96	6
5	14.714	125	10	6.402	54	2	− 0.012	19	0	222 42.7	57.8	1.5	29308	63	5	5.779	98	6
6	14.839	126	11	6.456	55	2	+ 0.007	19	0	221 44.9	57.6	1.5	29371	63	5	5.681	99	6
7	14.965	128	11	6.511	56	2	026	18	0	220 47.3	57.4	1.6	29434	62	5	5.582	101	6
8	15.093	129	11	6.567	56	2	044	19	0	219 49.9	57.2	1.7	29496	62	5	5.481	102	6
9	15.222	130	11	6.623	57	2	063	18	0	218 52.7	57.0	1.7	29558	61	5	5.379	104	6
10	15.352	132	11	6.680	57	2	081	19	0	217 55.7	56.8	1.7	29619	61	5	5.275	106	6
11	15.484	133	11	6.737	58	2	100	18	0	216 58.9	56.7	1.7	29680	61	5	5.169	107	6
12	+ 15.617	134	+ 12	+ 6.795	58	− 2	+ 0.118	18	0	216 2.2	56.5	− 1.8	1.29741	60	+ 4	− 5.062	108	+ 6
13	15.751	136	12	6.853	59	2	136	18	0	215 5.7	56.3	1.8	29801	59	4	4.954	110	6
14	15.887	136	12	6.912	60	2	154	18	0	214 9.4	56.1	1.9	29860	58	4	4.844	111	6
15	16.023	138	12	6.972	60	2	172	17	0	213 13.3	56.0	1.9	29918	57	4	4.733	112	6
16	16.161	139	12	7.032	61	2	189	17	0	212 17.3	55.8	1.9	29975	56	4	4.621	113	6
17	16.300	141	12	7.093	61	2	206	17	0	211 21.5	55.6	2.0	30031	56	4	4.508	115	6
18	16.441	142	13	7.154	61	2	223	16	0	210 25.9	55.5	2.0	30087	55	4	4.393	116	7
19	16.583	142	13	7.215	62	2	239	16	0	209 30.4	55.3	2.1	30142	53	4	4.277	117	7
20	16.725	143	13	7.277	62	2	255	16	0	208 35.1	55.1	2.1	30195	52	4	4.160	118	7
21	16.868	145	13	7.339	63	2	271	16	0	207 40.0	55.0	2.1	30247	51	4	4.042	119	7
22	+ 17.013	146	+ 13	+ 7.402	64	− 2	+ 0.287	15	0	206 45.0	54.8	− 2.2	1.30298	50	+ 4	− 3.923	120	+ 7
23	17.159	147	14	7.466	64	2	302	15	0	205 50.2	54.7	2.2	30348	49	4	3.803	122	7
24	17.306	148	14	7.530	64	2	317	15	0	204 55.5	54.6	2.2	30397	48	4	3.681	123	7
25	17.454	149	14	7.594	65	2	332	14	0	204 0.9	54.4	2.3	30445	46	4	3.558	123	7
26	17.603	150	14	7.659	65	2	346	14	0	203 6.5	54.3	2.3	30491	45	4	3.435	124	7
27	17.753	151	14	7.724	65	2	360	14	0	202 12.2	54.1	2.4	30536	43	4	3.311	125	7
28	17.904	152	14	7.789	66	2	374	13	0	201 18.1	54.0	2.4	30579	42	3	3.186	126	7
29	18.056	152	15	7.855	66	2	387	13	0	200 24.1	53.9	2.4	30621	40	3	3.060	126	7
30	18.208	153	15	7.921	67	2	400	12	0	199 30.2	53.8	2.4	30661	39	3	2.934	127	7
31	18.361	155	15	7.988	67	2	412	12	0	198 36.4	53.7	2.5	30700	37	3	2.807	129	7
Juni 1	+ 18.516	155	+ 15	+ 8.055	67	− 2	+ 0.424	11	0	197 42.7	53.6	− 2.5	1.30737	35	+ 3	− 2.678	129	+ 7
2	18.671	156	15	8.122	68	2	435	11	0	196 49.1	53.5	2.5	30772	34	3	2.549	129	7
3	18.827	157	15	8.190	68	2	446	10	0	195 55.6	53.4	2.6	30806	32	3	2.420	130	7
4	18.984	157	16	8.258	68	2	456	10	0	195 2.2	53.2	2.6	30838	31	3	2.290	131	7
5	19.141	158	16	8.326	68	2	466	9	0	194 9.0	53.2	2.6	30869	29	2	2.159	131	7
6	19.299	158	16	8.394	69	2	475	9	0	193 15.8	53.1	2.7	30898	27	2	2.028	132	7
7	19.457	159	16	8.463	69	2	484	8	0	192 22.7	53.1	2.7	30925	25	2	1.896	133	7
8	19.616	160	16	8.532	70	2	492	7	0	191 29.6	53.0	2.7	30950	24	2	1.763	133	7
9	19.776	160	16	8.602	70	2	499	7	0	190 36.6	52.9	2.7	30974	22	2	1.630	133	7
10	19.936	161	17	8.672	70	2	506	6	0	189 43.7	52.9	2.8	30996	20	2	1.497	134	7
11	+ 20.097	161	+ 17	+ 8.742	70	− 2	+ 0.512	6	0	188 50.8	52.8	− 2.8	1.31016	18	+ 2	− 1.363	134	+ 7
12	20.258	161	17	8.812	70	2	518	5	0	187 58.0	52.8	2.8	31034	16	2	1.229	135	7
13	20.419	162	17	8.882	70	2	523	5	0	187 5.2	52.7	2.8	31050	14	1	1.094	135	7
14	20.581	162	17	8.952	71	2	528	4	0	186 12.5	52.7	2.9	31064	13	1	0.959	135	7
15	20.743	162	17	9.023	70	2	532	3	0	185 19.8	52.6	2.9	31077	11	1	0.824	135	7
16	20.905	162	18	9.093	71	2	535	3	0	184 27.2	52.6	2.9	31088	8	1	0.689	135	7
17	21.067	162	18	9.164	70	2	538	2	0	183 34.6	52.6	2.9	31096	7	1	0.554	135	7
18	21.229	163	18	9.234	71	2	540	2	0	182 42.0	52.5	3.0	31103	5	1	0.419	136	7
19	21.392	163	18	9.305	71	2	542	1	0	181 49.5	52.5	3.0	31108	3	1	0.283	135	7
20	21.555	163	18	9.376	71	2	543	0	0	180 57.0	52.5	3.0	31111	1	+ 1	0.148	136	7
21	+ 21.718	163	+ 18	+ 9.447	71	− 2	+ 0.543	0	0	180 4.5	52.5	− 3.0	1.31112	1	0	− 0.012	136	+ 7
22	21.881	163	18	9.518	71	2	543	1	0	179 12.0	52.5	3.0	31111	2	0	+ 0.124	135	7
23	22.044	163	18	9.589	71	2	542	2	0	178 19.5	52.5	3.0	31109	4	0	0.259	136	7
24	22.207	162	18	9.660	70	2	540	2	0	177 27.0	52.5	3.1	31105	7	0	0.395	135	7
25	22.369	162	19	9.730	71	2	538	3	0	176 34.5	52.5	3.1	31098	8	0	0.530	135	7
26	22.531	162	19	9.801	70	2	535	3	0	175 42.0	52.6	3.1	31090	10	0	0.665	135	7
27	22.693	162	19	9.871	71	2	532	4	0	174 49.4	52.6	3.1	31080	12	0	0.800	135	7
28	22.855	162	19	9.942	70	2	528	4	0	173 56.8	52.6	3.1	31068	15	0	0.935	135	7
29	23.017	162	19	10.012	70	2	524	5	0	173 4.2	52.6	3.2	31053	16	0	1.070	135	7
30	23.179	161	19	10.082	70	2	519	5	0	172 11.6	52.7	3.2	31037	18	− 1	1.205	134	7
Juli 1	+ 23.340	160	+ 19	+ 10.152	70	− 2	+ 0.514	6	− 1	171 18.9	52.7	− 3.2	1.31019	20	− 1	+ 1.339	133	+ 7
2	23.500		19	10.222		2	508		1	170 26.2		3.2	30999		1	1.472		7

Taf. XXXI b (Forts.). **Zur Berechnung der Bessel'schen Reductionsgrössen: Sonnenglieder.**

Datum	$f_\odot$		Aend. 100^a	$(g \cos G)_\odot$		Aend. 100^a	$(g \sin G)_\odot$		Aend. 100^a	H		Aend. 100^a	$\log h$		Aend. 100^a	i		Aend. 100^a
Juli 2	+23″.500	160	+19	+10″.222	70	−2	+0″.508	7	−1	170° 26′.2	52.8	−3′.2	1.30999	21	−1	+1″.472	133	+7
3	23.660	159	19	10.292	70	2	501	7	1	169 33.4	52.8	3.2	30978	23	1	1.605	133	6
4	23.819	159	19	10.362	69	2	494	8	1	168 40.6	52.9	3.2	30955	25	1	1.738	132	6
5	23.978	158	19	10.431	69	2	486	9	1	167 47.7	53.0	3.3	30930	27	1	1.870	132	6
6	24.136	158	19	10.500	68	2	477	9	1	166 54.7	53.0	3.3	30903	28	1	2.002	131	6
7	24.294	157	19	10.568	68	2	468	9	1	166 1.7	53.1	3.3	30875	30	1	2.133	130	6
8	24.451	156	19	10.636	68	2	459	10	1	165 8.6	53.1	3.3	30845	32	1	2.263	130	6
9	24.607	156	19	10.704	68	2	449	11	1	164 15.5	53.3	3.3	30813	33	1	2.393	129	6
10	24.763	155	19	10.772	67	2	438	11	1	163 22.2	53.3	3.3	30780	35	1	2.522	129	6
11	24.918	154	19	10.839	67	2	427	12	1	162 28.9	53.4	3.3	30745	37	1	2.651	128	6
12	+25.072	154	+19	+10.906	67	−3	+0.415	12	−1	161 35.5	53.5	−3.3	1.30708	38	−1	+2.779	127	+6
13	25.226	153	19	10.973	66	3	403	12	1	160 42.0	53.7	3.3	30670	40	1	2.906	126	5
14	25.379	151	19	11.039	66	3	391	13	1	159 48.3	53.7	3.3	30630	41	1	3.032	125	5
15	25.530	150	19	11.105	65	3	378	13	1	158 54.6	53.8	3.3	30589	43	1	3.157	124	5
16	25.680	150	19	11.170	65	3	365	14	1	158 0.8	54.0	3.3	30546	44	1	3.281	124	5
17	25.830	149	19	11.235	65	3	351	14	1	157 6.8	54.1	3.3	30502	45	1	3.405	123	5
18	25.979	148	19	11.300	64	3	337	14	1	156 12.7	54.2	3.3	30457	47	1	3.528	122	5
19	26.127	147	19	11.364	64	3	323	15	1	155 18.5	54.3	3.3	30410	48	1	3.650	121	5
20	26.274	146	19	11.428	63	3	308	15	1	154 24.2	54.5	3.3	30362	50	1	3.771	120	4
21	26.420	145	19	11.491	63	3	293	15	1	153 29.7	54.6	3.3	30312	51	1	3.891	119	4
22	+26.565	143	+19	+11.554	62	−3	+0.278	16	−1	152 35.1	54.7	−3.3	1.30261	51	−1	+4.010	117	+4
23	26.708	142	19	11.616	62	3	262	16	1	151 40.4	54.9	3.3	30210	52	1	4.127	116	4
24	26.850	142	19	11.678	61	3	246	16	1	150 45.5	55.0	3.3	30158	54	1	4.243	116	4
25	26.992	140	19	11.739	61	3	230	17	1	149 50.5	55.2	3.3	30104	55	1	4.359	114	4
26	27.132	139	19	11.800	61	3	213	17	1	148 55.3	55.3	3.3	30049	56	1	4.473	113	4
27	27.271	138	19	11.861	60	3	196	17	1	148 0.0	55.5	3.3	29993	57	1	4.586	112	3
28	27.409	136	19	11.921	60	3	179	17	1	147 4.5	55.6	3.3	29936	57	1	4.698	110	3
29	27.545	135	19	11.981	59	3	162	18	1	146 8.9	55.8	3.3	29879	58	1	4.808	109	3
30	27.680	135	19	12.040	58	4	144	18	1	145 13.1	56.0	3.3	29821	59	1	4.917	108	3
31	27.815	133	19	12.098	58	4	126	18	1	144 17.1	56.1	3.3	29762	60	1	5.025	107	3
Aug. 1	+27.948	132	+19	+12.156	57	−4	+0.108	18	−1	143 21.0	56.3	−3.2	1.29702	60	−1	+5.132	105	+3
2	28.080	130	19	12.213	57	4	090	18	1	142 24.7	56.5	3.2	29642	61	1	5.237	103	2
3	28.210	129	19	12.270	56	4	072	18	1	141 28.2	56.6	3.2	29581	61	1	5.340	102	2
4	28.339	128	19	12.326	56	4	054	18	1	140 31.6	56.8	3.2	29520	61	1	5.442	101	2
5	28.467	127	19	12.382	55	4	036	18	1	139 34.8	57.0	3.2	29459	62	1	5.543	99	2
6	28.594	125	19	12.437	54	4	+0.018	18	1	138 37.8	57.2	3.2	29397	62	1	5.642	97	2
7	28.719	124	19	12.491	54	4	000	19	1	137 40.6	57.4	3.1	29335	63	1	5.739	96	2
8	28.843	123	19	12.545	53	4	−0.019	19	1	136 43.2	57.6	3.1	29272	62	1	5.835	94	1
9	28.966	121	19	12.598	53	4	038	18	1	135 45.6	57.7	3.1	29210	63	1	5.929	93	1
10	29.087	120	19	12.651	53	4	056	18	1	134 47.9	57.9	3.1	29147	63	1	6.022	91	1
11	+29.207	119	+19	+12.704	52	−4	−0.074	18	−1	133 50.0	58.1	−3.1	1.29084	63	−1	+6.113	90	+1
12	29.326	118	19	12.756	51	4	092	18	1	132 51.9	58.3	3.0	29021	63	1	6.203	88	1
13	29.444	116	19	12.807	51	4	110	18	1	131 53.6	58.5	3.0	28958	62	1	6.291	86	+1
14	29.560	115	19	12.858	50	4	128	18	1	130 55.1	58.7	3.0	28896	62	1	6.377	84	0
15	29.675	114	19	12.908	49	5	146	18	1	129 56.4	58.8	2.9	28834	62	−1	6.461	82	0
16	29.789	113	19	12.957	49	5	164	18	−1	128 57.6	59.0	2.9	28772	61	0	6.543	80	0
17	29.902	111	19	13.006	48	5	182	17	0	127 58.6	59.3	2.8	28711	61	0	6.623	79	0
18	30.013	110	19	13.054	48	5	199	17	0	126 59.3	59.4	2.8	28650	60	0	6.702	77	0
19	30.123	109	19	13.102	48	5	216	17	0	125 59.9	59.6	2.8	28590	60	0	6.779	75	0
20	30.232	108	19	13.150	47	5	233	17	0	125 0.3	59.8	2.8	28530	59	0	6.854	73	−1
21	+30.340	106	+18	+13.197	47	−5	−0.250	16	0	124 0.5	60.0	−2.7	1.28471	58	0	+6.927	71	−1
22	30.446	105	18	13.244	46	5	266	16	0	123 0.5	60.2	2.7	28413	57	0	6.998	69	1
23	30.551	105	18	13.290	45	5	282	16	0	122 0.3	60.4	2.6	28356	57	+1	7.067	68	1
24	30.656	104	18	13.335	45	5	298	15	0	120 59.9	60.6	2.6	28299	56	1	7.135	66	1
25	30.760	102	18	13.380	44	5	313	15	0	119 59.3	60.7	2.6	28243	54	1	7.201	63	1
26	30.862	101	18	13.424	44	5	328	15	0	118 58.6	60.9	2.5	28189	53	2	7.264	61	1
27	30.963	100	18	13.468	44	5	343	14	0	117 57.7	61.1	2.5	28136	51	2	7.325	59	2
28	31.063	99	18	13.512	43	5	357	14	0	116 56.6	61.3	2.4	28085	50	2	7.384	57	2
29	31.162	98	18	13.555	43	5	371	13	0	115 55.3	61.4	2.4	28035	49	2	7.441	55	2
30	31.260	97	18	13.598	42	5	384	13	0	114 53.9	61.6	2.3	27986	48	3	7.496	53	2
31	+31.357	97	+19	+13.640	42	−5	−0.397	13	0	113 52.3	61.7	−2.3	1.27938	46	+3	+7.549	50	−2
Sept. 1	31.454		19	13.682		5	410		0	112 50.6		2.2	27892		3	7.599		2

Taf. XXXIb (Forts.). Zur Berechnung der Bessel'schen Reductionsgrössen: Sonnenglieder.

Datum	$f_\odot$	Diff.	Aend. 100^a	$g \cos G_\odot$	Diff.	Aend. 100^a	$g \sin G_\odot$	Diff.	Aend. 100^a	H	Diff.	Aend. 100^a	$\log h$	Diff.	Aend. 100^a	i	Diff.	Aend. 100^a
Sept. 1	+31".454	96	+19	+13".682	42	−5	−0".410	12	0	112° 50'.6	61.9	−2'.2	1.27892	44	+3	+7".599	48	−2
2	31.550	94	19	13.724	41	5	422	12	0	111 48.7	62.0	2.2	27848	43	3	7.647	47	3
3	31.644	94	19	13.765	41	5	434	11	0	110 46.7	62.2	2.1	27805	41	4	7.694	44	3
4	31.738	93	19	13.806	40	5	445	11	0	109 44.5	62.4	2.1	27764	40	4	7.738	42	3
5	31.831	92	19	13.846	40	6	456	10	0	108 42.1	62.5	2.0	27724	38	4	7.780	40	3
6	31.923	92	19	13.886	40	6	466	10	0	107 39.6	62.6	2.0	27686	36	4	7.820	37	3
7	32.015	91	19	13.926	39	6	476	9	0	106 37.0	62.8	1.9	27650	34	4	7.857	35	3
8	32.106	90	19	13.965	39	6	485	8	0	105 34.2	62.9	1.9	27616	32	4	7.892	34	3
9	32.196	90	19	14.004	39	6	493	8	0	104 31.3	63.0	1.8	27584	30	4	7.926	31	3
10	32.286	89	19	14.043	39	6	501	7	0	103 28.3	63.2	1.7	27554	28	5	7.957	29	3
11	+32.375	88	+19	+14.082	39	−6	−0.508	7	0	102 25.1	63.3	−1.7	1.27526	26	+5	+7.986	26	−4
12	32.463	88	19	14.121	38	6	515	6	0	101 21.8	63.3	1.6	27500	23	5	8.012	24	4
13	32.551	88	19	14.159	38	6	521	6	0	100 18.5	63.4	1.5	27477	21	5	8.036	22	4
14	32.639	87	19	14.197	38	6	527	5	0	99 15.1	63.6	1.5	27456	19	5	8.058	19	4
15	32.726	87	19	14.235	38	6	532	4	0	98 11.5	63.7	1.4	27437	17	5	8.077	17	4
16	32.813	87	19	14.273	38	6	536	4	+1	97 7.8	63.7	1.4	27420	14	5	8.094	15	4
17	32.900	87	19	14.311	38	6	540	3	1	96 4.1	63.8	1.3	27406	12	5	8.109	12	4
18	32.987	86	19	14.349	37	6	543	3	1	95 0.3	63.8	1.2	27394	10	5	8.121	10	4
19	33.073	86	19	14.386	38	6	546	2	1	93 56.5	63.9	1.2	27384	8	5	8.131	8	4
20	33.159	86	19	14.424	37	6	548	1	1	92 52.6	64.0	1.1	27376	5	5	8.139	5	4
21	+33.245	86	+19	+14.461	38	−6	−0.549	1	+1	91 48.6	64.0	−1.0	1.27371	3	+5	+8.144	3	−4
22	33.331	86	19	14.499	37	6	550	0	1	90 44.6	64.1	1.0	27368	1	5	8.147	0	4
23	33.417	86	19	14.536	37	6	550	1	1	89 40.5	64.1	0.9	27367	–2	5	8.147	2	4
24	33.503	86	19	14.573	38	6	549	1	1	88 36.4	64.1	0.8	27369	4	5	8.145	4	4
25	33.589	86	20	14.611	37	6	548	2	1	87 32.3	64.1	0.8	27373	7	5	8.141	7	4
26	33.675	87	20	14.648	38	6	546	2	1	86 28.2	64.2	0.7	27380	9	5	8.134	9	4
27	33.762	86	20	14.686	38	6	544	3	1	85 24.0	64.2	0.6	27389	11	5	8.125	11	4
28	33.848	87	20	14.724	38	6	541	4	1	84 19.8	64.2	0.5	27400	14	5	8.114	14	4
29	33.935	87	20	14.762	38	6	537	5	1	83 15.6	64.2	0.5	27414	16	5	8.100	16	4
30	34.022	87	20	14.800	38	6	532	5	+1	82 11.4	64.1	0.4	27430	19	5	8.084	19	4
Oct. 1	+34.109	88	+20	+14.838	38	−6	−0.527	6	0	81 7.3	64.1	−0.3	1.27449	21	+5	+8.065	21	−4
2	34.197	88	20	14.876	39	6	521	6	0	80 3.2	64.1	0.3	27470	23	5	8.044	24	4
3	34.285	89	20	14.915	39	6	515	7	0	78 59.1	64.1	0.2	27493	25	5	8.020	26	4
4	34.374	89	20	14.954	39	6	508	8	0	77 55.0	64.0	0.1	27518	28	4	7.994	28	4
5	34.463	90	20	14.993	39	6	500	8	0	76 51.0	63.9	−0.1	27546	30	4	7.966	31	4
6	34.553	90	20	15.032	39	6	492	9	0	75 47.1	63.9	0.0	27576	32	4	7.935	33	4
7	34.643	91	20	15.071	40	6	483	9	0	74 43.2	63.8	+0.1	27608	34	4	7.902	35	4
8	34.734	92	20	15.111	40	6	474	10	0	73 39.4	63.8	0.2	27642	36	4	7.867	38	4
9	34.826	93	20	15.151	40	6	464	11	0	72 35.6	63.7	0.2	27678	38	4	7.829	40	4
10	34.919	94	20	15.191	41	6	453	11	0	71 31.9	63.7	0.3	27716	40	4	7.789	42	4
11	+35.013	95	+20	+15.232	41	−6	−0.442	12	0	70 28.2	63.6	+0.4	1.27756	42	+3	+7.747	45	−4
12	35.108	95	20	15.273	41	6	430	12	0	69 24.6	63.5	0.4	27798	44	3	7.702	47	4
13	35.203	96	20	15.314	42	6	418	13	0	68 21.1	63.4	0.5	27842	45	3	7.655	49	4
14	35.299	98	20	15.356	42	6	405	13	0	67 17.7	63.2	0.6	27887	47	3	7.606	52	4
15	35.397	98	21	15.398	43	6	392	14	0	66 14.5	63.1	0.6	27934	49	3	7.554	54	4
16	35.495	99	21	15.441	43	6	378	14	0	65 11.4	63.1	0.7	27983	50	3	7.500	56	3
17	35.594	100	21	15.484	43	6	364	14	0	64 8.3	63.0	0.8	28033	52	3	7.444	59	3
18	35.694	102	21	15.527	44	6	350	15	0	63 5.3	62.8	0.8	28085	53	3	7.385	61	3
19	35.796	103	21	15.571	45	7	335	15	0	62 2.5	62.7	0.9	28138	54	2	7.324	63	3
20	35.899	103	21	15.616	45	7	320	16	0	60 59.8	62.6	0.9	28192	56	2	7.261	65	3
21	+36.002	105	+21	+15.661	46	−7	−0.304	16	0	59 57.2	62.5	+1.0	1.28248	57	+2	+7.196	67	−3
22	36.107	106	21	15.707	46	7	288	17	0	58 54.7	62.3	1.1	28305	58	2	7.129	70	3
23	36.213	107	21	15.753	47	7	271	17	0	57 52.4	62.2	1.1	28363	59	2	7.059	72	3
24	36.320	109	21	15.800	47	7	254	17	0	56 50.2	62.1	1.2	28422	60	2	6.987	74	3
25	36.429	110	21	15.847	48	7	237	18	0	55 48.1	61.9	1.3	28482	61	2	6.913	76	2
26	36.539	111	21	15.895	49	7	219	18	0	54 46.2	61.8	1.3	28543	62	2	6.837	78	2
27	36.650	112	21	15.944	49	7	201	18	0	53 44.4	61.7	1.4	28605	63	1	6.759	80	2
28	36.762	114	21	15.993	50	7	183	19	0	52 42.7	61.5	1.4	28668	63	1	6.679	83	2
29	36.876	115	21	16.043	50	7	164	18	0	51 41.2	61.3	1.5	28731	64	1	6.596	85	2
30	36.991	117	21	16.093	51	7	146	19	0	50 39.9	61.2	1.5	28795	65	1	6.511	86	2
31	+37.108	118	+21	+16.144	51	−7	−0.127	19	0	49 38.7	61.0	+1.6	1.28860	65	+1	+6.425	88	−1
Nov. 1	37.226		21	16.195		7	108		0	48 37.7		1.7	28925		1	6.337		1

Taf. XXXIb (Schluss). **Zur Berechnung der Bessel'schen Reductionsgrössen: Sonnenglieder.**

Datum	$f_\odot$		Aend. 100^a	$(g \cos G)_\odot$		Aend. 100^a	$g \sin G_\odot$		Aend. 100^a	H		Aend. 100^a	$\log h$		Aend. 100^a	i		Aend. 100^a
Nov. 1	+37.″226	120	+21	+16.″195	52	−7	−0.″108	19	0	48° 37.′7	60.9	+1.′7	1.28925	65	+1	+6.″337	91	−1
2	37.346	121	21	16.247	53	7	089	19	0	47 36.8	60.8	1.7	28990	65	1	6.246	93	1
3	37.467	122	21	16.300	53	7	070	19	0	46 36.0	60.6	1.8	29055	66	+1	6.153	94	1
4	37.589	124	21	16.353	54	7	051	19	0	45 35.4	60.4	1.8	29121	66	0	6.059	96	1
5	37.713	125	21	16.407	54	7	032	19	0	44 35.0	60.3	1.9	29187	66	0	5.963	98	−1
6	37.838	127	21	16.461	55	7	−0.013	19	0	43 34.7	60.1	1.9	29253	65	0	5.865	100	0
7	37.965	128	21	16.516	56	7	+0.006	20	0	42 34.6	60.0	2.0	29318	65	0	5.765	102	0
8	38.093	130	21	16.572	56	8	026	20	0	41 34.6	59.8	2.0	29383	65	0	5.663	104	0
9	38.223	131	21	16.628	57	8	046	19	0	40 34.8	59.7	2.0	29448	65	0	5.559	105	0
10	38.354	133	21	16.685	58	8	065	19	0	39 35.1	59.5	2.1	29513	64	0	5.454	107	0
11	+38.487	134	+21	+16.743	58	−8	+0.084	19	−1	38 35.6	59.4	+2.1	1.29577	64	0	+5.347	109	0
12	38.621	136	21	16.801	59	8	103	19	1	37 36.2	59.2	2.2	29641	63	0	5.238	110	+1
13	38.757	137	21	16.860	59	8	122	19	1	36 37.0	59.1	2.2	29704	63	0	5.128	112	1
14	38.894	138	21	16.919	60	8	141	19	1	35 37.9	59.0	2.3	29767	62	0	5.016	114	1
15	39.032	140	21	16.979	61	8	160	19	1	34 38.9	58.8	2.3	29829	61	0	4.902	115	1
16	39.172	141	21	17.040	62	8	179	19	1	33 40.1	58.7	2.3	29890	60	0	4.787	117	1
17	39.313	143	21	17.102	62	8	198	18	1	32 41.4	58.5	2.4	29950	60	0	4.670	118	2
18	39.456	144	21	17.164	63	8	216	18	1	31 42.9	58.4	2 4	30010	59	0	4.552	120	2
19	39.600	145	21	17.227	63	8	234	18	1	30 44.5	58.2	2.5	30069	57	0	4.432	121	2
20	39.745	147	21	17.290	64	8	252	17	1	29 46.3	58.1	2.5	30126	56	0	4.311	123	2
21	+39.892	148	+21	+17.354	64	−8	+0.269	17	−1	28 48.2	58.0	+2.5	1.30182	56	−1	+4.188	124	+2
22	40.040	149	21	17.418	65	9	286	17	1	27 50 2	57.9	2.6	30238	54	1	4.064	125	3
23	40.189	151	21	17.483	66	9	303	16	1	26 52.3	57.7	2.6	30292	53	1	3.939	127	3
24	40.340	152	21	17.549	66	9	319	16	1	25 54.6	57.6	2.6	30345	52	1	3.812	128	3
25	40.492	153	21	17.615	67	9	335	15	1	24 57.0	57.6	2.6	30397	50	1	3.684	129	3
26	40.645	154	21	17.682	67	9	350	15	1	23 59.4	57.4	2.7	30447	48	1	3.555	130	3
27	40.799	156	21	17.749	68	9	365	15	1	23 2.0	57.3	2.7	30495	47	1	3.425	131	4
28	40.955	157	21	17.817	68	9	380	14	1	22 4.7	57.2	2.7	30542	45	1	3.294	132	4
29	41.112	157	21	17.885	69	9	394	14	1	21 7.5	57.1	2.8	30587	44	2	3.162	133	4
30	41.269	159	21	17.954	69	9	408	13	1	20 10.4	57.0	2.8	30631	42	2	3.029	134	4
Dec. 1	+41.428	160	+21	+18.023	69	−9	+0.421	13	−1	19 13.4	57.0	+2.8	1.30673	41	−2	+2.895	136	+4
2	41.588	161	21	18.092	70	9	434	12	1	18 16.4	56.9	2.8	30714	39	2	2.759	136	5
3	41.749	162	21	18.162	70	9	446	12	1	17 19.5	56.7	2.9	30753	37	2	2.623	137	5
4	41.911	162	21	18.232	70	9	458	11	1	16 22.8	56.7	2.9	30790	35	2	2.486	138	5
5	42.073	163	21	18.302	71	9	469	11	1	15 26.1	56.6	2.9	30825	33	2	2.348	139	5
6	42.236	164	21	18.373	71	10	480	10	1	14 29.5	56.5	2.9	30858	31	1	2.209	139	5
7	42.400	165	21	18.444	72	10	490	9	1	13 33.0	56.5	3.0	30889	30	1	2.070	140	5
8	42.565	165	21	18.516	72	10	499	9	1	12 36.5	56.4	3.0	30919	27	1	1.930	141	6
9	42.730	166	21	18.588	72	10	508	8	1	11 40.1	56.4	3.0	30946	25	1	1.789	141	6
10	42.896	167	21	18.660	73	10	516	7	1	10 43.7	56.3	3.0	30971	23	1	1.648	142	6
11	+43.063	167	+21	+18.733	73	−10	+0.523	7	−1	9 47.4	56.2	+3.0	1.30994	21	−1	+1.506	142	+6
12	43.230	168	21	18.806	73	10	530	6	1	8 51.2	56.2	3.0	31015	19	1	1.364	143	6
13	43.398	168	21	18.879	73	10	536	6	1	7 55.0	56.2	3.0	31034	17	−1	1.221	143	6
14	43.566	169	21	18.952	73	10	542	5	1	6 58.8	56.2	3.1	31051	15	0	1.078	143	7
15	43.735	169	21	19.025	74	10	547	4	1	6 2.6	56.1	3.1	31066	13	0	0.935	144	7
16	43.904	169	21	19.099	73	10	551	3	1	5 6.5	56.1	3.1	31079	11	0	0.791	144	7
17	44.073	170	21	19.172	74	10	554	3	−1	4 10.4	56.0	3.1	31090	8	0	0.647	145	7
18	44.243	170	21	19.246	73	10	557	2	0	3 14 4	56.0	3.1	31098	6	0	0.502	144	7
19	44.413	170	21	19.319	74	10	559	1	0	2 18.4	56 1	3.1	31104	5	0	0.358	145	7
20	44.583	170	21	19.393	74	10	560	1	0	1 22.3	56.1	3.1	31109	2	0	0.213	145	7
21	+44.753	170	+22	+19.467	74	−10	+0.561	0	0	0 26.2	56.1	+3.1	1.31111	0	0	+0.068	145	+7
22	44.923	170	22	19.541	74	11	561	1	0	359 30.1	56.1	3.1	31111	2	0	−0.077	145	8
23	45.093	170	22	19.615	74	11	560	1	0	358 34.0	56.1	3.1	31109	4	0	0.222	145	8
24	45.263	170	22	19.689	74	11	559	2	0	357 37.9	56.1	3.1	31105	6	0	0.367	145	8
25	45.433	170	22	19.763	73	11	557	3	0	356 41.8	56.2	3.1	31099	9	0	0.512	144	8
26	45.603	170	22	19.836	74	11	554	4	0	355 45.6	56.2	3.1	31090	11	0	0.656	145	8
27	45.773	169	22	19.910	73	11	550	4	0	354 49.4	56.2	3.2	31079	13	0	0.801	144	8
28	45.942	169	22	19.983	74	11	546	5	0	353 53.2	56.2	3.2	31066	15	0	0.945	144	8
29	46.111	168	22	20.057	73	11	541	6	0	352 57.0	56.3	3.2	31051	17	0	1.089	143	8
30	46.279	168	22	20.130	73	11	535	6	0	352 0.7	56.3	3.2	31034	19	0	1.232	143	8
31	+46.447	168	+23	+20.203	73	−11	+0.529	7	0	351 4.4	56.4	+3.2	1.31015	22	0	−1.375	142	+8
32	46.615		23	20.276		11	522		0	350 8.0		3.2	30993		0	1.517		9

Taf. XXXIc. Zur Berechnung der Bessel'schen Reductionsgrössen: Aufsteigender Knoten der Mondbahn: ☊1.

Für Jan. 0 0^h Mittl. Zeit Berlin der Gemeinjahre.
Für Jan. 1 0^h Mittl. Zeit Berlin der Schaltjahre.

Jahr	1600	1700	1800	1900	Jahr	1600	1700	1800	1900
00	301°4803	167°3765	33°2773	259°1826	50	54°4278	280°3263	146°2294	12°1370
01	282.1519	148.0482	13.9490	239.8543	51	35.0995	260.9980	126.9012	352.8088
02	262.8236	128.7199	354.6208	220.5261	52	15.7182	241.6168	107.5200	333.4277
03	243.4952	109.3916	335.2925	201.1979	53	356.3899	222.2885	88.1917	314.0995
04	224.1139	90.0103	315.9113	181.8168	54	337.0616	202.9602	68.8635	294.7713
05	204.7855	70.6820	296.5830	162.4885	55	317.7333	183.6319	49.5353	275.4431
06	185.4572	51.3537	277.2548	143.1603	56	298.3520	164.2507	30.1541	256.0620
07	166.1289	32.0254	257.9265	123.8321	57	279.0236	144.9224	10.8258	236.7337
08	146.7476	12.6442	238.5453	104.4510	58	259.6953	125.5941	351.4976	217.4055
09	127.4192	353.3159	219.2170	85.1227	59	240.3670	106.2658	332.1694	198.0773
10	108.0909	333.9876	199.8888	65.7945	60	220.9857	86.8846	312.7882	178.6962
11	88.7625	314.6593	180.5605	46.4663	61	201.6574	67.5563	293.4599	159.3680
12	69.3812	295.2780	161.1793	27.0852	62	182.3291	48.2281	274.1317	140.0398
13	50.0528	275.9497	141.8510	7.7569	63	163.0008	28.8998	254.8035	120.7116
14	30.7245	256.6214	122.5228	348.4287	64	143.6195	9.5186	235.4223	101.3305
15	11.3962	237.2931	103.1946	329.1005	65	124.2911	350.1903	216.0940	82.0023
16	352.0149	217.9118	83.8134	309.7194	66	104.9628	330.8620	196.7658	62.6742
17	332.6865	198.5835	64.4851	290.3912	67	85.6345	311.5337	177.4376	43.3460
18	313.3582	179.2552	45.1569	271.0630	68	66.2532	292.1525	158.0564	23.9649
19	294.0299	159.9269	25.8286	251.7348	69	46.9249	272 8242	138.7281	4.6367
20	274.6486	140.5457	6.4474	232.3537	70	27.5966	253.4960	119.3999	345.3085
21	255.3202	121.2174	347.1191	213.0254	71	8.2683	234.1677	100.0717	325.9803
22	235.9919	101.8891	327.7909	193.6972	72	348.8870	214.7865	80.6905	306.5992
23	216.6635	82.5608	308.4626	174.3690	73	329.5587	195.4582	61.3622	287.2710
24	197.2822	63.1796	289.0814	154.9879	74	310.2304	176.1299	42.0340	267.9428
25	177.9538	43.8513	269.7531	135.6596	75	290.9021	156.8016	22.7058	248.6146
26	158.6255	24.5230	250.4249	116.3314	76	271.5208	137.4204	3.3247	229.2335
27	139.2972	5.1947	231.0967	97.0032	77	252.1924	118.0921	343.9964	209.9053
28	119.9159	345.8134	211.7155	77.6221	78	232.8641	98.7639	324.6682	190.5771
29	100.5875	326.4851	192.3872	58.2939	79	213.5358	79.4356	305.3400	171.2489
30	81.2592	307.1568	173.0590	38.9657	80	194.1545	60.0544	285.9588	151.8678
31	61.9309	287.8285	153.7308	19.6375	81	174.8262	40.7261	266.6305	132.5396
32	42.5496	268.4473	134 3496	0.2564	82	155.4979	21.3979	247.3023	113.2115
33	23.2212	249.1190	115.0213	340.9281	83	136.1696	2.0696	227.9741	93.8833
34	3.8929	229.7907	95.6931	321.5999	84	116.7883	342.6884	208.5930	74.5022
35	344.5646	210.4624	76.3648	302.2717	85	97.4600	323.3601	189.2647	55.1740
36	325.1833	191.0812	56.9836	282.8906	86	78.1317	304.0318	169.9365	35.8458
37	305.8549	171.7529	37.6553	263.5624	87	58.8034	284.7035	150.6083	16.5176
38	286.5266	152.4246	18.3271	244.2342	88	39.4221	265.3223	131.2271	357.1365
39	267.1983	133.0963	358.9989	224.9060	89	20.0938	245.9940	111.8988	337.8083
40	247.8170	113.7151	339.6177	205.5249	90	0.7655	226.6658	92.5706	318.4801
41	228.4887	94.3868	320.2894	186.1966	91	341.4372	207.3375	73.2424	299.1519
42	209.1604	75.0585	300.9612	166.8684	92	322.0559	187.9563	53.8613	279.7708
43	189.8321	55.7302	281.6330	147.5402	93	302.7276	168.6280	34.5330	260.4426
44	170.4508	36.3490	262.2518	128.1591	94	283.3993	149.2998	15.2048	241.1145
45	151.1224	17.0207	242.9235	108.8309	95	264.0710	129.9715	355.8766	221.7863
46	131.7941	357.6924	223.5953	89 5027	96	244.6897	110.5903	336.4955	202.4052
47	112.4658	338.3641	204.2671	70.1745	97	225.3614	91.2620	317.1672	183.0770
48	93.0845	318.9829	184.8859	50.7934	98	206.0331	71.9338	297.8390	163.7489
49	73.7561	299.6546	165.5576	31.4652	99	186.7048	52.6055	278.5108	144.4207
50	54.4278	280.3263	146.2294	12.1370	100	167.3765	33.2773	259.1826	125.0396

Taf. XXXId. Zur Berechnung der Bessel'schen Reductionsgrössen: Aufsteigender Knoten der Mondbahn für o^h Mittlere Zeit Berlin: ☊$_{II}$.

Schalt-Jahr	Gem. Jahr	☊$_{II}$		☊$_{II}$		☊$_{II}$		☊$_{II}$		☊$_{II}$		☊$_{II}$
Jan. 1	0	0°0000	März 1	356°8228	Mai 1	353°5926	Juli 1	350°3624	Sept. 1	347°0792	Nov. 1	343°8490
2	1	359.9470	2	356.7698	2	353.5396	2	350.3094	2	347.0262	2	343.7960
3	2	359.8941	3	356.7168	3	353.4867	3	350.2565	3	346.9733	3	343.7431
4	3	359.8411	4	356.6639	4	353.4337	4	350.2035	4	346.9203	4	343.6901
5	4	359.7882	5	356.6109	5	353.3807	5	350.1506	5	346.8674	5	343.6372
6	5	359.7352	6	356.5580	6	353.3278	6	350.0976	6	346.8144	6	343.5842
7	6	359.6823	7	356.5050	7	353.2748	7	350.0446	7	346.7615	7	343.5313
8	7	359.6293	8	356.4521	8	353.2219	8	349.9917	8	346.7085	8	343.4783
9	8	359.5764	9	356.3991	9	353.1689	9	349.9387	9	346.6556	9	343.4254
10	9	359.5234	10	356.3462	10	353.1160	10	349.8858	10	346.6026	10	343.3724
11	10	359.4705	11	356.2932	11	353.0630	11	349.8328	11	346.5496	11	343.3195
12	11	359.4175	12	356.2403	12	353.0101	12	349.7799	12	346.4967	12	343.2665
13	12	359.3646	13	356.1873	13	352.9571	13	349.7269	13	346.4437	13	343.2135
14	13	359.3116	14	356.1344	14	352.9042	14	349.6740	14	346.3908	14	343.1606
15	14	359.2587	15	356.0814	15	352.8512	15	349.6210	15	346.3378	15	343.1076
16	15	359.2057	16	356.0284	16	352.7983	16	349.5680	16	346.2849	16	343.0547
17	16	359.1528	17	355.9755	17	352.7453	17	349.5151	17	346.2319	17	343.0017
18	17	359.0998	18	355.9225	18	352.6923	18	349.4621	18	346.1790	18	342.9488
19	18	359.0469	19	355.8696	19	352.6394	19	349.4092	19	346.1260	19	342.8958
20	19	358.9939	20	355.8166	20	352.5864	20	349.3562	20	346.0731	20	342.8429
21	20	358.9409	21	355.7637	21	352.5335	21	349.3033	21	346.0201	21	342.7899
22	21	358.8880	22	355.7107	22	352.4805	22	349.2503	22	345.9672	22	342.7370
23	22	358.8350	23	355.6578	23	352.4276	23	349.1974	23	345.9142	23	342.6840
24	23	358.7821	24	355.6048	24	352.3746	24	349.1444	24	345.8612	24	342.6311
25	24	358.7291	25	355.5519	25	352.3217	25	349.0915	25	345.8083	25	342.5781
26	25	358.6762	26	355.4989	26	352.2687	26	349.0385	26	345.7553	26	342.5251
27	26	358.6232	27	355.4460	27	352.2157	27	348.9855	27	345.7024	27	342.4722
28	27	358.5702	28	355.3930	28	352.1628	28	348.9326	28	345.6494	28	342.4192
29	28	358.5173	29	355.3400	29	352.1098	29	348.8796	29	345.5965	29	342.3663
30	29	358.4643	30	355.2871	30	352.0569	30	348.8267	30	345.5435	30	342.3133
31	30	358.4114	31	355.2341	31	352.0039	31	348.7737				
Febr. 1	0	358.3584	April 1	355.1812	Juni 1	351.9510	Aug. 1	348.7208	Oct. 1	345.4906	Dec. 1	342.2604
2	1	358.3055	2	355.1282	2	351.8980	2	348.6678	2	345.4376	2	342.2074
3	2	358.2525	3	355.0753	3	351.8451	3	348.6149	3	345.3847	3	342.1545
4	3	358.1996	4	355.0223	4	351.7921	4	348.5619	4	345.3317	4	342.1015
5	4	358.1466	5	354.9694	5	351.7392	5	348.5090	5	345.2788	5	342.0486
6	5	358.0937	6	354.9164	6	351.6862	6	348.4560	6	345.2258	6	341.9956
7	6	358.0407	7	354.8635	7	351.6333	7	348.4030	7	345.1728	7	341.9426
8	7	357.9878	8	354.8105	8	351.5803	8	348.3501	8	345.1199	8	341.8897
9	8	357.9348	9	354.7576	9	351.5273	9	348.2971	9	345.0669	9	341.8367
10	9	357.8818	10	354.7046	10	351.4744	10	348.2442	10	345.0140	10	341.7838
11	10	357.8289	11	354.6516	11	351.4214	11	348.1912	11	344.9610	11	341.7308
12	11	357.7759	12	354.5987	12	351.3685	12	348.1383	12	344.9081	12	341.6779
13	12	357.7230	13	354.5457	13	351.3155	13	348.0853	13	344.8551	13	341.6249
14	13	357.6700	14	354.4928	14	351.2626	14	348.0324	14	344.8022	14	341.5720
15	14	357.6171	15	354.4398	15	351.2096	15	347.9794	15	344.7492	15	341.5190
16	15	357.5641	16	354.3869	16	351.1567	16	347.9265	16	344.6963	16	341.4661
17	16	357.5112	17	354.3339	17	351.1037	17	347.8735	17	344.6433	17	341.4131
18	17	357.4582	18	354.2810	18	351.0508	18	347.8205	18	344.5904	18	341.3601
19	18	357.4053	19	354.2280	19	350.9978	19	347.7676	19	344.5374	19	341.3072
20	19	357.3523	20	354.1751	20	350.9449	20	347.7146	20	344.4844	20	341.2542
21	20	357.2994	21	354.1221	21	350.8919	21	347.6617	21	344.4315	21	341.2013
22	21	357.2464	22	354.0691	22	350.8389	22	347.6087	22	344.3785	22	341.1483
23	22	357.1934	23	354.0162	23	350.7860	23	347.5558	23	344.3256	23	341.0954
24	23	357.1405	24	353.9632	24	350.7330	24	347.5028	24	344.2726	24	341.0424
25	24	357.0875	25	353.9103	25	350.6801	25	347.4499	25	344.2197	25	340.9895
26	25	357.0346	26	353.8573	26	350.6271	26	347.3969	26	344.1667	26	340.9365
27	26	356.9816	27	353.8044	27	350.5742	27	347.3440	27	344.1138	27	340.8836
28	27	356.9287	28	353.7514	28	350.5212	28	347.2910	28	344.0608	28	340.8306
29	28	356.8757	29	353.6985	29	350.4683	29	347.2381	29	344.0079	29	340.7777
			30	353.6455	30	350.4153	30	347.1851	30	343.9549	30	340.7247
							31	347.1321	31	343.9019	31	340.6717
											32	340.6188

Taf. XXXI e. Zur Berechnung der Bessel'schen Reductionsgrössen: vom Mondknoten abhängige Glieder.

Ω	*f*Ω	Aend. 100ª	(*g* cos *G*)Ω	Aend. 100ª	(*g* sin *G*)Ω	Aend. 100ª	Ω	*f*Ω	Aend. 100ª	(*g* cos *G*)Ω	Aend. 100ª	(*g* sin *G*)Ω	Aend. 100ª
0°	— 0″.000	0	— 0″.000	0	— 9″.121	— 1	60°	— 13″.525	— 15	— 5″.868	— 3	— 4″.650	0
1	0.269 269	0	0.117 117	0	9.119 2	1	61	13.664 139	15	5.928 60	3	4.513 137	0
2	0.539 270	— 1	0.233 116	0	9.115 4	1	62	13.799 135	16	5.987 59	3	4.374 139	0
3	0.808 269	1	0.350 117	0	9.108 7	1	63	13.930 131	16	6.044 57	3	4.234 140	0
4	1.077 269	1	0.467 117	0	9.099 9	1	64	14.058 128	16	6.099 55	3	4.092 142	0
5	1.345 268	1	0.584 117	0	9.087 12	1	65	14.181 123	16	6.152 53	3	3.950 142	0
6	1.613 268	2	0.700 116	0	9.072 15	1	66	14.300 119	16	6.204 52	3	3.806 144	0
7	1.881 268	2	0.816 116	0	9.054 18	1	67	14.414 114	16	6.253 49	3	3.661 145	0
8	2.148 267	2	0.932 116	0	9.034 20	1	68	14.525 111	16	6.301 48	3	3.515 146	0
9	2.415 267	3	1.048 116	0	9.011 23	1	69	14.631 106	16	6.347 46	3	3.368 147	0
10	— 2.681 266	— 3	— 1.163 115	— 1	— 8.986 25	— 1	70	— 14.733 102	— 17	— 6.391 44	— 3	— 3.219 149	0
11	2.946 265	3	1.278 115	1	8.958 28	1	71	14.830 97	17	6.433 42	3	3.069 150	0
12	3.210 264	4	1.393 115	1	8.927 31	1	72	14.923 93	17	6.474 41	3	2.918 151	0
13	3.473 263	4	1.507 114	1	8.893 34	1	73	15.011 88	17	6.513 39	3	2.767 151	0
14	3.735 262	4	1.621 114	1	8.857 36	1	74	15.095 84	17	6.549 36	3	2.615 152	0
15	3.996 261	4	1.734 113	1	8.818 39	1	75	15.174 79	17	6.583 34	3	2.462 153	0
16	4.256 260	5	1.847 113	1	8.777 41	1	76	15.249 75	17	6.616 33	3	2.308 154	0
17	4.515 259	5	1.959 112	1	8.733 44	1	77	15.319 70	17	6.647 31	3	2.153 155	0
18	4.773 258	5	2.071 112	1	8.687 46	1	78	15.385 66	17	6.675 28	3	1.997 156	0
19	5.030 257	6	2.182 111	1	8.638 49	1	79	15.446 61	17	6.701 26	3	1.840 157	0
20	— 5.285 255	— 6	— 2.293 111	— 1	— 8.586 52	— 1	80	— 15.503 57	— 17	— 6.726 25	— 3	— 1.683 157	0
21	5.538 253	6	2.403 110	1	8.532 54	1	81	15.555 52	17	6.748 22	3	1.526 157	0
22	5.790 252	7	2.512 109	1	8.475 57	1	82	15.602 47	17	6.768 20	3	1.368 158	0
23	6.040 250	7	2.620 108	1	8.416 59	1	83	15.644 42	17	6.786 18	3	1.209 159	0
24	6.289 249	7	2.728 108	1	8.354 62	1	84	15.682 38	18	6.803 17	3	1.050 159	0
25	6.536 247	7	2.835 107	1	8.290 64	1	85	15.715 33	18	6.818 15	3	0.891 159	0
26	6.780 244	8	2.941 106	1	8.223 67	1	86	15.743 28	18	6.830 12	3	0.731 160	0
27	7.022 242	8	3.046 105	1	8.154 69	1	87	15.767 24	18	6.840 10	3	0.571 160	0
28	7.263 241	8	3.151 105	1	8.082 72	1	88	15.786 19	18	6.848 8	3	0.410 161	0
29	7.502 239	8	3.255 104	1	8.008 74	1	89	15.800 14	18	6.854 6	3	0.250 160	0
30	— 7.739 237	— 9	— 3.358 103	— 2	— 7.932 76	— 1	90	— 15.809 9	— 18	— 6.858 4	— 3	— 0.089 161	0
31	7.974 235	9	3.460 102	2	7.853 79	1	91	15.813 — 4	18	6.860 — 2	3	+ 0.072 161	0
32	8.206 232	9	3.561 101	2	7.772 81	1	92	15.812 1	18	6.859 1	3	0.232 160	0
33	8.436 230	10	3.661 100	2	7.688 84	1	93	15.806 6	18	6.856 3	3	0.393 161	0
34	8.664 228	10	3.759 98	2	7.601 87	1	94	15.796 10	18	6.852 4	3	0.554 161	0
35	8.889 225	10	3.856 97	2	7.513 88	1	95	15.781 15	18	6.846 6	3	0.715 161	0
36	9.111 222	10	3.953 97	2	7.423 90	1	96	15.761 20	18	6.837 9	3	0.875 160	0
37	9.331 220	10	4.048 95	2	7.331 92	1	97	15.736 25	17	6.826 11	3	1.035 160	0
38	9.548 217	11	4.142 94	2	7.236 95	1	98	15.706 30	17	6.814 12	3	1.196 161	0
39	9.762 214	11	4.235 93	2	7.139 97	1	99	15.671 35	17	6.799 15	3	1.356 160	0
40	— 9.974 212	— 11	— 4.327 92	— 2	— 7.040 99	— 1	100	— 15.632 39	— 17	— 6.782 17	— 3	+ 1.515 159	0
41	10.183 209	11	4.418 91	2	6.939 101	1	101	15.588 44	17	6.763 19	3	1.674 159	0
42	10.389 206	12	4.507 89	2	6.836 103	1	102	15.539 49	17	6.741 22	3	1.833 159	0
43	10.591 202	12	4.595 88	2	6.730 106	1	103	15.485 54	17	6.717 24	3	1.991 158	0
44	10.791 200	12	4.682 87	2	6.622 108	1	104	15.427 58	17	6.692 25	3	2.149 158	0
45	10.988 197	12	4.767 85	2	6.513 109	1	105	15.364 63	17	6.665 27	3	2.306 157	0
46	11.182 194	13	4.851 84	2	6.401 112	1	106	15.296 68	17	6.635 30	3	2.463 157	0
47	11.372 190	13	4.933 82	2	6.287 114	1	107	15.223 73	17	6.603 32	3	2.619 156	0
48	11.559 187	13	5.014 81	2	6.172 115	1	108	15.146 77	17	6.570 33	3	2.774 155	0
49	11.743 184	13	5.094 80	2	6.055 117	1	109	15.064 82	17	6.535 35	3	2.928 154	0
50	— 11.923 180	— 13	— 5.172 78	— 2	— 5.936 119	— 1	110	— 14.977 87	— 16	— 6.497 38	— 3	+ 3.081 153	0
51	12.100 177	14	5.249 77	2	5.815 121	1	111	14.885 92	16	6.457 40	3	3.234 153	0
52	12.273 173	14	5.324 75	2	5.692 123	1	112	14.789 96	16	6.416 41	3	3.386 152	0
53	12.442 169	14	5.398 74	2	5.568 124	1	113	14.688 101	16	6.373 43	3	3.537 151	0
54	12.608 166	14	5.470 72	2	5.442 126	1	114	14.583 105	16	6.327 46	3	3.686 149	0
55	12.770 162	14	5.540 70	2	5.314 128	0	115	14.473 110	16	6.279 48	3	3.834 148	0
56	12.929 159	15	5.609 69	3	5.184 130	0	116	14.358 115	16	6.229 50	3	3.982 148	0
57	13.084 155	15	5.676 67	3	5.052 132	0	117	14.239 119	16	6.177 52	3	4.129 147	0
58	13.235 151	15	5.742 66	3	4.920 132	0	118	14.115 124	15	6.123 54	3	4.274 145	0
59	13.382 147	15	5.806 64	3	4.786 134	0	119	13.987 128	15	6.067 56	3	4.418 144	0
60	— 13.525 143	— 15	— 5.868 62	— 3	— 4.650 136	0	120	— 13.855 132	— 15	— 6.010 57	— 3	+ 4.560 142	0

Taf. XXXIe (Forts.). **Zur Berechnung der Bessel'schen Reductionsgrössen: vom Mondknoten abhängige Glieder.**

☊	f☊		Aend. 100^a	$(g \cos G)$☊		Aend. 100^a	$(g \sin G)$☊		Aend. 100^a
120°	−13″.855		−15	−6″.010		−3	+4″.560		0
121	13.718	137	15	5.951	59	3	4.702	142	0
122	13.577	141	15	5.890	61	3	4.842	140	0
123	13.432	145	15	5.827	63	3	4.980	138	0
124	13.282	150	15	5.762	65	3	5.116	136	0
125	13.128	154	14	5.695	67	2	5.252	136	+1
126	12.970	158	14	5.626	69	2	5.386	134	1
127	12.808	162	14	5.555	71	2	5.518	132	1
128	12.641	167	14	5.483	72	2	5.648	130	1
129	12.471	170	14	5.409	74	2	5.777	129	1
130	−12.297	174	−13	−5.334	75	−2	+5.904	127	+1
131	12.119	178	13	5.257	77	2	6.030	126	1
132	11.937	182	13	5.178	79	2	6.154	124	1
133	11.751	186	13	5.097	81	2	6.275	121	1
134	11.561	190	13	5.015	82	2	6.395	120	1
135	11.368	193	12	4.931	84	2	6.513	118	1
136	11.171	197	12	4.846	85	2	6.629	116	1
137	10.971	200	12	4.759	87	2	6.742	113	1
138	10.767	204	12	4.671	88	2	6.853	111	1
139	10.559	208	11	4.581	90	2	6.963	110	1
140	−10.348	211	−11	−4.489	92	−2	+7.071	108	+1
141	10.134	214	11	4.396	93	2	7.176	105	1
142	9.917	217	11	4.302	94	2	7.279	103	1
143	9.696	221	10	4.206	96	2	7.380	101	1
144	9.472	224	10	4.109	97	2	7.479	99	1
145	9.246	226	10	4.011	98	2	7.575	96	1
146	9.016	230	10	3.911	100	2	7.669	94	1
147	8.783	233	10	3.810	101	2	7.761	92	1
148	8.548	235	9	3.708	102	2	7.850	89	1
149	8.310	238	9	3.605	103	2	7.937	87	1
150	−8.069	241	−9	−3.500	105	−1	+8.021	84	+1
151	7.825	244	8	3.394	106	1	8.103	82	1
152	7.579	246	8	3.288	106	1	8.182	79	1
153	7.331	248	8	3.180	108	1	8.259	77	1
154	7.080	251	8	3.071	109	1	8.333	74	1
155	6.827	253	7	2.961	110	1	8.405	72	1
156	6.571	256	7	2.850	111	1	8.474	69	1
157	6.313	258	7	2.738	112	1	8.540	66	1
158	6.054	259	7	2.626	112	1	8.604	64	1
159	5.793	261	6	2.513	113	1	8.665	61	1
160	−5.529	264	−6	−2.398	115	−1	+8.723	58	+1
161	5.264	265	6	2.283	115	1	8.779	56	1
162	4.997	267	5	2.167	116	1	8.832	53	1
163	4.728	269	5	2.050	117	1	8.882	50	1
164	4.458	270	5	1.933	117	1	8.929	47	1
165	4.186	272	4	1.815	118	1	8.974	45	1
166	3.913	273	4	1.697	118	1	9.016	42	1
167	3.639	274	4	1.578	119	1	9.055	39	1
168	3.364	275	4	1.459	119	1	9.091	36	1
169	3.088	276	3	1.339	120	1	9.124	33	1
170	−2.810	278	−3	−1.219	120	0	+9.154	30	+1
171	2.531	279	3	1.098	121	0	9.181	27	1
172	2.252	279	2	0.977	121	0	9.206	25	1
173	1.972	280	2	0.856	121	0	9.228	22	1
174	1.691	281	2	0.734	122	0	9.247	19	1
175	1.410	281	1	0.612	122	0	9.263	16	1
176	1.129	281	1	0.490	122	0	9.276	13	1
177	0.847	282	1	0.368	122	0	9.286	10	1
178	0.565	282	1	0.245	123	0	9.293	7	1
179	0.283	282	0	0.123	122	0	9.298	5	1
180	0.000	283	0	0.000	123	0	+9.300	2	+1

☊	f☊		Aend. 100^a	$(g \cos G)$☊		Aend. 100^a	$(g \sin G)$☊		Aend. 100^a
180°	0″.000		0	0″.000		0	+9″.300		+1
181	+0.283	283	0	+0.123	123	0	9.298	2	1
182	0.565	282	+1	0.245	122	0	9.293	5	1
183	0.847	282	1	0.368	123	0	9.286	7	1
184	1.129	282	1	0.490	122	0	9.276	10	1
185	1.410	281	1	0.612	122	0	9.263	13	1
186	1.691	281	2	0.734	122	0	9.247	16	1
187	1.972	281	2	0.856	122	0	9.228	19	1
188	2.252	280	2	0.977	121	0	9.206	22	1
189	2.531	279	3	1.098	121	0	9.181	25	1
190	+2.810	279	+3	+1.219	121	0	+9.154	27	+1
191	3.088	278	3	1.339	120	+1	9.124	30	1
192	3.364	276	4	1.459	120	1	9.091	33	1
193	3.639	275	4	1.578	119	1	9.055	36	1
194	3.913	274	4	1.697	119	1	9.016	39	1
195	4.186	273	4	1.815	118	1	8.974	42	1
196	4.458	272	5	1.933	118	1	8.929	45	1
197	4.728	270	5	2.050	117	1	8.882	47	1
198	4.997	269	5	2.167	117	1	8.832	50	1
199	5.264	267	6	2.283	116	1	8.779	53	1
200	+5.529	265	+6	+2.398	115	+1	+8.723	56	+1
201	5.793	264	6	2.513	115	1	8.665	58	1
202	6.054	261	7	2.626	113	1	8.604	61	1
203	6.313	259	7	2.738	112	1	8.540	64	1
204	6.571	258	7	2.850	112	1	8.474	66	1
205	6.827	256	7	2.961	111	1	8.405	69	1
206	7.080	253	8	3.071	110	1	8.333	72	1
207	7.331	251	8	3.180	109	1	8.259	74	1
208	7.579	248	8	3.288	108	1	8.182	77	1
209	7.825	246	8	3.394	106	1	8.103	79	1
210	+8.069	244	+9	+3.500	106	+1	+8.021	82	+1
211	8.310	241	9	3.605	105	2	7.937	84	1
212	8.548	238	9	3.708	103	2	7.850	87	1
213	8.783	235	10	3.810	102	2	7.761	89	1
214	9.016	233	10	3.911	101	2	7.669	92	1
215	9.246	230	10	4.011	100	2	7.575	94	1
216	9.472	226	10	4.109	98	2	7.479	96	1
217	9.696	224	10	4.206	97	2	7.380	99	1
218	9.917	221	11	4.302	96	2	7.279	101	1
219	10.134	217	11	4.396	94	2	7.176	103	1
220	+10.348	214	+11	+4.489	93	+2	+7.071	105	+1
221	10.559	211	11	4.581	92	2	6.963	108	1
222	10.767	208	12	4.671	90	2	6.853	110	1
223	10.971	204	12	4.759	88	2	6.742	111	1
224	11.171	200	12	4.846	87	2	6.629	113	1
225	11.368	197	12	4.931	85	2	6.513	116	1
226	11.561	193	13	5.015	84	2	6.395	118	1
227	11.751	190	13	5.097	82	2	6.275	120	1
228	11.937	186	13	5.178	81	2	6.154	121	1
229	12.119	182	13	5.257	79	2	6.030	124	1
230	+12.297	178	+13	+5.334	77	+2	+5.904	126	+1
231	12.471	174	14	5.409	75	2	5.777	127	1
232	12.641	170	14	5.483	74	2	5.648	129	1
233	12.808	167	14	5.555	72	2	5.518	130	1
234	12.970	162	14	5.626	71	2	5.386	132	1
235	13.128	158	14	5.695	69	2	5.252	134	1
236	13.282	154	15	5.762	67	3	5.116	136	0
237	13.432	150	15	5.827	65	3	4.980	136	0
238	13.577	145	15	5.890	63	3	4.842	138	0
239	13.718	141	15	5.951	61	3	4.702	140	0
240	+13.855	137	+15	+6.010	59	+3	+4.560	142	0

Taf. XXXI e (Schluss). **Zur Berechnung der Bessel'schen Reductionsgrössen: vom Mondknoten abhängige Glieder.**

☊	*f*☊		Aend. 100^a	(*g* cos *G*)☊		Aend. 100^a	(*g* sin *G*)☊		Aend. 100^a
240°	+13″.855		+15	+6″.010		+3	+4″.560		0
241	13.987	132	15	6.067	57	3	4.418	142	0
242	14.115	128	15	6.123	56	3	4.274	144	0
243	14.239	124	16	6.177	54	3	4.129	145	0
244	14.358	119	16	6.229	52	3	3.982	147	0
245	14.473	115	16	6.279	50	3	3.834	148	0
246	14.583	110	16	6.327	48	3	3.686	148	0
247	14.688	105	16	6.373	46	3	3.537	149	0
248	14.789	101	16	6.416	43	3	3.386	151	0
249	14.885	96	16	6.457	41	3	3.234	152	0
250	+14.977	92	+16	+6.497	40	+3	+3.081	153	0
251	15.064	87	17	6.535	38	3	2.928	153	0
252	15.146	82	17	6.570	35	3	2.774	154	0
253	15.223	77	17	6.603	33	3	2.619	155	0
254	15.296	73	17	6.635	32	3	2.463	156	0
255	15.364	68	17	6.665	30	3	2.306	157	0
256	15.427	63	17	6.692	27	3	2.149	157	0
257	15.485	58	17	6.717	25	3	1.991	158	0
258	15.539	54	17	6.741	24	3	1.833	158	0
259	15.588	49	17	6.763	22	3	1.674	159	0
260	+15.632	44	+17	+6.782	19	+3	+1.515	159	0
261	15.671	39	17	6.799	17	3	1.356	159	0
262	15.706	35	17	6.814	15	3	1.196	160	0
263	15.736	30	17	6.826	12	3	1.035	161	0
264	15.761	25	18	6.837	11	3	0.875	160	0
265	15.781	20	18	6.846	9	3	0.715	160	0
266	15.796	15	18	6.852	6	3	0.554	161	0
267	15.806	10	18	6.856	4	3	0.393	161	0
268	15.812	6	18	6.859	3	3	0.232	161	0
269	15.813	1	18	6.860	1	3	+0.072	160	0
270	+15.809	4	+18	+6.858	2	+3	−0.089	161	0
271	15.800	9	18	6.854	4	3	0.250	161	0
272	15.786	14	18	6.848	6	3	0.410	160	0
273	15.767	19	18	6.840	8	3	0.571	161	0
274	15.743	24	18	6.830	10	3	0.731	160	0
275	15.715	28	18	6.818	12	3	0.891	160	0
276	15.682	33	18	6.803	15	3	1.050	159	0
277	15.644	38	17	6.786	17	3	1.209	159	0
278	15.602	42	17	6.768	18	3	1.368	159	0
279	15.555	47	17	6.748	20	3	1.526	158	0
280	+15.503	52	+17	+6.726	22	+3	−1.683	157	0
281	15.446	57	17	6.701	25	3	1.840	157	0
282	15.385	61	17	6.675	26	3	1.997	157	0
283	15.319	66	17	6.647	28	3	2.153	156	0
284	15.249	70	17	6.616	31	3	2.308	155	0
285	15.174	75	17	6.583	33	3	2.462	154	0
286	15.095	79	17	6.549	34	3	2.615	153	0
287	15.011	84	17	6.513	36	3	2.767	152	0
288	14.923	88	17	6.474	39	3	2.918	151	0
289	14.830	93	17	6.433	41	3	3.069	151	0
290	+14.733	97	+17	+6.391	42	+3	−3.219	150	0
291	14.631	102	16	6.347	44	3	3.368	149	0
292	14.525	106	16	6.301	46	3	3.515	147	0
293	14.414	111	16	6.253	48	3	3.661	146	0
294	14.300	114	16	6.204	49	3	3.806	145	0
295	14.181	119	16	6.152	52	3	3.950	144	0
296	14.058	123	16	6.099	53	3	4.092	142	0
297	13.930	128	16	6.044	55	3	4.234	142	0
298	13.799	131	16	5.987	57	3	4.374	140	0
299	13.664	135	15	5.928	59	3	4.513	139	0
300	+13.525	139	+15	+5.868	60	+3	−4.650	137	0

☊	*f*☊		Aend. 100^a	(*g* cos *G*)☊		Aend. 100^a	(*g* sin *G*)☊		Aend. 100^a
300°	+13″.525		+15	+5″.868		+3	−4″.650		0
301	13.382	143	15	5.806	62	3	4.786	136	0
302	13.235	147	15	5.742	64	3	4.920	134	0
303	13.084	151	15	5.676	66	3	5.052	132	0
304	12.929	155	15	5.609	67	3	5.184	132	0
305	12.770	159	14	5.540	69	2	5.314	130	0
306	12.608	162	14	5.470	70	2	5.442	128	−1
307	12.442	166	14	5.398	72	2	5.568	126	1
308	12.273	169	14	5.324	74	2	5.692	124	1
309	12.100	173	14	5.249	75	2	5.815	123	1
310	+11.923	177	+13	+5.172	77	+2	−5.936	121	−1
311	11.743	180	13	5.094	78	2	6.055	119	1
312	11.559	184	13	5.014	80	2	6.172	117	1
313	11.372	187	13	4.933	81	2	6.287	115	1
314	11.182	190	13	4.851	82	2	6.401	114	1
315	10.988	194	12	4.767	84	2	6.513	112	1
316	10.791	197	12	4.682	85	2	6.622	109	1
317	10.591	200	12	4.595	87	2	6.730	108	1
318	10.389	202	12	4.507	88	2	6.836	106	1
319	10.183	206	11	4.418	89	2	6.939	103	1
320	+9.974	209	+11	+4.327	91	+2	−7.040	101	−1
321	9.762	212	11	4.235	92	2	7.139	99	1
322	9.548	214	11	4.142	93	2	7.236	97	1
323	9.331	217	10	4.048	94	2	7.331	95	1
324	9.111	220	10	3.953	95	2	7.423	92	1
325	8.889	222	10	3.856	97	2	7.513	90	1
326	8.664	225	10	3.759	97	2	7.601	88	1
327	8.436	228	10	3.661	98	2	7.688	87	1
328	8.206	230	9	3.561	100	2	7.772	84	1
329	7.974	232	9	3.460	101	2	7.853	81	1
330	+7.739	235	+9	+3.358	102	+2	−7.932	79	−1
331	7.502	237	8	3.255	103	1	8.008	76	1
332	7.263	239	8	3.151	104	1	8.082	74	1
333	7.022	241	8	3.046	105	1	8.154	72	1
334	6.780	242	8	2.941	105	1	8.223	69	1
335	6.536	244	7	2.835	106	1	8.290	67	1
336	6.289	247	7	2.728	107	1	8.354	64	1
337	6.040	249	7	2.620	108	1	8.416	62	1
338	5.790	250	7	2.512	108	1	8.475	59	1
339	5.538	252	6	2.403	109	1	8.532	57	1
340	+5.285	253	+6	+2.293	110	+1	−8.586	54	−1
341	5.030	255	6	2.182	111	1	8.638	52	1
342	4.773	257	5	2.071	111	1	8.687	49	1
343	4.515	258	5	1.959	112	1	8.733	46	1
344	4.256	259	5	1.847	112	1	8.777	44	1
345	3.996	260	4	1.734	113	1	8.818	41	1
346	3.735	261	4	1.621	113	1	8.857	39	1
347	3.473	262	4	1.507	114	1	8.893	36	1
348	3.210	263	4	1.393	114	1	8.927	34	1
349	2.946	264	3	1.278	115	1	8.958	31	1
350	+2.681	265	+3	+1.163	115	+1	−8.986	28	−1
351	2.415	266	3	1.048	115	0	9.011	25	1
352	2.148	267	2	0.932	116	0	9.034	23	1
353	1.881	267	2	0.816	116	0	9.054	20	1
354	1.613	268	2	0.700	116	0	9.072	18	1
355	1.345	268	1	0.584	116	0	9.087	15	1
356	1.077	268	1	0.467	117	0	9.099	12	1
357	0.808	269	1	0.350	117	0	9.108	9	1
358	0.539	269	1	0.233	117	0	9.115	7	1
359	0.269	270	0	0.117	116	0	9.119	4	1
360	0.000	269	0	0.000	117	0	−9.121	2	−1

Taf. XXXII. Coordinaten der Sternwarten und Hülfsgrössen zur Berechnung der Parallaxe.

Name	Länge von Berlin + westlich	Corr. der Sternz.	Geogr. Breite	Geocentr. Breite φ′	log ρ incl. Seehöhe	tg φ′	log (ρπ cos φ′)ˢ	log (ρπ sin φ′)″
Adelaide	−8ʰ 20ᵐ 45ˢ.5	−82ˢ.26	−34° 55′ 33″.8	−34° 44′ 46″.2	9.99 9530	9.8411n	9.6826	0.6998n
Albany (Dudley O.)	+5 48 41.2	+57.28	+42 39 12.6	+42 27 44.5	9.99 9339	9.9615	9.6356	0.7732
Alfred Centre N. Y.	+6 4 42.0	+59.91	+42 15 19.8	+42 3 52.5	9.99 9384	9.9554	9.6384	0.7699
Algier	+0 41 26.3	+ 6.81	+36 47 50	+36 36 48	9.99 9505	9.8710	9.6724	0.7195
Ann Arbor, Mich.	+6 28 30.1	+63.82	+42 16 48.0	+42 5 20.7	9.99 9364	9.9558	9.6382	0.7701
Arcetri	+0 8 31.8	+ 1.40	+43 45 14.4	+43 33 44.5	9.99 9321	9.9782	9.6278	0.7821
Arequipa	+5 39 5	+55.70	−16 24 0	−16 17 47	0.00 0049	9.4659n	9.7506	0.3926n
Armagh	+1 20 10.3	+13.17	+54 21 12.7	+54 10 17.8	9.99 9047	0.1415	9.5349	0.8524
Bamberg	+0 10 1.2	+ 1.65	+49 53 6.0	+49 41 45.0	9.99 9174	0.0715	9.5783	0.8260
Berkeley, Cal.	+9 2 37.6	+89.14	+37 52 23.6	+37 41 14.7	9.99 9455	9.8879	9.6662	0.7302
Berlin	0 0 0.0	0.00	+52 30 16.7	+52 19 9.0	9.99 9091	0.1122	9.5537	0.8420
Berlin (Urania)	+0 0 7.4	+ 0.02	+52 31 30.7	+52 20 23.2	9.99 9090	0.1125	9.5535	0.8421
Besançon	+0 29 37.7	+ 4.87	+47 14 59.0	+47 3 30.3	9.99 9241	0.0312	9.6009	0.8083
Bethlehem, Pa.	+5 55 6.8	+58.34	+40 36 23.5	+40 25 1.3	9.99 9388	9.9302	9.6494	0.7557
Bonn	+0 25 11.6	+ 4.14	+50 43 45.0	+50 32 27.7	9.99 9136	0.0845	9.5707	0.8313
Bordeaux	+0 55 40.3	+ 9.14	+44 50 7.2	+44 38 36.6	9.99 9286	9.9946	9.6198	0.7905
Boston	+5 37 49.8	+55.50	+42 21 32.5	+42 9 55.3	9.99 9334	9.9570	9.6377	0.7707
Bothkamp	+0 13 3.7	+ 2.15	+54 12 9.6	+54 1 13.6	9.99 9048	0.1390	9.5365	0.8516
Bremen (Olbers)	+0 18 20	+ 3.01	+53 4 36	+52 53 32	9.99 9074	0.1212	9.5480	0.8453
Breslau	−0 14 33.9	− 2.39	+51 6 56.5	+50 55 41.1	9.99 9132	0.0905	9.5671	0.8337
Brüssel (Uccle)	+0 36 8.1	+ 5.94	+50 47 53	+50 36 36	9.99 9137	0.0856	9.5700	0.8317
Cambridge (Engl.)	+0 53 12.2	+ 8.74	+52 12 51.6	+52 1 42.2	9.99 9097	0.1076	9.5565	0.8403
Cambridge, Mass.	+5 38 5.9	+55.54	+42 22 47.6	+42 11 20.1	9.99 9345	9.9573	9.6375	0.7709
Cape of Good Hope	−0 20 19.8	− 3.34	−33 56 3.2	−33 45 24.3	9.99 9551	9.8250n	9.6877	0.6888n
Catania	−0 6 45.8	− 1.11	+37 30 13.3	+37 19 6.7	9.99 9468	9.8821	9.6684	0.7266
Charlottesville, Virg.	+6 7 40.1	+60.40	+38 2 1.2	+37 50 51.4	9.99 9451	9.8904	9.6653	0.7318
Christiania	+0 10 41.3	+ 1.76	+59 54 43.7	+59 44 43.5	9.99 8916	0.2341	9.4696	0.8798
Cincinnati (Mt. Lookout)	+6 31 16.2	+64.27	+39 8 19.5	+38 57 3.7	9.99 9442	9.9076	9.6586	0.7423
Clinton, N. Y.	+5 55 12.3	+58.35	+43 3 16.5	+42 51 47.6	9.99 9345	9.9676	9.6328	0.7765
Columbia, Missouri	+7 2 53.2	+69.47	+38 56 51.7	+38 45 36.9	9.99 9444	9.9046	9.6598	0.7405
Cordoba	+5 10 23.1	+50.99	−31 25 15.5	−31 15 2.0	9.99 9638	9.7831n	9.7000	0.6591n
Denver, Col.	+7 53 22.5	+77.76	+39 40 36.4	+39 29 18.1	9.99 9523	9.9159	9.6554	0.7474
Dorpat	−0 53 18.6	− 8.76	+58 22 47.1	+58 12 29.5	9.99 8953	0.2077	9.4890	0.8728
Dresden (v. Engelhardt)	−0 1 19.9	− 0.22	+51 2 16.8	+50 51 1.0	9.99 9132	0.0893	9.5678	0.8332
Dublin (Dunsink O.)	+1 18 56.0	+12.97	+53 23 13.1	+53 12 11.2	9.99 9072	0.1261	9.5449	0.8470
Düsseldorf	+0 26 29.9	+ 4.35	+51 12 25.0	+51 1 10.0	9.99 9122	0.0919	9.5662	0.8342
Edinburgh (Bl. H.)	+1 6 18.9	+10.89	+55 55 28.0	+55 44 46.2	9.99 9014	0.1669	9.5178	0.8608
Evanston (Dearborn O.)	+6 44 17.1	+66.41	+42 3 33.4	+41 51 56.9	9.99 9342	9.9524	9.6397	0.7682
Genf	+0 28 58.1	+ 4.76	+46 11 59.1	+46 0 29.0	9.99 9274	0.0153	9.6094	0.8007
Glasgow (Schottl.)	+1 10 45.5	+11.62	+55 52 42.6	+55 42 0.4	9.99 9007	0.1661	9.5183	0.8605

$\Theta - \alpha =$ Stundenwinkel; $\qquad \operatorname{tg} \gamma = \frac{\operatorname{tg} \varphi'}{\cos(\Theta - \alpha)}$;

$$\Delta(\alpha - \alpha')^s = (\varrho \pi \cos \varphi')^s \sin(\Theta - \alpha) \sec \delta;$$

$$\Delta(\delta - \delta')'' = (\varrho \pi \sin \varphi')'' \sin(\gamma - \delta) \operatorname{cosec} \gamma.$$

Taf. XXXII (Forts.). **Coordinaten der Sternwarten und Hülfsgrössen zur Berechnung der Parallaxe.**

Name	Länge von Berlin + westlich	Corr. der Sternz.	Geogr. Breite	Geocentr. Breite φ'	log ρ incl. Seehöhe	tg φ'	log (ρπ cos φ')ˢ	log (ρπ sin φ')''
Glasgow, Missouri . .	+7ʰ 4ᵐ 52ˢ.9	+69ˢ.80	+39°13'45''.6	+39° 2'29''.4	9.99 9438	9.9090	9.6581	0.7432
Gotha (N. St.)	+0 10 44.3	+ 1.76	+50 56 37.5	+50 45 21.2	9.99 9149	0.0879	9.5687	0.8326
Göttingen	+0 13 48.5	+ 2.27	+51 31 47.9	+51 20 34.6	9.99 9123	0.0970	9.5631	0.8362
Greenwich	+0 53 34.9	+ 8.8c	+51 28 38.1	+51 17 24.5	9.99 9116	0.0961	9.5637	0.8359
Hamburg	+0 13 41.1	+ 2.25	+53 33 7.0	+53 22 6.2	9.99 9064	0.1287	9.5432	0.8480
Hanover, N. H. . . .	+5 42 42.9	+56.30	+43 42 15.2	+43 30 45.4	9.99 9310	9.9774	9.6282	0.7817
Haverford, N. J.. . .	+5 54 47.7	+58.28	+40 0 36.5	+39 49 16.7	9.99 9403	9.9211	9.6532	0.7503
Heidelberg (Wolf) . .	+0 18 46.4	+ 3.08	+49 24 35	+49 13 12	9.99 9165	0.0642	9.5826	0.8229
Heidelberg (Königstuhl)	+0 18 40.9	+ 3.07	+49 23 54.9	+49 12 32.0	9.99 9204	0.0640	9.5827	0.8228
Ipswich (Orwell Park)	+0 48 39.1	+ 7.99	+52 0 33	+51 49 22	9.99 9100	0.1044	9.5585	0.8391
Jena (Winkler) . . .	+0 7 12.9	+ 1.19	+50 56 15.7	+50 44 59.4	9.99 9139	0.0878	9.5687	0.8326
Jena (Univ.).	+0 7 14.1	+ 1.19	+50 55 35.6	+50 44 19.2	9.99 9137	0.0876	9.5688	0.8325
Karlsruhe	+0 19 58.4	+ 3.28	+49 0 29.6	+48 49 5.4	9.99 9183	0.0581	9.5861	0.8202
Kasan	−2 22 54.2	−23.48	+55 47 24.2	+55 36 41.2	9.99 9014	0.1647	9.5193	0.8601
Kiel	+0 12 59.2	+ 2.13	+54 20 28.5	+54 9 33.5	9.99 9047	0.1413	9.5350	0.8524
Kiew	−1 8 25.8	−11.24	+50 27 12.5	+50 15 53.9	9.99 9151	0.0802	9.5732	0.8296
Königsberg	−0 28 24.2	− 4.67	+54 42 50.6	+54 31 58.6	9.99 9036	0.1473	9.5310	0.8544
Kopenhagen	+0 3 16.1	+ 0.54	+55 41 12.9	+55 30 29.0	9.99 9012	0.1630	9.5204	0.8595
Krakau	−0 26 15.5	− 4.31	+50 3 51.9	+49 52 31.6	9.99 9164	0.0743	9.5767	0.8271
Kremsmünster . . .	−0 2 56.7	− 0.48	+48 3 23.1	+47 51 56.1	9.99 9225	0.0435	9.5942	0.8139
Leiden	+0 35 38.6	+ 5.86	+52 9 20.2	+51 58 10.4	9.99 9097	0.1067	9.5571	0.8399
Leipzig	+0 4 0.9	+ 0.66	+51 20 5.9	+51 8 52.0	9.99 9125	0.0939	9.5650	0.8350
Lemberg	−0 42 29	− 6.98	+49 50 11	+49 38 50	9.99 9177	0.0707	9.5788	0.8256
Liverpool	+1 5 52.1	+10.82	+53 24 3.8	+53 13 2.0	9.99 9070	0.1263	9.5447	0.8471
Lund	+0 0 49.9	+ 0.14	+55 41 52.0	+55 31 8.3	9.99 9013	0.1632	9.5203	0.8596
Lüttich (Ougrée) . .	+0 31 23	+ 5.15	+50 37 6	+50 25 48	9.99 9144	0.0828	9.5717	0.8306
Lyon	+0 34 26.8	+ 5.66	+45 41 40.8	+45 30 10.3	9.99 9279	0.0076	9.6133	0.7970
Madison, Wisc. . . .	+6 51 12.8	+67.55	+43 4 36.7	+42 53 7.8	9.99 9345	9.9679	9.6327	0.7767
Madrid	+1 8 19.9	+11.23	+40 24 29.7	+40 13 8.3	9.99 9437	9.9272	9.6507	0.7540
Mailand	+0 16 48.9	+ 2.76	+45 27 59.4	+45 16 30.1	9.99 9273	0.0042	9.6150	0.7953
Marseille	+0 32 0.3	+ 5.26	+43 18 19.1	+43 6 49.8	9.99 9325	9.9714	9.6310	0.7785
Melbourne	−8 46 19.3	−86.46	−37 49 53.1	−37 38 44.5	9.99 9458	9.8873n	9.6665	0.7298n
Middletown, Conn. .	+5 44 12.1	+56.54	+41 33 16.0	+41 21 50.6	9.99 9364	9.9447	9.6431	0.7639
Mt. Hamilton, Cal. .	+9 0 9.7	+88.74	+37 20 25.6	+37 9 20.1	9.99 9556	9.8796	9.6694	0.7251
Moskau	−1 36 42.3	−15.89	+55 45 19.8	+55 34 36.5	9.99 9019	0.1641	9.5197	0.8599
München	+0 7 8.8	+ 1.17	+48 8 45.5	+47 57 18.8	9.99 9233	0.0449	9.5935	0.8145
Neapel	−0 3 26.8	− 0.57	+40 51 45.4	+40 40 22.3	9.99 9392	9.9341	9.6477	0.7579
New Haven, Conn. .	+5 45 15.4	+56.72	+41 19 24.0	+41 7 59.3	9.99 9369	9.9412	9.6447	0.7619
New-York (Columb. C.)	+5 49 28.6	+57.41	+40 45 23.1	+40 34 0.3	9.99 9384	9.9325	9.6484	0.7570
Nicolajew	−1 14 19.0	−12.21	+46 58 20.6	+46 46 51.4	9.99 9230	0.0270	9.6032	0.8063
Nizza (Mont-Gros) . .	+0 24 22.7	+ 4.01	+43 43 16.9	+43 31 47.0	9.99 9335	9.9777	9.6281	0.7819

$$\Theta - \alpha = \text{Stundenwinkel}; \qquad \operatorname{tg} \gamma = \frac{\operatorname{tg} \varphi'}{\cos(\Theta - \alpha)};$$

$$\Delta(\alpha - \alpha')^s = (\varrho \pi \cos \varphi')^s \sin(\Theta - \alpha) \sec \delta;$$

$$\Delta(\delta - \delta')'' = (\varrho \pi \sin \varphi')'' \sin(\gamma - \delta) \operatorname{cosec} \gamma.$$

Taf. XXXII (Schluss). **Coordinaten der Sternwarten und Hülfsgrössen zur Berechnung der Parallaxe.**

Name	Länge von Berlin + westlich	Corr. der Sternz.	Geogr. Breite	Geocentr. Breite φ'	log ϱ incl. Seehöhe	tg φ'	log (ϱπ cos φ')ˢ	log (ϱπ sin φ')″
Northfield, Minnes.	+7ʰ 6ᵐ 10ˢ.9	+70ˢ.01	+44°27′41″.0	+44 16 10	9.99 9310	9.9889	9.6226	0.7877
O-Gyalla	−0 19 10.7	− 3.15	+47 52 27.3	+47 40 59.9	9.99 9204	0.0407	9.5957	0.8126
Oxford (Radcl. O.)	+0 58 37.5	+ 9.63	+51 45 36.0	+51 34 24.0	9.99 9111	0.1005	9.5609	0.8376
Padua	+0 6 5.7	+ 1.00	+45 24 2.5	+45 12 31.9	9.99 9268	0.0032	9.6156	0.7948
Palermo	+0 0 9.0	+ 0.02	+38 6 44.0	+37 55 33.8	9.99 9454	9.8917	9.6648	0.7325
Paris	+0 44 13.9	+ 7.27	+48 50 11.2	+48 38 46.4	9.99 9183	0.0554	9.5876	0.8191
Philadelphia, Pa.	+5 54 13.4	+58.19	+39 57 7.5	+39 45 47.9	9.99 9404	9.9202	9.6535	0.7498
Pola	−0 1 48.2	− 0.30	+44 51 48.6	+44 40 18.0	9.99 9282	9.9950	9.6196	0.7907
Potsdam	+0 1 19.0	+ 0.22	+52 22 56.0	+52 11 47.6	9.99 9098	0.1103	9.5549	0.8413
Poughkeepsie (Vassar C.)	+5 49 8.5	+57.36	+41 41 18	+41 29 52	9.99 9360	9.9468	9.6422	0.7651
Prag (Univ.)	−0 4 6.6	− 0.68	+50 5 18.5	+49 53 58.3	9.99 9161	0.0746	9.5765	0.8273
Princeton, N. Y.	+5 52 14.4	+57.86	+40 20 55.8	+40 9 34.6	9.99 9399	9.9263	9.6510	0.7534
Pulkowa	−1 7 43.7	−11.13	+59 46 18.7	+59 36 16.9	9.99 8922	0.2317	9.4714	0.8792
Rio de Janeiro	+3 46 16.3	+37.17	−22 54 23.7	−22 46 9.7	9.99 9786	9.6230n	9.7329	0.5320n
Rochester, N. Y.	+6 3 56.7	+59.78	+43 9 16.8	+42 57 47.7	9.99 9335	9.9691	9.6321	0.7773
Rom (Coll. Rom.)	+0 3 39.4	+ 0.61	+41 53 53.6	+41 42 27.3	9.99 9359	9.9500	9.6408	0.7669
Rom (Vatic.)	+0 3 45.4	+ 0.62	+41 54 16.8	+41 42 50.4	9.99 9355	9.9501	9.6408	0.7669
Stockholm	−0 18 39.1	− 3.06	+59 20 34.0	+59 10 27.2	9.99 8930	0.2242	9.4770	0.8773
Stonyhurst	+1 3 27.6	+10.42	+53 50 40.0	+53 39 41.3	9.99 9055	0.1334	9.5402	0.8496
Strassburg	+0 22 30.2	+ 3.70	+48 35 0.2	+48 23 34.7	9.99 9196	0.0516	9.5898	0.8174
Sydney	−9 11 14.7	−90.55	−33 51 41.1	−33 41 2.8	9.99 9555	9.8238n	9.6881	0.6880n
Tacubaya	+7 30 21.4	+73.98	+19 24 17.5	+19 17 5.8	9.99 9999	9.5439	9.7433	0.4633
Taschkent	−3 43 35.9	−36.73	+41 19 31.3	+41 8 6.6	9.99 9400	9.9412	9.6447	0.7620
Teramo	−0 1 21	− 0.22	+42 39 27	+42 27 59	9.99 9336	9.9615	9.6356	0.7732
Tokio	−8 25 23.1	−83.02	+35 39 17.5	+35 28 24.0	9.99 9509	9.8528	9.6787	0.7077
Toulouse	+0 47 43.8	+ 7.84	+43 36 45.3	+43 25 15.6	9.99 9325	9.9760	9.6288	0.7810
Triest	−0 1 28.1	− 0.24	+45 38 45.4	+45 27 14.9	9.99 9262	0.0069	9.6137	0.7966
Turin	+0 22 47.7	+ 3.74	+45 4 7.3	+44 52 36.7	9.99 9293	9.9981	9.6181	0.7923
Upsala	−0 16 55.3	− 2.78	+59 51 29.4	+59 41 28.6	9.99 8916	0.2332	9.4703	0.8796
Utrecht	+0 33 3.2	+ 5.43	+52 5 9.5	+51 53 59.3	9.99 9099	0.1056	9.5578	0.8395
Warschau	−0 30 32.4	− 5.02	+52 13 5.7	+52 1 56.3	9.99 9102	0.1077	9.5565	0.8403
Washington (Alte St.)	+6 1 47.0	+59.43	+38 53 38.9	+38 42 24.3	9.99 9432	9.9038	9.6601	0.7400
Washington (N. St. W.)	+6 1 50.7	+59.44	+38 55 14.8	+38 44 0.1	9.99 9430	9.9042	9.6599	0.7403
Washington (Kath.)	+6 1 34.9	+59.40	+38 56 14.8	+38 44 50.6	9.99 9422	9.9044	9.6599	0.7404
Wien (alte Sternw.)	−0 11 56.8	− 1.96	+48 12 35.5	+48 1 8.9	9.99 9206	0.0459	9.5929	0.8149
Wien (v. Oppolzer)	−0 11 50.4	− 1.94	+48 12 53.8	+48 1 27.2	9.99 9210	0.0459	9.5929	0.8149
Wien-Währing	−0 11 46.6	− 1.93	+48 13 55.4	+48 2 28.9	9.99 9211	0.0462	9.5928	0.8150
Wien-Ottakring	−0 11 36.2	− 1.91	+48 12 46.7	+48 1 20.6	9.99 9215	0.0459	9.5929	0.8159
Williamsbay, Wisc.	+6 47 49	+66.99	+42 34 15	+42 22 47	9.99 9338	9.9602	9.6362	0.7725
Windsor, N. S. W.	−9 9 45.9	−90.31	−33 36 30.8	−33 25 54.9	9.99 9559	9.8196n	9.6894	0.6851n

$\Theta - \alpha =$ Stundenwinkel; $\quad \mathrm{tg}\,\gamma = \dfrac{\mathrm{tg}\,\varphi'}{\cos(\Theta - \alpha)}$;

$\Delta(\alpha - \alpha')^s = (\varrho\pi \cos\varphi')^s \sin(\Theta - \alpha) \sec\delta$;

$\Delta(\delta - \delta')'' = (\varrho\pi \sin\varphi')'' \sin(\gamma - \delta) \operatorname{cosec}\gamma$.

Taf. XXXIII. Uebersicht der gebräuchlichsten Formeln der Interpolation, Differenziation und Integration.

Bezeichnung.

II. Summ. R.	I. Summ. R.	Function.	I. Diff.	II. Diff.	III. Diff.	IV. Diff.	V. Diff.
$\vdots$	$\vdots$	$f(a-3w)$	$\vdots$	$\vdots$	$\vdots$	$\vdots$	$\vdots$
	${}^{I}f(a-\frac{5}{2}w)$		$f^{I}(a-\frac{5}{2}w)$				
${}^{II}f(a-2w)$		$f(a-2w)$		$f^{II}(a-2w)$			
	${}^{I}f(a-\frac{3}{2}w)$		$f^{I}(a-\frac{3}{2}w)$		$f^{III}(a-\frac{3}{2}w)$		
${}^{II}f(a-w)$		$f(a-w)$		$f^{II}(a-w)$		$f^{IV}(a-w)$	
	${}^{I}f(a-\frac{1}{2}w)$		$f^{I}(a-\frac{1}{2}w)$		$f^{III}(a-\frac{1}{2}w)$		$f^{V}(a-\frac{1}{2}w)$
${}^{II}f(a)$		$f(a)$		$f^{II}(a)$		$f^{IV}(a)$	
	${}^{I}f(a+\frac{1}{2}w)$		$f^{I}(a+\frac{1}{2}w)$		$f^{III}(a+\frac{1}{2}w)$		$f^{V}(a+\frac{1}{2}w)$
${}^{II}f(a+w)$		$f(a+w)$		$f^{II}(a+w)$		$f^{IV}(a+w)$	
	${}^{I}f(a+\frac{3}{2}w)$		$f^{I}(a+\frac{3}{2}w)$		$f^{III}(a+\frac{3}{2}w)$		
${}^{II}f(a+2w)$		$f(a+2w)$		$f^{II}(a+2w)$			
	${}^{I}f(a+\frac{5}{2}w)$		$f^{I}(a+\frac{5}{2}w)$				
${}^{II}f(a+3w)$		$f(a+3w)$					
	${}^{I}f(a+\frac{7}{2}w)$						
${}^{II}f(a+4w)$							
$\vdots$	$\vdots$	$\vdots$	$\vdots$	$\vdots$	$\vdots$	$\vdots$	$\vdots$

Abkürzungen.

$$f^{I}(a+iw)=\tfrac{1}{2}\left(f^{I}(a+(i-\tfrac{1}{2})w)+f^{I}(a+(i+\tfrac{1}{2})w)\right)$$

$$f^{II}(a+(i+\tfrac{1}{2})w)=\tfrac{1}{2}\left(f^{II}(a+iw)+f^{II}(a+(i+1)w)\right)$$

. . . .

$${}^{I}f(a+iw)=\tfrac{1}{2}\left({}^{I}f(a+(i-\tfrac{1}{2})w)+{}^{I}f(a+(i+\tfrac{1}{2})w)\right)$$

$${}^{II}f(a+(i+\tfrac{1}{2})w)=\tfrac{1}{2}\left({}^{II}f(a+iw)+{}^{II}f(a+(i+1)w)\right).$$

Interpolationsformeln.

$$0<n<+1$$

$$f(a\pm nw)=f(a)\pm\frac{n}{1}f^{I}(a\pm\tfrac{1}{2}w)+\frac{n(n-1)}{1\cdot 2}f^{II}(a\pm w)\pm\frac{n(n-1)(n-2)}{1\cdot 2\cdot 3}f^{III}(a\pm\tfrac{3}{2}w)+\cdots \quad \text{(Newton)}$$

$$f(a\pm nw)=f(a)\pm\frac{n}{1}f^{I}(a)+\frac{n^2}{1\cdot 2}f^{II}(a)\pm\frac{(n+1)n(n-1)}{1\cdot 2\cdot 3}f^{III}(a)+\frac{(n+1)n^2(n-1)}{1\cdot 2\cdot 3\cdot 4}f^{IV}(a)\pm\cdots \quad \text{(Stirling)}$$

$$f(a\pm nw)=f(a)\pm\frac{n}{1}f^{I}(a\pm\tfrac{1}{2}w)+\frac{n(n-1)}{1\cdot 2}f^{II}(a\pm\tfrac{1}{2}w)\pm\frac{n(n-1)(n-\frac{1}{2})}{1\cdot 2\cdot 3}f^{III}(a\pm\tfrac{1}{2}w)+$$
$$+\frac{(n+1)n(n-1)(n-2)}{1\cdot 2\cdot 3\cdot 4}f^{IV}(a\pm\tfrac{1}{2}w)\pm\cdots \quad \text{(Bessel)}$$

$$f(a+\tfrac{1}{2}w)=\tfrac{1}{2}(f(a)+f(a+w))-\tfrac{1}{8}f^{II}(a+\tfrac{1}{2}w)+\tfrac{3}{128}f^{IV}(a+\tfrac{1}{2}w)-\tfrac{5}{1024}f^{VI}(a+\tfrac{1}{2}w)\pm\cdots$$

$$f(a\pm nw)=f(a)\pm\frac{n}{1}f^{I}(a\pm\tfrac{1}{2}w)+\frac{n(n-1)}{1\cdot 2}f^{II}(a)\pm\frac{(n+1)n(n-1)}{1\cdot 2\cdot 3}f^{III}(a\pm\tfrac{1}{2}w)+$$
$$+\frac{(n+1)n(n-1)(n-2)}{1\cdot 2\cdot 3\cdot 4}f^{IV}(a)\pm\cdots \quad \text{(Gauss)}.$$

Wenn die dritten Differenzen unmerklich sind, rechnet man nach folgenden Formeln:

n nahe 0: $\quad f(a\pm nw)=f(a)\pm n\left(f^{I}(a)\pm\frac{n}{2}f^{II}(a)\right)$

n nahe $\frac{1}{2}$: $\quad f(a\pm nw)=f(a)\pm n\left(f^{I}(a\pm\tfrac{1}{2}w)\mp\frac{1-n}{2}f^{II}(a\pm\tfrac{1}{2}w)\right).$ Strichregel.

Mechanische Differenziation.

$$\frac{\partial f(a)}{\partial a}=\frac{1}{w}\left(f^{I}(a+\tfrac{1}{2}w)-\tfrac{1}{2}f^{II}(a+w)+\tfrac{1}{3}f^{III}(a+\tfrac{3}{2}w)-\tfrac{1}{4}f^{IV}(a+2w)+\cdots\right)$$

$$\frac{\partial^2 f(a)}{\partial a^2}=\frac{1}{w^2}\left(f^{II}(a+w)-f^{III}(a+\tfrac{3}{2}w)+\tfrac{11}{12}f^{IV}(a+2w)-\cdots\right).$$

$$\frac{\partial f(a)}{\partial a} = \frac{1}{w}\left(f^{I}(a) - \tfrac{1}{6} f^{III}(a) + \tfrac{1}{30} f^{V}(a) - \cdots\right)$$

$$\frac{\partial^2 f(a)}{\partial a^2} = \frac{1}{w^2}\left(f^{II}(a) - \tfrac{1}{12} f^{IV}(a) + \cdots\right).$$

$$\frac{\partial f(a+nw)}{\partial (a+nw)} = \frac{1}{w}\Big(f^{I}(a+\tfrac{1}{2}w) + (n-\tfrac{1}{2}) f^{II}(a+\tfrac{1}{2}w) + \left(\frac{n^2}{2} - \frac{n}{2} + \frac{1}{12}\right) f^{III}(a+\tfrac{1}{2}w) + $$
$$+ \left(\frac{n^3}{6} - \frac{n^2}{4} - \frac{n}{12} + \frac{1}{12}\right) f^{IV}(a+\tfrac{1}{2}w) + \cdots\Big)$$

$$\frac{\partial^2 f(a+nw)}{\partial (a+nw)^2} = \frac{1}{w^2}\Big(f^{II}(a+\tfrac{1}{2}w) + (n-\tfrac{1}{2}) f^{III}(a+\tfrac{1}{2}w) + \left(\frac{n^2}{2} - \frac{n}{2} - \frac{1}{12}\right) f^{IV}(a+\tfrac{1}{2}w) + \cdots\Big).$$

$$\frac{\partial f(a+\frac{1}{2}w)}{\partial (a+\frac{1}{2}w)} = \frac{1}{w}\left(f^{I}(a+\tfrac{1}{2}w) - \tfrac{1}{24} f^{III}(a+\tfrac{1}{2}w) + \cdots\right)$$

$$\frac{\partial^2 f(a+\frac{1}{2}w)}{\partial (a+\frac{1}{2}w)^2} = \frac{1}{w^2}\left(f^{II}(a+\tfrac{1}{2}w) - \tfrac{5}{24} f^{IV}(a+\tfrac{1}{2}w) + \cdots\right).$$

Mechanische Integration.

Ist die untere Gränze des Integrales a, dann bildet man die ersten Glieder der beiden Summenreihen nach den Formeln:

$${}^{I}f(a-\tfrac{1}{2}w) = -\tfrac{1}{2} f(a) + \tfrac{1}{12} f^{I}(a) - \tfrac{11}{720} f^{III}(a) + \tfrac{191}{60480} f^{V}(a) - \cdots$$
$${}^{II}f(a) = -\tfrac{1}{12} f(a) + \tfrac{1}{240} f^{II}(a) - \tfrac{31}{60480} f^{IV}(a).$$

Ist die untere Gränze des Integrales $a - \frac{w}{2}$, so bildet man die ersten Glieder der Summenreihen nach:

$${}^{I}f(a-\tfrac{1}{2}w) = -\tfrac{1}{24} f^{I}(a-\tfrac{1}{2}w) + \tfrac{17}{5760} f^{III}(a-\tfrac{1}{2}w) - \tfrac{367}{967680} f^{V}(a-\tfrac{1}{2}w) + \cdots$$
$${}^{II}f(a) = +\tfrac{1}{24} f(a-w) - \tfrac{17}{5760}\left(2 f^{II}(a-w) + f^{II}(a)\right) + \tfrac{367}{967680}\left(3 f^{IV}(a-w) + 2 f^{IV}(a)\right) - \cdots$$

Dann wird:

$$\int^{a+iw} f(t)\,dt = w\left({}^{I}f(a+iw) - \tfrac{1}{12} f^{I}(a+iw) + \tfrac{11}{720} f^{III}(a+iw) - \tfrac{191}{60480} f^{V}(a+iw) + \cdots\right)$$

$$\iint^{a+iw} f(t)\,dt^2 = w^2\left({}^{II}f(a+iw) + \tfrac{1}{12} f(a+iw) - \tfrac{1}{240} f^{II}(a+iw) + \tfrac{31}{60480} f^{IV}(a+iw) - \cdots\right).$$

$$\int^{a+(i+\frac{1}{2})w} f(t)\,dt = w\Big({}^{I}f(a+(i+\tfrac{1}{2})w) + \tfrac{1}{24} f^{I}(a+(i+\tfrac{1}{2})w) - \tfrac{17}{5760} f^{III}(a+(i+\tfrac{1}{2})w) +$$
$$+ \tfrac{367}{967680} f^{V}(a+(i+\tfrac{1}{2})w) - \cdots\Big)$$

$$\iint^{a+(i+\frac{1}{2})w} f(t)\,dt^2 = w^2\Big({}^{II}f(a+(i+\tfrac{1}{2})w) - \tfrac{1}{24} f(a+(i+\tfrac{1}{2})w) + \tfrac{17}{1920} f^{II}(a+(i+\tfrac{1}{2})w) -$$
$$- \tfrac{367}{193536} f^{IV}(a+(i+\tfrac{1}{2})w) + \cdots\Big).$$

Taf. XXXIV.
Interpolation nach der Newton'schen Formel.

n	f^{II}	f^{III}	f^{IV}	n	f^{II}	f^{III}	f^{IV}
	$\frac{n(n-1)}{2}$	$\frac{n(n-1)(n-2)}{6}$	$\frac{n(n-1)(n-2)(n-3)}{24}$		$\frac{n(n-1)}{2}$	$\frac{n(n-1)(n-2)}{6}$	$\frac{n(n-1)(n-2)(n-3)}{24}$
0.00	— 0.00000	+ 0.0000	— 0.0000	0.50	— 0.12500	+ 0.0625	— 0.0391
0.01	00495	0033	0024	0.51	12495	0621	0386
0.02	00980	0065	0048	0.52	12480	0616	0382
0.03	01455	0095	0071	0.53	12455	0610	0377
0.04	01920	0125	0093	0.54	12420	0604	0372
0.05	— 0.02375	+ 0.0154	— 0.0114	0.55	— 0.12375	+ 0.0598	— 0.0366
0.06	02820	0182	0134	0.56	12320	0591	0361
0.07	03255	0209	0153	0.57	12255	0584	0355
0.08	03680	0235	0172	0.58	12180	0576	0349
0.09	04095	0261	0190	0.59	12095	0568	0342
0.10	— 0.04500	+ 0.0285	— 0.0207	0.60	— 0.12000	+ 0.0560	— 0.0336
0.11	04895	0308	0223	0.61	11895	0551	0329
0.12	05280	0331	0238	0.62	11780	0542	0322
0.13	05655	0352	0253	0.63	11655	0532	0315
0.14	06020	0373	0267	0.64	11520	0522	0308
0.15	— 0.06375	+ 0.0393	— 0.0280	0.65	— 0.11375	+ 0.0512	— 0.0301
0.16	06720	0412	0293	0.66	11220	0501	0293
0.17	07055	0430	0304	0.67	11055	0490	0285
0.18	07380	0448	0316	0.68	10880	0479	0278
0.19	07695	0464	0326	0.69	10695	0467	0270
0.20	— 0.08000	+ 0.0480	— 0.0336	0.70	— 0.10500	+ 0.0455	— 0.0262
0.21	08295	0495	0345	0.71	10295	0443	0253
0.22	08580	0509	0354	0.72	10080	0430	0245
0.23	08855	0522	0362	0.73	09855	0417	0237
0.24	09120	0535	0369	0.74	09620	0404	0228
0.25	— 0.09375	+ 0.0547	— 0.0376	0.75	— 0.09375	+ 0.0391	— 0.0220
0.26	09620	0558	0382	0.76	09120	0377	0211
0.27	09855	0568	0388	0.77	08855	0363	0202
0.28	10080	0578	0393	0.78	08580	0349	0194
0.29	10295	0587	0398	0.79	08295	0335	0185
0.30	— 0.10500	+ 0.0595	— 0.0402	0.80	— 0.08000	+ 0.0320	— 0.0176
0.31	10695	0602	0405	0.81	07695	0305	0167
0.32	10880	0609	0408	0.82	07380	0290	0158
0.33	11055	0615	0411	0.83	07055	0275	0149
0.34	11220	0621	0413	0.84	06720	0260	0140
0.35	— 0.11375	+ 0.0626	— 0.0415	0.85	— 0.06375	+ 0.0244	— 0.0131
0.36	11520	0630	0416	0.86	06020	0229	0122
0.37	11655	0633	0416	0.87	05655	0213	0113
0.38	11780	0636	0417	0.88	05280	0197	0104
0.39	11895	0638	0416	0.89	04895	0181	0095
0.40	— 0.12000	+ 0.0640	— 0.0416	0.90	— 0.04500	+ 0.0165	— 0.0087
0.41	12095	0641	0415	0.91	04095	0149	0078
0.42	12180	0641	0414	0.92	03680	0132	0069
0.43	12255	0641	0412	0.93	03255	0116	0060
0.44	12320	0641	0410	0.94	02820	0100	0051
0.45	— 0.12375	+ 0.0639	— 0.0408	0.95	— 0.02375	+ 0.0083	— 0.0043
0.46	12420	0638	0405	0.96	01920	0067	0034
0.47	12455	0635	0402	0.97	01455	0050	0025
0.48	12480	0632	0398	0.98	00980	0033	0017
0.49	12495	0629	0395	0.99	00495	0017	0008
0.50	— 0.12500	+ 0.0625	— 0.0391	1.00	0.00000	+ 0.0000	— 0.0000

Taf. XXXV.

Interpolation nach der Stirling'schen Formel.

n	f^{II} $\frac{n^2}{2}$	f^{III} $\frac{n(n^2-1)}{6}$	f^{IV} $\frac{n^2(n^2-1)}{24}$
0.00	+ 0.00000	− 0.0000	− 0.0000
0.01	00005	0017	0000
0.02	00020	0033	0000
0.03	00045	0050	0000
0.04	00080	0067	0001
0.05	+ 0.00125	− 0.0083	− 0.0001
0.06	00180	0100	0001
0.07	00245	0116	0002
0.08	00320	0133	0003
0.09	00405	0149	0003
0.10	+ 0.00500	− 0.0165	− 0.0004
0.11	00605	0181	0005
0.12	00720	0197	0006
0.13	00845	0213	0007
0.14	00980	0229	0008
0.15	+ 0.01125	− 0.0244	− 0.0009
0.16	01280	0260	0010
0.17	01445	0275	0012
0.18	01620	0290	0013
0.19	01805	0305	0014
0.20	+ 0.02000	− 0.0320	− 0.0016
0.21	02205	0335	0018
0.22	02420	0349	0019
0.23	02645	0363	0021
0.24	02880	0377	0023
0.25	+ 0.03125	− 0.0391	− 0.0024
0.26	03380	0404	0026
0.27	03645	0417	0028
0.28	03920	0430	0030
0.29	04205	0443	0032
0.30	+ 0.04500	− 0.0455	− 0.0034
0.31	04805	0467	0036
0.32	05120	0479	0038
0.33	05445	0490	0040
0.34	05780	0501	0043
0.35	+ 0.06125	− 0.0512	− 0.0045
0.36	06480	0522	0047
0.37	06845	0532	0049
0.38	07220	0542	0051
0.39	07605	0551	0054
0.40	+ 0.08000	− 0.0560	− 0.0056
0.41	08405	0568	0058
0.42	08820	0576	0060
0.43	09245	0584	0063
0.44	09680	0591	0065
0.45	+ 0.10125	− 0.0598	− 0.0067
0.46	10580	0604	0069
0.47	11045	0610	0072
0.48	11520	0616	0074
0.49	12005	0621	0076
0.50	+ 0.12500	− 0.0625	− 0.0078

Taf. XXXVI.

Interpolation nach der Bessel'schen Formel.

n	f^{II} $\frac{n(n-1)}{2}$	f^{III} $\frac{n(n-1)\left(n-\frac{1}{2}\right)}{6}$	f^{IV} $\frac{(n+1)n(n-1)(n-2)}{24}$	n
0.00	− 0.00000 −	+ 0.0000 −	+ 0.0000 +	1.00
0.01	00495	0008	0008	0.99
0.02	00980	0016	0016	0.98
0.03	01455	0023	0025	0.97
0.04	− 0.01920 −	+ 0.0029 −	+ 0.0033 +	0.96
0.05	− 0.02375 −	+ 0.0036 −	+ 0.0041 +	0.95
0.06	02820	0041	0048	0.94
0.07	03255	0047	0056	0.93
0.08	03680	0052	0064	0.92
0.09	− 0.04095 −	+ 0.0056 −	+ 0.0071 +	0.91
0.10	− 0.04500 −	+ 0.0060 −	+ 0.0078 +	0.90
0.11	04895	0064	0086	0.89
0.12	05280	0067	0093	0.88
0.13	05655	0070	0100	0.87
0.14	− 0.06020 −	+ 0.0072 −	+ 0.0106 +	0.86
0.15	− 0.06375 −	+ 0.0074 −	+ 0.0113 +	0.85
0.16	06720	0076	0120	0.84
0.17	07055	0078	0126	0.83
0.18	07380	0079	0132	0.82
0.19	− 0.07695 −	+ 0.0080 −	+ 0.0138 +	0.81
0.20	− 0.08000 −	+ 0.0080 −	+ 0.0144 +	0.80
0.21	08295	0080	0150	0.79
0.22	08580	0080	0155	0.78
0.23	08855	0080	0161	0.77
0.24	− 0.09120 −	+ 0.0079 −	+ 0.0166 +	0.76
0.25	− 0.09375 −	+ 0.0078 −	+ 0.0171 +	0.75
0.26	09620	0077	0176	0.74
0.27	09855	0076	0180	0.73
0.28	10080	0074	0185	0.72
0.29	− 0.10295 −	+ 0.0072 −	+ 0.0189 +	0.71
0.30	− 0.10500 −	+ 0.0070 −	+ 0.0193 +	0.70
0.31	10695	0068	0197	0.69
0.32	10880	0065	0201	0.68
0.33	11055	0063	0205	0.67
0.34	− 0.11220 −	+ 0.0060 −	+ 0.0208 +	0.66
0.35	− 0.11375 −	+ 0.0057 −	+ 0.0211 +	0.65
0.36	11520	0054	0214	0.64
0.37	11655	0050	0217	0.63
0.38	11780	0047	0219	0.62
0.39	− 0.11895 −	+ 0.0044 −	+ 0.0222 +	0.61
0.40	− 0.12000 −	+ 0.0040 −	+ 0.0224 +	0.60
0.41	12095	0036	0226	0.59
0.42	12180	0032	0228	0.58
0.43	12255	0029	0229	0.57
0.44	− 0.12320 −	+ 0.0025 −	+ 0.0231 +	0.56
0.45	− 0.12375 −	+ 0.0021 −	+ 0.0232 +	0.55
0.46	12420	0017	0233	0.54
0.47	12455	0012	0233	0.53
0.48	12480	0008	0234	0.52
0.49	− 0.12495 −	+ 0.0004 −	+ 0.0234 +	0.51
0.50	− 0.12500 −	+ 0.0000 −	+ 0.0234 +	0.50

Das Zeichen ist auf der Seite des Argumentes zu nehmen.

Taf. XXXVII.
Zur mechanischen Differenziation.

n	f^{II}	f^{III}	f^{IV}	n
	$n-\frac{1}{2}$	$\frac{n^2}{2}-\frac{n}{2}+\frac{1}{12}$	$\frac{n^3}{6}-\frac{n^2}{4}-\frac{n}{12}+\frac{1}{12}$	
0.00	— 0.50 +	+ 0.08333 +	+ 0.08333 —	1.00
0.01	49	07838	08248	0.99
0.02	48	07353	08157	0.98
0.03	47	06878	08061	0.97
0.04	— 0.46 +	+ 0.06413 +	+ 0.07961 —	0.96
0.05	— 0.45 +	+ 0.05958 +	+ 0.07856 —	0.95
0.06	44	05513	07747	0.94
0.07	43	05078	07633	0.93
0.08	42	04653	07515	0.92
0.09	— 0.41 +	+ 0.04238 +	+ 0.07393 —	0.91
0.10	— 0.40 +	+ 0.03833 +	+ 0.07267 —	0.90
0.11	39	03438	07136	0.89
0.12	38	03053	07002	0.88
0.13	37	02678	06864	0.87
0.14	— 0.36 +	+ 0.02313 +	+ 0.06722 —	0.86
0.15	— 0.35 +	+ 0.01958 +	+ 0.06577 —	0.85
0.16	34	01613	06428	0.84
0.17	33	01278	06276	0.83
0.18	32	00953	06121	0.82
0.19	— 0.31 +	+ 0.00638 +	+ 0.05962 —	0.81
0.20	— 0.30 +	+ 0.00333 +	+ 0.05800 —	0.80
0.21	29	+ 00038 +	05635	0.79
0.22	28	— 00247 —	05467	0.78
0.23	27	00522	05297	0.77
0.24	— 0.26 +	— 0.00787 —	+ 0.05124 —	0.76
0.25	— 0.25 +	— 0.01042 —	+ 0.04948 —	0.75
0.26	24	01287	04770	0.74
0.27	23	01522	04589	0.73
0.28	22	01747	04406	0.72
0.29	— 0.21 +	— 0.01962 —	+ 0.04221 —	0.71
0.30	— 0.20 +	— 0.02167 —	+ 0.04033 —	0.70
0.31	19	02362	03844	0.69
0.32	18	02547	03653	0.68
0.33	17	02722	03460	0.67
0.34	— 0.16 +	— 0.02887 —	+ 0.03265 —	0.66
0.35	— 0.15 +	— 0.03042 —	+ 0.03069 —	0.65
0.36	14	03187	02871	0.64
0.37	13	03322	02672	0.63
0.38	12	03447	02471	0.62
0.39	— 0.11 +	— 0.03562 —	+ 0.02269 —	0.61
0.40	— 0.10 +	— 0.03667 —	+ 0.02067 —	0.60
0.41	09	03762	01863	0.59
0.42	08	03847	01658	0.58
0.43	07	03922	01453	0.57
0.44	— 0.06 +	— 0.03987 —	+ 0.01246 —	0.56
0.45	— 0.05 +	— 0.04042 —	+ 0.01040 —	0.55
0.46	04	04087	00832	0.54
0.47	03	04122	00625	0.53
0.48	02	04147	00417	0.52
0.49	— 0.01 +	— 0.04162 —	+ 0.00208 —	0.51
0.50	— 0.00 +	— 0.04167 —	+ 0.00000 —	0.50

Das Zeichen ist auf der Seite des Argum. zu nehmen.

Taf. XXXVIII.
Cotes'sche und Gauss'sche Integrationsfactoren.

$$\int_0^1 f(x)\,dx = A_0 f(x_0) + A_1 f(x_1) + A_2 f(x_2) + \cdots + A_n f(x_n).$$

x	A
0	$\frac{1}{6}$
$\frac{1}{2}$	$\frac{2}{3}$
1	$\frac{1}{6}$
0	$\frac{1}{8}$
$\frac{1}{3}$	$\frac{3}{8}$
$\frac{2}{3}$	$\frac{3}{8}$
1	$\frac{1}{8}$
0	$\frac{7}{90}$
$\frac{1}{4}$	$\frac{16}{45}$
$\frac{2}{4}$	$\frac{2}{15}$
$\frac{3}{4}$	$\frac{16}{45}$
1	$\frac{7}{90}$
0	$\frac{19}{288}$
$\frac{1}{5}$	$\frac{25}{96}$
$\frac{2}{5}$	$\frac{25}{144}$
$\frac{3}{5}$	$\frac{25}{144}$
$\frac{4}{5}$	$\frac{25}{96}$
1	$\frac{19}{288}$
0	$\frac{41}{840}$
$\frac{1}{6}$	$\frac{9}{35}$
$\frac{2}{6}$	$\frac{9}{280}$
$\frac{3}{6}$	$\frac{34}{105}$
$\frac{4}{6}$	$\frac{9}{280}$
$\frac{5}{6}$	$\frac{9}{35}$
1	$\frac{41}{840}$
0	$\frac{751}{17280}$
$\frac{1}{7}$	$\frac{3577}{17280}$
$\frac{2}{7}$	$\frac{49}{640}$
$\frac{3}{7}$	$\frac{2989}{17280}$
$\frac{4}{7}$	$\frac{2989}{17280}$
$\frac{5}{7}$	$\frac{49}{640}$
$\frac{6}{7}$	$\frac{3577}{17280}$
1	$\frac{751}{17280}$
0	$\frac{989}{28350}$
$\frac{1}{8}$	$\frac{2944}{14175}$
$\frac{2}{8}$	$-\frac{464}{14175}$
$\frac{3}{8}$	$\frac{5248}{14175}$
$\frac{4}{8}$	$-\frac{454}{2835}$
$\frac{5}{8}$	$\frac{5248}{14175}$
$\frac{6}{8}$	$-\frac{464}{14175}$
$\frac{7}{8}$	$\frac{2944}{14175}$
1	$\frac{989}{28350}$
0	$\frac{16067}{598752}$
$\frac{1}{10}$	$\frac{26575}{149688}$
$\frac{2}{10}$	$-\frac{16175}{199584}$
$\frac{3}{10}$	$\frac{5675}{12474}$
$\frac{4}{10}$	$-\frac{4825}{11088}$
$\frac{5}{10}$	$\frac{17807}{24948}$
$\frac{6}{10}$	$-\frac{4825}{11088}$
$\frac{7}{10}$	$\frac{5675}{12474}$
$\frac{8}{10}$	$-\frac{16175}{199584}$
$\frac{9}{10}$	$\frac{26575}{149688}$
1	$\frac{16067}{598752}$

x	$\log A$
$n = 2$	
0.1127 0167	9.4436 9749
0.5000 0000	9.6478 1748
0.8872 9833	9.4436 9749
$n = 3$	
0.0694 3184	9.2403 6806
0.3300 0948	9.5133 1428
0.6699 9052	9.5133 1428
0.9305 6816	9.2403 6806
$n = 4$	
0.0469 1008	9.0735 8434
0.2307 6534	9.3789 6871
0.5000 0000	9.4539 9746
0.7692 3465	9.3789 6871
0.9530 8992	9.0735 8434
$n = 5$	
0.0337 6524	8.9327 8946
0.1693 9531	9.2561 9028
0.3806 9041	9.3691 3598
0.6193 0959	9.3691 3598
0.8306 0469	9.2561 9028
0.9662 3476	8.9327 8946
$n = 6$	
0.0254 4604	8.8111 8935
0.1292 3441	9.1456 7084
0.2970 7742	9.2808 4011
0.5000 0000	9.3201 0388
0.7029 2258	9.2808 4011
0.8707 6559	9.1456 7084
0.9745 5396	8.8111 8935

Taf. XXXIX.

Werthe des Integrales $\Theta(x) = \frac{2}{\sqrt{\pi}}\int_0^x e^{-t^2}\,dt$.

x	Θx		x	Θx		x	$\Theta(x)$		x	$\Theta(x)$		x	$\Theta(x)$	
0.00	0.00000	1128	0.50	0.52050	874	1.00	0.84270	411	1.50	0.96611	117	2.00	0.99532	20
01	01128	1128	51	52924	866	01	84681	403	51	96728	113	01	99552	20
02	02256	1128	52	53790	856	02	85084	394	52	96841	111	02	99572	19
03	03384	1127	53	54646	848	03	85478	387	53	96952	107	03	99591	18
04	04511	1126	54	55494	838	04	85865	379	54	97059	103	04	99609	17
0.05	0.05637	1125	0.55	0.56332	830	1.05	0.86244	370	1.55	0.97162	101	2.05	0.99626	16
06	06762	1124	56	57162	820	06	86614	363	56	97263	97	06	99642	16
07	07886	1122	57	57982	810	07	86977	356	57	97360	95	07	99658	15
08	09008	1120	58	58792	802	08	87333	347	58	97455	91	08	99673	15
09	10128	1118	59	59594	792	09	87680	341	59	97546	89	09	99688	14
0.10	0.11246	1116	0.60	0.60386	782	1.10	0.88021	332	1.60	0.97635	86	2.10	0.99702	13
11	12362	1114	61	61168	773	11	88353	326	61	97721	83	11	99715	13
12	13476	1111	62	61941	764	12	88679	318	62	97804	80	12	99728	13
13	14587	1108	63	62705	754	13	88997	311	63	97884	78	13	99741	12
14	15695	1105	64	63459	744	14	89308	304	64	97962	76	14	99753	11
0.15	0.16800	1101	0.65	0.64203	735	1.15	0.89612	298	1.65	0.98038	72	2.15	0.99764	11
16	17901	1098	66	64938	725	16	89910	290	66	98110	71	16	99775	10
17	18999	1095	67	65663	715	17	90200	284	67	98181	68	17	99785	10
18	20094	1090	68	66378	706	18	90484	277	68	98249	66	18	99795	10
19	21184	1086	69	67084	696	19	90761	270	69	98315	64	19	99805	9
0.20	0.22270	1082	0.70	0.67780	687	1.20	0.91031	265	1.70	0.98379	62	2.20	0.99814	8
21	23352	1078	71	68467	676	21	91296	257	71	98441	59	21	99822	9
22	24430	1072	72	69143	667	22	91553	252	72	98500	58	22	99831	8
23	25502	1068	73	69810	658	23	91805	246	73	98558	55	23	99839	7
24	26570	1063	74	70468	648	24	92051	239	74	98613	54	24	99846	8
0.25	0.27633	1057	0.75	0.71116	638	1.25	0.92290	234	1.75	0.98667	52	2.25	0.99854	7
26	28690	1052	76	71754	628	26	92524	227	76	98719	50	26	99861	6
27	29742	1046	77	72382	619	27	92751	222	77	98769	48	27	99867	7
28	30788	1040	78	73001	609	28	92973	217	78	98817	47	28	99874	6
29	31828	1035	79	73610	600	29	93190	211	79	98864	45	29	99880	6
0.30	0.32863	1028	0.80	0.74210	590	1.30	0.93401	205	1.80	0.98909	43	2.30	0.99886	5
31	33891	1022	81	74800	581	31	93606	201	81	98952	42	31	99891	6
32	34913	1015	82	75381	571	32	93807	195	82	98994	41	32	99897	5
33	35928	1008	83	75952	562	33	94002	189	83	99035	39	33	99902	4
34	36936	1002	84	76514	553	34	94191	185	84	99074	37	34	99906	5
0.35	0.37938	995	0.85	0.77067	543	1.35	0.94376	180	1.85	0.99111	36	2.35	0.99911	4
36	38933	988	86	77610	534	36	94556	175	86	99147	35	36	99915	5
37	39921	980	87	78144	525	37	94731	171	87	99182	34	37	99920	4
38	40901	973	88	78669	515	38	94902	165	88	99216	32	38	99924	4
39	41874	965	89	79184	507	39	95067	162	89	99248	31	39	99928	
0.40	0.42839	958	0.90	0.79691	497	1.40	0.95229	156	1.90	0.99279	30			
41	43797	950	91	80188	489	41	95385	153	91	99309	29			
42	44747	942	92	80677	479	42	95538	148	92	99338	28	2.4	0.99931	28
43	45689	934	93	81156	471	43	95686	144	93	99366	26	2.5	99959	17
44	46623	925	94	81627	462	44	95830	140	94	99392	26	2.6	99976	11
												2.7	99987	5
0.45	0.47548	918	0.95	0.82089	453	1.45	0.95970	135	1.95	0.99418	25	2.8	99992	4
46	48466	909	96	82542	445	46	96105	132	96	99443	23	2.9	0.99996	2
47	49375	900	97	82987	436	47	96237	128	97	99466	23	3.0	99998	1
48	50275	892	98	83423	428	48	96365	125	98	99489	22	3.1	99999	0
49	51167	883	99	83851	419	49	96490	121	99	99511	21	3.2	99999	
0.50	0.52050		1.00	0.84270		1.50	0.96611		2.00	0.99532				

Taf. XXXX. Werthe von $x - \sin x$ in Winkeltheilen.

′	0°	1°	2°	3°	4°	5°	6°	7°
0	0″.0000	0″.1828	1″.4621	4″.93	11″.70	22″.84	0′ 39″.46	1′ 2″.64
1	0.0000 0	0.1921 93	1.4989 368	5.01 8	11.84 14	23.07 23	39.79 33	3.09 45
2	0.0000 0	0.2017 96	1.5364 375	5.09 8	11.99 15	23.30 23	40.12 33	3.55 46
3	0.0000 0	0.2116 99	1.5745 381	5.18 9	12.13 14	23.53 23	40.45 33	4.00 45
4	0.0001 1	0.2218 102	1.6132 387	5.27 9	12.29 16	23.77 24	40.79 34	4.46 46
5	0.0001 0	0.2324 106	1.6526 394	5.36 9	12.44 15	24.00 23	0 41.13 34	1 4.91 45
6	0.0002 1	0.2433 109	1.6925 399	5.45 9	12.59 15	24.24 24	41.46 33	5.37 46
7	0.0003 1	0.2545 112	1.7331 406	5.54 9	12.75 16	24.47 23	41.80 34	5.83 46
8	0.0004 1	0.2661 116	1.7744 413	5.62 8	12.90 15	24.71 24	42.15 35	6.29 46
9	0.0006 2	0.2780 119	1.8163 419	5.71 9	13.06 16	24.95 24	42.49 34	6.76 47
10	0.0008 2	0.2902 122	1.8589 426	5.80 9	13.22 16	25.20 25	0 42.84 35	1 7.23 47
11	0.0011 3	0.3028 126	1.9021 432	5.90 10	13.38 16	25.44 24	43.19 35	7.70 47
12	0.0015 4	0.3158 130	1.9460 439	5.99 9	13.54 16	25.69 25	43.54 35	8.17 47
13	0.0019 4	0.3292 134	1.9906 446	6.08 9	13.70 16	25.94 25	43.89 35	8.64 47
14	0.0023 4	0.3429 137	2.0358 452	6.18 10	13.86 16	26.19 25	44.24 35	9.12 48
15	0.0029 6	0.3570 141	2.0817 459	6.28 10	14.03 17	26.44 25	0 44.60 36	1 9.60 48
16	0.0035 6	0.3714 144	2.1283 466	6.37 9	14.19 16	26.69 25	44.96 36	10.08 48
17	0.0042 7	0.3863 149	2.1756 473	6.47 10	14.36 17	26.95 26	45.32 36	10.56 48
18	0.0049 7	0.4015 152	2.2236 480	6.57 10	14.53 17	27.20 25	45.68 36	11.05 49
19	0.0058 9	0.4172 157	2.2723 487	6.67 10	14.70 17	27.46 26	46.04 36	11.53 48
20	0.0068 10	0.4332 160	2.3217 494	6.77 10	14.87 17	27.72 26	0 46.41 37	1 12.02 49
21	0.0078 10	0.4497 165	2.3718 501	6.87 10	15.04 17	27.98 26	46.77 36	12.52 50
22	0.0090 12	0.4665 168	2.4226 508	6.98 11	15.21 17	28.24 26	47.14 37	13.01 49
23	0.0103 13	0.4838 173	2.4741 515	7.09 11	15.39 18	28.50 26	47.51 37	13.51 50
24	0.0117 14	0.5015 177	2.5264 523	7.20 11	15.56 17	28.77 27	47.89 38	14.01 50
25	0.0132 15	0.5196 181	2.5794 530	7.30 10	15.74 18	29.04 27	0 48.26 37	1 14.51 50
26	0.0149 17	0.5382 186	2.6331 537	7.40 10	15.92 18	29.31 27	48.63 37	15.01 50
27	0.0167 18	0.5572 190	2.6876 545	7.50 10	16.10 18	29.58 27	49.01 38	15.51 50
28	0.0186 19	0.5766 194	2.7428 552	7.61 11	16.28 18	29.85 27	49.40 39	16.02 51
29	0.0206 20	0.5965 199	2.7988 560	7.72 11	16.47 19	30.12 27	49.78 38	16.53 51
30	0.0228 22	0.6168 203	2.8555 567	7.83 11	16.65 18	30.40 28	0 50.16 38	1 17.04 51
31	0.0252 24	0.6376 208	2.9130 575	7.94 11	16.84 19	30.67 27	50.55 39	17.55 51
32	0.0277 25	0.6589 213	2.9713 583	8.05 11	17.02 18	30.95 28	50.94 39	18.07 52
33	0.0304 27	0.6806 217	3.0303 590	8.17 12	17.21 19	31.23 28	51.33 39	18.59 52
34	0.0333 29	0.7028 222	3.0901 598	8.28 11	17.40 19	31.52 29	51.72 39	19.12 53
35	0.0363 30	0.7254 226	3.1507 606	8.40 12	17.60 20	31.80 28	0 52.12 40	1 19.64 52
36	0.0395 32	0.7486 232	3.2120 613	8.52 12	17.79 19	32.08 28	52.51 39	20.16 52
37	0.0429 34	0.7722 236	3.2742 622	8.64 12	17.98 19	32.37 29	52.91 40	20.69 53
38	0.0464 35	0.7964 242	3.3372 630	8.76 12	18.17 19	32.66 29	53.31 40	21.22 53
39	0.0502 38	0.8210 246	3.4009 637	8.88 12	18.37 20	32.95 29	53.71 40	21.75 53
40	0.0542 40	0.8461 251	3.4655 646	9.00 12	18.57 20	33.24 29	0 54.12 41	1 22.29 54
41	0.0583 41	0.8718 257	3.5309 654	9.13 13	18.77 20	33.54 30	54.53 41	22.83 54
42	0.0627 44	0.8979 261	3.5971 662	9.26 13	18.97 20	33.84 30	54.94 41	23.37 54
43	0.0673 46	0.9246 267	3.6641 670	9.38 12	19.18 21	34.13 29	55.35 41	23.91 54
44	0.0721 48	0.9518 272	3.7319 678	9.51 13	19.38 20	34.43 30	55.76 41	24.45 54
45	0.0771 50	0.9795 277	3.8006 687	9.64 13	19.58 20	34.73 30	0 56.17 41	1 25.00 55
46	0.0824 53	1.0077 282	3.8701 695	9.77 13	19.79 21	35.03 30	56.59 42	25.55 55
47	0.0879 55	1.0365 288	3.9405 704	9.90 13	20.00 21	35.34 31	57.01 42	26.10 55
48	0.0936 57	1.0659 294	4.0117 712	10.03 13	20.20 20	35.64 30	57.43 42	26.65 55
49	0.0996 60	1.0958 299	4.0838 721	10.16 13	20.41 21	35.95 31	57.85 42	27.21 56
50	0.1058 62	1.1262 304	4.1567 729	10.30 14	20.63 22	36.26 31	0 58.28 43	1 27.77 56
51	0.1122 64	1.1572 310	4.2304 737	10.43 13	20.85 22	36.57 31	58.70 42	28.33 56
52	0.1190 68	1.1887 315	4.3051 747	10.57 14	21.06 21	36.89 32	59.13 43	28.90 57
53	0.1260 70	1.2209 322	4.3806 755	10.70 13	21.28 22	37.20 31	59.57 44	29.46 56
54	0.1332 72	1.2536 327	4.4570 764	10.84 14	21.50 22	37.52 32	1 0.00 43	30.03 57
55	0.1408 76	1.2868 332	4.5343 773	10.98 14	21.71 21	37.84 32	1 0.43 43	1 30.60 57
56	0.1486 78	1.3207 339	4.6125 782	11.12 14	21.93 22	38.16 32	0.87 44	31.17 57
57	0.1567 81	1.3551 344	4.6915 790	11.26 14	22.16 23	38.48 32	1.31 44	31.74 57
58	0.1651 84	1.3902 351	4.7715 800	11.40 14	22.39 23	38.80 32	1.76 45	32.32 58
59	0.1738 87	1.4258 356	4.8524 809	11.55 15	22.61 22	39.13 33	2.20 44	32.91 59
60	0.1828 90	1.4621 363	4.9341 817	11.70 15	22.84 23	39.46 33	1 2.64 44	1 33.49 58

Taf. XXXX (Forts.). **Werthe von $x - \sin x$ in Winkeltheilen.**

′	8°		9°		10°		11°		12°		13°		14°		15°	
0	1′ 33″.49		2′ 13″.08		3′ 2″.50		4′ 2″.81		5′ 15″.14		6′ 40″.52		8′ 20″.05		10′ 14″.74	
1	34.08	59	13.82	74	3.41	91	3.91	1.10	16.46	1.32	42.05	1.53	21.82	1.77	16.79	2.05
2	34.66	58	14.56	74	4.33	92	5.03	1.12	17.77	1.31	43.60	1.55	23.61	1.79	18.84	2.05
3	35.25	59	15.31	75	5.25	92	6.15	1.12	19.09	1.32	45.15	1.55	25.40	1.79	20.90	2.06
4	35.84	59	16.05	74	6.17	92	7.26	1.11	20.42	1.33	46.71	1.56	27.20	1.80	22.96	2.06
5	1 36.44	60	2 16.80	75	3 7.10	93	4 8.37	1.11	5 21.74	1.32	6 48.26	1.55	8 29.00	1.80	10 25.03	2.07
6	37.03	59	17.56	76	8.02	92	9.49	1.12	23.08	1.34	49.82	1.56	30.80	1.80	27.10	2.07
7	37.63	60	18.32	76	8.95	93	10.62	1.13	24.41	1.33	51.39	1.57	32.61	1.81	29.17	2.07
8	38.24	61	19.08	76	9.89	94	11.75	1.13	25.75	1.34	52.95	1.56	34.43	1.82	31.25	2.08
9	38.85	61	19.84	76	10.82	93	12.88	1.13	27.09	1.34	54.52	1.57	36.25	1.82	33.33	2.08
10	1 39.45	60	2 20.60	76	3 11.76	94	4 14.02	1.14	5 28.43	1.34	6 56.10	1.58	8 38.07	1.82	10 35.42	2.09
11	40.06	61	21.36	76	12.71	95	15.16	1.14	29.78	1.35	57.67	1.57	39.89	1.82	37.51	2.09
12	40.68	62	22.13	77	13.66	95	16.30	1.14	31.13	1.35	6 59.25	1.58	41.72	1.83	39.60	2.09
13	41.29	61	22.91	78	14.60	94	17.44	1.14	32.49	1.36	7 0.84	1.59	43.56	1.84	41.70	2.10
14	41.91	62	23.69	78	15.56	96	18.59	1.15	33.85	1.36	2.43	1.59	45.40	1.84	43.81	2.11
15	1 42.52	61	2 24.47	78	3 16.52	96	4 19.74	1.15	5 35.22	1.37	7 4.02	1.59	8 47.24	1.84	10 45.92	2.11
16	43.14	62	25.25	78	17.47	95	20.89	1.15	36.59	1.37	5.62	1.60	49.09	1.85	48.04	2.12
17	43.77	63	26.03	78	18.43	96	22.05	1.16	37.96	1.37	7.23	1.61	50.94	1.85	50.16	2.12
18	44.40	63	26.82	79	19.40	97	23.21	1.16	39.33	1.37	8.84	1.61	52.80	1.86	52.28	2.12
19	45.03	63	27.61	79	20.37	97	24.37	1.16	40.71	1.38	10.45	1.61	54.66	1.86	54.41	2.13
20	1 45.66	63	2 28.41	80	3 21.34	97	4 25.54	1.17	5 42.09	1.38	7 12.07	1.62	8 56.53	1.87	10 56.54	2.13
21	46.30	64	29.20	79	22.32	98	26.71	1.17	43.48	1.39	13.69	1.62	8 58.40	1.87	10 58.68	2.14
22	46.93	63	29.99	79	23.29	97	27.89	1.18	44.87	1.39	15.31	1.62	9 0.27	1.87	11 0.82	2.14
23	47.57	64	30.79	80	24.27	98	29.07	1.18	46.27	1.40	16.93	1.62	2.15	1.88	2.97	2.15
24	48.21	64	31.60	81	25.26	99	30.26	1.19	47.66	1.39	18.56	1.63	4.04	1.89	5.12	2.15
25	1 48.86	65	2 32.41	81	3 26.25	99	4 31.44	1.18	5 49.06	1.40	7 20.20	1.64	9 5.92	1.88	11 7.28	2.16
26	49.50	64	33.22	81	27.24	99	32.63	1.19	50.47	1.41	21.84	1.64	7.81	1.89	9.44	2.16
27	50.15	65	34.03	81	28.23	99	33.82	1.19	51.88	1.41	23.48	1.64	9.71	1.90	11.60	2.16
28	50.81	66	34.85	82	29.23	1.00	35.01	1.19	53.29	1.41	25.13	1.65	11.61	1.90	13.77	2.17
29	51.47	66	35.67	82	30.23	1.00	36.22	1.21	54.71	1.42	26.78	1.65	13.52	1.91	15.95	2.18
30	1 52.13	66	2 36.49	82	3 31.23	1.00	4 37.42	1.20	5 56.13	1.42	7 28.43	1.65	9 15.43	1.91	11 18.14	2.19
31	52.79	66	37.32	83	32.24	1.01	38.62	1.20	57.55	1.42	30.09	1.66	17.34	1.91	20.32	2.18
32	53.45	66	38.14	82	33.25	1.01	39.83	1.21	5 58.98	1.43	31.76	1.67	19.26	1.92	22.51	2.19
33	54.11	66	38.97	83	34.26	1.01	41.04	1.21	6 0.41	1.43	33.43	1.67	21.18	1.92	24.70	2.19
34	54.78	67	39.80	83	35.27	1.01	42.26	1.22	1.85	1.44	35.10	1.67	23.10	1.92	26.89	2.19
35	1 55.45	67	2 40.64	84	3 36.29	1.02	4 43.48	1.22	6 3.29	1.44	7 36.78	1.68	9 25.03	1.93	11 29.09	2.20
36	56.12	67	41.48	84	37.31	1.02	44.70	1.22	4.73	1.44	38.46	1.68	26.96	1.93	31.30	2.21
37	56.79	67	42.32	84	38.34	1.03	45.93	1.23	6.18	1.45	40.15	1.69	28.90	1.94	33.52	2.22
38	57.47	68	43.16	84	39.37	1.03	47.16	1.23	7.63	1.45	41.83	1.68	30.85	1.95	35.74	2.22
39	58.16	69	44.01	85	40.40	1.03	48.40	1.24	9.08	1.45	43.53	1.70	32.80	1.95	37.96	2.22
40	1 58.84	68	2 44.86	85	3 41.43	1.03	4 49.64	1.24	6 10.54	1.46	7 45.23	1.70	9 34.75	1.95	11 40.19	2.23
41	1 59.53	69	45.72	86	42.47	1.04	50.88	1.24	12.00	1.46	46.93	1.70	36.71	1.96	42.42	2.23
42	2 0.22	69	46.58	86	43.52	1.05	52.13	1.25	13.47	1.47	48.63	1.70	38.67	1.96	44.65	2.23
43	0.91	69	47.43	85	44.56	1.04	53.38	1.25	14.94	1.47	50.34	1.71	40.63	1.96	46.89	2.24
44	1.60	69	48.29	86	45.61	1.05	54.63	1.25	16.41	1.47	52.06	1.72	42.60	1.97	49.14	2.25
45	2 2.30	70	2 49.15	86	3 46.66	1.05	4 55.88	1.25	6 17.89	1.48	7 53.77	1.71	9 44.58	1.98	11 51.39	2.25
46	3.00	70	50.02	87	47.72	1.06	57.14	1.26	19.37	1.48	55.49	1.72	46.56	1.98	53.64	2.25
47	3.70	70	50.90	88	48.77	1.05	58.40	1.26	20.85	1.48	57.21	1.72	48.54	1.98	55.90	2.26
48	4.41	71	51.77	87	49.83	1.06	4 59.67	1.27	22.34	1.49	7 58.94	1.73	50.53	1.99	11 58.17	2.27
49	5.12	71	52.65	88	50.90	1.07	5 0.94	1.27	23.84	1.50	8 0.68	1.74	52.52	1.99	12 0.44	2.27
50	2 5.83	71	2 53.53	88	3 51.96	1.06	5 2.21	1.27	6 25.34	1.50	8 2.42	1.74	9 54.52	2.00	12 2.72	2.28
51	6.54	71	54.42	89	53.04	1.08	3.49	1.28	26.84	1.50	4.16	1.74	56.52	2.00	5.00	2.28
52	7.26	72	55.30	88	54.12	1.08	4.77	1.28	28.34	1.50	5.91	1.75	9 58.53	2.01	7.27	2.27
53	7.97	71	56.19	89	55.19	1.07	6.05	1.28	29.85	1.51	7.66	1.75	10 0.54	2.01	9.56	2.29
54	8.69	72	57.08	89	56.26	1.07	7.34	1.29	31.36	1.51	9.41	1.75	2.56	2.02	11.86	2.30
55	2 9.42	73	2 57.98	90	3 57.35	1.09	5 8.63	1.29	6 32.88	1.52	8 11.17	1.76	10 4.58	2.02	12 14.16	2.30
56	10.14	72	58.88	90	58.43	1.08	9.92	1.29	34.40	1.52	12.93	1.76	6.61	2.03	16.46	2.30
57	10.87	73	2 59.78	90	3 59.53	1.10	11.22	1.30	35.93	1.53	14.70	1.77	8.63	2.02	18.77	2.31
58	11.61	74	3 0.68	90	4 0.62	1.09	12.52	1.30	37.46	1.53	16.48	1.78	10.66	2.03	21.08	2.31
59	12.34	73	1.59	91	1.72	1.10	13.83	1.31	38.98	1.52	18.26	1.78	12.70	2.04	23.40	2.32
60	2 13.08	74	3 2.50	91	4 2.81	1.09	5 15.14	1.31	6 40.52	1.54	8 20.05	1.79	10 14.74	2.04	12 25.71	2.31

Taf. XXXX (Forts.). **Werthe von $x - \sin x$ in Winkeltheilen.**

′	16°		17°		18°		19°		20°		21°		22°		23°	
0	12′25″.71		14′54″.01		17′40″.67		20′46″.75		24′13″.29		28′1″.31		32′11″.85		36′45″.92	
1	28.04	2.33	56.64	2.63	43.61	2.94	50.03	3.28	16.92	3.63	5.30	3.99	16.22	4.37	50.70	4.78
2	30.38	2.34	14 59.27	2.63	46.56	2.95	53.31	3.28	20.55	3.63	9.29	3.99	20.59	4.37	36 55.48	4.78
3	32.72	2.34	15 1.90	2.63	49.51	2.95	56.59	3.28	24.18	3.63	13.29	4.00	24.98	4.39	37 0.26	4.78
4	35.06	2.34	4.54	2.64	52.47	2.96	20 59.87	3.28	27.81	3.63	17.30	4.01	29.38	4.40	5.05	4.79
5	12 37.40	2.34	15 7.18	2.64	17 55.43	2.96	21 3.16	3.29	24 31.45	3.64	28 21.32	4.02	32 33.77	4.39	37 9.85	4.80
6	39.75	2.35	9.83	2.65	17 58.40	2.97	6.46	3.30	35.10	3.65	25.33	4.01	38.18	4.41	14.66	4.81
7	42.11	2.36	12.49	2.66	18 1.37	2.97	9.77	3.31	38.76	3.66	29.36	4.03	42.59	4.41	19.47	4.81
8	44.47	2.36	15.16	2.67	4.35	2.98	13.08	3.31	42.42	3.66	33.39	4.03	47.01	4.42	24.30	4.83
9	46.84	2.37	17.82	2.66	7.33	2.98	16.40	3.32	46.09	3.67	37.42	4.03	51.43	4.42	29.13	4.83
10	12 49.21	2.37	15 20.49	2.67	18 10.32	2.99	21 19.72	3.32	24 49.77	3.68	28 41.47	4.05	32 55.86	4.43	37 33.96	4.83
11	51.58	2.37	23.17	2.68	13.31	2.99	23.05	3.33	53.46	3.69	45.53	4.06	33 0.30	4.44	38.81	4.85
12	53.95	2.37	25.85	2.68	16.31	3.00	26.39	3.34	24 57.15	3.69	49.59	4.06	4.75	4.45	43.66	4.85
13	56.33	2.38	28.54	2.69	19.31	3.00	29.73	3.34	25 0.84	3.69	53.64	4.05	9.20	4.45	48.51	4.85
14	12 58.73	2.40	31.23	2.69	22.32	3.01	33.08	3.35	4.54	3.70	28 57.71	4.07	13.66	4.46	53.37	4.86
15	13 1.13	2.40	15 33.92	2.69	18 25.33	3.01	21 36.43	3.35	25 8.24	3.70	29 1.79	4.08	33 18.12	4.46	37 58.24	4.87
16	3.53	2.40	36.62	2.70	28.35	3.02	39.78	3.35	11.95	3.71	5.88	4.09	22.58	4.46	38 3.11	4.87
17	5.93	2.40	39.32	2.70	31.38	3.03	43.14	3.36	15.67	3.72	9.97	4.09	27.05	4.47	8.00	4.89
18	8.34	2.41	42.03	2.71	34.41	3.03	46.51	3.37	19.39	3.72	14.06	4.09	31.54	4.49	12.89	4.89
19	10.75	2.41	44.75	2.72	37.45	3.04	49.89	3.38	23.12	3.73	18.16	4.10	36.04	4.50	17.78	4.89
20	13 13.17	2.42	15 47.48	2.73	18 40.49	3.04	21 53.27	3.38	25 26.86	3.74	29 22.28	4.12	33 40.54	4.50	38 22.68	4.90
21	15.59	2.42	50.20	2.72	43.54	3.05	21 56.66	3.39	30.60	3.74	26.39	4.11	45.05	4.51	27.60	4.92
22	18.02	2.43	52.93	2.73	46.60	3.06	22 0.05	3.39	34.35	3.75	30.50	4.11	49.55	4.50	32.53	4.93
23	20.45	2.43	55.67	2.74	49.66	3.06	3.45	3.40	38.10	3.75	34.63	4.13	54.07	4.52	37.45	4.92
24	22.89	2.44	15 58.41	2.74	52.73	3.07	6.85	3.40	41.86	3.76	38.76	4.13	33 58.60	4.53	42.37	4.92
25	13 25.34	2.45	16 1.16	2.75	18 55.79	3.06	22 10.26	3.41	25 45.63	3.77	29 42.90	4.14	34 3.13	4.53	38 47.30	4.93
26	27.79	2.45	3.91	2.75	18 58.86	3.07	13.68	3.42	49.41	3.78	47.05	4.15	7.66	4.53	52.24	4.94
27	30.24	2.45	6.67	2.76	19 1.94	3.08	17.11	3.43	53.18	3.77	51.21	4.16	12.20	4.54	38 57.20	4.96
28	32.70	2.46	9.44	2.77	5.03	3.09	20.54	3.43	25 56.96	3.78	55.36	4.15	16.76	4.56	39 2.17	4.97
29	35.16	2.46	12.21	2.77	8.13	3.10	23.97	3.43	26 0.75	3.79	29 59.53	4.17	21.33	4.57	7.14	4.97
30	13 37.63	2.47	16 14.99	2.78	19 11.23	3.10	22 27.40	3.43	26 4.55	3.80	30 3.71	4.18	34 25.89	4.56	39 12.11	4.97
31	40.10	2.47	17.76	2.77	14.33	3.10	30.84	3.44	8.35	3.80	7.88	4.17	30.46	4.57	17.09	4.98
32	42.58	2.48	20.55	2.79	17.44	3.11	34.29	3.45	12.16	3.81	12.07	4.19	35.04	4.58	22.07	4.98
33	45.07	2.49	23.34	2.79	20.55	3.11	37.75	3.46	15.97	3.81	16.26	4.19	39.62	4.58	27.06	4.99
34	47.55	2.48	26.14	2.80	23.67	3.12	41.21	3.46	19.79	3.82	20.46	4.20	44.20	4.58	32.07	5.01
35	13 50.04	2.49	16 28.94	2.80	19 26.79	3.12	22 44.68	3.47	26 23.62	3.83	30 24.65	4.19	34 48.80	4.60	39 37.08	5.01
36	52.54	2.50	31.74	2.80	29.92	3.13	48.16	3.48	27.46	3.84	28.86	4.21	53.40	4.60	42.09	5.01
37	55.05	2.51	34.55	2.81	33.06	3.14	51.64	3.48	31.30	3.84	33.08	4.22	34 58.02	4.62	47.12	5.03
38	13 57.56	2.51	37.37	2.82	36.20	3.14	55.12	3.48	35.14	3.84	37.30	4.22	35 2.64	4.62	52.15	5.03
39	14 0.08	2.52	40.19	2.82	39.35	3.15	22 58.61	3.49	38.99	3.85	41.53	4.23	7.26	4.62	39 57.18	5.03
40	14 2.59	2.51	16 43.02	2.83	19 42.51	3.16	23 2.10	3.49	26 42.85	3.86	30 45.77	4.24	35 11.89	4.63	40 2.22	5.04
41	5.11	2.52	45.85	2.83	45.67	3.16	5.61	3.51	46.72	3.87	50.02	4.25	16.52	4.63	7.27	5.05
42	7.64	2.53	48.69	2.84	48.83	3.16	9.12	3.51	50.59	3.87	54.26	4.24	21.17	4.65	12.33	5.06
43	10.17	2.53	51.53	2.84	52.00	3.17	12.63	3.51	54.46	3.87	30 58.52	4.26	25.82	4.65	17.39	5.06
44	12.71	2.54	54.38	2.85	55.17	3.17	16.15	3.52	26 58.34	3.88	31 2.78	4.26	30.48	4.66	22.45	5.06
45	14 15.25	2.54	16 57.23	2.85	19 58.35	3.18	23 19.68	3.53	27 2.23	3.89	31 7.04	4.26	35 35.15	4.67	40 27.53	5.08
46	17.80	2.55	17 0.09	2.86	20 1.54	3.19	23.21	3.53	6.12	3.89	11.32	4.28	39.82	4.67	32.62	5.09
47	20.36	2.56	2.96	2.87	4.74	3.20	26.74	3.53	10.02	3.90	15.61	4.29	44.50	4.68	37.72	5.10
48	22.92	2.56	5.83	2.87	7.94	3.20	30.29	3.55	13.93	3.91	19.89	4.28	49.18	4.68	42.82	5.10
49	25.49	2.57	8.71	2.88	11.14	3.20	33.84	3.55	17.85	3.92	24.18	4.29	53.87	4.69	47.92	5.10
50	14 28.06	2.57	17 11.58	2.87	20 14.35	3.21	23 37.40	3.56	27 21.77	3.92	31 28.48	4.30	35 58.57	4.70	40 53.04	5.12
51	30.63	2.57	14.46	2.88	17.56	3.21	40.95	3.55	25.70	3.93	32.79	4.31	36 3.27	4.70	40 58.16	5.12
52	33.21	2.58	17.35	2.89	20.78	3.22	44.52	3.57	29.63	3.93	37.10	4.31	7.98	4.71	41 3.29	5.13
53	35.80	2.59	20.25	2.90	24.01	3.23	48.10	3.58	33.56	3.93	41.43	4.33	12.70	4.72	8.42	5.13
54	38.38	2.58	23.15	2.90	27.24	3.23	51.68	3.58	37.50	3.94	45.76	4.33	17.43	4.73	13.56	5.14
55	14 40.97	2.59	17 26.06	2.91	20 30.48	3.24	23 55.27	3.59	27 41.45	3.95	31 50.09	4.33	36 22.17	4.74	41 18.71	5.15
56	43.57	2.60	28.97	2.91	33.72	3.24	23 58.86	3.59	45.41	3.96	54.43	4.34	26.91	4.74	23.87	5.16
57	46.17	2.60	31.89	2.92	36.97	3.25	24 2.46	3.60	49.38	3.97	31 58.77	4.34	31.65	4.74	29.03	5.16
58	48.78	2.61	34.81	2.92	40.22	3.25	6.06	3.60	53.35	3.97	32 3.12	4.35	36.40	4.75	34.19	5.16
59	51.39	2.61	37.74	2.93	43.48	3.26	9.67	3.61	27 57.33	3.98	7.48	4.36	41.15	4.75	39.37	5.18
60	14 54.01	2.62	17 40.67	2.93	20 46.75	3.27	24 13.29	3.62	28 1.31	3.98	32 11.85	4.37	36 45.92	4.77	41 44.56	5.19

Taf. XXXX (Forts.). **Werthe von $x - \sin x$ in Winkeltheilen.**

′	24°		25°		26°		27°		28°		29°		30°		31°	
0	41′ 44″.56		47′ 8″.72		52′ 59″.46		0° 59′ 17″.76		1° 6′ 4″.55		1° 13′ 20″.86		1° 21′ 7″.60		1° 29′ 25″.77	
1	49.75	5.19	14.34	5.62	53 5.53	6.07	59 24.30	6.54	6 11.58	7.03	13 28.39	7.53	21 15.65	8.05	29 34.35	8.58
2	41 54.94	5.19	19.98	5.64	11.62	6.09	59 30.84	6.54	6 18.62	7.04	13 35.92	7.53	21 23.70	8.05	29 42.93	8.58
3	42 0.14	5.20	25.63	5.65	17.71	6.09	59 37.39	6.55	6 25.66	7.04	13 43.46	7.54	21 31.76	8.06	29 51.52	8.59
4	5.35	5.21	31.28	5.65	23.81	6.10	59 43.96	6.57	6 32.71	7.05	13 51.01	7.55	21 39.83	8.07	30 0.12	8.60
5	42 10.57	5.22	47 36.93	5.65	53 29.92	6.11	0 59 50.54	6.58	1 6 39.76	7.05	1 13 58.57	7.56	1 21 47.91	8.08	1 30 8.73	8.61
6	15.80	5.23	42.59	5.66	36.04	6.12	0 59 57.13	6.59	6 46.83	7.07	14 6.13	7.56	21 56.00	8.09	30 17.35	8.62
7	21.04	5.24	48.26	5.67	42.17	6.13	1 0 3.72	6.59	6 53.91	7.08	14 13.70	7.57	22 4.10	8.10	30 25.98	8.63
8	26.28	5.24	53.94	5.68	48.30	6.13	0 10.31	6.59	7 1.00	7.09	14 21.29	7.59	22 12.20	8.10	30 34.63	8.65
9	31.53	5.25	47 59.63	5.69	53 54.43	6.13	0 16.92	6.61	7 8.09	7.09	14 28.89	7.60	22 20.31	8.11	30 43.27	8.64
10	42 36.78	5.25	48 5.32	5.69	54 0.58	6.15	1 0 23.53	6.61	1 7 15.20	7.11	1 14 36.50	7.61	1 22 28.43	8.12	1 30 51.93	8.66
11	42.04	5.26	11.02	5.70	6.73	6.15	0 30.15	6.62	7 22.30	7.10	14 44.11	7.61	22 36.56	8.13	31 0.58	8.65
12	47.31	5.27	16.73	5.71	12.89	6.16	0 36.78	6.63	7 29.41	7.11	14 51.73	7.62	22 44.70	8.14	31 9.25	8.67
13	52.59	5.28	22.44	5.71	19.06	6.17	0 43.43	6.65	7 36.54	7.13	14 59.35	7.62	22 52.85	8.15	31 17.94	8.69
14	42 57.87	5.28	28.16	5.72	25.24	6.18	0 50.09	6.66	7 43.67	7.13	15 6.98	7.63	23 1.00	8.15	31 26.64	8.70
15	43 3.16	5.29	48 33.90	5.74	54 31.43	6.19	1 0 56.74	6.65	1 7 50.82	7.15	1 15 14.63	7.65	1 23 9.16	8.16	1 31 35.34	8.70
16	8.45	5.29	39.64	5.74	37.62	6.19	1 3.39	6.65	7 57.96	7.14	15 22.29	7.66	23 17.34	8.18	31 44.05	8.71
17	13.76	5.31	45.38	5.74	43.81	6.19	1 10.06	6.67	8 5.11	7.15	15 29.95	7.66	23 25.52	8.18	31 52.77	8.72
18	19.08	5.32	51.12	5.74	50.02	6.21	1 16.74	6.68	8 12.28	7.17	15 37.63	7.68	23 33.71	8.19	32 1.51	8.74
19	24.39	5.31	48 56.87	5.75	54 56.23	6.21	1 23.42	6.68	8 19.46	7.18	15 45.32	7.69	23 41.92	8.21	32 10.25	8.74
20	43 29.72	5.33	49 2.63	5.76	55 2.45	6.22	1 1 30.11	6.69	1 8 26.64	7.18	1 15 53.00	7.68	1 23 50.13	8.21	1 32 18.99	8.74
21	35.06	5.34	8.41	5.78	8.68	6.23	1 36.82	6.71	8 33.84	7.20	16 0.70	7.70	23 58.34	8.21	32 27.73	8.74
22	40.41	5.35	14.20	5.79	14.92	6.24	1 43.54	6.72	8 41.05	7.21	16 8.41	7.71	24 6.56	8.22	32 36.49	8.76
23	45.76	5.35	19.99	5.79	21.17	6.25	1 50.26	6.72	8 48.27	7.22	16 16.11	7.70	24 14.80	8.24	32 45.27	8.78
24	51.11	5.35	25.79	5.80	27.42	6.25	1 57.00	6.74	8 55.48	7.21	16 23.83	7.72	24 23.05	8.25	32 54.06	8.79
25	43 56.47	5.36	49 31.60	5.81	55 33.68	6.26	1 2 3.73	6.73	1 9 2.70	7.22	1 16 31.56	7.73	1 24 31.31	8.26	1 33 2.87	8.81
26	44 1.84	5.37	37.42	5.82	39.95	6.27	2 10.47	6.74	9 9.92	7.22	16 39.30	7.74	24 39.57	8.26	33 11.67	8.80
27	7.22	5.38	43.24	5.82	46.21	6.26	2 17.22	6.75	9 17.16	7.24	16 47.06	7.76	24 47.84	8.27	33 20.47	8.80
28	12.61	5.39	49.06	5.82	52.49	6.28	2 23.98	6.76	9 24.42	7.26	16 54.82	7.76	24 56.12	8.28	33 29.28	8.81
29	18.00	5.39	49 54.89	5.83	55 58.78	6.29	2 30.75	6.77	9 31.69	7.27	17 2.58	7.76	25 4.41	8.29	33 38.10	8.82
30	44 23.39	5.39	50 0.73	5.84	56 5.08	6.30	1 2 37.52	6.77	1 9 38.95	7.26	1 17 10.36	7.78	1 25 12.70	8.29	1 33 46.94	8.84
31	28.79	5.40	6.57	5.84	11.40	6.32	2 44.30	6.78	9 46.23	7.28	17 18.15	7.79	25 21.01	8.31	33 55.78	8.84
32	34.21	5.42	12.42	5.85	17.72	6.32	2 51.09	6.79	9 53.52	7.29	17 25.93	7.78	25 29.33	8.32	34 4.64	8.86
33	39.63	5.42	18.29	5.87	24.04	6.32	2 57.89	6.80	10 0.80	7.28	17 33.73	7.80	25 37.66	8.33	34 13.51	8.87
34	45.06	5.43	24.16	5.87	30.38	6.34	3 4.71	6.82	10 8.09	7.29	17 41.53	7.80	25 45.99	8.33	34 22.39	8.88
35	44 50.50	5.44	50 30.04	5.88	56 36.72	6.34	1 3 11.53	6.82	1 10 15.39	7.30	1 17 49.35	7.82	1 25 54.33	8.34	1 34 31.27	8.88
36	44 55.95	5.45	35.93	5.89	43.06	6.34	3 18.35	6.82	10 22.71	7.32	17 57.19	7.84	26 2.68	8.35	34 40.16	8.89
37	45 1.39	5.44	41.82	5.89	49.42	6.36	3 25.18	6.83	10 30.05	7.34	18 5.02	7.83	26 11.04	8.36	34 49.06	8.90
38	6.84	5.45	47.71	5.89	56 55.79	6.37	3 32.02	6.84	10 37.39	7.34	18 12.86	7.84	26 19.41	8.37	34 57.98	8.92
39	12.30	5.46	53.62	5.91	57 2.15	6.36	3 38.87	6.85	10 44.73	7.34	18 20.71	7.85	26 27.79	8.38	35 6.90	8.92
40	45 17.77	5.47	50 59.53	5.91	57 8.52	6.37	1 3 45.72	6.85	1 10 52.07	7.34	1 18 28.57	7.86	1 26 36.17	8.38	1 35 15.82	8.92
41	23.24	5.47	51 5.46	5.93	14.91	6.39	3 52.58	6.86	10 59.43	7.36	18 36.45	7.88	26 44.56	8.39	35 24.75	8.93
42	28.73	5.49	11.40	5.94	21.30	6.39	3 59.45	6.87	11 6.79	7.36	18 44.33	7.88	26 52.96	8.40	35 33.69	8.94
43	34.23	5.50	17.34	5.94	27.70	6.40	4 6.32	6.87	11 14.16	7.37	18 52.21	7.88	27 1.38	8.42	35 42.65	8.96
44	39.73	5.50	23.28	5.94	34.12	6.42	4 13.21	6.89	11 21.55	7.39	19 0.10	7.89	27 9.81	8.43	35 51.62	8.97
45	45 45.24	5.51	51 29.23	5.95	57 40.54	6.42	1 4 20.11	6.90	1 11 28.95	7.40	1 19 8.00	7.90	1 27 18.25	8.44	1 36 0.60	8.98
46	50.76	5.52	35.20	5.97	46.96	6.42	4 27.02	6.91	11 36.36	7.41	19 15.92	7.92	27 26.69	8.44	36 9.58	8.98
47	45 56.28	5.52	41.17	5.97	53.40	6.44	4 33.94	6.92	11 43.77	7.41	19 23.84	7.92	27 35.13	8.44	36 18.57	8.99
48	46 1.80	5.52	47.15	5.98	57 59.83	6.43	4 40.87	6.93	11 51.18	7.41	19 31.77	7.93	27 43.59	8.46	36 27.57	9.00
49	7.34	5.54	53.13	5.98	58 6.28	6.45	4 47.80	6.93	11 58.60	7.42	19 39.71	7.94	27 52.05	8.46	36 36.58	9.01
50	46 12.89	5.55	51 59.12	5.99	58 12.74	6.46	1 4 54.72	6.92	1 12 6.04	7.44	1 19 47.65	7.94	1 28 0.53	8.48	1 36 45.61	9.03
51	18.44	5.55	52 5.12	6.00	19.20	6.46	5 1.66	6.94	12 13.48	7.44	19 55.60	7.95	28 9.01	8.48	36 54.64	9.03
52	24.00	5.56	11.13	6.01	25.68	6.48	5 8.62	6.96	12 20.93	7.45	20 3.57	7.97	28 17.51	8.50	37 3.68	9.04
53	29.56	5.56	17.15	6.02	32.17	6.49	5 15.59	6.97	12 28.39	7.46	20 11.55	7.98	28 26.01	8.50	37 12.72	9.04
54	35.14	5.58	23.17	6.02	38.65	6.48	5 22.56	6.97	12 35.86	7.47	20 19.53	7.98	28 34.53	8.52	37 21.78	9.06
55	46 40.72	5.58	52 29.19	6.02	58 45.15	6.50	1 5 29.53	6.97	1 12 43.34	7.48	1 20 27.52	7.99	1 28 43.05	8.52	1 37 30.85	9.07
56	46.31	5.59	35.23	6.04	51.66	6.51	5 36.51	6.98	12 50.83	7.49	20 35.52	8.00	28 51.58	8.53	37 39.92	9.07
57	51.90	5.59	41.29	6.06	58 58.18	6.52	5 43.51	7.00	12 58.32	7.49	20 43.53	8.01	29 0.11	8.53	37 49.00	9.08
58	46 57.50	5.60	47.35	6.06	59 4.70	6.52	5 50.51	7.00	13 5.82	7.50	20 51.54	8.01	29 8.65	8.54	37 58.09	9.09
59	47 3.11	5.61	53.41	6.06	11.23	6.53	5 57.53	7.02	13 13.34	7.52	20 59.57	8.03	29 17.21	8.56	38 7.19	9.10
60	47 8.72	5.61	52 59.46	6.05	59 17.76	6.53	1 6 4.55	7.02	1 13 20.86	7.52	1 21 7.60	8.03	1 29 25.77	8.56	1 38 16.30	9.11

Taf. XXXX (Schluss). **Werthe von $x - \sin x$ in Winkeltheilen.**

	32°	Δ	33°	Δ	34°	Δ	35°	Δ
0	1°38′16″.30		1°47′40″.14		1°57′38″.18		2° 8′11″.39	
1	38 25.43	9.13	47 49.84	9.70	57 48.45	10.27	8 22.24	10.85
2	38 34.56	9.13	47 59.54	9.70	57 58.72	10.27	8 33.11	10.87
3	38 43.71	9.15	48 9.24	9.70	58 9.01	10.29	8 43.98	10.87
4	38 52.86	9.15	48 18.94	9.70	58 19.31	10.30	8 54.86	10.88
5	1 39 2.02	9.16	1 48 28.66	9.72	1 58 29.61	10.30	2 9 5.76	10.90
6	39 11.19	9.17	48 38.39	9.73	58 39.92	10.31	9 16.67	10.91
7	39 20.37	9.18	48 48.13	9.74	58 50.24	10.32	9 27.57	10.90
8	39 29.55	9.18	48 57.88	9.75	59 0.58	10.34	9 38.50	10.93
9	39 38.74	9.19	49 7.64	9.76	59 10.93	10.35	9 49.43	10.93
10	1 39 47.94	9.20	1 49 17.42	9.78	1 59 21.27	10.34	2 10 0.38	10.95
11	39 57.16	9.22	49 27.20	9.78	59 31.63	10.36	10 11.34	10.96
12	40 6.38	9.22	49 37.00	9.80	59 42.00	10.37	10 22.32	10.98
13	40 15.62	9.24	49 46.80	9.80	1 59 52.37	10.37	10 33.29	10.97
14	40 24.87	9.25	49 56.60	9.80	2 0 2.76	10.39	10 44.27	10.98
15	1 40 34.13	9.26	1 50 6.41	9.81	0 13.16	10.40	2 10 55.26	10.99
16	40 43.38	9.25	50 16.24	9.83	0 23.57	10.41	11 6.27	11.01
17	40 52.64	9.26	50 26.08	9.84	0 34.00	10.43	11 17.30	11.03
18	41 1.92	9.28	50 35.93	9.85	0 44.43	10.43	11 28.33	11.03
19	41 11.22	9.30	50 45.78	9.85	0 54.87	10.44	11 39.37	11.04
20	1 41 20.53	9.31	1 50 55.64	9.86	2 1 5.31	10.44	2 11 50.41	11.04
21	41 29.84	9.31	51 5.52	9.88	1 15.76	10.45	12 1.46	11.05
22	41 39.15	9.31	51 15.41	9.89	1 26.23	10.47	12 12.53	11.07
23	41 48.47	9.32	51 25.30	9.89	1 36.72	10.49	12 23.60	11.07
24	41 57.81	9.34	51 35.21	9.91	1 47.22	10.50	12 34.70	11.10
25	1 42 7.15	9.34	1 51 45.11	9.90	2 1 57.71	10.49	2 12 45.80	11.10
26	42 16.50	9.35	51 55.03	9.92	2 8.21	10.50	12 56.90	11.10
27	42 25.85	9.35	52 4.97	9.94	2 18.73	10.52	13 8.02	11.12
28	42 35.22	9.37	52 14.92	9.95	2 29.25	10.52	13 19.15	11.13
29	42 44.61	9.39	52 24.87	9.95	2 39.79	10.54	13 30.28	11.13
30	1 42 54.00	9.39	1 52 34.83	9.96	2 2 50.34	10.55	2 13 41.43	11.15
31	43 3.39	9.39	52 44.80	9.97	3 0.89	10.55	13 52.59	11.16
32	43 12.80	9.41	52 54.78	9.98	3 11.46	10.57	14 3.76	11.17
33	43 22.23	9.43	53 4.78	10.00	3 22.03	10.57	14 14.94	11.18
34	43 31.67	9.44	53 14.78	10.00	3 32.61	10.58	14 26.13	11.19
35	1 43 41.12	9.45	1 53 24.79	10.01	2 3 43.21	10.60	2 14 37.33	11.20
36	43 50.56	9.44	53 34.82	10.03	3 53.83	10.62	14 48.54	11.21
37	44 0.02	9.46	53 44.84	10.02	4 4.45	10.62	14 59.76	11.22
38	44 9.49	9.47	53 54.87	10.03	4 15.07	10.62	15 10.99	11.23
39	44 18.97	9.48	54 4.92	10.05	4 25.71	10.64	15 22.22	11.23
40	1 44 28.45	9.48	1 54 14.99	10.07	2 4 36.36	10.65	2 15 33.46	11.24
41	44 37.95	9.50	54 25.07	10.08	4 47.02	10.66	15 44.71	11.25
42	44 47.45	9.50	54 35.14	10.07	4 57.68	10.66	15 55.98	11.27
43	44 56.97	9.52	54 45.23	10.09	5 8.35	10.67	16 7.26	11.28
44	45 6.48	9.51	54 55.33	10.10	5 19.04	10.69	16 18.55	11.29
45	1 45 16.01	9.53	1 55 5.43	10.10	2 5 29.73	10.69	2 16 29.85	11.30
46	45 25.55	9.54	55 15.54	10.11	5 40.44	10.71	16 41.17	11.32
47	45 35.11	9.56	55 25.66	10.12	5 51.16	10.72	16 52.50	11.33
48	45 44.68	9.57	55 35.80	10.14	6 1.89	10.73	17 3.83	11.33
49	45 54.26	9.58	55 45.95	10.15	6 12.62	10.73	17 15.16	11.33
50	1 46 3.85	9.59	1 55 56.11	10.16	2 6 23.36	10.74	2 17 26.50	11.34
51	46 13.43	9.58	56 6.27	10.16	6 34.12	10.76	17 37.86	11.36
52	46 23.02	9.59	56 16.45	10.18	6 44.89	10.77	17 49.23	11.37
53	46 32.62	9.60	56 26.63	10.18	6 55.66	10.77	18 0.62	11.39
54	46 42.24	9.62	56 36.82	10.19	7 6.45	10.79	18 12.03	11.41
55	1 46 51.88	9.64	1 56 47.03	10.21	2 7 17.25	10.80	2 18 23.43	11.40
56	47 1.52	9.64	56 57.24	10.21	7 28.07	10.82	18 34.85	11.42
57	47 11.16	9.64	57 7.47	10.23	7 38.88	10.81	18 46.27	11.42
58	47 20.80	9.64	57 17.69	10.22	7 49.70	10.82	18 57.69	11.42
59	47 30.46	9.66	57 27.93	10.24	8 0.54	10.84	19 9.13	11.44
60	1 47 40.14	9.68	1 57 38.18	10.25	2 8 11.39	10.85	2 19 20.59	11.46

	36°	Δ	37°	Δ	38°	Δ	39°	Δ
0	2°19′20″.59		2°31′ 6″.76		2°43′30″.72		2°56′33″.36	
1	19 32.07	11.48	31 18.85	12.09	43 43.45	12.73	56 46.75	13.39
2	19 43.55	11.48	31 30.94	12.09	43 56.18	12.73	57 0.14	13.39
3	19 55.03	11.48	31 43.04	12.10	44 8.92	12.74	57 13.53	13.39
4	20 6.51	11.48	31 55.16	12.12	44 21.67	12.75	57 26.93	13.40
5	2 20 18.01	11.50	2 32 7.29	12.13	2 44 34.43	12.76	2 57 40.35	13.42
6	20 29.52	11.51	32 19.43	12.14	44 47.21	12.78	57 53.78	13.43
7	20 41.06	11.54	32 31.58	12.15	45 0.00	12.79	58 7.22	13.44
8	20 52.60	11.54	32 43.73	12.15	45 12.81	12.81	58 20.68	13.46
9	21 4.15	11.55	32 55.90	12.17	45 25.61	12.80	58 34.15	13.47
10	2 21 15.71	11.56	2 33 8.09	12.19	2 45 38.44	12.83	2 58 47.63	13.48
11	21 27.28	11.57	33 20.29	12.20	45 51.27	12.83	59 1.11	13.48
12	21 38.86	11.58	33 32.49	12.20	46 4.12	12.85	59 14.61	13.50
13	21 50.45	11.59	33 44.70	12.21	46 16.97	12.85	59 28.12	13.51
14	22 2.05	11.60	33 56.93	12.23	46 29.83	12.86	59 41.65	13.53
15	2 22 13.66	11.61	2 34 9.16	12.23	2 46 42.71	12.88	2 59 55.17	13.52
16	22 25.28	11.62	34 21.40	12.24	46 55.59	12.88	3 0 8.70	13.53
17	22 36.90	11.62	34 33.66	12.26	47 8.50	12.91	0 22.25	13.55
18	22 48.53	11.63	34 45.93	12.27	47 21.41	12.91	0 35.82	13.57
19	23 0.17	11.64	34 58.21	12.28	47 34.33	12.92	0 49.40	13.58
20	2 23 11.83	11.66	2 35 10.49	12.28	2 47 47.26	12.93	3 1 2.98	13.58
21	23 23.50	11.67	35 22.79	12.30	48 0.21	12.95	1 16.57	13.59
22	23 35.18	11.68	35 35.10	12.31	48 13.16	12.95	1 30.18	13.61
23	23 46.87	11.69	35 47.42	12.32	48 26.11	12.95	1 43.81	13.63
24	23 58.56	11.69	35 59.74	12.32	48 39.09	12.98	1 57.44	13.63
25	2 24 10.28	11.72	2 36 12.08	12.34	2 48 52.07	12.98	3 2 11.09	13.65
26	24 22.00	11.72	36 24.44	12.36	49 5.07	13.00	2 24.74	13.65
27	24 33.74	11.74	36 36.79	12.35	49 18.07	13.00	2 38.40	13.66
28	24 45.49	11.75	36 49.16	12.37	49 31.09	13.02	2 52.08	13.68
29	24 57.24	11.75	37 1.55	12.39	49 44.11	13.02	3 5.77	13.69
30	2 25 9.01	11.77	2 37 13.96	12.41	2 49 57.14	13.03	3 3 19.46	13.69
31	25 20.79	11.78	37 26.36	12.40	50 10.19	13.05	3 33.17	13.71
32	25 32.57	11.78	37 38.78	12.42	50 23.25	13.06	3 46.89	13.72
33	25 44.36	11.79	37 51.19	12.41	50 36.33	13.08	4 0.62	13.73
34	25 56.16	11.80	38 3.62	12.43	50 49.41	13.08	4 14.36	13.74
35	2 26 7.98	11.82	2 38 16.07	12.45	2 51 2.50	13.09	3 4 28.12	13.76
36	26 19.80	11.82	38 28.52	12.45	51 15.60	13.10	4 41.89	13.77
37	26 31.64	11.84	38 40.99	12.47	51 28.72	13.12	4 55.67	13.78
38	26 43.49	11.85	38 53.48	12.49	51 41.84	13.12	5 9.46	13.79
39	26 55.35	11.86	39 5.96	12.48	51 54.98	13.14	5 23.25	13.79
40	2 27 7.21	11.86	2 39 18.46	12.50	2 52 8.13	13.15	3 5 37.05	13.80
41	27 19.09	11.88	39 30.98	12.52	52 21.28	13.15	5 50.87	13.82
42	27 30.97	11.88	39 43.49	12.51	52 34.45	13.17	6 4.70	13.83
43	27 42.87	11.90	39 56.02	12.53	52 47.64	13.19	6 18.54	13.84
44	27 54.79	11.92	40 8.57	12.55	53 0.83	13.19	6 32.39	13.85
45	2 28 6.70	11.91	2 40 21.13	12.56	2 53 14.03	13.20	3 6 46.26	13.87
46	28 18.63	11.93	40 33.70	12.57	53 27.24	13.21	7 0.14	13.88
47	28 30.57	11.94	40 46.28	12.58	53 40.46	13.22	7 14.03	13.89
48	28 42.52	11.95	40 58.86	12.58	53 53.70	13.24	7 27.92	13.89
49	28 54.47	11.95	41 11.46	12.60	54 6.94	13.24	7 41.82	13.90
50	2 29 6.44	11.97	2 41 24.06	12.60	2 54 20.20	13.26	3 7 55.73	13.91
51	29 18.43	11.99	41 36.68	12.62	54 33.47	13.27	8 9.66	13.93
52	29 30.43	12.00	41 49.30	12.62	54 46.75	13.28	8 23.61	13.95
53	29 42.43	12.00	42 1.94	12.64	55 0.03	13.28	8 37.57	13.96
54	29 54.44	12.01	42 14.58	12.64	55 13.33	13.30	8 51.53	13.96
55	2 30 6.46	12.02	2 42 27.25	12.67	2 55 26.65	13.32	3 9 5.50	13.97
56	30 18.50	12.04	42 39.93	12.68	55 39.97	13.32	9 19.48	13.98
57	30 30.55	12.05	42 52.61	12.68	55 53.30	13.33	9 33.48	14.00
58	30 42.62	12.07	43 5.30	12.69	56 6.64	13.34	9 47.50	14.02
59	30 54.69	12.07	43 18.01	12.71	56 19.99	13.35	10 1.52	14.02
60	2 31 6.76	12.07	2 43 30.72	12.71	2 56 33.36	13.37	3 10 15.55	14.03

Taf. XXXXI. Mathematische Constanten.

		log
Basis der natürlichen Logarithmen	e = 2.718 28183	0.434 2944 8
Modul der Briggs'schen Logarithmen	M = 0.434 29448	9.637 7843 1 — 10
Umfang des Kreises in Graden	360°	2.556 3025 0
Umfang des Kreises in Minuten	21 600′	4.334 4537 5
Umfang des Kreises in Secunden	1 296 000″	6.112 6050 0
Radius des Kreises in Graden	57°.29578	1.758 1226 3
Radius des Kreises in Minuten	3437′.7468	3.536 2738 8
Radius des Kreises in Secunden	206 264″.806	5.314 4251 3
Länge des Halbkreises für den Radius 1	π = 3.141 59265	0.497 1498 7
sin 1°	0.017452406	8.241 8553 2 — 10
sin 1′	0.0002908882	6.463 7261 1 — 10
sin 1″	0.000004848137	4.685 5748 7 — 10

Taf. XXXXII. Astronomische Constanten.

		log
Allgemeine Präcession (1900)	50″.2564	1.701 1914
Constante der Nutation	9″.21	0.964 26
Constante der Aberration	20″.47	1.311 12
Lichtzeit in Zeitsecunden	$498^s.5$	2.697 67
Lichtzeit in Tagen	$0^d.005770$	7.761 18 — 10
Sonnenparallaxe	8″.80	0.944 48
Mittlere Entfernung der Erde von der Sonne, entsprechend der Parallaxe 8″.80 und den Bessel'schen Erddimensionen	149 480 976 km	8.174 5859 2
Anziehungskraft der Sonne k^2 (Gauss'sche Constante)	k (in Theilen des Radius) 0.017 20210	8.235 5814 4 — 10
	k (in Secunden) 3548″.18761	3.550 0065 7
Dauer des julianischen Jahres	365.25 mittlere Tage	2.562 5902 2
Dauer des siderischen Jahres	365.256 360 42 » »	2.562 5977 8
Dauer des tropischen Jahres	365.242 198 79 » »	2.562 5809 4
1 mittlerer Sonnentag	1.002 737 91 Sterntage	0.001 1874 3
1 Sterntag	0.997 269 57 mittl. Sonnentage	9.998 8125 6 — 10
Anzahl der Secunden in einem Tag	86400^s	4.936 5137 4

Taf. XXXXIII. Dimensionen der Erde (nach Bessel).

		log
Halbe grosse Axe (Radius des Aequators)	6377397.15 Meter	6.804 6434 6
Halbe kleine Axe (Umdrehungsaxe)	6356078.96	6.803 1892 8
Abplattung	1 : 299.1528	7.524 1069 — 10
Excentricität der Meridiane	0.08169683	8.912 2052 — 10

Taf. XXXXIV. Elemente der grossen Planeten.

	Mercur	Venus	Erde	Mars
Epoche	1900 Jan. 0 0h M.Z. Berl.	1900 Jan. 0 0h M.Z. Berl.	1900 Jan. 0 0h M.Z. Berl.	1900 Jan. 0 0h M.Z. Berl.
Mittlere Länge	178° 1′ 36″.50	342° 42′ 26″.78	99° 39′ 36″.02	293° 43′ 41″.16
Länge des Perihels	75 53 58.91	130 9 49.8	101 13 15.0	334 13 6.88
Länge des Knotens	47 8 45.40	75 46 46.73	—	48 47 9.36
Neigung geg. die Ekl.	7 0 10.37	3 23 37.07	—	1 51 1.32
Excentricitätswinkel	11 51 55.64	0 23 26.88	0 57 35.31	5 21 14.39
Mittlere tägl. Beweg.	14732″.419 74	5767″.669 77	3548″.192 83	1886″.518 62
Log. d. gross. Halbaxe	9.587 821 60	9.859 337 45	0.000 000 10	0.182 896 16
Aequinoctium	1900.0	1900.0	1900.0	1900.0
Autorität	Newcomb	Newcomb	Newcomb	Newcomb
Masse	$\frac{1}{6\,000\,000}$	$\frac{1}{408\,000}$ (Newcomb)	$\frac{1}{329\,390}$ (Newcomb) incl. Mond	$\frac{1}{3\,093\,500}$ (Hall)

	Jupiter	Saturn	Uranus	Neptun
Epoche	1850 Jan. 0 0h M.Z. Berl.	1850 Jan. 0 0h M.Z. Berl.	1900 Jan. 0 0h M.Z. Berl.	1900 Jan. 0 0h M.Z. Berl.
Mittlere Länge	159° 56′ 13″.40	14° 49′ 35″.47	243° 21′ 43″.09	85° 1′ 29″.83
Länge des Perihels	11 54 26.72	90 6 39.53	169 2 55.6	43 45 20.2
Länge des Knotens	98 55 58.16	112 20 51.38	73 29 24.9	130 40 44.0
Neigung geg. die Ekl.	1 18 41.81	2 29 39.26	0 46 21.60	1 46 45.32
Excentricitätswinkel	2 45 56.93	3 12 49.42	2 41 47.14	0 29 20.16
Mittlere tägl. Beweg.	299″.128 376 56	120″.455 042 14	42″.234 34	21″.532 66
Log. d. gross. Halbaxe	0.716 237 37	0.979 495 71	1.283 097 11	1.478 143 14
Aequinoctium	1850.0	1850.0	1900.0	1900.0
Autorität	Hill	Hill	Newcomb	Newcomb
Masse	$\frac{1}{1047.355}$ (Newcomb)	$\frac{1}{3501.6}$ (Bessel)	$\frac{1}{22869}$ (Hill)	$\frac{1}{19700}$ (Hill)

Taf. XXXXV. Massen der grossen Planeten und davon abhängige Factoren.

	$\log m$	$\log[(20k)^2 m\, 10^7]$	$\log[20\, k'' m]$	$\log[(40k)^2 m\, 10^7]$	$\log[40\, k'' m]$
Mercur	3.22185 — 10	9.2951 — 10	8.0729 — 10	9.8972 — 10	8.3739 — 10
Venus	4.38934 — 10	0.4626	9.2404 — 10	1.0646	9.5415 — 10
Erde + Mond	4.48229 — 10	0.5555	9.3333 — 10	1.1576	9.6344 — 10
Mars	3.50955 — 10	9.5828 — 10	8.3606 — 10	0.1848	8.6616 — 10
Jupiter	6.979906 — 10	3.053129	1.830943	3.655189	2.131973
Saturn	6.455733 — 10	2.52896	1.30677	3.13102	1.60780
Uranus	5.64075 — 10	1.71397	0.49179	2.31603	0.79282
Neptun	5.70553 — 10	1.77875	0.55657	2.38081	0.85760

Druck von Breitkopf & Härtel in Leipzig.

www.ingramcontent.com/pod-product-compliance
Lightning Source LLC
Chambersburg PA
CBHW021713210326
41599CB00013B/1634
9783955623159